21 世纪高等院校自动化系列实用规划教材

电力系统继电保护
（第 2 版）

主　编　马永翔

副主编　王世荣　邵文权

主　审　董新洲

内 容 简 介

本书是在《电力系统继电保护》第1版的基础上，根据继电保护技术的发展对各章的内容进行修改和充实而成的。

全书共分9章，内容包括绪论、电网的电流保护、电网的距离保护、输电线路纵联保护、自动重合闸、电力变压器的继电保护、发电机的继电保护、母线保护及微机继电保护。

本书可作为高等院校电气工程类及其相关专业学生的本科教材，同时也可供电力工程技术人员参考使用。

图书在版编目(CIP)数据

电力系统继电保护/马永翔主编．—2版．—北京：北京大学出版社，2013.1

(21世纪高等院校自动化系列实用规划教材)

ISBN 978-7-301-21366-7

Ⅰ.①电…　Ⅱ.①马…　Ⅲ.①电力系统—继电保护—高等学校—教材　Ⅳ.①TM77

中国版本图书馆CIP数据核字(2012)第236464号

书　　名：电力系统继电保护(第2版)

著作责任者：马永翔　主编

策划编辑：程志强

责任编辑：程志强

标准书号：ISBN 978-7-301-21366-7/TP·1254

出版发行：北京大学出版社

地　　址：北京市海淀区成府路205号　100871

网　　址：http://www.pup.cn　　新浪官方微博:@北京大学出版社

电子信箱：pup_6@163.com

电　　话：邮购部 010-62752015　发行部 010-62750672　编辑部 010-62750667

印　刷　者：北京虎彩文化传播有限公司

经　销　者：新华书店

787毫米×1092毫米　16开本　21.75印张　507千字

2006年8月第1版　2013年1月第2版　2022年3月第5次印刷

定　　价：46.00元

第 2 版前言

继电保护是一门实践性很强的技术，继电保护问题的解决既需要科学的理论，也需要处理工程问题的技巧。传统的保护退出现场运行，究其原因，并非传统保护的性能、原理不够完善，而是其实现手段上受到了限制，目前虽然广泛应用微机保护，但传统保护对当代继电保护工作者仍有很好的启发作用。因此，应对其加以改造，使之完善。

由于各人的观点不同，解决问题的方法也相异，本书在编写过程中，正是基于继承、发展和创新的观点，对继电保护知识予以介绍。

为了保证其内容的完整性，在 2 版修订过程中，仍然采用 1 版中 9 章的编写体例，但增加了以下显著特点。

在内容上，对各章均做了大量的充实，删去了目前系统已淘汰的继电器原理及相关内容的介绍，着力从微机保护要求的角度进行阐述，从而体现新颖性。

在形式上，每章前给出知识结构、教学目标及要求，正文中间给出小提示、章末附小结、关键词及与该章内容相关的阅读材料，从而体现可读性。

在题型上改变了 1 版仅有的问答题、计算题的模式，2 版不仅增加了填空题、选择题、判断题等题型，同时又充实并更新了各章的问答题、计算题。与 1 版相比，2 版题型、题量都更为丰富，而且更注重与工程现场实际及行业标准的联系，从而体现了实用性。

书末附有习题参考答案，以便读者学习和理解。

本书由马永翔担任主编。其中马永翔编写了第 1、3、7 章、答案及附录部分，王世荣编写了第 2、8 章，邵文权编写了第 4、5、6 章，赵栩编写了第 9 章。全书由马永翔进行统稿。

本书承蒙清华大学董新洲教授主审，他对本书提出了许多宝贵的意见和建议，在此深表谢意！在本书的编写过程中，编者参阅了许多国内兄弟单位的相关资料，同时还得到了西安交通大学索南加乐教授及电力系统有关技术人员的帮助，在此一并表示衷心的感谢！

由于编者水平和实践经验有限，书中疏漏和不足之处在所难免，恳请读者批评指正。

编　者

2012 年 8 月

第 1 版前言

电力系统的飞速发展对继电保护不断提出新的要求，电子技术、计算机技术与通信技术的飞速发展又为继电保护技术的发展不断注入新的活力。未来继电保护的发展趋势是向计算机化，网络化，保护、控制、测量和数据通信一体化，智能化发展。

1. 计算机化

随着计算机硬件技术的迅猛发展，微机保护硬件也在不断发展。从初期的 8 位单 CPU 结构问世，不到 5 年时间就发展到多 CPU 结构，后来又发展到总线不出模块的大规模结构。除了具备“保护”的基本功能外，还具有大容量故障信息和数据的长期存放空间，快速的数据处理功能，强大的通信能力，与其他保护、控制装置和调度联网以共享全系统数据、信息和网络资源的能力，高级语言编程等。这样就使得微机保护装置具有相当于一台 PC 机的功能。在微机保护发展初期，曾设想过用一台小型计算机作成继电保护装置。由于当时小型机体积大、成本高、可靠性差，这一设想没能实现。现在，同微机保护装置大小相似的工控机的功能、速断、存储容量都大大超过当年的小型机，因此，用成套工控机作成继电保护的时机已经成熟，这将是微机保护的发展方向之一。

2. 网络化

计算机网络作为信息和数据通信工具已成为信息时代的技术支柱，使人类生产和社会生活的面貌发生了根本性的变化。它深刻影响着各个工业领域，也为各个工业领域提供了强有力的通信手段。到目前为止，除了差动保护和纵联差保护外，所有继电保护装置都只能反应保护安装处的电气量。继电保护的作用也只限于切除故障元件，缩小事故影响范围。这主要是由于缺乏强有力的通信手段。国外早已提出过系统保护的概念，这在当时主要指安全自动装置。因此保护的作用不仅限于切除故障元件和限制事故影响范围（这是首要任务），还要保证全系统的安全稳运行。这就要求每个保护单元都能共享全系统运行和故障的数据，各个保护单元与重合闸装置在分析这些信息和数据的基础上协调动作，确保系统的安全稳定运行。显然，实现这种系统保护的基本条件是将全系统各主要设备的保护装置用计算机网络连接起来，亦即实现微机保护装置的网络化。这在当前的技术条件下是完全可能的。

3. 保护、控制、测量、数据通信一体化

在实现继电保护的计算机化和网络化的条件下，保护装置实际上就是一台高性能、多功能的计算机，是整个电力系统计算机网络上的一个智能终端。它可以从网络上获取电力系统运行和故障的任何信息和数据，也可将它所获得的被保护元件的任何信息和数据传送给网络控制中心或任一终端。因此，每个微机保护装置不但可完成继电保护功能，而且在无故障正常运行情况下还可完成测量、控制、数据通信功能，亦即实现保护、测量、数据通信一体化。

目前，为了测量、保护和控制的需要，室外变电站的所有设备，如变压器、线路等的二次电压、电流都必须用控制电缆引到主控室。所敷设的大量控制电缆不但需要大量投资，而且使二次回路非常复杂。若将上述的保护、控制、测量、数据通信一体化的计算机装置就地安装在室外变电站的被保护设备旁，将被保护设备的电压、电流量在此装置内转换成数字量后，通过计算机网络送到主控室，则可免除大量的控制电缆。如果用光纤作为网络的传输介质，还可免除电磁干扰。现在光电流互感器（OTA）和光电压互感器（OTV）已在研究试验阶段，今后必将在电力系统重得到广泛应用。在采用 OTA 和 OTV 的情况下，保护装置应放在距 OTA 和 OTV 最近的地方，亦即应放在被保护设备的附近。OTA 和 OTV 的光电信号输入到此一体化装置中并转换成电信号后，一方面用作保护的计算判断，另一方面作为测量量，通过网络送主控室。从主控室通过网络可将对被保护设备的操作控制命令送到此一体化装置，由此一体化装置执行断路器的操作。

4. 智能化

近年来，人工智能技术如神经网络、遗传算法、进化规划、模糊逻辑等在电力系统各领域的应用，在继电保护领域应用的研究也已开始。神经网络是一种非线性映射的方法，很多难以列出方程或难以求解的复杂的非线性问题，应用神经网络方法后则可迎刃而解。如在输电线路两侧系统电势角度摆开情况下发生经过渡电阻的短路就是一类非线性问题，距离保护很难正确作出故障位置的判断，从而造成误动或拒动。如果用神经网络方法，经过大量故障样本的训练，只要样本集中充分考虑了各种情况，则在发生任何故障时都可正确判断。其他如遗传算法、进化规划算法等也都有其独特的求解复杂问题的能力。将这些人工智能方法适当结合可使求解速度更快。

新中国成立以来，我国电力系统继电保护技术经历了 4 个时代。随着电力系统的高速发展和计算机技术、通信技术的进步，继电保护技术面临着进一步发展的趋势。国内继电保护技术的趋势为计算机化，网络化，保护、控制、测量、数据通信一体化和人工智能化，这对继电保护工作者提出了艰巨的任务，也开辟了活动的广阔天地。

本书由马永翔编写第 1、3、6、7 章，王世荣编写第 2、8 章，于群编写第 4、5 章，赵栩编写第 9 章。全书由马永翔统稿。

本书由李建忠教授主审，在审阅过程中提出了许多宝贵意见和建议，在此衷心感谢。在编写过程中，还得到了电力系统有关部门的帮助，在此一并表示感谢。

由于编者水平和实践经验有限，书中疏漏和不足之处在所难免，恳请读者批评指正。

编　者

2006 年 5 月

目　　录

第1章　绪　　论

本章知识结构图

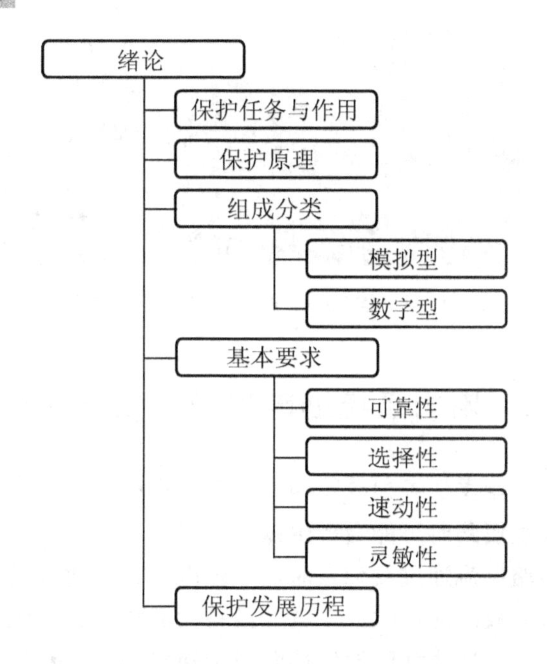

随着社会的发展，人们对电的需求越来越多，为了满足人们安全、可靠的用电需求，电力网络中装设有大量的继电保护装置，这些装置被喻为电力系统的无声卫士，时刻监控着设备的运行状况，一旦设备有不正常、故障情况，它们即刻发出报警信号或跳闸命令。这些装置如何协调工作，通过本章的学习，将会得到初步解答。

本章教学目标与要求

熟悉继电保护的任务、作用及基本原理。
掌握继电保护的组成、分类及要求。
理解继电保护工作的特点。
了解继电保护的发展历程。

本章导图　某750kV变电站GIS配电装置图

1.1　电力系统继电保护的任务和作用

电力系统在运行中可能发生各种故障和不正常运行状态，最常见同时也最危险的故障是各种类型的短路。发生短路时可能会产生以下后果。

(1) 数值较大的短路电流通过故障点时，产生电弧，使故障设备损坏或烧毁。

(2) 短路电流通过非故障元件时，使电气设备的载流部分和绝缘材料的温度超过散热条件的允许值而不断升高，造成载流导体熔断或加速绝缘老化和损坏，从而可能发展成为故障。

(3) 电力系统中部分地区的电压大大下降，破坏用户工作的稳定性或影响产品的质量。

(4) 破坏电力系统中各发电厂并列运行的稳定性，引起系统振荡，从而使事故扩大，甚至导致整个系统瓦解。

各种类型的短路包括三相短路、两相短路、两相短路接地和单相接地短路。不同类型短路发生的概率是不同的，不同类型短路电流的大小也不同，一般为额定电流的几倍到几十倍。大量的现场统计数据表明，在高压电网中，单相接地短路次数占所有短路次数的85%以上，2002年我国220kV电网共有输电线路3884条，线路总长150026km，共发生故障1487次，故障率为0.99次/(100km·年)。表1-1给出了2002年我国220kV电网输电线路各种类型故障发生的次数和百分比。

表1-1　2002年我国220kV电网输电线路故障统计表

故障类型	三相短路	两相短路	两相短路接地	单相接地短路	其他故障
故障次数	17	28	91	1319	32
故障百分比	1.14%	1.88%	6.12%	88.7%	2.16%

电力系统中电气元件的正常工作遭到破坏，但没有发生故障，这种情况属于不正常工作状态。如因负荷超过供电设备的额定值引起的电流升高，称过负荷，就是一种常见的不正常工作状态。在过负荷时，电气设备的载流部分和绝缘材料过度发热，从而使绝缘加速老化，甚至损坏，引起故障。此外，系统中出现功率缺额而引起的频率降低，发电机突然甩负荷而产生的过电压，以及电力系统发生振荡等，都属于不正常运行状态。

电力系统中发生不正常运行状态和故障时，都可能引起系统事故。事故是指系统全部或部分正常运行遭到破坏，电能质量变到不能容许的程度，以致造成对用户的停止供电或少供电，甚至造成人身伤亡和电气设备的损坏。

系统事故的发生，除了自然条件的因素(如雷击、架空线路倒杆等)外，一般都是由于设备制造上的缺陷、设计和安装的错误、检修质量不高或运行维护不当而引起的。因此，只有充分发挥人的主观能动性，正确地掌握客观规律，加强对设备的维护和检修，才可能大大减少事故发生的几率。

在电力系统中，除应采取各项积极措施消除或减少事故发生的可能性外，还应能做到设备或输电线路一旦发生故障时，应尽快地将故障设备或线路从系统中切除，保证非故障部分继续安全运行，缩小事故影响范围。

由于电力系统是一个整体，电能生产、传输、分配和使用是同时完成的，各设备之间都有电或磁的联系，因此，当某一设备或线路发生短路故障时，在很短的时间就影响整个电力系统的其他部分，为此要求切除故障设备或输电线路的时间必须很短，通常切除故障的时间小到十分之几秒到百分之几秒。显然要在这样短的时间内由运行人员及时发现并手动将故障切除是绝对不可能的。因此，只有借助于装设在每个电气设备或线路上的自动装置，即继电保护装置才能实现。这种装置到目前为止，有一部分仍然由单个继电器或继电器与其附属设备的组合构成，故称为继电保护装置。

在电子式静态保护装置和数字式保护装置出现以后，虽然继电器多已被电子元件或计算机取代，但仍沿用此名称。在电业部门常常用继电保护一词泛指继电保护技术或由各种继电保护装置组成的继电保护系统。继电保护装置一词则指各种具体的装置。

继电保护装置就是指能反应电力系统中电气元件发生故障或不正常运行状态，并动作于断路器跳闸或发出信号的一种自动装置。它的基本任务如下。

(1) 自动、迅速、有选择性地将故障元件从电力系统中切除，使故障元件免于继续遭到破坏，保证其他无故障部分迅速恢复正常运行。

(2) 反应电气元件的不正常运行状态，并根据运行维护的条件(如有无经常值班人员)而动作于信号，以便值班员及时处理，或由装置自动进行调整，或将那些继续运行就会引起损坏或发展成为事故的电气设备予以切除。此时一般不要求保护迅速动作，而是根据对电力系统及其元件的危害程度规定一定的延时，以免暂短的运行波动造成不必要的动作和干扰而引起的误动。

(3) 继电保护装置还可以与电力系统中的其他自动化装置配合，在条件允许时，采取预定措施，缩短事故停电时间，尽快恢复供电，从而提高电力系统运行的可靠性。

由此可见，继电保护在电力系统中的主要作用是通过预防事故或缩小事故范围来提高系统运行的可靠性，最大限度地保证向用户安全连续供电。因此，继电保护是电力系统的重要组成部分，是保证电力系统安全可靠运行的必不可少的技术措施之一。在现代的电力系统中，如果没有专门的继电保护装置，要想维持系统的正常运行是根本不可能的。

1.2 继电保护的基本原理

为了完成上述第一个任务，继电保护装置必须具有正确区分被保护元件是处于正常运行状态还是发生了故障，是保护区内故障还是区外故障的功能。保护装置要实现这一功能，需要根据电力系统发生故障前后电气物理量变化的特征为基础来构成。

电力系统发生故障后，工频电气量变化的主要特征如下。

(1) 电流增大。短路时故障点与电源之间的电气设备和输电线路上的电流将由负荷电流增大至大大超过负荷电流。

(2) 电压降低。当发生相间短路和接地短路故障时，系统各点的相间电压或相电压值下降，且越靠近短路点，电压越低。

(3) 电流与电压之间的相位角改变。正常运行时电流与电压间的相位角是负荷的功率因数角，一般约为20°，三相短路时，电流与电压之间的相位角是由线路的阻抗角决定的，一般为60°～85°，而在保护反方向三相短路时，电流与电压之间的相位角则是180°+(60°～85°)。

(4) 测量阻抗发生变化。测量阻抗即测量点(变护安装处)电压与电流的比值。正常运行时，测量阻抗为负荷阻抗；金属性短路时，测量阻抗转变为线路阻抗，故障后测量阻抗显著减小，而阻抗角增大。

不对称短路时，出现相序分量，这些分量在正常运行时是不出现的。

利用短路故障时电气量的变化，便可构成各种原理的继电保护。例如，据短路故障时电流的增大，可构成过电流保护；据短路故障时电压的降低，可构成电压保护；据短路故障时电流与电压之间相角的变化，可构成功率方向保护；据电压与电流比值的变化，可构成距离保护；据故障时被保护元件两端电流相位和大小的变化，可构成差动保护；据不对称短路故障时出现的电流、电压的相序分量，可构成零序电流保护、负序电流保护和负序功率方向保护；高频保护则是利用高频通道来传递线路两端电流相位、大小和短路功率方向信号的一种保护。

此外，除了上述反应工频电气量的保护外，还有反应非工频电气量的保护，如超高压输电线路的行波保护、电力变压器的瓦斯保护及反应电动机绕组温度升高的过负荷或过热保护等。

1.3 继电保护的组成及分类

继电保护实际上是一种自动控制装置。从20世纪初到现在，继电保护装置经历了机电式保护装置(包括电磁型、感应型、整流型)、静态式保护装置(包括晶体管型、集成电路型)和数字式继电保护装置三大发展阶段。

机电型继电保护由若干个不同功能的继电器所组成。继电器是一种能自动动作的电器，只有加入某种物理量(如电流或电压等)，或者加入的物理量达到一定数值时，它才会动作，其常开触点闭合，常闭触点断开，输出信号。

每个继电器都由感受元件、比较元件和执行元件 3 个主要部分组成。感受元件用来测量控制量的变化，并以某种形式传送到比较元件；比较元件将接收的控制量与整定值进行比较，并将比较结果的信号输入执行元件；执行元件执行继电器动作输出信号的任务。

继电器按动作原理的不同分为电磁型、感应型、整流型等；按反应物理量的不同可分为电流、电压、功率方向和阻抗继电器等；按继电器在保护装置中的作用不同可分为主继电器(如电流、电压和阻抗继电器等)和辅助继电器(如中间、时间和信号继电器等)。

有机械的可动部分和接点的继电器称为机电型继电器。由这类继电器组成的继电保护装置称为机电型继电保护。

静态继电保护装置是应用晶体管或集成电路等电子元件来实现的，它由若干个不同功能的回路，如测量、比较或比相触发、延时、逻辑和输出等回路组成。具有体积小、重量轻、功耗小、灵敏度高、动作快和不怕震动、可以实现无触点等一系列的优点。

模拟型继电保护装置的种类很多，一般而言，它们都由测量回路、逻辑回路和执行回路 3 个主要部分组成，其原理框图如图 1.1 所示。

图 1.1　模拟型继电保护装置原理框图

测量回路的作用是测量与被保护电气设备或线路工作状态有关的物理量的变化的，如电流、电压等的变化，以确定电力系统是否发生了短路故障或出现不正常运行情况；逻辑部分的作用是当电力系统发生故障时，根据测量回路的输出信号进行逻辑判断，以确定保护是否应该动作，并向执行元件发出相应的信号；执行回路的作用是执行逻辑回路的判断，发出切除故障的跳闸脉冲或指示不正常运行情况的信号。

现以最简单的过电流保护装置为例来说明继电保护的组成和基本工作原理。

图 1.2 所示为一条线路过电流保护装置的原理接线图，图中电流继电器 KA 的线圈接于被保护线路电流互感器 TA 的二次回路，这就是保护的测量回路，它监视被保护线路的运行状态，用以测量线路中电流的大小。在正常运行情况下，线路中通过最大负荷电流时，继电器不动作；当被保护线路发生短路故障，流入继电器 KA 线圈回路的电流大于继电器的动作电流时，电流继电器立即动作，触点闭合，接通逻辑回路中时间继电器 KT 的线圈回路，时间继电器启动并经延时后触点闭合，接通执行回路中的信号继电器 KS 和断路器 QF 跳闸线圈 YR 回路，使断路器 QF 跳闸，切除故障。

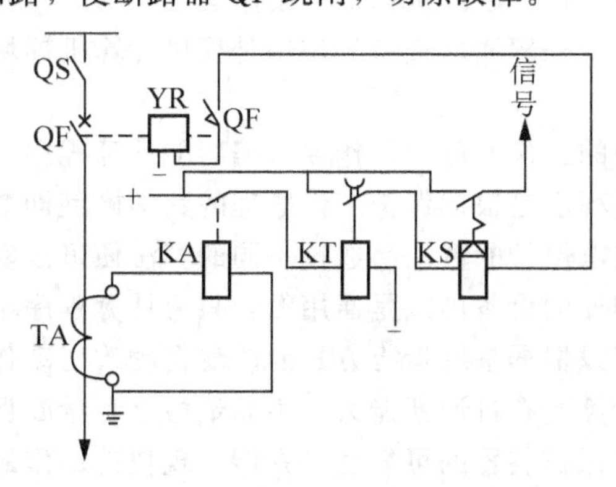

图 1.2　线路过电流保护装置单相原理接线图

数字型的计算机继电器保护是把被保护设备和线路输入的模拟电气量经模/数转换器(A/D)变换为数字量，利用计算机进行处理和判断。计算机由硬件部分和软件部分组成，硬件部分主要采用微型计算机或微处理器来实现，计算机保护硬件部分的原理框图如图 1.3 所示。

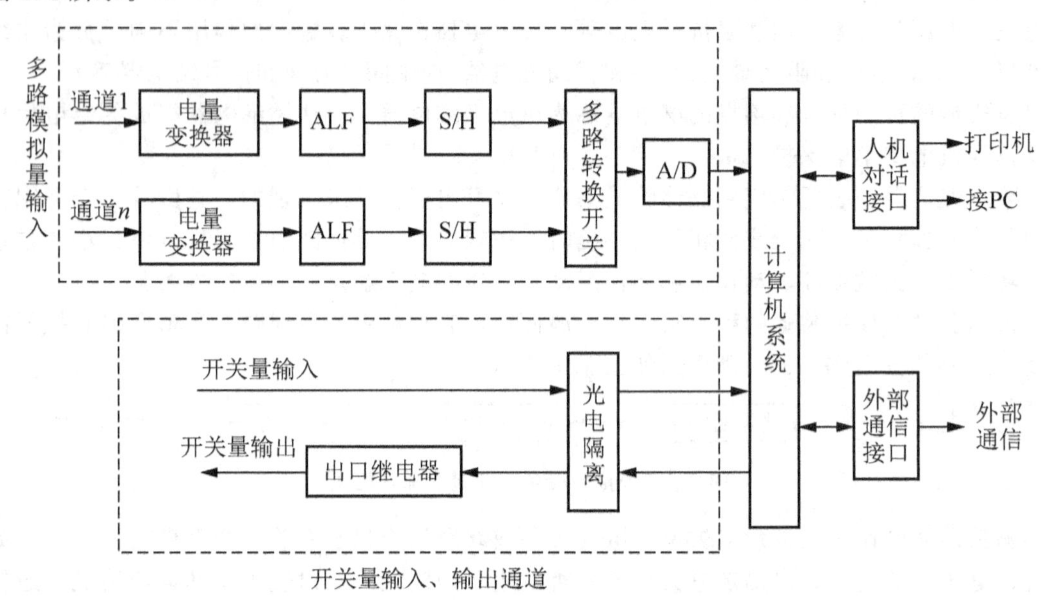

图 1.3　微机继电保护硬件部分原理框图

被保护设备或线路的交流电流、电压经电流互感器和电压互感器输入到计算机保护的输入通道。由于需要同时输入多路电压和电流(如三相电压和三相电流)，因此，需要配置多路输入通道。在输入通道中，首先经变换器将电流和电压变换为适于微机保护用的低电压量(±5～±10V)，再由模拟低通滤波器滤除直流分量、低频分量和高频及各种干扰波后，进入采样保持电路(S/H)，将一个在时间上连续变化的模拟量转换为时间上的离散量，完成对输入模拟量的采样。通过多路转换开关(MPX)将多个输入电气量按输入时间前后分开，依次送到模数转换器(A/D)，将模拟量转换为数字量进入计算机系统进行运算处理，判断是否发生故障，通过开关量输出通道输出，经光电隔离电路送到出口继电器，从而接通跳闸线圈，启动跳闸回路。

人机接口部分的作用是建立起微机保护与使用者之间的信息联系，以便对装置进行人工操作、调试和信息反馈。外部通信接口的作用是提供计算机局域通信网络以及远程通信网络的信息通道。

软件部分是根据保护的工作原理和动作要求编制的计算程序，不同原理的保护计算程序不同。微机保护的计算程序是根据保护工作原理的数学模型即数学表达式来编制的。这种数学模型称为计算机继电保护的算法。通过不同的算法便可以实现各种保护功能。各种类型保护的计算机硬件和外围设备可以是通用的，只要计算程序不同，就可以得到不同原理的保护，而且计算机可以根据系统运行方式的改变自动改变动作的整定值，使保护具有更大的灵活性。保护用计算机有自诊断能力，不断地检查和诊断保护本身的故障，并及时进行处理，大大地提高了保护装置的可靠性，并能实现快速动作的要求。

图 1.4 为微机型线路保护装置，图 1.5 为微机型变压器保护装置。

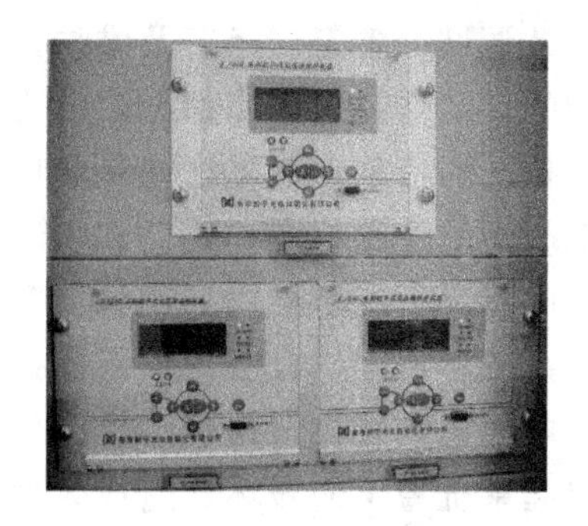

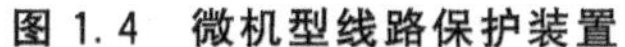
图 1.4　微机型线路保护装置

图 1.5　微机变压器保护装置

电力系统的继电保护根据被保护对象不同，分为发电厂、变电所电气设备的继电保护和输电线路的继电保护。前者是指发电机、变压器、母线和电动机等元件的继电保护，简称为元件保护；后者是指电力网及电力系统中输电线路的继电保护，简称线路保护。

按作用的不同继电保护又开分为主保护、后备保护和辅助保护。主保护是指当被保护元件内部发生的各种短路故障时，能满足系统稳定及设备安全要求的、有选择地切除被保护设备或线路故障的保护。后备保护是指当主保护或断路器拒绝动作时，用以将故障切除的保护。后备保护可分为远后备和近后备保护两种，远后备是指当主保护或断路器拒绝时，由相邻元件的保护部分实现的后备；近后备是指当主保护拒绝动作时，由本元件的另一套保护来实现的后备，当断路器拒绝动作时，由断路器失灵保护实现后备。辅助保护是指为了补充主保护和后备保护的不足而增设的简单保护。

继电保护装置需有操作电源供给保护回路、断路器跳、合闸及信号等二次回路。按操作电源性质的不同，可以分为直流操作电源和交流操作电源。通常在发电厂和变电所中继电保护的操作电源是由蓄电池直流系统供电，蓄电池是一种独立电源，其最大的优点是工作可靠，但缺点是投资较大、维护麻烦。交流操作电源的优点是投资少、维护简便，但缺点是可靠性差。因此，交流操作电源的继电保护适合于中小型变电所，特别是农村小型变电所的使用。

1.4　传统继电保护装置的要求

继电保护装置为了完成它的任务，必须在技术上满足可靠性、选择性、快速性、灵敏性 4 个基本要求。对于作用于继电器跳闸的继电保护，应同时满足 4 个基本要求。对于作用于信号以及只反映不正常运行情况的继电保护装置，这 4 个基本要求中有些要求如速动性可以降低。现将 4 个基本要求分述如下。

1.4.1　可靠性

可靠性包括安全性和信赖性，是对继电保护最根本的要求。所谓安全性是要求继电保护在不需要它动作时可靠不动作，即不发生误动。所谓信赖性是要求继电保护在规定的保护范围内发生了应该动作的故障时可靠动作，即不拒动。

安全性和信赖性主要取决于保护装置本身的制造质量、保护回路的连接和运行维护的水平。一般而言，保护装置的组成元件质量越高、回路接线越简单，保护的工作就越可靠。同时正确的调试、整定、运行及维护，对于提高保护的可靠性都具有重要的作用。

继电保护的误动作和拒动作都会给电力系统带来严重危害。然而，提高不误动的安全措施与提高不拒动的信赖性措施往往是矛盾的。由于电力系统结构和负荷性质不同，电力元件在电力系统中的位置不同，误动和拒动的危害程度不同，因而提高安全性和信赖性的侧重点在不同的情况下有所不同。例如，对220kV及以上系统，由于电网联系比较紧密，联络线较多，系统备用容量较多，如果保护误动，使某条线路、某台发电机或变压器误动切除，给整个电力系统造成直接经济损失较小。但如果保护装置拒动，将会造成电力元件的损坏或者引起系统稳定的破坏，造成大面积的停电。在这种情况下一般应该更强调保护不拒动的信赖性，目前要求每回220kV及以上输电线路都装设两套工作原理不同、工作回路完全独立的快速保护，采取各自独立跳闸的方式，提高不拒动的信赖性。而对于母线保护，由于它的误动将会给电力系统带来严重后果，因此，更强调不误动的安全性，一般以两套保护出口触点串联后启动跳闸回路的方式。

即使对于相同的电力元件，随着电网的发展，保护不误动和不拒动对系统的影响也会发生变化。例如，一个更高一级的电网建设初期或大型电厂投产初期，由于联络线较少、输送容量较大，切除一个元件就会对系统产生很多影响，此时，防止误动就最为重要；随着电网建设的发展，联络线路愈来愈多，联系愈来愈紧密，防止拒动就变为最重要的。在说明防止误动更重要的时候，并不是说拒动不重要，而是说在保证防止误动的同时，要充分防止拒动；反之亦然。

1.4.2 选择性

所谓选择性就是指当电力系统中的设备或线路发生短路时，其继电保护仅将故障的设备或线路从电力系统中切除，当故障设备或线路的保护或断路器拒动时，应由相邻设备或线路的保护将故障切除。

在图1.6所示的网络中，当k_1点发生短路故障时，应由故障线路上的保护1和2动作，将故障线路切除，这时变电所B则仍可由另一条非故障线路继续供电。当k_3点发生短路故障时，应由线路的保护6动作，使断路器6QF跳闸，将故障线CD切除，这时只有变电所D停电。由此可见，继电保护有选择性的动作可将停电范围限制到最小，甚至可以做到不中断对用户的供电。

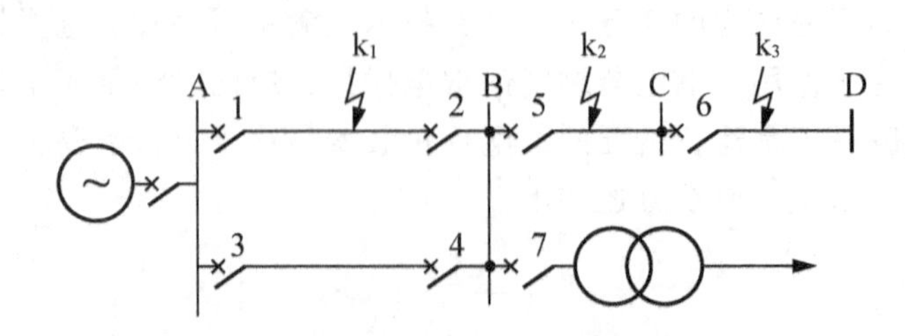

图1.6 单侧电源网络中有选择性动作的说明图

在要求保护动作有选择性的同时，还必须考虑保护或断路器有拒动的可能性，因而就需要考虑后备保护的问题。

当k_3点发生短路故障时，距短路点最近的保护6应动作切除故障，但由于某种原因，该处的保护或断路器拒动，故障便不能消除，此时如其前面一条线路(靠近电源侧)的保护

5 动作，故障也可消除。此时保护 5 所起的作用就称为相邻元件的后备保护。同理保护 1 和 3 又应该作为保护 5 和 7 的后备保护。由于按以上方式构成的后备保护是在远处实现的，因此，又称其为远后备保护。

一般情况下远后备保护动作切除故障时将使供电中断的范围扩大。

在复杂的高压电网中当实现远后备保护有困难时，也可采用近后备保护的方式。即当本元件的主保护拒绝动作时，由本元件的另一套保护作为后备保护；当断路器拒绝动作时，由同一发电厂或变电所内的有关断路器动作，实现后备。为此，在每一个元件上应装设简单的主保护和后备保护，并装设必要的断路器失灵保护。由于这种后备保护作用是在主保护安装处实现，为近后备保护。

应当指出，远后备保护的性能是比较完善的，它对相邻元件的保护装置、断路器、二次回路和直流电源引起的拒绝动作，均能起到后备作用，同时实现简单、经济，因此，在电压较低的线路上应优先采用，只有当远后备不能满足灵敏度和速动性的要求时，才考虑采用近后备的方式。

1.4.3 速动性

所谓速动性就是指继电保护装置应能尽快地切除故障，以减少设备及用户在大电流、低电压运行的时间，降低设备的损坏程度，提高系统并列运行的稳定性。动作迅速而又能满足选择性要求的保护装置，一般结构都比较复杂，价格昂贵，对大量的中、低压电力设备，不一定都采用高速动作的保护。对保护速动性的要求应根据电力系统的接线和被保护设备的具体情况，经技术经济比较后确定。一般必须快速切除的故障有如下几种。

(1) 使发电厂或重要用户的母线电压低于有效值(一般为 0.7 倍额定电压)。

(2) 大容量的发电机、变压器和电动机内部故障。

(3) 中、低压线路导线截面过小，为避免过热不允许延时切除的故障。

(4) 可能危及人身安全、对通信系统或铁路信号造成强烈干扰的故障。

在高压电网中，维持电力系统的暂态稳定性往往成为继电保护快速性的决定性因素，故障切除愈快，暂态稳定极限(维持故障切除后系统的稳定性所允许的故障前输送功率)愈高，愈能发挥电网的输电效能。

故障切除时间包括保护装置和断路器动作时间，一般快速保护的动作时间为 0.04～0.08s，最快的可达 0.01～0.04s，一般断路器的跳闸时间为 0.06～0.15s，最快的可达 0.02～0.06s。

但应指出，要求保护切除故障达到最小时间并不是在任何情况下都是合理的，故障必须根据技术条件来确定。实际上，对不同电压等级和不同结构的电网，切除故障的最小时间有不同的要求。例如，对于 35k～60kV 配电网络，一般为 0.5～0.7s；110k～330kV 高压电网，约为 0.15～0.3s；500kV 及以上超高压电网，约为 0.1～0.12s。目前国产的继电保护装置，在一般情况下，完全可以满足上述电网对快速切除故障的要求。

对于反应不正常运行情况的继电保护装置，一般不要求快速动作，而应按照选择性的条件，带延时地发出信号。

1.4.4 灵敏性

灵敏性是指电气设备或线路在被保护范围内发生短路故障或不正常运行情况时，保护装置的反应能力。能满足灵敏性要求的继电保护，在规定的范围内故障时，无论短路点的位置和短路的类型如何，以及短路点是否有过渡电阻，都能正确反应动作，即要求不但在系统最大运行方式下三相短路时能可靠动作，而且在系统最小运行方式下经过较大的过渡电阻两相或单相短路故障时也能可靠动作。

所谓系统最大运行方式就是被保护线路末端短路时，系统等效阻抗最小，通过保护装置的短路电流为最大运行方式；系统最小运行方式就是在同样短路故障情况下，系统等效阻抗为最大，通过保护装置的短路电流为最小的运行方式。

保护装置的灵敏性是用灵敏系数来衡量的。灵敏系数表示式如下。

（1）对于反应故障参量增加(如过电流)的保护装置

$$\text{灵敏系数}=\frac{\text{保护区末端金属性短路时故障参数的最小计算值}}{\text{保护装置动作参数的整定值}}$$

（2）对于反应故障参量降低(如低电压)的保护装置

$$\text{灵敏系数}=\frac{\text{保护装置动作参数的整定值}}{\text{保护区末端金属性短路时故障参数的最大计算值}}$$

故障参数如电流、电压和阻抗等的计算，应根据实际可能的最不利的运行方式和故障类型来进行。

增加灵敏性，即增加了保护动作的信赖性，但有时与安全性相矛盾。对不同作用的保护及被保护的设备和线路，所要求的灵敏系数不同，其值见附录1所示。

以上4个基本要求是设计、配置和维护继电保护的依据，又是分析评价继电保护的基础。它们之间是相互联系的，但往往又存在着矛盾。对它们中的每一项要求都应有度，不应片面强调某一项而忽略另一项。对4项的要求应以满足电力系统的安全运行为准则。由于要求保护装置既不误动，又不拒动，这两项相互对立的方面必须警惕，任何提高灵敏度的措施都有可能造成误动的可能，而任何加装闭锁防止误动的措施都有可能造成拒动的可能。当然只是一种可能性，如：为了保证选择性，有时就要求保护动作必须具有一定的延时；为了保证灵敏性，有时就允许保护装置无选择性地动作，再采用自动重合闸装置进行纠正；为了保证动作迅速和灵敏，有时就采用比较复杂和可靠性稍差的保护。因此，在设计继电保护和使用继电保护装置时，要根据具体情况(被保护对象、电力系统条件、运行经验等)分清主次，统筹兼顾，获取相对最优的整定结果。

1.5 继电保护装置的新要求

1.5.1 精简性

这一性能要求最早是由西屋公司提出的。随着继电保护技术的发展和电力系统对保护装置要求的提高，继电保护装置功能和结构越来越复杂。从预想来说，自然保护性能会不断提高，但结构过分复杂会给装置调试、维护带来很大困难，反而使实际性能下降。

需要指出的是，在计算机保护装置中，保护功能是由软件设计取得的，功能增加不需要增加硬件设备，但是如果功能过于复杂，顾此失彼，且整定困难，实际应用上不能取得很好的效果。

所以，随着保护技术、电子技术和计算机技术的不断发展，继电保护装置的功能和结构应注意其精简性，有些需要依靠精确计算才能整定的功能，引入时要慎重。

1.5.2 自适应性

继电保护装置服务于电力系统的安全运行，有些保护在原理上使保护的动作特性与电力系统运行方式或故障状态有关。设计人员希望当系统运行方式或故障状态改变时，保护的动作特性向改善保护装置工作特性方向转变，即自适应性。

实际上保护装置自适应性很早就已经被利用了，例如，反时限电流保护就具有一定的自适应性，线路反时限电流保护能自适应故障点位置改善和保护装置动作选择性，电机的反时限保护能自适应被保护电机允许发热情况等。

随着电力系统的发展，保护装置的构成变得愈加复杂，而且运行特性受电力系统运行方式的变化影响加大，因此，精简性、自适应性也将会成为继电保护工作者不得不考虑的问题。

1.6 继电保护的发展历程

继电保护技术是随着电力系统的发展而发展起来的。电力系统发生短路是不可避免的，短路必然伴随着电流的增大，因而，为了保护发电机免受短路电流的破坏，首先出现了反应电流超过一预定值的过流保护。熔断器就是最早的、最简单的过电流保护。这种保护方式时至今日仍广泛应用于低压线路和用电设备。熔断器的特点是融保护装置与切断电流的装置于一体，因而最为简单。由于电力系统的发展，用电设备功率、发电机的容量不断增大，熔断器已不能满足选择性和快速性的要求，于是出现了作用于专门的断流装置(断路器)的过电流继电器。1890 年后出现了装于断路器上并直接作用于断路器的一次式(直接反应于一次短路电流)的电磁型过电流继电器。19 世纪初，随着电力系统的发展，继电器才开始广泛应用于电力系统的保护。这个时期可认为是继电器保护技术发展的开端。

1901 年出现了感应型过电流继电器。1908 年提出了比较被保护元件两端电流的电流差动保护原理。1910 年方向电流保护开始得到应用，在此时期也出现了将电流与电压比较的保护原理，并导致了 1920 年后距离保护装置的出现。随着电力系统载波通信的发展，在 1927 年前后，出现了利用高压输电线上高频载波电流传送和比较输电线两端功率方向或电流相位的高频保护装置。20 世纪 50 年代就出现了利用故障点产生的行波实现快速继电保护的设想，经过 20 余年的研究，终于诞生了行波保护装置。显然，随着光纤通信将在电力系统中的大量采用，利用光纤通道的继电保护必须广泛的应用。

以上是继电保护原理的发展过程。与此同时，构成继电保护装置的元件、材料、保护装置的结构型式和制造工艺也发生了巨大的变革。经历了机电式保护装置、静态保护装置和数字式保护装置 3 个发展阶段。

机电式保护装置由具有机械传动部件带动触点断开、闭合的机电式继电器如电磁型、感应型和电动型组成，由于其工作比较可靠，不需要外加电源，抗干扰性能好，使用了相当长时间，特别是单个继电器目前仍在电力系统中广泛使用。但由于这种保护装置体积大、动作速度慢、触点易磨损和黏连，调试维护比较复杂，难于满足超高压、大容量电力系统的需要。

20 世纪 50 年代，随着晶体管的发展，出现了晶体管保护装置。这种保护装置体积小、动作速度快、无机械转动部分，经过 20 余年的研究与实践，晶体管式保护装置的抗干扰问题从理论和实际都得到了满意的解决。20 世纪 70 年代，晶体管保护在我国被大量采用。随着集成电路的发展，可以将许多晶体管集成在一块芯片上，从而出现了体积更小、工作更可靠的集成电路保护。20 世纪 80 年代后期，静态继电保护装置由晶体管式向集成电路式过渡，成为静态继电保护的主要形式。

20 世纪 60 年代末，有人提出了用小型计算机实现继电保护的设想，但由于小型计算机当时价格昂贵，难于实际采用。由此开始了对继电保护计算机算法的大量研究，这为后来微型计算机式保护的发展奠定了理论基础。随着微处理器技术的快速发展和价格的急剧下降，在 20 世纪 70 年代后期，便出现了性能比较完善的微机保护样机并投入运行。80 年代微机保护在硬件和软件技术方面已趋成熟，进入 90 年代，微机保护已在我国大量应用，主运算器由 8 位机、16 位机发展到目前的 32 位机；数据转换与处理器件由模数转换器(A/D)、压频转换器(VFC)，发展到数字处理器(DSP)。这种由计算机技术构成的继电保护称为数字式继电保护，如图 1.3 所示。这种保护可用相同的硬件实现不同原理的保护，使制造大为简化，生产标准化、批量化，硬件可靠性高；具有强大的存储、记忆和运算功能，可以实现复杂原理的保护，为新原理保护的发展提高了实现条件。除了实现保护功能外，还可兼有故障录波、故障测距、事件顺序记录和保护管理中心计算机及调度自动化系统通信等功能，这对于保护的运行管理、电网事故分析及事故后的处理等均有重要意义。另外它可以不断地对本身的硬件和软件自检，发现装置的异常情况并通知运行维护中心。

由于网络的发展与电力系统中的大量采用，给微机保护提供了很大的发展空间。微机硬件和软件功能的空前强大、变电站综合自动化和调度自动化的兴起和电力系统光纤通信网络的逐步形成，从而使得微机保护不能也不应该再是一个孤立的、任务单一的、“消极待命”的装置，而应该是积极参与、共同维护电力系统整体安全稳定运行的计算机自动控制系统的基本组成单元。微机保护不仅要能实现被保护设备的切除及自动重合，还可作为自动控制系统的终端，接收调度命令实现跳、合闸等操作，以及故障诊断、稳定预测、安全监视、无功调节、负荷控制等功能。

此外，由于计算机网络提供数据信息共享的优越性，微机保护可以占有全系统的运行数据和信息，应用自适应原理和人工智能方法使保护原理、性能和可靠性得到进一步的发展和提高，使继电保护技术沿着网络化、智能化、自适应和保护、测量、控制、数据通信于一体的方向不断发展。

近年来，由于我国经济的迅猛发展，一个坚强庞大的电力网络已初步形成，从而也给广大的电力研发工作者提供了很好的机遇，虽然我国继电保护水平已跃居世界前列，但还应继续努力，不断提高继电保护的水平，时刻保证电网的安全可靠运行。目前现场使用的微机型继电保护装置如图 1.7 所示。

图 1.7　微机型继电保护装置

1.7　电力系统继电保护工作者的要求

由于继电保护在电力系统中的作用及其对电力系统安全连续供电的重要性，要求继电保护必须具有一定的性能、特点，因而对继电保护工作者也应提出相应的要求。继电保护的主要特点及对其工作者的要求如下。

(1) 电力系统是由很多复杂的一次主设备和二次保护、控制、调节、信号等辅助设备组成的一个有机整体。每个设备都有其特有的运行特性和故障时的工况。任一设备的故障都将立即引起系统正常运行状态的改变或破坏，给其他设备以及整个系统造成不同程度的影响。因此，继电保护的工作涉及每个电气主设备和二次辅助设备。这就要求继电保护工作者对所有这些设备的工作原理、性能、参数计算和故障状态的分析等有深刻的理解，还要有广泛的生产运行知识。此外对于整个电力系统的规划设计原则、运行方式制订的依据、电压及频率调节的理论、潮流及稳定计算的方法以及经济调度、安全控制原理和方法等都要有清楚的概念。

(2) 电力系统继电保护是一门综合性的学科，它奠基于理论电工、电机学和电力系统分析等基础理论，还与电子技术、通信技术、计算机技术和信息科学等新理论、新技术有着密切的关系。纵观继电保护技术的发展史，可以看到电力系统通信技术上的每一个重大进展都导致了一种新保护原理的出现，如高频保护、微波保护和光纤保护等；每一种新电子元件的出现也都引起了继电保护装置的革命。由机电式继电器发展到晶体管保护装置、集成电路式保护装置和微机保护，就充分说明了这个问题。目前微机保护的普及及光纤通信和信息网络的实现正在使继电保护技术的面貌发生根本的变化。在继电保护的设计、制造和运行方面都将出现一些新的理论、新的概念和新的方法。由此可见，继电保护工作者应密切注意相邻学科中新理论、新技术、新材料的发展情况，积极而慎重地运用各种新技术成果，不断发展继电保护的理论、提高其技术水平和可靠性指标，改善保护装置的性能，以保证电力系统的安全运行。

(3) 继电保护是一门理论和实践并重的学科。为掌握继电保护装置的性能及其在电力系统故障时的动作行为，既需运用所学课程的理论知识对系统故障情况和保护装置动作行为进行分析，还需对继电保护装置进行实验室试验、数字仿真分析、在电力系统动态模型上试验、现场人工故障试验以及在现场条件下的试运行。仅有理论分析不能认为对保护性能的了解是充分的。只有经过各种严格的试验，试验结果和理论分析基本一致，并满足预定的要求，才能在实践中采用。因此，要搞好继电保护工作不仅要善于对复杂的系统运行和保护性能问题进行理论分析，还必须掌握科学的实验技术，尤其是在现场条件下进行调试和实验的技术。

(4) 继电保护的工作稍有差错，就可能对电力系统的运行造成严重的影响，给国民经济和人民生活带来不可估量的损失。国内、外几次电力系统瓦解，进而导致广大地区工、农业生产瘫痪和社会秩序混乱的严重事故，常常是由一个继电保护装置不正确动作所引起的。因此，继电保护工作者对电力系统的安全运行肩负着重大的责任。这就要求继电保护工作者具有高度的责任感，严谨细致的工作作风，在工作中树立可靠性第一的思想。此外，还要求他们有合作精神，主动配合各规划、设计和运行部门分析研究电力系统发展和运行情况，了解对继电保护的要求，以便及时采取应有的措施，确保继电保护满足电力系统运行的要求。

注意： *需要说明的是，继电保护的绝大多数不正确动作情况并不难分析，而是“始料不及”酿成大错；不是分析不了，而是不知道该分析什么。*

随着运行经验的不断积累，现在对应考虑的问题清楚多了。必须考虑的应是实际可能发生的故障。对于个别稀有的情况，只要全系统继电保护动作的总体评价是正确的，个别保护装置的动作不恰当，只要未扩大事故就不必修改，以免顾此失彼反而降低了在常见故障中的性能。

凡是应由一次系统解决的问题就不应由继电保护来解决，继电保护工作者不要包揽这些事情。如在一个由系统单侧电源供电的地区，可能有小水电并网运行。一旦系统供电中断，地区频率急剧下降(可能接近 30Hz)，使得有些继电器工作混乱，很可能导致保护误动，但并未扩大事故，若在如此低的频率下仍要求继电器正常工作，那就没有道理了。

本章小结

本章为学习本课程提供了基础知识，主要介绍了继电保护装置的组成、工作原理、实现方法及发展历程，同时对继电保护装置四性的要求进行了详细的分析。通过学习，使大家认识到，在实际中往往要想兼顾四性的要求是很难的，因此，今后的工作中，应根据网络的情况、负荷的重要程度等因素分清主次，统筹兼顾，从而获取相对最优的定值。

关键词

继电器 Relay；**继电保护装置** Relay Protection Equipment；**继电保护** Relay Protection；**可靠性** Reliability；**选择性** Selectivity；**快速性** Rapidity；**灵敏性** Sensitivity

阅读材料

面向21世纪的智能电网

智能电网是自动的和广泛分布的能量交换网络，它具有电力和信息双向流动的特点，同时能够监测从发电厂到用户电器之间的所有元件，其总体设想包括以下几方面。

智能化：具有可遥感系统过载的能力和网络自动重构，即“自愈”的能力，以防止或减轻潜在的停电；在系统需要作出人为无法实现的快速反应时，能根据电力公司、消费者和监管人员的要求，自主地工作。

高效：少增加乃至不增加基础设施就能满足日益增长的消费需求。

包容：能够容易和透明地接受任何种类的能量，包括太阳能和风能；能够集成各种各样已经得到市场证明和可以接入电网的优良技术，如成熟的储能技术。

激励：使消费者与电力公司之间能够实时地沟通，从而消费者可以根据个人偏好定制其电能消费。

机遇：具有随时随地利用即插即用创新的能力，从而创造新的机遇和市场。

重视质量：能够提供数字化经济所需要的可靠性和电能质量(如极小化电压的凹陷、尖峰、谐波、干扰和中断)。

鲁棒：自愈、更为分散并采用了安全协议，使系统有抵御人为攻击和自然灾害的能力。

环保：减缓全球气候变化，提供可大幅度改善环境的切实有效的途径。

智能电网将像互联网那样改变人们的生活和工作方式，并激励类似的变革。但由于其本身的复杂性和涉及广泛的利益相关者，实现智能电网需要漫长的过渡、持续的研发和多种技术的长期共存。

资料来源：科学时报，余贻鑫等

习　题

1.1　填空题

1. 故障发生后对电力系统造成的后果有______、______、______。
2. 电气设备运行超过额定电流时将引起______、______、______、______等。
3. 继电保护的基本任务是______、______。
4. 继电器是______的一种自动器件；继电保护装置由______组成，一般分为______、______、______部分。
5. 缩短故障切除时间就必须______和______。
6. 所谓运用中的设备是指______或______带电及______带电的设备。

7. 实际工作中只能用______的方法校验保护回路和整定值的正确性。

8. 电网继电保护的整定不能兼顾速动性、选择性或灵敏性时按下列原则取舍：局部电网服从整个电网；下级电网______上一级电网；局部问题______；尽量照顾局部电网和下级电网的需要，保证重要用户供电。

9. 在某些情况下，必须加速切除短路时，可使保护______动作。但必须采用补救措施，如重合闸和备自投来补救。

10. 电力设备由一种运行方式转为另一种运行的操作过程中，被操作的有关设备均应在______，部分保护装置可短时失去______。

1.2 选择题

1. 继电保护工作经常强调防止"三误"事故的发生，"三误"是指(　　)。

A. 误入间隔，误接线，误投压板

B. 误碰，误接线，误整定

C. 误碰，误接线，误试验

2. 我国继电保护装备技术进步先后经历了5个阶段，其发展顺序依次是(　　)。

A. 机电型，晶体管型，整流型，集成电路型，微机型

B. 机电型，整流型，集成电路型，晶体管型，微机型

C. 机电型，整流型，晶体管型，集成电路型，微机型

3. 电力系统继电保护和安全自动装置的科研、设计、制造、施工和运行等有关部门共同遵守的基本技术原则是(　　)。

A. 继电保护和安全自动装置技术规程

B. 继电保护和安全自动装置检验条例

C. 继电保护和安全自动装置运行管理规程

4. 继电保护装置检验分类为(　　)。

A. 验收检验，定期检验，补充检验

B. 验收检验，部分检验，事故后检验

C. 整组检验，全部检验，部分检验

5. 继电保护和安全自动装置是电力系统的重要组成部分。确定电力网结构、厂站主接线和运行方式时，必须与(　　)统筹考虑，合理安排。

A. 设计和基建部门

B. 继电保护和安全自动装置的配置

C. 投资方和运行单位

6. 所有继电保护装置投入运行后的第一年内需进行一次(　　)。

A. 全部检验　　B. 部分检验　　C. 补充检验

7. 为防止继电保护"三误"事故，凡是在现场接触到运行的继电保护、安全自动装置及其二次回路的所有人员，除必须遵守《电业安全工作规程》外，还必须遵守(　　)。

A. 继电保护和电网安全自动装置现场工作保安规定

B. 继电保护及电网安全自动装置检验条例

C. 继电保护和电网安全自动装置技术规程

8. 自耦变压器中性点必须接地，是为了避免当高压侧电网发生单相接地故障时(　　)。

A. 高、中压侧均出现过电压 B. 高压侧出现过电压 C. 中压侧出现过电压

9.( )一般由测量部分、逻辑部分和执行部分构成。

A. 继电器 B. 继电保护装置 C. 继电保护

10. 继电保护后备保护逐级配合是指( )。

A. 时间配合 B. 时间和灵敏度均配合性 C. 灵敏度配合

1.3 判断题

1. 在最大运行方式下，电流保护的保护区大于最小运行方式下的保护区。 ( )

2. 继电保护装置是保证电力元件安全运行的基本装备，任何电力元件不得在无保护的状态下运行。 ( )

3. 大接地电流系统是指所有变压器中性点均直接接地的系统。 ( )

4. 在我国，系统零序电抗与正序电抗的比值是大接地电流系统与小接地电流系统的划分标准。 ( )

5. 继电保护装置的电磁兼容性是指它具有一定的耐受电磁干扰的能力，对周围电子设备产生较小的干扰。 ( )

6. 系统运行方式越大，保护装置的动作灵敏度越高。 ( )

7. 自耦变压器中性点必须直接接地运行。 ( )

8. 快速切除线路和母线的短路故障是提高电力系统静态稳定的重要手段。 ( )

9. 主保护的双重化主要是指两套主保护的交流电流、电压和直流电源彼此独立；有独立的选相功能；有两套独立的保护专(复)用通道；断路器有两个跳闸线圈，每套主保护分别启动一组。 ( )

10. 对于220kV及以上电网不宜选用全星形自耦变压器，以免恶化接地故障后备保护的运行整定。 ( )

1.4 问答题

1. 什么是系统最大运行方式？什么是系统最小运行方式？对继电保护来说，怎样理解最大、最小运行方式？

2. 继电保护装置整定试验的原则是什么？

3. 当电网继电保护的整定不能兼顾速动性、选择性或灵敏性要求时，应按什么原则合理进行取舍？

4. 超高压线路按什么原则实现主保护的双重化？

5. 何为继电保护装置、继电器、继电保护系统、继电保护？

第2章　电网的电流保护

本章知识结构图

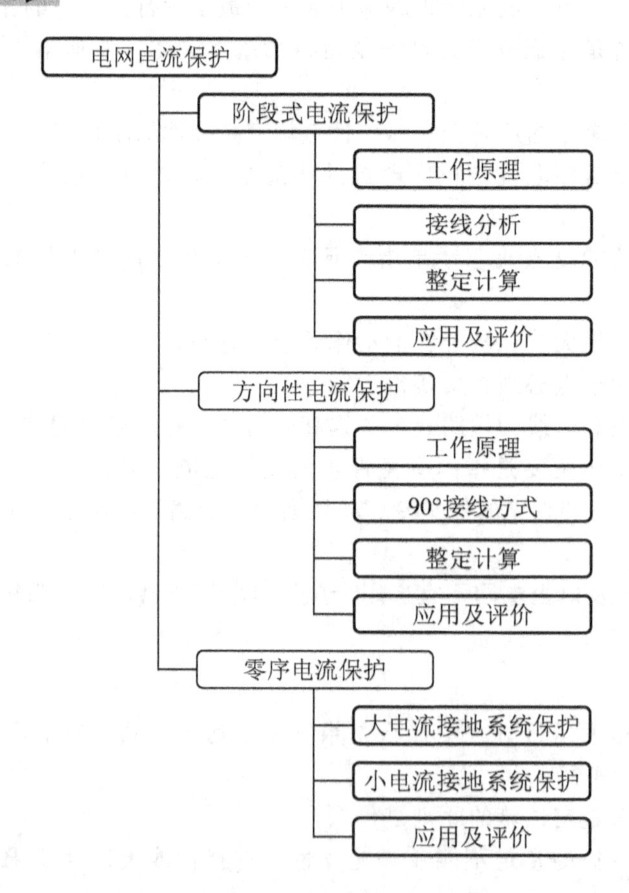

电网正常运行时，输电线路上流过正常的负荷电流，母线电压为额定电压。当输电线路发生短路时，故障相电流增大，根据这一特征，可以构成反应故障时电流增大而动作的电流保护，如何对输电线路构成保护并保证其选择性，通过本章的学习，即可予以解答。

本章教学目标与要求

熟悉继电器的分类及工作原理。
掌握单侧、多电源网络电流保护的实现原理及整定原则。
掌握大电流接地系统零序电流保护的原理及整定原则。
熟悉小电流接地系统保护的特点及实现方法。

本章导图 1000kV 特高压输电线路

2.1 单侧电源网络相间短路的电流保护

2.1.1 反应单一电气量的继电器

1. 继电器的分类

继电器是根据某种输入信号来实现自动切换电路的自动控制电器。当其输入量达到一定值时，能使其输出的被控制量发生预计的状态变化，如触点打开、闭合或电平由高变低、由低变高等，具有对被控制电路实现“通”、“断”控制的作用，所以它“类似于开关”。

继电器的基本原理是：当输入信号达到某一定值或由某一定值突跳到零时，继电器就动作，使被控制电路通断。它的功能是反应输入信号的变化以实现自动控制和保护。所以，继电器也可以这样定义：能自动地使被控制量发生跳跃变化的控制元件称为继电器。

在电力系统继电保护回路中，常用继电器的实现原理随着相关技术的发展而变化。目前仍在使用的继电器按输入信号的性质可分为电气继电器(如电流继电器、电压继电器、功率继电器、阻抗继电器等)和非电气继电器(如温度继电器、压力继电器、速度继电器、瓦斯继电器等)两类；按工作原理可分为电磁式、感应式、电动式、电子式(如晶体管型)、整流式、热式(利用电流热效应的原理)、数字式等；按输出形式可分为有触点式和无触点式；按用途可分为控制继电器(用于自动控制电路中)和保护继电器(用于继电保护电路中)。

保护继电器按其在继电保护装置中的功能，可分为主继电器(如电流继电器、电压继电器、阻抗继电器等)和辅助继电器(如时间继电器、信号继电器、中间继电器等)。

2. 继电器的基本组成与原理

继电器主要由反应机构、执行机构和中间机构 3 个部分组成。反应机构也称输入部分，其作用是能够反应外界一定的输入信号，并将其变换成继电器动作的某种特定的物理量(也称其为感受和变换功能)，如电磁式电流继电器的电磁系统，它反应输入的电流信号并将其变换为电磁力。执行机构也称输出部分，其作用是对被控制电路实现通断控制，它分为有触点式的(如电磁式电流继电器的触头系统)和无触点式的(如电子式继电器，其中的晶体管、晶闸管具有导通和截止两种状态，可实现通断控制，所以是执行机构)。比较机构也称中间部分，它处于反应机构和执行机构之间，其作用是将输入部分反应并变换的物理量与继电器的动作值进行比较，以决定执行机构是否动作(简称为比较功能)。为何要进行比较？因为继电器并不是在任意一个输入量下都可以使执行机构动作的，只有输入量达到一定值时才动作。如电磁式电流继电器的复位弹簧，事先对其调整使其具有一定的弹簧力，只有当电磁力的作用大于此弹簧力的作用时，才能使执行机构动作，所以复位弹簧就是比较机构。

3. 过电流继电器的原理框图

过电流继电器原理框图如图 2.1 所示，来自电流互感器 TA 二次侧的电流 I，加入到继电器的输入端，根据电流继电器的实现形式，如电磁型，则不需要经过变换，直接接入过电流继电器的线圈。若是电子型和数字型，由于实现电路是弱电回路，需要线性变换成弱电回路所需的信号电压。根据继电器的安装位置和工作任务给定动作值 I_{set}，为使继电器有普遍的使用价值，动作值 I_{set}可以调整。当加入到继电器的电流 I_r 大于动作值时，比较环节有输出。在电磁型继电器中，由于需要靠电磁转矩驱动机械触点的转动、闭合，需要一定的功率和时间，继电器又有自身固有的动作时间(几毫秒)，一般的干扰不会造成误动；对于电子型和数字型继电器，动作速度快、功率小，为提高动作的可靠性，防止干扰信号引起的误动作，故考虑了必须使测量值大于动作值的持续时间不小于 2～3ms 时，才能动作于输出。

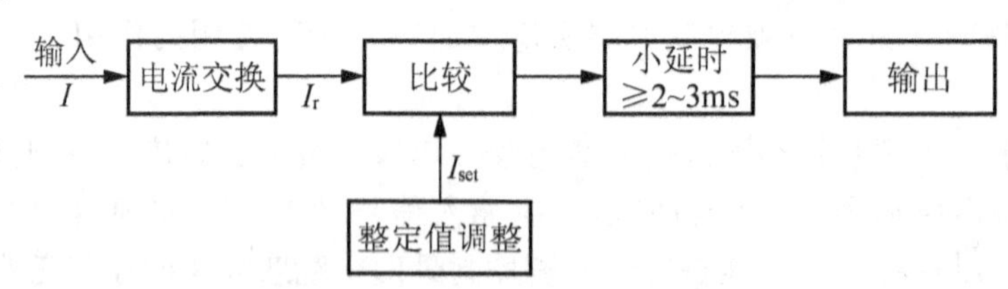

图 2.1　过电流继电器原理框图

4. 继电器的继电特性

继电器的继电特性(也称控制特性)是指继电器的输入量和输出量在整个变化过程中的相互关系。对于电磁式电流继电器，其继电特性如图 2.2 所示。

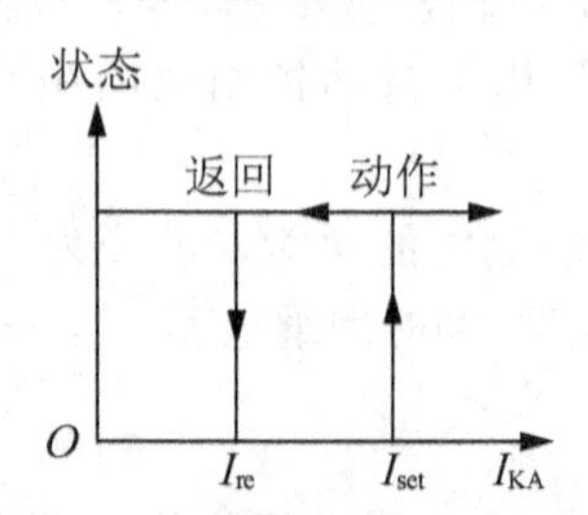

图 2.2　继电器的继电特性

当$I_{KA}<I_{set}$时，继电器不动作，而当$I_{KA}\geqslant I_{set}$时，继电器突然迅速动作。动作后，当保持$I_{KA}>I_{set}$时，继电器保持动作后状态。只有当$I_{KA}\leqslant I_{re}$时，继电器才突然返回到原位。无论是动作还是返回，继电器都是从起始位置到最终位置，它不可能停留在某一个中间位置上，这种特性就称为继电器的“继电特性”。

为保证继电器动作后有可靠地输出，防止当输入电流在整定值附近波动时输出不停地跳变，在加入继电器的电流小于返回电流I_{re}时，继电器才返回，返回电流I_{re}小于动作电流I_{set}。电流由较小值上升到动作电流及以上，继电器由不动作到动作；电流减小到返回电流I_{re}及以下，继电器由动作再到返回。其整个过程中输出应满足“继电特性”的要求。

5．继电器的返回系数

继电器的返回系数是指返回电流与动作电流的比值，即

$$K_{re}=\frac{I_{re}}{I_{set}} \tag{2-1}$$

K_{re}是一个重要的参数，在实际应用中要求继电器有较高的返回系数。对于电磁式电流继电器来说，可以采用坚硬的轴承以减小摩擦转矩M_m，或改善磁路系统的结构以适当减小剩余转矩等方法来提高返回系数。

一般情况下，反应电气量增加而动作的继电器，称过量继电器，其返回系数小于1，但要求其不小于0.85。反应电气量降低而动作的继电器，称欠量继电器，其返回系数大于1，但要求其不大于1.2。

6．对继电器的基本要求

对继电器的基本要求是工作可靠，动作过程具有“继电特性”。继电器的工作可靠是最重要的，主要是通过各部分结构设计合理、制造工艺先进、经过高质量检测等来保证。其次要求继电器动作值误差小、功率损耗小、动作迅速、动稳定性和热稳定性好以及抗干扰能力强。另外，还要求继电器安装、整定方便，运行维护少，价格便宜等。

2.1.2 电流速断保护

在保证选择性和可靠性要求的前提下，根据对继电保护快速性的要求，原则上应装设快速动作的保护装置，使切除故障的时间尽可能短。反应电流增加，且不带时限(瞬时)动作的电流保护称为无时限电流速断保护，简称电流速断保护。

1．工作原理

对于图2.3所示的单侧电源辐射形电网，为切除故障线路，需在每条线路的电源侧装设断路器和相应的保护装置，即无时限电流速断保护分别装设在线路L_1、L_2的电源侧(也称为线路的首端)。当线路上任一点发生三相短路时，通过被保护元件(即线路)的电流为

$$I_k^{(3)}=\frac{E_S}{Z_S+Z_1L_k} \tag{2-2}$$

式中　E_S——系统等效电源的相电势，也可以是母线上的电压；

Z_S——保护安装处到系统等效电源之间的阻抗，即系统阻抗；

Z_1——线路单位长度的正序阻抗，Ω/km；

L_k——短路点至保护安装处之间的距离。

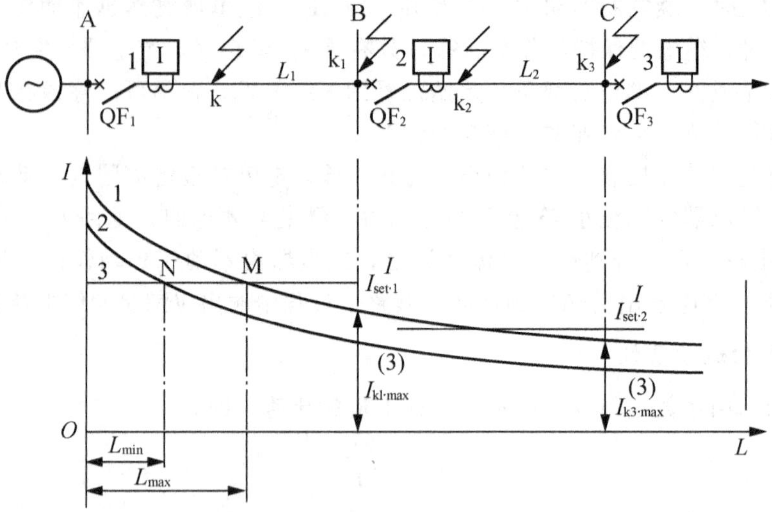

图 2.3　单侧电源辐射形电网电流速断保护工作原理图

若 E_S 和 Z_S 为常数，则短路电流将随着 L_k 的减小而增大，经计算后可绘出其变化曲线，如图 2.3 所示。若 Z_S 变化，即当系统运行方式变化时，短路电流都将随着变化。

当系统阻抗最小时，流经被保护元件短路电流最大的运行方式称为最大运行方式。图 2.3 中曲线 1 表示系统在最大运行方式下短路点沿线路移动时三相短路电流的变化曲线。

短路时系统阻抗最大，流经被保护元件短路电流最小的运行方式称为最小运行方式。在最小运行方式下，发生两相短路时通过被保护元件的电流最小，即最小短路电流为

$$I_{k\cdot\min}^{(2)}=\frac{\sqrt{3}}{2}\frac{E_S}{Z_{S\cdot\max}+Z_1L_k} \tag{2-3}$$

式中　$Z_{S\cdot\max}$——最小运行方式下的系统阻抗；

　　　L_k——短路点至保护安装处的距离。

图 2.3 中曲线 2 表示系统在最小运行方式下短路点沿线路移动时最小短路电流的变化曲线。

对于线路 L_1 的无时限电流速断保护 1，当本线路上任一点 k 发生短路时，保护 1 为瞬动保护。为保证选择性，在下一线路首端 k_2 点短路时，保护 1 不应动作，即保护 1 的电流速断保护的动作电流 $I_{set\cdot1}^{I}$ 应该大于最大运行方式下 k_2 点三相短路时流过被保护元件的短路电流 $I_{k\cdot\max}^{(3)}$，即 $I_{set\cdot1}^{I}>I_{k\cdot2\max}^{(3)}$。由于 k_2 点短路时与本线路末端 k_1 点短路时流经被保护元件的短路电流相等，因此，$I_{set\cdot1}^{I}$ 也可按大于最大运行方式下 k_1 点三相短路时流经被保护元件的短路电流 $I_{k1\cdot\max}^{(3)}$ 来整定，即

$$I_{set\cdot1}^{I}=K_{rel}^{I}\cdot I_{k1\cdot\max}^{(3)} \tag{2-4a}$$

式中　K_{rel}^{I}——电流速断保护的可靠系数，一般取 1.2～1.3。

引入可靠系数的原因：由于理论计算与实际情况之间存在着一定的差别，即必须考虑实际上存在的各种误差影响，如实际的短路电流可能大于计算值；对瞬时动作的保护还应考虑非周期分量使总电流变大的影响；保护装置中电流继电器的实际启动电流可能小于整定值；考虑一定的裕度，从最不利的情况出发，即使同时存在以上几种因素的影响，也可

能保证在预定的保护范围以外故障时，保护装置不误动，因而必须乘以大于 1 的可靠系数，一般取 1.2～1.3。

同理，保护 2 电流速断保护的动作电流应为

$$I^{\mathrm{I}}_{set\cdot 2}=K^{\mathrm{I}}_{rel}\cdot I^{(3)}_{k3\cdot max} \tag{2-4b}$$

动作电流整定后是不变的，如图 2.3 中的直线 3，它与曲线 1、2 各有一个交点 M 和 N。在交点以前的线路上发生短路故障时，由于 $I_k>I^{\mathrm{I}}_{set\cdot 1}$，保护 1 的电流速断保护能够动作；在交点以后的线路上短路时，由于 $I_k<I^{\mathrm{I}}_{set\cdot 1}$，保护不能动作。因此，电流速断保护不能保护本线路的全长，而且保护的范围随运行方式和故障类型的变化而变化。

2. 保护范围校验

电流速断保护的灵敏系数通常用保护范围来衡量，保护范围越长，表明保护越灵敏。由图 2.3 可见，最大运行方式下三相短路时，保护范围最大为 L_{max}；最小运行方式下两相短路时，保护范围最小为 L_{min}。保护范围通常用线路全长的百分数表示，一般要求最大保护范围≥50%，最小保护范围≥15%。

电流速断保护的保护范围可通过下面的方法计算，在最大运行方式下($Z_S=Z_{S\cdot min}$)，保护范围末端($L_k=L_{max}$)发生三相短路时，短路电流 $I^{(3)}_{k\cdot max}$与动作电流 I^{I}_{set}相等，即

$$I^{(3)}_{k\cdot max}=\frac{E_s}{Z_{S.min}+Z_1L_{max}}=I^{\mathrm{I}}_{set}$$

解之，得

$$L_{max}=\frac{1}{Z_1}\left(\frac{E_s}{I^{\mathrm{I}}_{set}}-Z_{S\cdot min}\right) \tag{2-5}$$

在最小运行方式下($Z_S=Z_{S\cdot max}$)，保护范围末端($L_k=L_{min}$)发生两相短路时，短路电流 $I^{(2)}_{k\cdot min}$与动作电流 I^{I}_{set}相等，即

$$I^{(2)}_{k\cdot min}=\frac{\sqrt{3}}{2}\cdot\frac{E_s}{Z_{S\cdot max}+Z_1L_{min}}=I^{\mathrm{I}}_{set}$$

解之，得

$$L_{min}=\frac{1}{Z_1}\left(\frac{\sqrt{3}}{2}\cdot\frac{E_s}{I^{\mathrm{I}}_{set}}-Z_{S.max}\right) \tag{2-6}$$

3. 电流速断保护的构成

电流速断保护的单相原理接线如图 2.4 所示。电流继电器 KA 接于电流互感器 TA 的

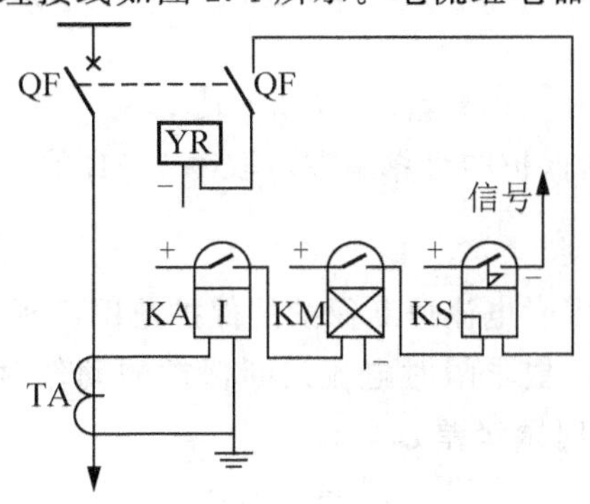

图 2.4　电流速断保护原理接线

二次侧，当流过它的电流大于它的动作电流后，电流继电器 KA 动作，启动中间继电器 KM，KM 触点闭合后，经信号继电器 KS 线圈、断路器辅助触点 QF 接通跳闸线圈 YR，使断路器跳闸。

接入中间继电器 KM 的作用如下。

(1) 增大触点容量，防止由 KA 触点直接接通跳闸回路时因容量过小而被破坏。

(2) 当线路上装有管型避雷器时，利用中间继电器来增大保护装置的固有动作时间，以防止管型避雷器放电时引起电流速断保护误动作。

信号继电器 KS 的作用是，在整套保护装置动作后，指示并记录该保护的动作，供运行人员查找和分析故障。跳闸回路中接入断路器 QF 的辅助触点 QF，在断路器跳闸时，其辅助触点随之打开，切断跳闸回路电流。否则，由中间继电器的触点切断跳闸回路，将会烧坏中间继电器的触点。

电流速断保护的主要优点是动作迅速、简单可靠。缺点是不能保护线路的全长，且保护范围受系统运行方式和线路结构的影响。当系统运行方式变化很大或被保护线路很短时，甚至没有保护范围。

2.1.3 限时电流速断保护

由于有选择性的电流速断保护不能保护本线路的全长，为快速切除本线路其余部分的短路，应增设第二套保护。为保证选择性和快速性，该保护应与下一线路的电流速断保护在保护范围和动作时限上相配合，即保护范围不超过下一线路电流速断保护的保护范围，动作时限比下一线路电流速断保护高出一个时限级差 Δt。这种带有一定延时的电流速断保护称为限时电流速断保护。

1. 工作原理与动作电流

现以图 2.5 中的保护 1 为例，来说明限时电流速断保护的整定计算。假设保护 2 装有电流速断保护，其动作电流整定为 $I_{set\cdot 2}^{I}=K_{rel}^{I}\cdot I_{k3\cdot max}^{(3)}$，它与最大短路电流变化曲线 1 的交点为 P，这就是它的保护范围。而保护 1 限时电流速断保护的保护范围不能超过保护 2 电流速断保护的保护范围，即 P 点所对应的短路点 k_2 之前，所以在单侧电源供电的情况下，保护 1 的限时电流速断保护的保护范围应在 k_1 点和 k_2 点之间。其原因是若在 k_1 点之前，则不能保护本线路的全长；若在 k_2 点之后，则失去与保护 2 电流速断保护的选择性。所以保护 1 限时电流速断保护的动作电流应整定为 $I_{set\cdot 1}^{II}>I_{set\cdot 2}^{I}$，考虑到各种误差的影响，则有

$$I_{set\cdot 1}^{II}=K_{rel}^{II}\cdot I_{set\cdot 2}^{I} \tag{2-7}$$

式中 K_{rel}^{II}——限时电流速断保护的可靠系数，取 1.1～1.2。

2. 动作时限的整定

由图 2.5 可知，保护 1 限时电流速断保护的保护范围已延伸至下一线路电流速断保护的保护范围，为保证选择性，要求限时电流速断保护的动作时限 t_1^{II} 要高于下一线路电流速断保护的动作时限 t_2^{I} 一个时限级差 Δt，即

$$t_1^{II}=t_2^{I}+\Delta t \tag{2-8}$$

对于时限级差 Δt，从尽快切除故障出发，应越小越好，但为了保证两套保护动作的选

择性，Δt 又不能选择过小。影响 Δt 的主要因素如下。

(1) 前一级保护动作的负偏差(即保护可能提前动作)Δt_1。

(2) 后一级保护动作的正偏差(即保护可能延后动作)Δt_2。

(3) 保护装置的惯性误差(即断路器跳闸时间：从接通跳闸回路到触头间电弧熄灭的时间)Δt_3。

(4) 为保证有选择性，再加一个时间裕度 $\Delta t_4=0.1\sim0.15\text{s}$，则时限级差为

$$\Delta t=\Delta t_1+\Delta t_2+\Delta t_3+\Delta t_4 \tag{2-9}$$

由此确定的 Δt 一般为 0.35～0.5s，实际应用中取 $\Delta t=0.5\text{s}$。

保护 1 与保护 2 的配合关系，即保护动作时间与短路点至保护安装处之间距离的关系，用 $t=f(L)$ 来描述，如图 2.5 所示。在保护 2 电流速断保护范围内的短路，将以 t_2^{I} 的时间切除，此时保护 1 的限时电流速断虽然可以启动，但因 t_1^{II} 较 t_2^{I} 大一个 Δt，而在 QF_2 跳闸后，保护 1 将返回，所以从时间上保证了选择性。若短路发生在保护 1 电流速断保护范围内时，保护 1 将以 t_1^{I} 时间切除，而在该线路其他点短路时，保护 1 将以 t_1^{II} 时间切除。

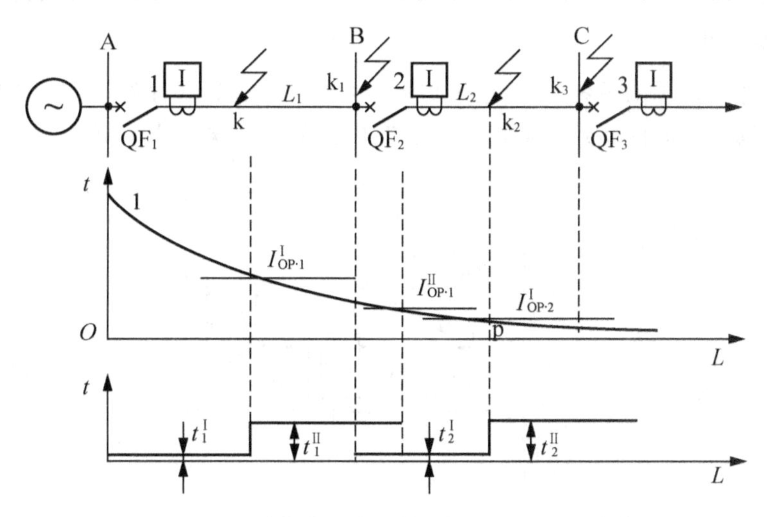

图 2.5 限时电流速度保护工作原理及时限特性

所以，当线路装设电流速断保护和限时电流速断保护后，它们的联合工作就可以保证在全线路范围内的短路故障都能在 0.5s 时间内予以切除，在一般情况下都能满足速动性的要求。它们的共同作用构成了线路的主保护，即以最短的时间切除全线路任一点发生的短路。

3. 灵敏系数校验

为了能够保护本线路的全长，限时电流速断保护在系统最小运行方式下线路末端发生两相短路时，应具有足够的灵敏性，一般用灵敏系数来校验，即规程规定

$$K_{\text{sen}}^{\mathrm{II}}=\frac{I_{\text{k.min}}^{(2)}}{I_{\text{set}}^{\mathrm{II}}}=1.3\sim1.5 \tag{2-10}$$

式中 $I_{\text{k}\cdot\text{min}}^{(2)}$——最小运行方式下被保护线路末端发生两相金属性短路时，流过本线路保护的电流；

$I_{\text{set}}^{\mathrm{II}}$——本线路限时电流速断保护的动作电流。

必须进行灵敏系数校验的原因，主要是考虑下列因素。

(1) 故障点存在过渡电阻，使实际短路电流比计算电流小，不利于保护动作。

(2) 实际的短路电流由于计算误差或其他原因而小于计算值。

(3) 由于电流互感器的负误差，使实际流入保护装置的电流小于计算值。

(4) 继电器实际动作电流比整定电流值高，即存在正误差等。

(5) 考虑一定的裕度。

当灵敏系数不能满足要求时，在保护范围内发生短路时，在上述不利因素的影响下，将导致保护拒动，达不到保护线路全长的目的。这时可采用降低保护动作值的办法来提高灵敏系数，即使之与下级线路的限时电流速断相配合。如保护 1 的动作电流 $I_{set\cdot 1}^{\mathrm{II}}$ 与下一条线路保护 2 的限时电流速断保护的动作电流 $I_{set\cdot 2}^{\mathrm{II}}$ 配合，则

$$I_{set\cdot 1}^{\mathrm{II}}=K_{rel}^{\mathrm{II}}\cdot I_{set\cdot 2}^{\mathrm{II}} \tag{2-11}$$

此时

$$t_1^{\mathrm{II}}=t_2^{\mathrm{II}}+\Delta t=t_2^{\mathrm{I}}+2\Delta t \tag{2-12}$$

可见，保护范围的伸长(即灵敏性的提高)，必然导致动作时限的升高。

4. 原理接线图

限时电流速断保护的单相原理接线如图 2.6 所示。其动作过程与图 2.4 所示的电流速断保护基本相同，不同的是用时间继电器 KT 代替了中间继电器 KM。

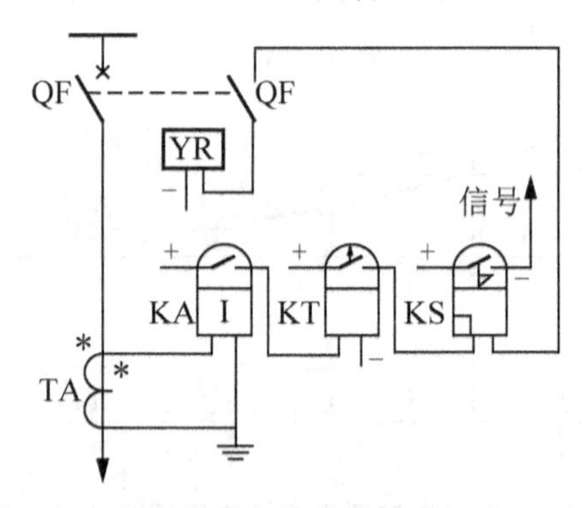

图 2.6　限时电流速断保护单相原理接线

当电流继电器 KA 动作后，需经 KT 建立延时 t^{II} 后才能动作于跳闸。若在 t^{II} 之前故障已被切除，则已经启动的 KA 返回，使 KT 立即返回，整套保护装置不会误动作。

2.1.4　定时限过电流保护

过电流保护通常是指其动作电流按躲过最大负荷电流来整定的保护，它分为两种类型：保护启动后出口的动作时间是固定的整定时间，称为定时限过电流保护；出口动作时间与过电流的倍数有关，电流越大，出口动作越快，称为反时限过电流保护。本节只介绍定时限过电流保护。

定时限过电流保护(也可简称为过电流保护)在正常运行时，不会动作。当电网发生短路时，则能反应于电流的增大而动作。由于短路电流一般比最大负荷电流大得多，所以保护的灵敏性较高，不仅能保护本线路的全长，作本线路的近后备保护，而且还能保护相邻线路全长，作相邻线路的远后备保护。

1. 工作原理和动作电流

为保证在正常情况下各条线路上的过电流保护绝对不动作，过电流保护的动作电流应大于该线路上可能出现且通过保护装置的最大负荷电流，即 $I_{set}^{Ⅲ}>I_{L \cdot max}$；同时还必须考虑在外部故障切除后电压恢复时负荷自启动电流作用下保护装置必须能够可靠返回，即返回电流应大于负荷自启动电流。

如图 2.7 所示，当 k 点短路时，保护 1 和保护 2 的过电流保护将同时启动，但根据选择性要求，应由保护 2 动作切除故障，此时保护 1 由于电流已减小应立即返回。而这时通过保护 1 的可能的最大电流不再是正常运行时的最大负荷电流 $I_{L \cdot max}$了，这是因为短路时，变电所 B 母线电压降低，接在该母线上的电动机的转速会降低或停转，在故障切除后电压恢复时，电动机将自启动，而电动机的自启动电流要大于它正常工作时的电流。

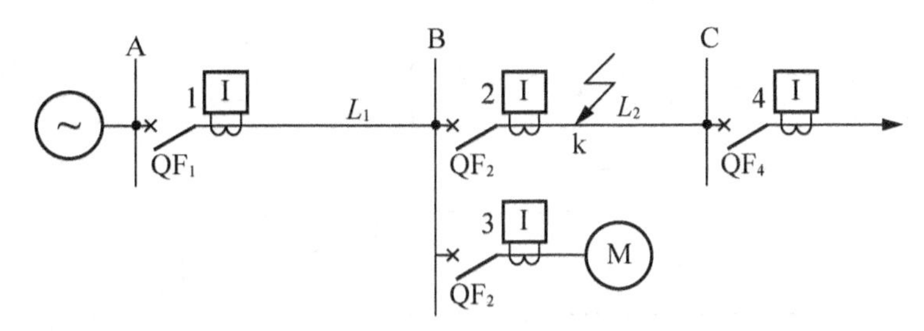

图 2.7　过电流保护动作电流整定说明图

电动机最大自启动电流 $I_{S \cdot max}$与正常运行时最大负荷电流 $I_{L \cdot max}$的关系为

$$I_{S \cdot max}=K_{ss} \cdot I_{L \cdot max} \tag{2-13}$$

式中　K_{ss}——自启动系数，其数值由负载的性质及电网的具体接线决定，一般取 1.5～3。

为使保护 1 在此电流下能可靠返回，其返回电流应满足关系式 $I_{re}>I_{S \cdot max}$，引入可靠系数则有

$$I_{re}=K_{rel}^{Ⅲ} \cdot K_{ss} \cdot I_{L \cdot max} \tag{2-14}$$

式中　$K_{rel}^{Ⅲ}$——定时限过电流保护的可靠系数，一般取 1.15～1.25。

由电流继电器动作电流与返回电流的关系 $I_{set}=\dfrac{I_{re}}{K_{re}}$，可得过电流保护的动作电流为

$$I_{set}^{Ⅲ}=\frac{K_{rel}^{Ⅲ} \cdot K_{ss} \cdot I_{L \cdot max}}{K_{re}} \tag{2-15}$$

由式(2-15)可知，当返回系数越小时，则过电流保护的动作电流越大，则保护的灵敏性就越差，所以要求继电器的返回系数应尽可能大。

2. 动作时限的整定

在图 2.8 所示的网络中，假设各条线路都装有过电流保护，且均按躲过各自的最大负荷电流来整定动作电流。当 k 点短路时，保护 1～4 在短路电流的作用下，都可能启动，为满足选择性要求，应该只有保护 4 动作切除故障，而保护 1～3 在故障切除后应立即返回。如何来满足这个要求，实际中是依靠选择不同的动作时限来保证的。

过电流保护的动作时限是按阶梯原则来选择的。从离电源最远的保护开始，图 2.8 中保护 4 处于电网的末端，只要发生故障，它不需要任何选择性方面的配合，可以瞬时动作切除故障，所以 t_4 只是保护装置本身的固有动作时间，即 $t_4 \approx 0$。为保证选择性，保护 3

的动作时间 t_3 应比 t_4 高一个时间级差 Δt，即

$$t_3=t_4+\Delta t=0.5\text{s} \tag{2-16}$$

以此类推，可以得到 t_2、t_1。可以看出，保护的动作时间向电源侧逐级增加至少一个 Δt，只有这样才能充分保证动作的选择性。

但必须注意，过电流保护的动作时限在按上述阶梯原则整定的同时，还需要与各线路末端变电所母线上所有出线保护动作时限最长者配合。在图 2.8 中，若保护 5 的动作时间大于保护 3 的动作时间，则保护 2 的动作时间应按 $t_2=t_5+\Delta t$ 来整定。

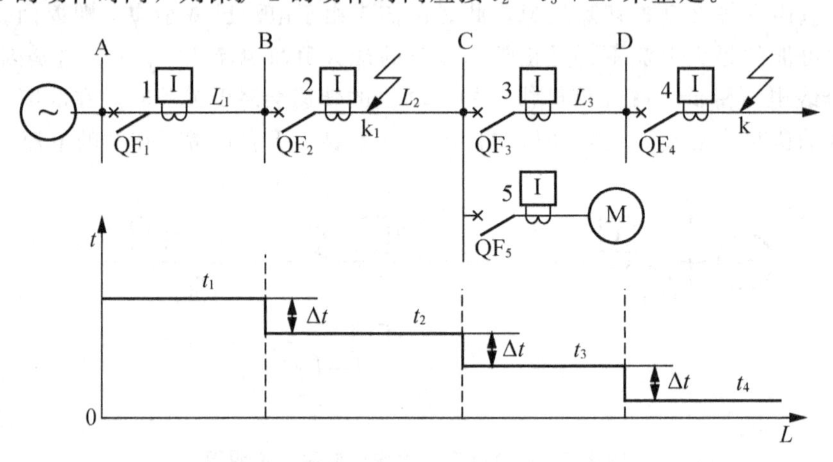

图 2.8 单侧电源辐射形电网过电流保护动作时限选择说明图

3. 灵敏系数校验

过电流保护的灵敏系数校验类似于限时电流速断保护，即

$$K_{\text{sen}}^{\text{Ⅲ}}=\frac{I_{\text{k}\cdot\min}^{(2)}}{I_{\text{set}}^{\text{Ⅲ}}} \tag{2-17}$$

当过电流保护作本线路近后备保护时，$I_{\text{k}\cdot\min}^{(2)}$ 取最小运行方式下本线路末端两相金属性短路电流来校验，要求 $K_{\text{sen}}^{\text{Ⅲ}}\geqslant1.3\sim1.5$；当过电流保护作相邻线路的远后备保护时，$I_{\text{k}\cdot\min}^{(2)}$ 应取最小运行方式下相邻线路末端两相金属性短路电流来校验，要求 $K_{\text{sen}}^{\text{Ⅲ}}\geqslant1.2$。

此外应注意，各过电流保护之间还应在灵敏系数上进行配合，即对同一故障点来说，要求靠故障点近的保护，灵敏系数应越高，否则将失去选择性。图 2.8 中的过电流保护 1 和 2，由于通过同一最大负荷电流，所以动作电流相同，假定为 100A。实际上若保护 2 的电流继电器动作值有正误差，如 105A(一次值)，而保护 1 刚好有负误差，如 95A，那么，当 k_1 点短路时流过保护 1、2 的短路电流为 102A，保护 2 不动作，而保护 1 却要动作，将失去选择性。

对于图 2.8 中的 k 点短路时，要求各过电流保护的灵敏系数应满足如下关系，即

$$K_{\text{sen}\cdot4}^{\text{Ⅲ}}>K_{\text{sen}\cdot3}^{\text{Ⅲ}}>K_{\text{sen}\cdot2}^{\text{Ⅲ}}>K_{\text{sen}.1}^{\text{Ⅲ}} \tag{2-18}$$

在单侧电源的网络接线中，由于越靠近电源端时，负荷电流越大，从而保护装置的整定值越大，而发生故障后，各保护装置均流过同一个短路电流，因此，上述灵敏系数应相互配合的要求是能够满足的。

所以，对于过电流保护，只有在灵敏系数和动作时限都能相互配合时，才能保证选择性。当过电流保护的灵敏系数不能满足要求时，可采用电压启动的电流保护、负序电流保

护或距离保护等。

过电流保护的单相原理接线与图 2.6 相同。

2.1.5 阶段式电流保护的应用及评价

1. 阶段式电流保护的构成

无时限电流速断保护、限时电流速断保护和过电流保护都是反应于电流增大而动作的保护，它们之间的区别主要在于按照不同的原则来整定动作电流。电流速断保护是按照躲开本线路末端的最大短路电流来整定的，它虽能无延时动作，却不能保护本线路全长；限时电流速断保护是按照躲开下级线路各相邻元件电流速断保护的最大动作范围来整定的，它虽能保护本线路的全长，却不能作为相邻线路的后备保护；而定时限过电流保护则是按照躲开本线路最大负荷电流来整定的，可作为本线路及相邻线路的后备保护，但动作时间较长。

为保证迅速、可靠而有选择性地切除故障，可将这 3 种电流保护，根据需要组合在一起构成一整套保护，称为阶段式电流保护。

具体应用时，可以采用电流速断保护加定时限过电流保护，或限时电流速断保护加定时限过电流保护，也可以三者同时采用。应用较多的就是三段式电流保护，其各段的动作电流、保护范围和动作时限的配合情况如图 2.9 所示。当被保护线路始端短路时，由第Ⅰ段瞬时切除；该线路末端附近的短路，由第Ⅱ段经 0.5s 延时切除；而第Ⅲ段只起后备作用，所以装有三段式电流保护的线路，一般可在 0.5s 左右时限内切除故障。

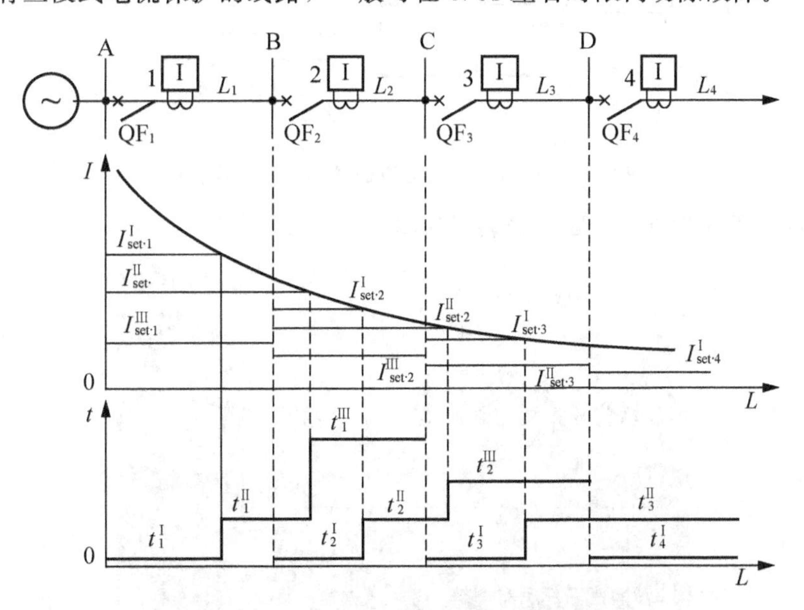

图 2.9　阶段式电流保护的配合说明图

2. 阶段式电流保护的配合

现以图 2.9 为例来说明阶段式电流保护的配合。在电网最末端的线路上，保护 4 采用瞬时动作的过电流保护即可满足要求，其动作电流按躲过本线路最大负荷电流来整定，与电网中其他保护的定值和时限上都没有配合关系。在电网的倒数第二级线路上，保护 3 应首先考虑采用 0.5s 动作的过电流保护；如果在电网中线路 CD 上的故障没有提出瞬时切除的要求，则保护3只装设一个0.5s动作的过电流保护也是完全允许的；但如果要求线路CD上的故障必须快速切除，则可增设一个电流速断保护，此时保护3就是一个速断保护加过电流保护的两段式保护。而对于保护2和1，都需要装设三段式电流保护，其过电流保护要和下一级线路的保护进行配合，因此，动作时限应比下一级线路中动作时限最长的再长一个时限级差，一般要整定为1～1.5s。所以，越靠近电源端，过电流保护的动作时限就越长。因此，必须装设三段式电流保护。

具有电流速断保护、限时电流速断保护和过电流保护的单相式原理框图如图2.10所示。电流速断保护部分由电流元件KA^{I}和信号元件KS^{I}组成；限时电流速断保护部分由电流元件KA^{II}、时间元件KT^{II}和信号元件KS^{II}组成；过电流保护部分则由电流元件KA^{III}、时间元件KT^{III}和信号元件KS^{III}组成。由于三段的启动电流和动作时间整定的均不相同，因此，必须分别使用3个串联的电流元件和两个不同时限的时间元件，而信号元件则分别用以发出Ⅰ、Ⅱ、Ⅲ段动作的信号。

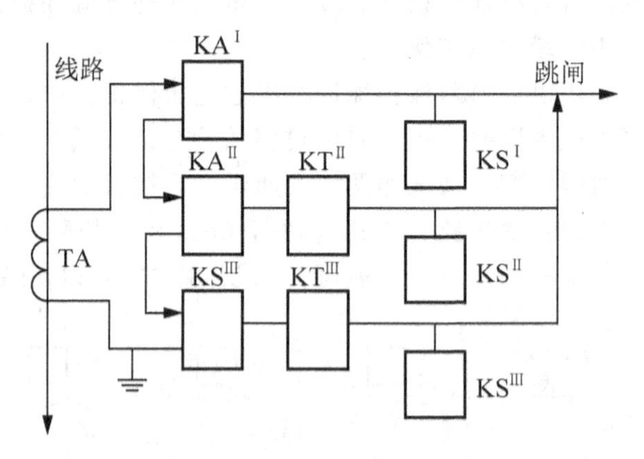

图2.10　具有三段式电流保护的单相原理框图

目前现场使用的微机型线路保护装置如图2.11所示。

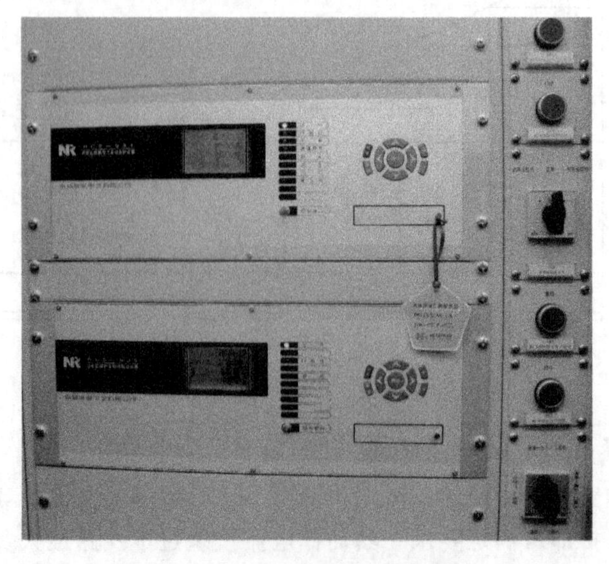

图2.11　微机型线路保护装置

3. 三段式电流保护的评价

对继电保护的评价，主要是从选择性、速动性、灵敏性和可靠性 4 个方面出发，看其是否满足电力系统安全运行的要求，是否符合有关规程的规定。

1）选择性

在三段式电流保护中，电流速断保护的选择性是靠动作电流来实现的；限时电流速断保护和过电流保护则是靠动作电流和动作时限来实现的。它们在 35kV 及以下的单侧电源辐射形电网中具有明显的选择性，但在多电源网络或单电源环网中，则只有在某些特殊情况下才能满足选择性要求。

2）速动性

电流速断保护以保护固有动作时限动作于跳闸；限时电流速断保护动作时限一般在 0.5s 以内，因而动作迅速是这两种保护的优点。过电流保护动作时限较长，特别是靠近电源侧的保护动作时限可能长达几秒，这是过电流保护的主要缺点。

3）灵敏性

电流速断保护不能保护本线路全长，且保护范围受系统运行方式的影响较大；限时电流速断保护虽能保护本线路全长，但灵敏性依然要受系统运行方式的影响；过电流保护因按最大负荷电流整定，灵敏性一般能满足要求，但在长距离重负荷线路上，由于负荷电流几乎与短路电流相当，则往往难以满足要求。受系统运行方式影响大、灵敏性差是三段式电流保护的主要缺点。

4）可靠性

由于三段式电流保护中继电器简单，数量少，接线、调试和整定计算都较简便，不易出错，因此，可靠性较高。

总之，使用Ⅰ段、Ⅱ段或Ⅲ段而组成的阶段式电流保护，其最主要的优点就是简单、可靠，并且在一般情况下能满足快速切除故障的要求，因此，在电网中特别是在 35kV 及以下的单侧电源辐射形电网中得到了广泛的应用。其缺点是受电网的接线及电力系统运行方式变化的影响，例如，整定值必须按系统最大运行方式来选择，而灵敏性则必须用系统最小运行方式来校验，这就使其灵敏性和保护范围不能满足要求。

4. 三段式电流保护整定计算举例

【例 2.1】 如图 2.12 所示的网络，对保护 1 进行三段式电流保护整定计算。已知 $Z_1=0.4\Omega/\text{km}$，$K_{rel}^{\mathrm{I}}=1.3$，$K_{rel}^{\mathrm{II}}=1.1$，$K_{rel}^{\mathrm{III}}=1.2$，$K_{ss}=2$，$K_{re}=0.85$，$K_{TA}=600/5$。

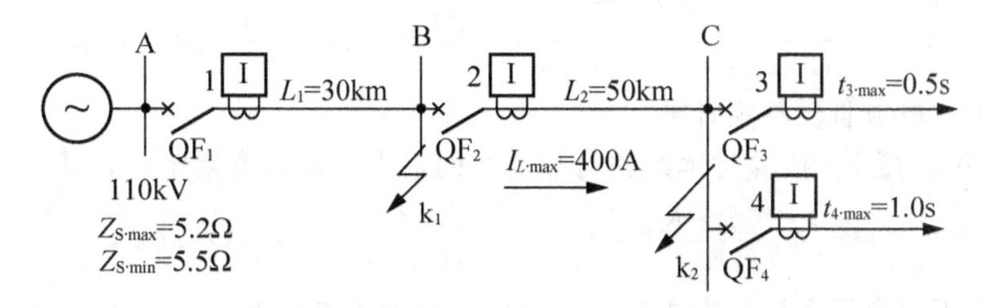

图 2.12　例 2.1 网络图

解：(1)保护 1 电流Ⅰ段整定计算。

① 动作电流 $I_{set.1}^{\mathrm{I}}$。按躲过最大运行方式下本线路末端(即 k_1 点)三相短路时流过

保护的最大短路电流来整定，即

$$I_{set\cdot1}^{I}=K_{rel}^{I}\cdot I_{k_1\cdot max}^{(3)}=K_{rel}^{I}\cdot\frac{E_S}{Z_{S\cdot min}+Z_1L_1}=1.3\times\frac{115/\sqrt{3}}{5.5+0.4\times30}=4.93\text{kA}$$

注：计算时，母线电压应考虑5%的裕量。

采用两相不完全星形接线方式时，流过继电器的动作电流为

$$I_{set\cdot r}^{I}=\frac{I_{set\cdot1}^{I}}{K_{TA}}=\frac{4.93}{120}=41.08\text{A}$$

② 动作时限。第Ⅰ段为电流速断，动作时间为保护装置的固有动作时间，即 $t_1^{I}=0$。

③ 灵敏系数校验。

在最大运行方式下发生三相短路时的保护范围为

$$L_{max}=\frac{1}{Z_1}\left(\frac{E_s}{I_{set\cdot1}^{I}}-Z_{S\cdot min}\right)=\frac{1}{0.4}\times\left(\frac{115/\sqrt{3}}{4.93}-5.5\right)=20.0\text{km}$$

则 $L_{max}\%=\frac{L_{max}}{L_1}\times100\%=\frac{20.0}{30}\times100\%=66.67\%>50\%$，满足要求。

在最小运行方式下的保护范围为

$$L_{min}=\frac{1}{Z_1}\left(\frac{\sqrt{3}}{2}\cdot\frac{E_s}{I_{set\cdot1}^{I}}-Z_{S\cdot max}\right)=\frac{1}{0.4}\times\left(\frac{\sqrt{3}}{2}\times\frac{115/\sqrt{3}}{4.93}-6.7\right)=12.41\text{km}$$

则 $L_{min}\%=\frac{L_{min}}{L_1}\times100\%=\frac{12.41}{30}\times100\%=41.37\%>15\%$，满足要求。

(2) 保护1电流Ⅱ段整定计算。

① 动作电流 $I_{set\cdot1}^{II}$。按与相邻线路保护Ⅰ段动作电流相配合的原则来整定，即

$$I_{set\cdot2}^{I}=1.1\times1.3\times\frac{115/\sqrt{3}}{5.5+0.4\times(30+50)}=2.53\text{kA}$$

采用两相不完全星形接线方式时流过继电器的动作电流为

$$I_{set\cdot r}^{II}=\frac{I_{set\cdot1}^{II}}{K_{TA}}=\frac{2530}{120}=21.08\text{A}$$

② 动作时限。应比相邻线路保护Ⅰ段动作时限高一个时限级差 Δt，即

$$t_1^{II}=t_2^{I}+\Delta t=0+0.5=0.5\text{s}$$

③ 灵敏系数校验。利用最小运行方式下本线路末端(即 k_1 点)发生两相金属性短路时流过保护的电流来校验灵敏系数，即

$$K_{sen}^{II}=\frac{I_{k_1\cdot min}^{(2)}}{I_{set\cdot1}^{II}}=\frac{\frac{\sqrt{3}}{2}\times\frac{115/\sqrt{3}}{5.2+0.4\times30}}{2.53}=1.32>1.3\text{，满足要求。}$$

(3) 保护1电流Ⅲ段整定计算。

① 动作电流 $I_{set.1}^{III}$。按躲过本线路可能流过的最大负荷电流来整定，即

$$I_{set\cdot1}^{III}=\frac{K_{rel}^{III}\cdot K_{ss}}{K_{re}}\cdot I_{L\cdot max}=\frac{1.2\times2}{0.85}\times400=1129.42\text{A}$$

采用两相不完全星形接线方式时流过继电器的动作电流为

$$I_{set.r}^{III}=\frac{I_{set.1}^{III}}{K_{TA}}=\frac{1129.4}{120}=9.41\text{A}$$

② 动作时限。应比相邻线路保护的最大动作时限高一个时限级差 Δt，即

$$t_1^{\text{Ⅲ}}=t_{2\cdot\max}+\Delta t=(t_{4\cdot\max}+\Delta t)+\Delta t=(1.0+0.5)+0.5=2.0\text{s}$$

③ 灵敏系数校验。

作近后备保护时，利用最小运行方式下本线路末端(即 k_1 点)发生两相金属性短路时流过保护装置的电流来校验灵敏系数，即

$$K_{\text{sen}}^{\text{Ⅲ}}=\frac{I_{k_1\cdot\min}^{(2)}}{I_{\text{set}\cdot 1}^{\text{Ⅲ}}}=\frac{\frac{\sqrt{3}}{2}\times\frac{115/\sqrt{3}}{6.7+0.4\times30}}{1129.4/1000}=2.72>1.5\text{，满足要求。}$$

作远后备保护时，利用最小运行方式下相邻线路末端(即 k_2 点)发生两相金属性短路时流过保护装置的电流来校验灵敏系数，即

$$K_{\text{sen}}^{\text{Ⅲ}}=\frac{I_{k_2\cdot\min}^{(2)}}{I_{\text{set}\cdot 1}^{\text{Ⅲ}}}=\frac{\frac{\sqrt{3}}{2}\times\frac{115/\sqrt{3}}{6.7+0.4\times(30+50)}}{1129.4/1000}=1.32>1.2\text{，满足要求。}$$

2.1.6 电流保护的接线方式

1. 电流保护的接线方式

电流保护的接线方式是指保护中电流继电器与电流互感器二次绕组之间的连接方式。对于相间短路的电流保护，主要有 3 种接线方式：三相三继电器的完全星形接线，两相两继电器的不完全星形接线，两相一继电器的两相电流差接线。

1）三相三继电器的完全星形接线

三相三继电器的完全星形接线如图 2.13 所示。

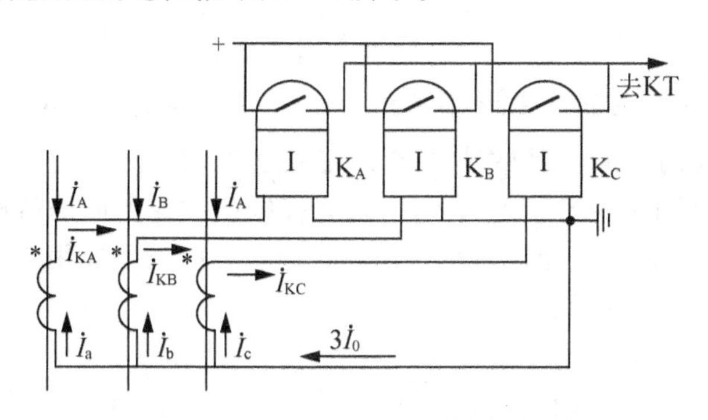

图 2.13 三相三继电器完全星形接线

它是将 3 个电流互感器与 3 个电流继电器分别按相连接在一起，互感器和继电器均接成星形。3 个继电器的触点并联连接，继电器线圈中的电流就是互感器的二次电流。在中线上流回的电流为

$$3I_0=\dot{I}_a+\dot{I}_b+\dot{I}_c \tag{2-19}$$

正常时，三相平衡，$3I_0=0$。当系统发生非对称接地故障时或发生相间短路时，三相电流不对称，$3I_0$ 大幅增加，使继电器动作。因继电器的触点是并联的，其中任何一个触点动作均可动作于跳闸或使时间继电器启动，所以可靠性和灵敏性较高；又由于在每相上均装有电流继电器，所以它可以反应各种相间短路和中性点直接接地电网中的单相接地短路。所以它主要用于中性点直接接地电网中进行各种相间短路保护和单相接地短路保护。

2）两相两继电器的不完全星形接线

两相两继电器的不完全星形接线(也称V形接线或两相星形接线)如图2.14所示，与完全星形接线相比，就是在B相上不装设电流互感器和电流继电器(设备相对少了)，所以不能反映B相中流过的电流(不能完全反应系统的单相接地故障)。这种接线方式中，中性线中流回的电流为$\dot{I}_a+\dot{I}_c$，所以可以反应各种类型的相间短路(其触点也是并联的)。由于这种接线方式较为简单、经济，所以在中性点直接接地电网和中性点非直接接地电网中，广泛作为相间短路保护的接线方式。

当采用以上两种接线方式时，流入继电器的电流I_K就是互感器的二次电流I_2，设电流互感器的变比为$n_1=I_1/I_2$，则$I_K=I_2=I_1/n_1$。因此，当保护装置的启动电流整定为I_{set}时，则反应到继电器上的启动电流即应为

$$I_{KA\cdot set}=\frac{I_{set}}{n_1} \tag{2-20}$$

3）两相一继电器的两相电流差接线

两相一继电器的两相电流差接线如图2.15所示，流过电流继电器的电流为$\dot{I}_{KA}=\dot{I}_a-\dot{I}_c$即两相电流之差。它有3种情况：在对称运行和三相短路时，$I_{KA}=\sqrt{3}I_a=\sqrt{3}I_c$；在A、C两相短路时，$I_{KA}=2I_a$；在AB或BC两相短路时，$I_{KA}=I_a$或$I_{KA}=I_c$。所以在不同类型的短路情况下，流过继电器中的电流$I_{KA}$与互感器的二次电流$I_{\text{II}}$之比是不同的，为了表征二者的关系，在保护装置整定计算中引入一个接线系数K_{con}，其定义为流过电流继电器的电流I_{KA}与电流互感器二次电流I_{II}之比，即

$$K_{con}=\frac{I_{KA}}{I_{\text{II}}} \tag{2-21}$$

由式(2-21)可知，在完全星形接线和不完全星形接线中，$K_{con}=1$，而在两相电流差接线中，对于不同的故障，其数值不同，三相短路时，$K_{con}=\sqrt{3}$，A、C两相短路时$K_{con}=2$，AB或BC两相短路时，$K_{con}=1$。因为接线系数在不同的故障时不同，所以保护装置的灵敏度也不相同，但所用设备少、简单、经济，所以主要用于低压线路保护和电动机保护中灵敏度较易满足的场合。

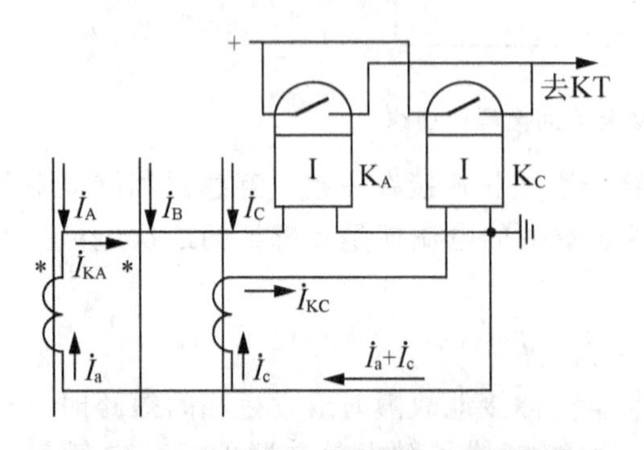

图2.14 两相两继电器不完全星形接线

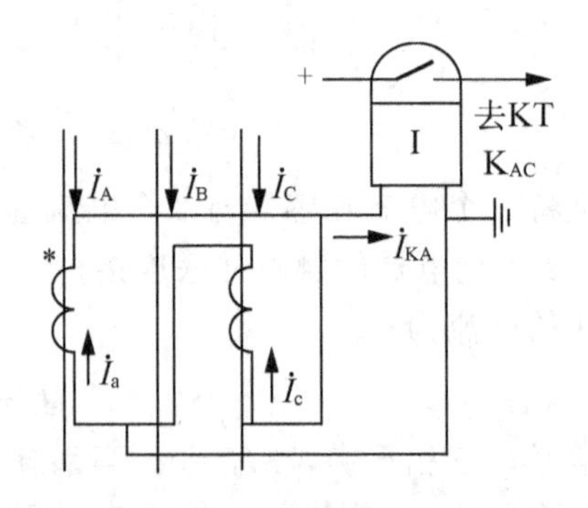

图2.15 两相一继电器的两相电流差接线

2. 各种接线方式在不同故障时的性能分析

1）对中性点直接接地电网和非直接接地电网中的各种相间短路

前面所述3种接线方式均能正确反映这些故障(除两相电流差接线不能保护变压器

外)，不同之处仅在于动作的继电器数目不一样，三相星形接线方式在各种两相短路时，均有两个继电器动作，而两相星形接线方式在AB和BC相间短路时只有一个继电器动作。所以对不同类型和相别的相间短路，各种接线方式的保护装置的灵敏度有所不同。

2）对中性点非直接接地电网中的两点接地短路

由于中性点非直接接地电网中(不包括中性点经小电阻接地的电网)，允许单相接地时继续短时运行，因此，希望只切除一个故障点。

例如，在图2.16所示的串联线路上发生两点接地短路时，希望只切除距电源较远的那条线路BC，而不要切除线路AB，因为这样可以继续保证对变电所B的供电。当保护1和2均采用三相星形接线时，由于两个保护之间在定值和时限上都是按照选择性的要求配合整定的，因此，就能够保证100%地只切除线路BC。而如果是采用两相星形接线，则当线路BC上有一点是B相接地时，则保护1就不能动作，此时，只能由保护2动作切除线路AB，因而扩大了停电范围，由此可见，这种接地方式在不同相别的两点接地组合中，只能保证有2/3的机会有选择性地切除后面一条线路。

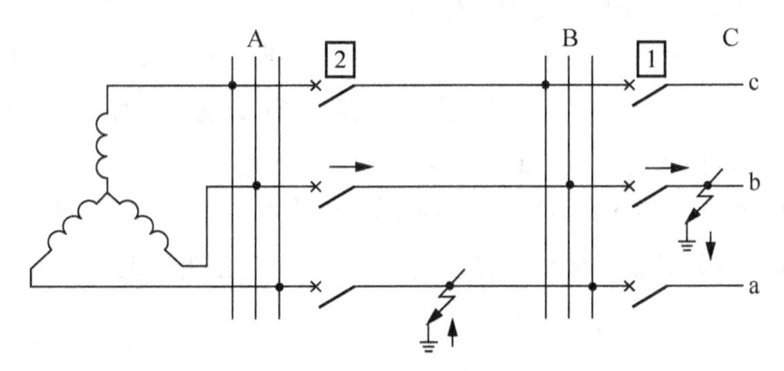

图2.16　串联线路上两点接地示意图

如图2.17所示，在变电所引出的放射形线路上，发生两点接地短路时，希望任意切除一条线路即可。当保护1和2均采用三相星形接线时，两套保护均将启动，如保护1和保护2的时限整定须相同，即$t_1=t_2$，则保护1和2将同时动作切除两条线路，因此，不

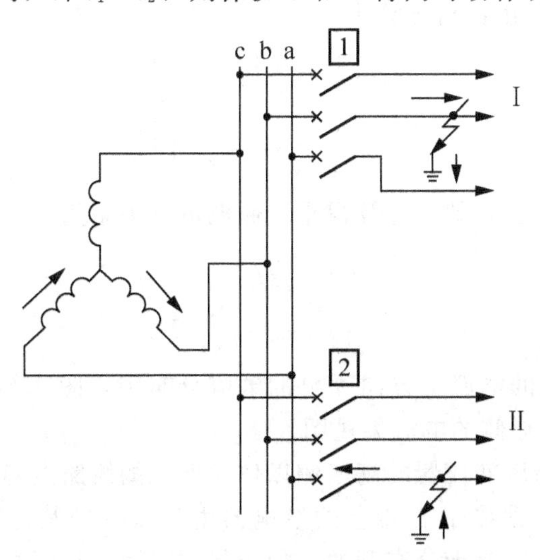

图2.17　放射形线路上两点接地示意图

必要的切除两条线路的机会就比较多了。如果采用两相星形接线，即使是出现 $t_1=t_2$ 的情况，它也能保证有2/3的机会只切除任一条线路，这是因为只要某一条线路上具有B相一点接地，由于B相未装保护，因此，该线路就不被切除。表2-1说明了在两条线路上两相两点接地的各种组合时，保护的动作情况。

表2-1 图2.17中不同线路上两点接地时，两相式保护的动作情况

线路Ⅰ故障相别	A	A	B	B	C	C
线路Ⅱ故障相别	B	C	A	C	A	B
保护1动作情况	+	+	−	−	+	+
保护2动作情况	−	+	+	+	+	−
$t_1=t_2$ 时，停电线路数	1	2	1	1	2	1

注："+"表示动作；"−"表示不动作。

3）对Y、d接线变压器后面的两相短路

当Y、d11接线的升压变压器高压(Y)侧BC两相短路时，在低压(Δ)侧各相的电流为 $\dot{I}_A^\Delta=\dot{I}_C^\Delta$ 和 $\dot{I}_B^\Delta=-2\dot{I}_A^\Delta$；而当Y、d11接线的变压器低压(Δ)侧AB两相短路时，在高压(Y)侧各相的电流也具有同样的关系，即 $\dot{I}_A^Y=\dot{I}_C^Y$ 和 $\dot{I}_B^Y=-2\dot{I}_A^Y$。

现以图2.18(a)所示的Y、d11接线的降压变压器为例，分析三角形侧发生AB两相短路时的电流关系。在故障点，$\dot{I}_A^\Delta=-\dot{I}_B^\Delta$，$\dot{I}_C^\Delta=0$，设Δ侧各相绕组中的电流分别为 $\dot{I}_a$、$\dot{I}_b$ 和 $\dot{I}_c$，则

$$\left.\begin{aligned}\dot{I}_a-\dot{I}_b&=\dot{I}_A^\Delta\\ \dot{I}_b-\dot{I}_c&=\dot{I}_B^\Delta\\ \dot{I}_c-\dot{I}_a&=\dot{I}_C^\Delta\end{aligned}\right\}\tag{2-22}$$

由于 $\dot{I}_a+\dot{I}_b+\dot{I}_c=0$，由此可计算出

$$\left.\begin{aligned}\dot{I}_a&=\dot{I}_c=\frac{1}{3}\dot{I}_A^\Delta\\ \dot{I}_b&=-\frac{2}{3}\dot{I}_A^\Delta=\frac{2}{3}\dot{I}_B^\Delta\end{aligned}\right\}\tag{2-23}$$

根据变压器的工作原理，即可计算得星形侧电流的关系为

$$\left.\begin{aligned}\dot{I}_A^Y&=\dot{I}_C^Y\\ \dot{I}_B^Y&=-2\dot{I}_A^Y\end{aligned}\right\}\tag{2-24}$$

图2.18(b)为按规定的电流正方向画出的电流分布图，图2.18(c)为三角形侧的电流矢量图，图2.18(d)为星形侧的电流矢量图。

当过电流保护接于降压变压器的高压侧以作为低压侧线路故障的后备保护时，如果保护是采用三相星形接线，则接于B相上的继电器由于流有较其他两相大一倍的电流，因此，灵敏系数增大一倍，这是十分有利的。如果保护采用的是两相星形接线，则由于B相上没有装设继电器，因此，灵敏系数只能由A相和C相的电流决定，在同样的情况下，

其数值要比采用三相星形接线时降低一半。为了克服这个缺点，可以在两相星形接线的中线上再接入一个继电器，如图 2.18(a)所示，其中流过的电流为$(\dot{I}_A^Y+\dot{I}_C^Y)/n_1$，即为电流$\dot{I}_B^Y/n_1$，因此，利用这个继电器就能提高灵敏系数。

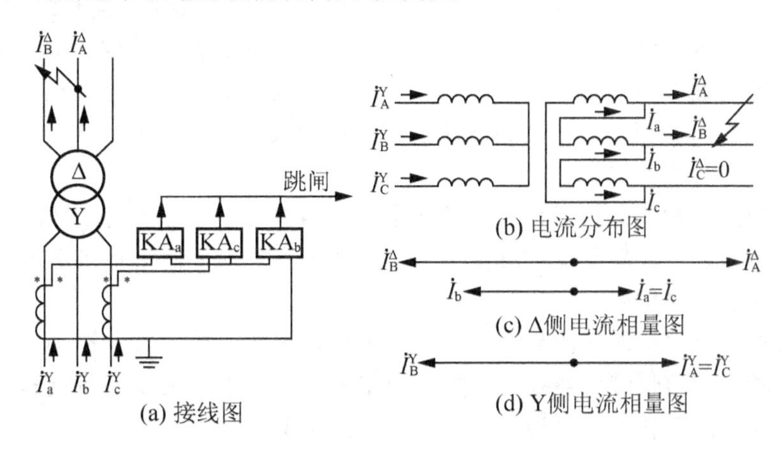

图 2.18　Y、d11 接线降压变压器两相短路时的电流分布及过电流保护的接线图

4）三种接线方式的经济性

三相星形接线需要 3 个电流互感器、3 个电流继电器和 4 根二次电缆，相对来讲是复杂和不经济的。

根据以上的分析和比较，三种接线方式的使用情况如下。

三相星形接线广泛应用于发电机、变压器等大型贵重电气设备的保护中，因为它能提高保护动作的可靠性和灵敏性。此外，它也可以用在中性点直接接地电网中，作为相间短路和单相接地短路的保护。但是实际上，由于单相接地短路都是采用专门的零序电流保护，因此，为了上述目的而采用三相星形接线方式的并不多。

由于两相星形接线较为简单经济，因此，在中性点直接接地电网和非直接接地电网中，都是广泛地采用它作为相间短路的保护。此外在分布很广的中性点非直接接地电网中，两点接地短路发生在图 2.16 所示线路上的可能性，要比图 2.15 的可能性大得多。在这种情况下，采用两相星形接线就可以保证有 2/3 的机会只切除一条线路，这一点比用三相星形接线是有优越性的。当电网中的电流保护采用两相星形接线方式时，应在所有的线路上将保护装置安装在相同的两相上(一般都装在 A、C 相上)，以保证在不同线路上发生两点及多点接地时，能切除故障。

两相电流差接线方式具有接线简单、投资少等优点，但是灵敏性较差，又不能保护 Y、d11 接线变压器后面的短路，故在实际应用中很少用来作为配电线路的保护。这种接线主要用在 6～10kV 中性点不接地系统中，作为馈电线和较小容量高压电动机的保护。

3. 三段式电流保护装置接线图

电力系统继电保护的接线图一般有框图、原理图和安装图 3 种。对于采用机电型继电器构成的继电保护装置，用得最多的是原理图。原理图又分为归总式原理图(简称原理图)和展开式原理图(简称展开图)。

原理图能展示出保护装置的全部组成元件及其之间的联系和动作原理。在原理图上所有元件都以完整的图形符号表示，所以能对整套保护装置的构成和工作原理给出直观、完整的概念，易于阅读。三段式电流保护的原理接线图如图 2.19(a)所示。图中的保护采用不完全星形接线方式(因为是相间短路保护)，可实现各种类型的相间短路保护。

第Ⅰ段电流保护由电流继电器 KA_1、KA_2、中间继电器 KM 和信号继电器 KS_1 组成。第Ⅱ段电流保护由电流继电器 KA_3、KA_4、时间继电器 KT_1 及信号继电器 KS_2 组成。第Ⅲ段电流保护由电流继电器 KA_5、KA_6、KA_7、时间继电器 KT_2 及信号继电器 KS_3 组成。其中，电流继电器 KA_7 接于 A、C 两相电流之和的中性线上，相当于 B 相继电器，则第Ⅲ段电流保护组成了三相式保护。

之所以要组成三相式保护，是因为第Ⅲ段电流保护要作为相邻变压器的远后备保护。由于变压器电抗较大，使后备保护灵敏度常常不能满足要求，而第Ⅲ段电流保护采用三相式保护能提高保护的灵敏度。

由于三段式电流保护的各段均设有信号继电器，因此，任一段保护动作于断路器跳闸的同时，均有相应的信号继电器掉牌，并发出信号，以便了解是哪一段动作，易于进行分析。各段保护均独立工作，且可通过连接片 XB 投入或停用。

由图 2.19(a)可知，原理图只给出保护装置的主要元件的工作原理，但元件的内部接线、回路标号、引出端子等均未表示出来。特别是元件较多、接线复杂时，原理图的绘制和阅读都比较困难，且不便于查线和调试、分析等工作，所以现场广泛使用展开图。

展开图是将交流回路和直流回路分开画出的。各继电器的线圈和触点分别画在各自所属的回路中，并用相同的文字符号标注，以便阅读和查对。在连接上按照保护的动作顺序，自上而下、从左到右依次排列线圈和触点。

三段式电流保护的展开图如图 2.19(b)、图 2.19(c)所示。

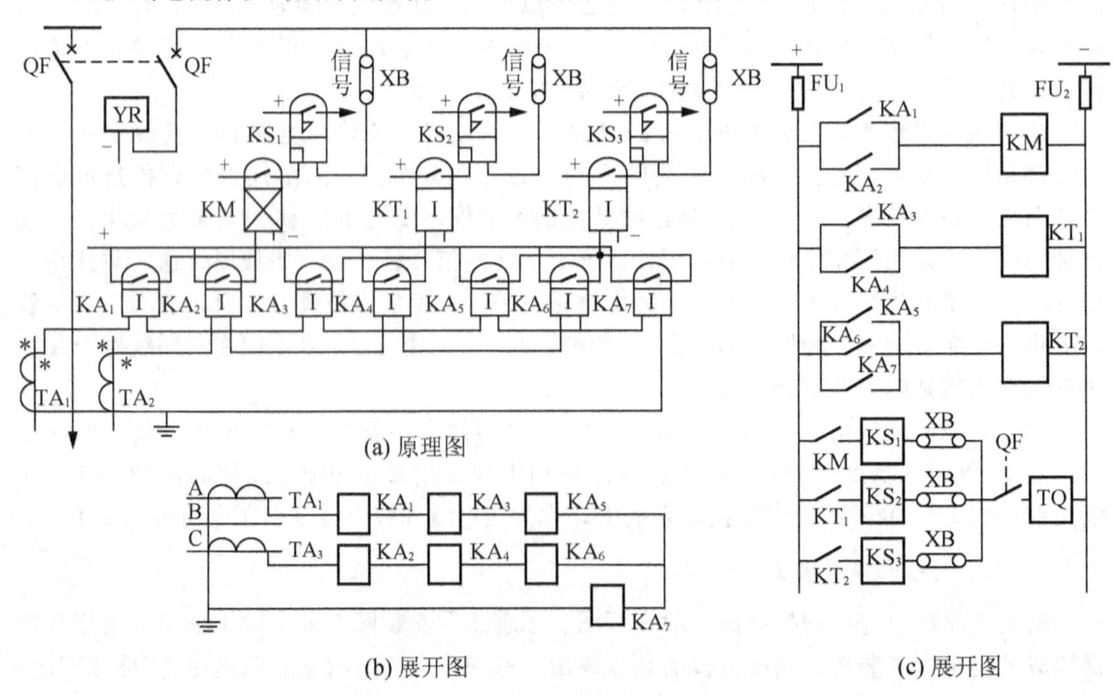

图 2.19　三段式电流保护原理接线图

阅读展开图时，一般应按先交流后直流，由上而下、从左至右的顺序阅读。展开图的接线简单，层次清楚，绘制和阅读都比较方便，且便于查线和调试，特别是对于复杂的保护，其优越性更加显著，所以在生产中得到了广泛的应用。

图中继电器触点的位置，对应于被保护线路的正常工作状态。

2.2 电网相间短路的方向性电流保护

对于单电源辐射形供电的网络，每条线路上只在电源侧装设保护装置就可以了。当线路发生故障时，只要相应的保护装置动作于断路器跳闸，便可以将故障元件与其他元件断开，但却要造成一部分变电所停电。为了提高电网供电的可靠性，在电力系统中多采用双侧电源供电的辐射形电网或单侧电源环形电网供电。此时，采用阶段式电流保护将难以满足选择性要求，应采用方向性电流保护。本节主要介绍方向性电流保护的工作原理、整定计算、方向继电器及其接线方式等内容。

2.2.1 方向性电流保护的工作原理

1. *方向电流保护的基本原理*

对于图 2.20 所示的双侧电源网络，由于两侧都有电源，所以在每条线路的两侧均需装设断路器和保护装置。当线路上发生相间短路时，应跳开故障线路两侧的断路器，而非故障线路仍能继续运行。例如，当 k_1点发生短路时，应由保护 3、4 动作跳开断路器切除故障，而其他线路不会造成停电，这正是双侧电源供电的优点。但是单靠电流的幅值大小能否保证保护 2、5 不误动作，由图 2.20 可知，当 k_1点短路时，由左侧电源提供的短路电流同时流过保护 2 和保护 3，使保护 3 的电流速断保护启动，跳开 QF_3。如果此短路电流也大于保护 2 的电流速断保护的整定值，则保护 2 可能在保护 3 跳开 QF_3之前或同时跳开 QF_2，这样保护 2 的动作将失去选择性。同时给动作值的整定带来麻烦。又如对于定时限过电流保护，为满足选择性要求，在 k_1点短路时，要求保护 2 大于保护 3 的动作时限；在 k_2点短路时，又要求保护 2 小于保护 3 的动作时限，给保护动作时限的整定造成困难。同理，对于单侧电源环网也会出现这样的问题。

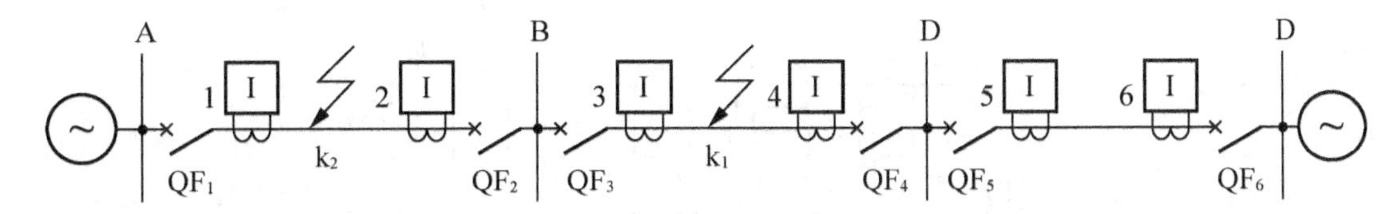

图 2.20 双侧电源网络

为解决上述问题，引入短路功率方向的概念：短路电流方向由母线流向线路称为正方向故障，允许保护动作；短路电流方向由线路流向母线称为反方向故障，不允许保护动作。如当 k_1点短路时，流过保护 3 的短路功率方向由母线流向线路，保护应该动作；而流过保护 2 的短路功率方向则由线路流向母线，保护不应该动作。同样对于 k_2点短路，流过保护 2 的短路功率方向由母线流向线路，保护应该动作；而流过保护 3 的则由线路流向母线，保护不应动作。

所以，只要在电流保护的基础上加装一个能判断短路功率流向的方向元件，即功率方向元件，并且只有当短路功率由母线流向线路时才允许动作，而由线路流向母线时则不允许动作，从而使保护的动作具有一定的方向性。这样就可以解决反方向短路保护误动作的问题。这种在电流保护的基础上加装方向元件的保护称为方向电流保护。方向电流保护既利用了电流的幅值特征，又利用了短路功率的方向特征。

在图 2.21 所示的电网中，各电流保护均加装了方向元件构成了方向电流保护，图中箭头方向为各保护的动作方向。把同一方向的保护如 1、3、5 作为一组，保护 2、4、6 为另一组，这样就可将两个方向上的保护拆开成两个单电源辐射形电网的保护。当 k_2 点短路时，流经保护 1、3、5 的短路功率方向均由母线流向线路，与保护的动作方向相同，此时只需考虑保护 1、3、5 之间的动作电流和动作时限的配合即可，方法与上一节所述的单电源辐射形电网的阶段式保护相同。而流经保护 2、4 的短路功率方向均由线路流向母线，与保护的动作方向相反，保护不会动作，也就不需要考虑与保护 1、3、5 之间的整定配合。同理，其他各点短路时，动作方向相反的保护均不会误动作。

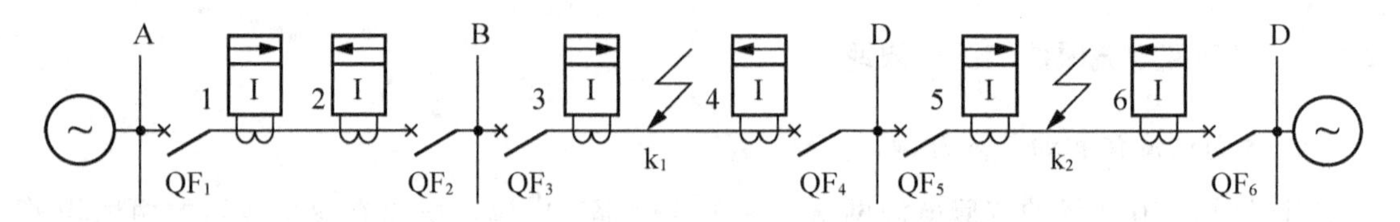

图 2.21 双侧电源网络的方向性电流保护原理说明图

2. 方向过电流保护的单相原理接线

具有方向性的过电流保护的单相原理接线如图 2.22 所示，与图 2.6 所示的限时电流速断保护单相原理接线图相比，只是多了一个用作判断短路功率方向(即故障方向)的功率方向元件。由图 2.22 可知，电流元件和方向元件的触点是串联的，它们必须都启动后，才能去启动时间元件，经预定的延时后动作于跳闸。

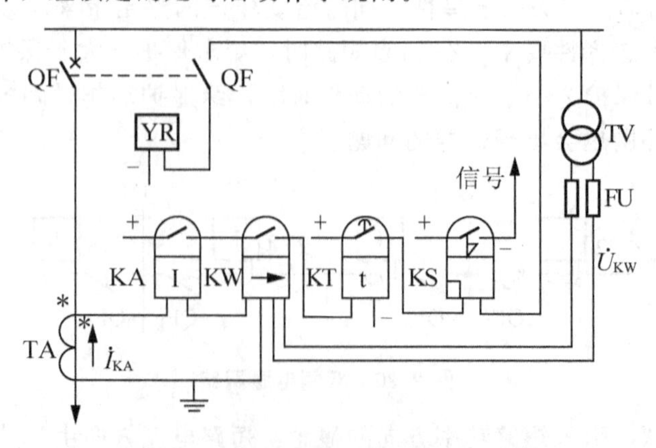

图 2.22 方向电流保护单相原理接线图

需要说明的是，对于双侧电源辐射形电网或单侧电源环网中的电流保护，在某些情况下不需要方向元件同样可以实现动作的选择性，但必须通过比较保护之间的整定值和动作时限的大小来实现，这样有利于简化保护的接线，提高动作的可靠性。

对于电流速断保护，如图 2.20 中保护 3，当其背后 k_2 点发生相间短路，流过它的最大短路电流小于其动作电流时，即 $I_{k2}<I^{I}_{set\cdot 3}$，则保护 3 的电流速断不会误动作，这样保护 3 就可以不装方向元件。采用同样方法可确定其他电流速断保护是否应装设方向元件。

对于过电流保护，可通过比较同一母线两侧保护的动作时限来决定是否采用方向元件。如图 2.20 中保护 2 的动作时限若小于保护 3 的动作时限，即 $t_2^{III}<t_3^{III}$，当 k_2 点短路时，保护 2 先于保护 3 动作跳闸，因此，保护 3 可不装方向元件，而保护 2 则必须装设方向元件。

对于限时电流速断保护，则必须综合考虑以上两种因素。

2.2.2 功率方向判别元件

功率方向判别元件是用来判断短路功率方向的，是方向电流保护中的主要元件。所以它必须具有足够的灵敏性和明确的方向性，即发生正方向故障(短路功率由母线流向线路)时，能可靠动作，而在发生反方向故障(短路功率由线路流向母线)时，能可靠不动作。

1. 功率方向元件的工作原理

功率方向元件是通过测量保护安装处的电压和电流之间的相位关系来判断短路功率方向的。以图 2.20 所示网络为例，规定电流由母线流向线路为正，电压以母线高于大地为正。当 k_1 点发生三相短路时，流过保护 3 的电流 $\dot{I}_{k1}$ 为正向电流，它与母线 B 上的电压 $\dot{U}_B$ 之间的夹角为线路的阻抗角 φ_{k1}，其值的变化范围为 $0°<\varphi_{k1}<90°$，且电压超前电流(因为线路主要以感性为主)，则短路功率为 $P_k=U_B I_{k1}\cos\varphi_{k1}>0$。而当 k_2 点三相短路时，流过保护 3 的电流为反向电流 $-\dot{I}_{k2}$，它滞后母线电压 $\dot{U}_B$ 的角度为线路阻抗角 φ_{k2}，则 $\dot{I}_{k2}$ 滞后 $\dot{U}_B$ 的相位角为 $180°+\varphi_{k2}$，此时短路功率为 $P_k=U_B I_{k2}\cos(180°+\varphi_{k2})<0$。其电压、电流的相位关系如图 2.23 所示。

由图 2.23 可知，正方向短路时，$\dot{U}_B$ 超前 $\dot{I}_k$ 的角度为锐角，反方向短路时，$\dot{U}_B$ 超前 $\dot{I}_k$ 的角度为钝角。因此，功率方向元件的工作原理实际上就是通过测量 $\dot{U}_B$ 和 $\dot{I}_k$ 之间的相位角来判别正、反方向短路的，正方向短路时，功率方向元件动作，反方向短路时，功率方向元件不动作。

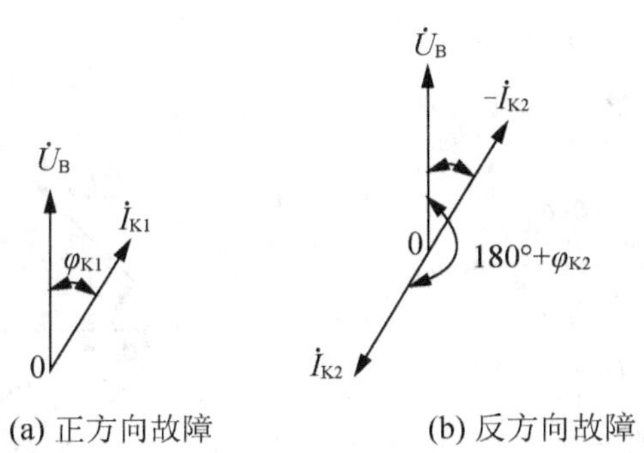

图 2.23 正反向故障时电压与电流的相位关系

2. 功率方向元件的动作区域

设 $\varphi_{KW}=\arg\dfrac{\dot{U}_{KW}}{\dot{I}_{KW}}$，称为功率方向元件的测量角度，即$\dot{U}_{KW}$超前$\dot{I}_{KW}$的角度(若为负角，则$\dot{I}_{KW}$超前$\dot{U}_{KW}$)。设 $\alpha=\varphi_u-\varphi_I$，称为功率方向元件的内角，它与结构有关，则有

$$\varphi_1=-90°-(\varphi_u-\varphi_I)=-90°-\alpha \tag{2-25}$$

称为功率方向元件的最小动作角；

$$\varphi_2=90°-(\varphi_u-\varphi_I)=90°-\alpha \tag{2-26}$$

称为功率方向元件的最大动作角。

所以，功率方向元件的动作条件又可表示为

$$\varphi_1\leqslant\varphi_{KW}\leqslant\varphi_2 \tag{2-27}$$

即测量角在动作角范围内，继电器动作，否则不动作。

以$\dot{I}_{KW}$为参考相量，画出其相位关系(以$\dot{U}_{KW}$为参考相量，画法一样，将$\dot{U}_{KW}$转到$\dot{I}_{KW}$位置即可)。先画出$\dot{I}_{KW}$(角度逆时针方向为正)，$\varphi_1=-90°-\alpha$ 为最小动作角，其一个边构成动作的下边界；$\varphi_2=90°-\alpha$ 为最大动作角，其一个边构成动作的上边界。而动作范围为 $\varphi_2-\varphi_1=(90°-\alpha)-(-90°-\alpha)=180°$，所以，上、下边界在一条直线上，称这条直线为动作分界线，将整个区域分为动作区和非动作区。当$\dot{U}_{KW}$位于该分界线的右下侧时，方向元件动作，位于左上侧时方向元件不动作，如图 2.24 所示。

3. 功率方向元件的最大灵敏角

当 $\varphi_{KW}=\arg\dfrac{\dot{U}_{KW}}{\dot{I}_{KW}}=-\alpha=-(\varphi_u-\varphi_I)=\varphi_I-\varphi_u$ 或 $\varphi_u=\varphi_I+\alpha=90°$或 $\varphi_I=\varphi_u-\alpha$，而 φ_I 是$\dot{K}_I\dot{I}_{KW}$超前$\dot{I}_{KW}$的相位角时，φ_u 是$\dot{K}_U\dot{U}_{KW}$超前$\dot{U}_{KW}$的相位角，所以，$\dot{K}_U\dot{U}_{KW}$与$\dot{K}_I\dot{I}_{KW}$此时同相位，如图 2.25 所示，此时工作量 $\dot{A}$ 最大，而制动量 $\dot{B}$ 最小，功率方向元件动作最灵敏。所以，将 $\varphi_{KW}=-\alpha$ 称为功率方向元件的最大灵敏角，用 φ_{sen}表示，即 $\varphi_{sen}=-\alpha$，将 $\varphi_{KW}=\varphi_{sen}$时的$\dot{U}_{KW}$相量绘入图 2.24 中，则与$\dot{U}_{KW}$重叠的射线称为最大灵敏线，该灵敏线就是垂直于动作边界的射线，其意义为：以电流$\dot{I}_{KW}$(或电压$\dot{U}_{KWJ}$)为参考相量的情况下，当$\dot{U}_{KW}$($\dot{I}_{KW}$)落到最大灵敏线上时，功率方向元件动作最灵敏，如果远离，则灵敏度下降。

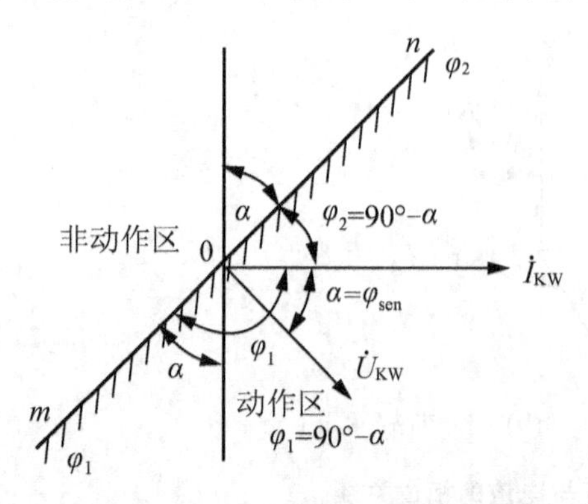

图 2.24 功率方向元件的动作区域

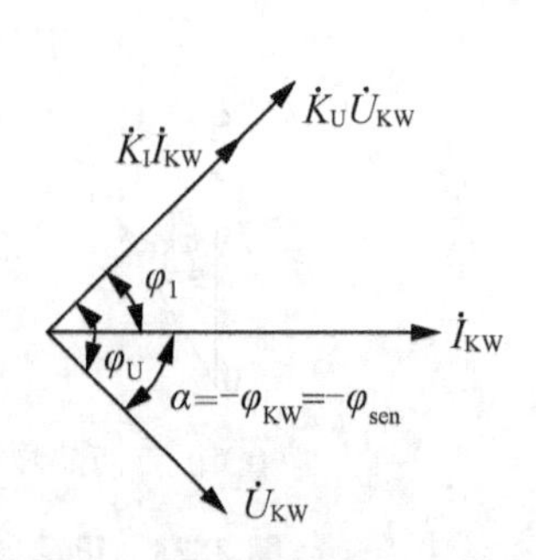

图 2.25 $\varphi_{KW}=-\alpha$ 时各电压相量间的关系

4. 灵敏角与动作角的关系

将式(2-25)与式(2-26)相加得

$$\varphi_1+\varphi_2=-2\alpha \tag{2-28}$$

将 $\varphi_{sen}=-\alpha$ 代入式(2-28)中并整理后，可得

$$\varphi_{sen}=\frac{\varphi_1+\varphi_2}{2} \tag{2-29}$$

将 $\varphi_{sen}=-\alpha$ 代入式(2-25)和式(2-26)中并整理后，可得

$$\varphi_1=\varphi_{sen}-90° \tag{2-30}$$

$$\varphi_2=\varphi_{sen}+90° \tag{2-31}$$

2.2.3 相间短路功率方向元件的接线方式

功率方向元件是通过测量保护安装处的电压和电流之间的相位关系来判别短路功率方向的，所以它必须同时输入母线电压和线路电流。而功率方向元件的接线方式就是指它与电压互感器和电流互感器之间的连接方式。在考虑接线方式时，应满足以下要求。

(1) 必须保证功率方向元件具有良好的方向性，即正方向发生任何类型的相间短路故障都能动作，而反方向短路时则不动作。

(2) 尽量使功率方向元件在正向短路时具有较高的灵敏性，即短路时加入继电器的电压$\dot{U}_{KW}$和电流$\dot{I}_{KW}$的数值足够大，并使 φ_{KW}尽可能接近于最大灵敏角 φ_{sen}。

1. 功率方向元件的 90°接线方式

为满足功率方向元件接线方式的要求，目前功率方向元件广泛采用的是 90°接线方式。所谓 90°接线方式是指在三相对称且功率因数 $\cos\varphi=1$ 的情况下，各功率方向元件所加电流$\dot{I}_{KW}$和电压$\dot{U}_{KW}$的相位刚好相差 90°，也称非故障相相间电压的接线方式。如当取$\dot{I}_{KW}=\dot{I}_a$，$\dot{U}_{KW}=\dot{U}_{bc}$时，其相位关系如图 2.26 所示。

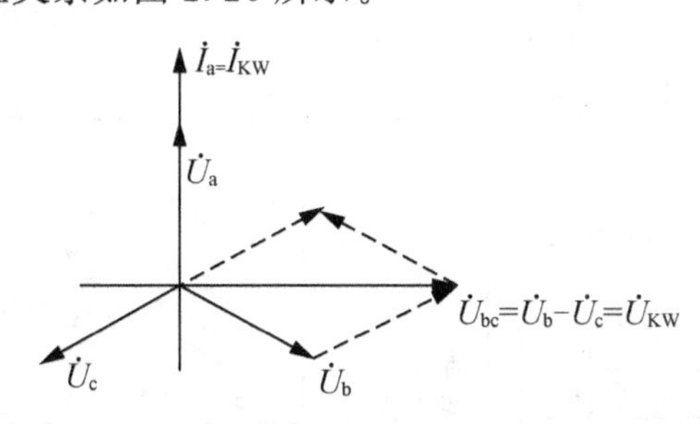

图 2.26 90°接线方式中电流、电压相位关系

之所以要采用 90°接线方式是因为在中性点不接地系统中，中性点对地电位是不固定的，则各相对地电压(相电压)难以确切地反应相间短路情况，而线电压却能直接反应相间短路。所以，相间短路保护的功率方向元件输入的是线电压。当输入线电压时，在保护安装处附近发生两相短路时，故障相的相间电压(线电压)接近于 0，则功率方向元件将拒动。对于可能出现这种情况的区域，称为方向继电器的电压死区。所以，为了尽可能避免两相

短路时的电压死区，则采用非故障相相间电压的接线方法。输入三相功率方向元件的电流$\dot{I}_{KW}$和电压$\dot{U}_{KW}$的关系见表2-2。

表2-2　90°接线方式各功率方向元件的输入电流和电压

相　别	$\dot{I}_{KW}$	$\dot{U}_{KW}$
A	$\dot{I}_a$	$\dot{U}_{bc}$
B	$\dot{I}_b$	$\dot{U}_{ca}$
C	$\dot{I}_c$	$\dot{U}_{ab}$

在短路时，这些值都很大，可使方向继电器正确灵敏的动作，它保证了两相短路时无电压死区。但当母线附近发生了三相短路时，3个线电压均接近于0，则存在电压死区。所以，应该最大限度地减小三相短路时的电压死区。

2. 方向过电流保护的原理接线

方向过电流保护的原理接线和展开图如图2.27所示，其中3个功率方向元件的接线即为90°接线方式。在接入电流、电压时要特别注意电流线圈和电压线圈的极性端。在实际应用中，如果有一个线圈极性接错，则会出现正方向短路时拒动，而反方向短路时误动的严重后果。所以，90°接线方式的接线不仅要考虑继电器的电流、电压应如何接入，还需要注意怎么样接的问题。

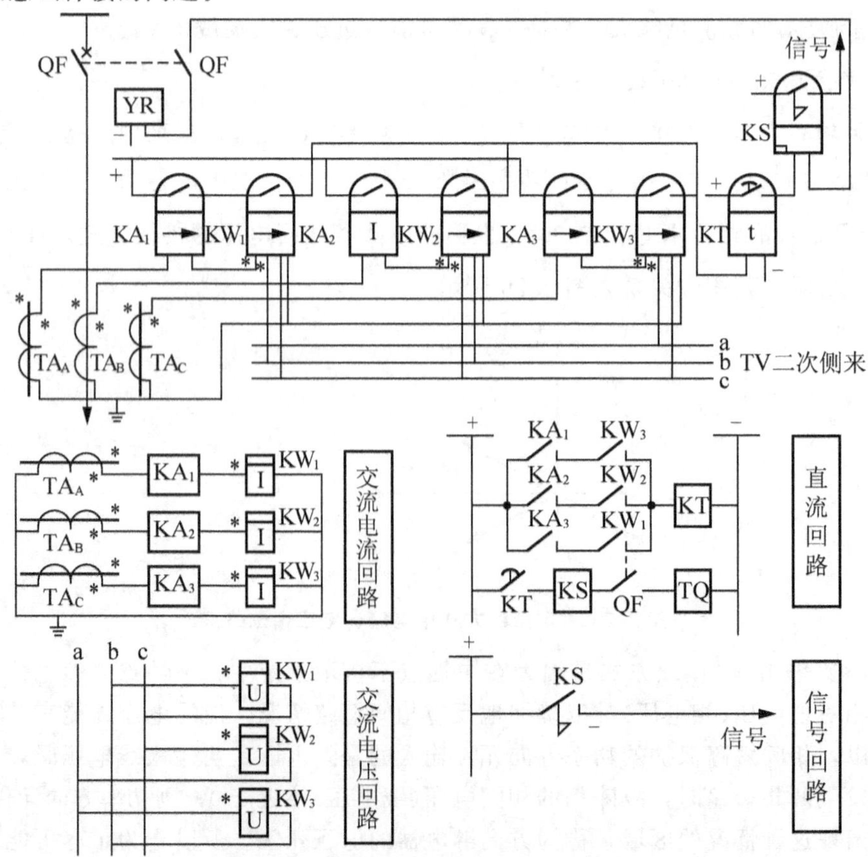

图2.27　方向过电流保护原理接线图

3. 按相启动接线

按相启动接线是指同名相(如 A 相)的电流元件触点KA_1 与功率方向元件的触点KW_1直接串联，构成“与”门后再三相并联，然后再接入时间元件 KT 的线圈，如图 2.28(a)所示。这种按相启动接线方式能够保证在反方向发生不对称短路时，因非故障相电流元件不会动作，所以保护不会误启动。若不采用按相启动接线，如图 2.28(b)所示，则故障相电流将通过非故障相的功率方向元件启动时间继电器，造成保护的误动作。所以，要采用按相启动接线，否则会使保护误动作。

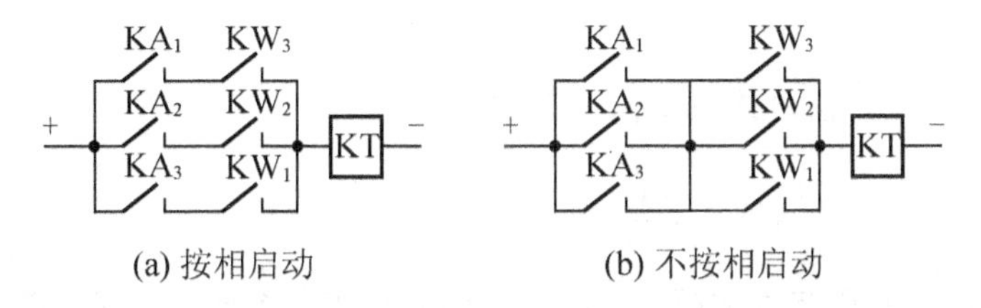

(a) 按相启动　　(b) 不按相启动

图 2.28　方向电流保护的启动方式

4. 功率方向元件测量角度的变化范围

下面分析采用 90°接线方式时功率方向元件在各种相间短路时测量角度 φ_{KW} 的变化范围，进而得出此种接线方式下功率方向元件的最大灵敏角的取值。

1） 三相对称短路

当发生三相对称短路时，3 只方向继电器的工作情况是相同的，所以只分析一相即可。当采用 90°接线方式时，KW_1 输入的电流是$\dot{I}_{KW}=\dot{I}_a$，输入的电压是$\dot{U}_{KW}=\dot{U}_{bc}$。当发生三相对称短路时，各量的关系如图 2.29 所示，3 个相电压仍然对称，$\dot{I}_{KW}$根据保护安装处至故障点之间的线路阻抗角 φ_L 来确定。由图 2.29 可知：$\varphi_{KW}=-(90°-\varphi_L)$(负号表示电流超前电压)。当故障点距保护安装处很近时，$\varphi_L\approx0°$，当故障点距保护安装处很远时，$\varphi_L\approx90°$，即 $0°\leqslant\varphi_L\leqslant90°$，所以，$\varphi_{KW}$的变化范围为

$$-90°\leqslant\varphi_{KW}\leqslant0° \tag{2-32}$$

因为当 $\varphi_{KW}=\varphi_{sen}=-\alpha$ 时，功率方向元件动作最灵敏，所以能使其动作的内角 α 的取值范围为

$$0°\leqslant\alpha\leqslant90° \tag{2-33}$$

即在正向三相短路时，只要选择 $0°\leqslant\alpha\leqslant90°$的功率方向元件均可以动作。

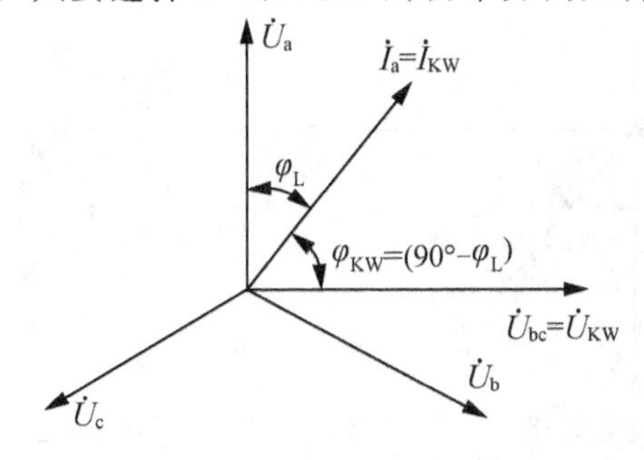

图 2.29　三相短路时保护安装处的电压、电流相量图

为了使功率方向元件具有较高的灵敏性，希望其在三相短路时尽可能工作在最灵敏的状态，即 $\varphi_{KW}=\varphi_{sen}=-\alpha$，因此，元件动作最灵敏的条件是 $\alpha=90°-\varphi_L$。

例如，当 $\varphi_L=68°$时，则 $\alpha=90°-68°=22°$，实选 $\alpha=30°$的功率方向元件，可使功率方向元件工作在最大灵敏线附近，使其动作最灵敏，使三相短路时的电压死区最小。

2）两相短路

以 B、C 相短路为例，有以下两种情况。

（1）短路点位于保护安装处附近。设系统三相电势$\dot{E}_a$、$\dot{E}_b$、$\dot{E}_c$是对称的，如图 2.30 所示。

因为 B、C 相短路，且短路点距保护安装处较近，则有$\dot{U}_a=\dot{E}_a$，$\dot{U}_b=\dot{U}_c=-\frac{1}{2}\dot{E}_a$，所以有$\dot{U}_{ab}=\frac{3}{2}\dot{E}_a$，$\dot{U}_{bc}=0$，$\dot{U}_{ca}=-\frac{3}{2}\dot{E}_a$。

对 A 相而言，忽略负荷电流时，$\dot{I}_a=0$，所以 A 相不动作。而 B 相和 C 相的短路电流 $\dot{I}_b=-\dot{I}_c$，由$\dot{E}_{bc}$产生，$\dot{I}_b$滞后于$\dot{E}_{bc}$的相位角为 φ_L（短路点至保护安装处之间线路的阻抗角，其变化范围为 $0°\leqslant\varphi_L\leqslant90°$），如图 2.31(a)所示。

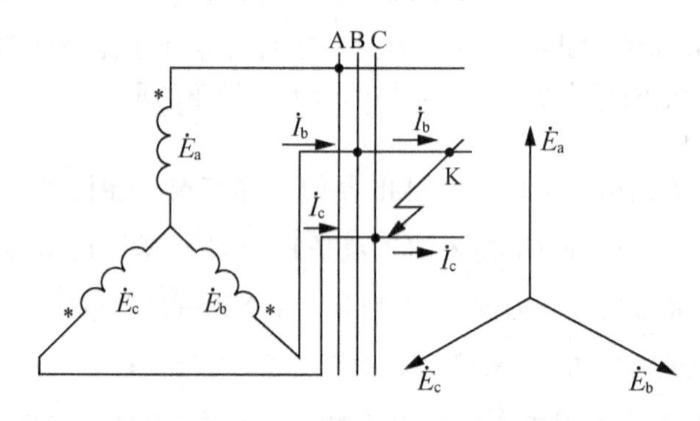

图 2.30　B、C 相短路时的系统接线图

对于 B 相的功率方向元件，$\dot{I}_{KWb}=\dot{I}_b$，$\dot{U}_{KWb}=\dot{U}_{ca}$，则 $\varphi_{KWb}=-(90°-\varphi_L)$，因为 $0°\leqslant\varphi_L\leqslant90°$，所以$-90°\leqslant\varphi_{KWb}\leqslant0°$，所以能使 B 相的功率方向元件动作的内角 α 为 $0°\leqslant\alpha\leqslant90°$。

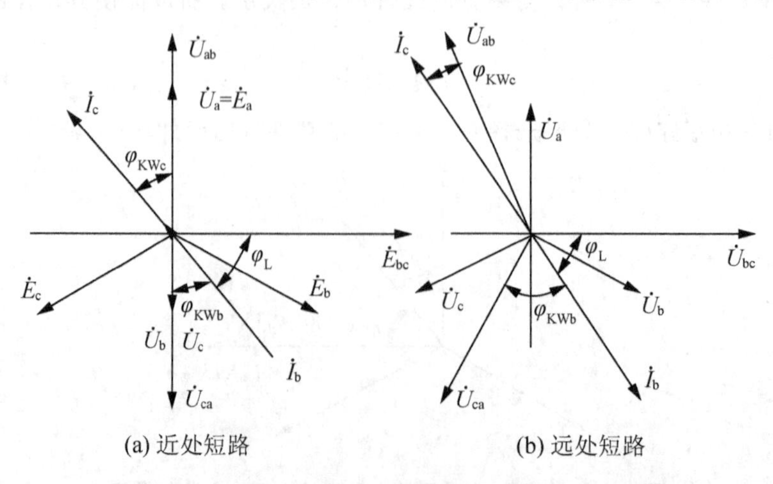

图 2.31　B、C 两相短路时保护安装处的电压、电流相量图

对于C相的功率方向元件，$\dot{I}_{KWc}=\dot{I}_c$，$\dot{U}_{KWc}=\dot{U}_{ab}$，则 $\varphi_{KWc}=-(90°-\varphi_L)$，因为 $0°\leqslant\varphi_L\leqslant90°$，所以 $-90°\leqslant\varphi_{KWc}\leqslant0°$，即能使C相的功率方向元件动作的内角 α 为 $0°\leqslant\alpha\leqslant90°$。

在保护安装处附近正方向两相短路时，只要满足内角为 $0°\leqslant\alpha\leqslant90°$，则两相功率方向元件就能够正确动作。

(2) 短路点远离保护安装处。因为短路点远离保护安装处，所以可认为保护安装处三相电压是对称的，即$\dot{U}_a=\dot{E}_a$，$\dot{U}_b=\dot{E}_b$，$\dot{U}_c=\dot{E}_c$，当B、C两相短路时，$\dot{I}_b=-\dot{I}_c$，而$\dot{I}_b$由$\dot{U}_{bc}$产生，并滞后于$\dot{U}_{bc}$的相位角为 φ_L（短路点至保护安装处之间线路的阻抗角，其变化范围为 $0°\leqslant\varphi_L\leqslant90°$），如图2.31(b)所示。

对于非故障的A相功率方向元件，若不考虑负荷电流，则继电器不动作。

对于B相的功率方向元件，$\dot{I}_{KWb}=\dot{I}_b$，$\dot{U}_{KWb}=\dot{U}_{ca}$，则 $\varphi_{KWb}=-(120°-\varphi_L)$，因为 $0°\leqslant\varphi_L\leqslant90°$，所以 $-120°\leqslant\varphi_{KWb}\leqslant-30°$，所以能使B相的功率方向元件动作的内角 α 的范围为30°～120°。

对于C相的功率方向元件，$\dot{I}_{KWc}=\dot{I}_c$，$\dot{U}_{KWc}=\dot{U}_{ab}$，则 $\varphi_{KWc}=-(60°-\varphi_L)$，因为 $0°\leqslant\varphi_L\leqslant90°$，所以 $-60°\leqslant\varphi_{KWc}\leqslant30°$，所以能使C相的功率方向元件动作的内角 α 的范围为 −30°～60°。

所以，在远离保护安装处正方向两相短路时，要使B、C两相的功率方向元件都能动作的内角 α 的范围为30°～60°。

所以，正方向无论近处还是远处B、C两相短路时，使故障相继电器动作的内角 α 的范围是30°～60°。

采用同样的方法，可以分析出AB、CA两相短路时的情况，其测量角度 φ_{KW} 的变化范围见表2-3。

表2-3　90°接线方式的功率方向元件各类相间短路时测量角度的变化范围

故障类型	三相短路	AB两相短路		BC两相短路		CA两相短路	
		近处	远处	近处	远处	近处	远处
KW_1	$-90°\leqslant\varphi_{KWa}\leqslant0°$	$-90°\leqslant\varphi_{KWa}\leqslant0°$	$-120°\leqslant\varphi_{KWa}\leqslant-30°$	—	—	$-90°\leqslant\varphi_{KWa}\leqslant0°$	$-60°\leqslant\varphi_{KWa}\leqslant30°$
KW_2	$-90°\leqslant\varphi_{KWb}\leqslant0°$	$-90°\leqslant\varphi_{KWb}\leqslant0°$	$-60°\leqslant\varphi_{KWb}\leqslant30°$	$-90°\leqslant\varphi_{KWb}\leqslant0°$	$-120°\leqslant\varphi_{KWb}\leqslant-30°$	—	—
KW_3	$-90°\leqslant\varphi_{KWc}\leqslant0°$	—	—	$-90°\leqslant\varphi_{KWc}\leqslant0°$	$-60°\leqslant\varphi_{KWc}\leqslant30°$	$-90°\leqslant\varphi_{KWc}\leqslant0°$	$-120°\leqslant\varphi_{KWc}\leqslant-30°$

从表2-3中可以看出，在发生各种类型的相间短路时，90°接线方式的功率方向元件的 φ_{KW} 变化范围总是在 $-120°\leqslant\varphi_{KW}\leqslant30°$，称为变化总范围。所以，对于动作区为 $\varphi_{sen}\pm90°$ 的功率方向元件来说，为获得最大的灵敏角，取 $\varphi_{sen}=-30°\sim-60°$，即 α 的范围是30°～

60°就完全能够满足对它的要求，则不管短路点远近，它都能正确判断各种相间短路的短路功率方向。

用于保护相间短路的功率方向元件，都具有$\varphi_{sen}=-45°$和$\varphi_{sen}=-30°$两个最大灵敏角，即当接$R_{\varphi1}$时，$\varphi_I=45°$，则$\alpha=\varphi_u-\varphi_I=90°-45°=45°$；当接$R_{\varphi2}$时，$\varphi_I=60°$，则$\alpha=\varphi_u-\varphi_I=90°-60°=30°$。

90°接线方式的主要优点是：无论发生三相短路还是两相短路，继电器均能正确判断故障方向；选择合适的继电器内角α，在各种相间短路时可使继电器工作在最大灵敏线附近。

2.2.4 方向性电流保护的整定计算

方向性电流保护的整定计算与单侧电源三段式电流保护的整定原则基本相同，但有几点不同需要说明。

1. Ⅰ段方向电流速断保护

如图2.32所示，对保护1，$I^{I}_{sen\cdot1}=K^{I}_{rel}I_{k2\cdot max}$（$I_{k2\cdot max}$为本线路末端最大短路电流）。如果保护1的反向电流$I_{k1\cdot max}>I_{k2\cdot max}$，则$I^{I}_{sen\cdot1}$的整定有两种不同的方案。

（1）按本线路末端最大短路电流整定，即$I^{I}_{sen\cdot1}=K^{I}_{rel}I_{k2\cdot max}$，但为防止反方向短路误动作，应加装功率方向元件，即采用方向电流速断保护。但此方案必有位于线路首端的电压死区，在死区范围内，保护将拒动。

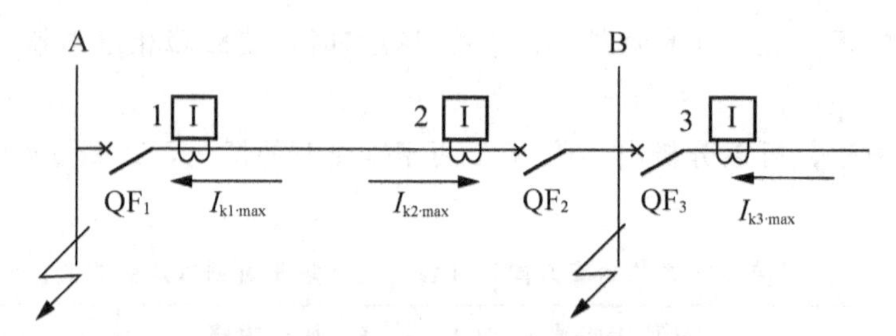

图2.32 双侧电源线路电流保护整定说明图

（2）按最大反向短路电流来整定，即$I^{I}_{sen\cdot1}=K^{I}_{rel}I_{k1\cdot max}$，但增大了保护1的动作电流，使其灵敏度降低，保护区缩小了。但这种方案不需增设功率方向元件，也没有线路首端的电压死区。

两种方案可根据系统线路的实际条件来决定。

2. Ⅱ段方向性限时电流速断保护

以图2.33中的保护2和3为例来说明。

（1）若$t^{II}_2>t^{II}_3$或$I_{k2\cdot max}<I^{II}_{set\cdot2}$，则保护2的第Ⅱ段可不装设功率方向元件。

（2）若$t^{II}_3>t^{II}_2$或$I_{k3\cdot max}<I^{II}_{set\cdot3}$，则保护3的第Ⅱ段也可不装设功率方向元件。

（3）若$t^{II}_3=t^{II}_2$且$I_{k2\cdot max}>I^{II}_{set\cdot2}$和$I_{k3\cdot max}>I^{II}_{set\cdot3}$，则保护2和保护3的第Ⅱ段均应加装功率方向元件。

3. Ⅲ段方向性定时限过电流保护

在图2.33所示的单侧电源环形网络中，线路L_2的最大负荷完全有可能小于线路L_1

的，即 $I_{L2\cdot max}<I_{L1\cdot max}$，则使 $I_{set\cdot 4}^{Ⅲ}<I_{set\cdot 2}^{Ⅲ}$。当线路 L_1 上发生短路时，若 $I_{set\cdot 2}^{Ⅲ}>I_K>I_{set\cdot 4}^{Ⅲ}$，则保护 4 的第Ⅲ段动作，而保护 2 的第Ⅲ段拒动，使负荷 H_2 失去电源，扩大了停电范围(无选择性)，所以，保护 4 的第Ⅲ段是误动。为防止发生这种误动，则必须保证

$$I_{set\cdot 6}^{Ⅲ}>I_{set\cdot 4}^{Ⅲ}>I_{set\cdot 2}^{Ⅲ} \qquad t_6^{Ⅲ}>t_4^{Ⅲ}>t_2^{Ⅲ}$$

和

$$I_{set\cdot 1}^{Ⅲ}>I_{set\cdot 3}^{Ⅲ}>I_{set\cdot 5}^{Ⅲ} \qquad t_1^{Ⅲ}>t_3^{Ⅲ}>t_5^{Ⅲ}$$

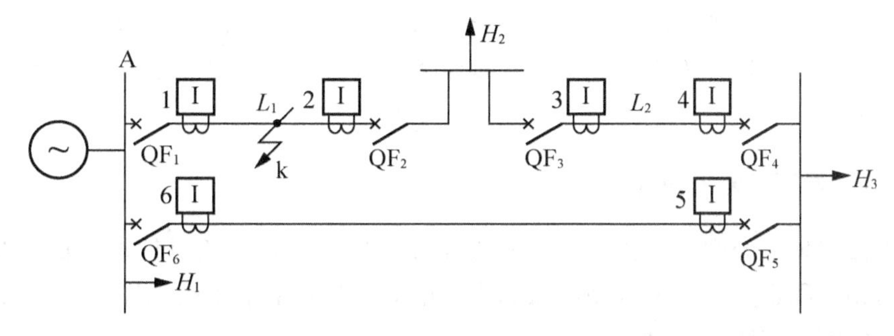

图 2.33　单侧电源环形网络图

这样，当 k 点短路时，I_k 可能小于 $I_{set\cdot 2}^{Ⅲ}$(经过保护 2 的路径长，电流小)，而使保护 2 不动作。但此时因 k 点经保护 1 至电源的路径很短，所以通过保护 1 的电流很大，保护 1 一定能动作，使 QF_1 跳闸，之后，使 I_k 随之大大增加，则保护 2 也就动作了。保护 2 的这种动作行为称为相继启动。

所谓相继启动，是指一条线路两侧的保护装置，当线路上发生短路时，其中一侧的保护装置先动作，等它作用于跳闸后，另一侧保护装置才动作。出现这种动作行为的线路长度，称为保护装置的相继动作区。

保护装置的相继动作区，取决于环形线路各段长度之比和故障电流与动作电流之比。因此，相继动作不仅在靠近电源母线处短路时发生，而且可能发生在头段线路的大部分区域或全线路上，有时甚至伸长到相邻线路上去。

保护装置的相继启动将增加整个电网切除故障的时间，这是不希望的。但由于网络的结构和保护装置的工作原理，决定了相继启动是不可避免的。因此，有时可利用相继启动来保证保护装置的灵敏度。例如，在图 2.34 中，保护装置 2 的灵敏度可按 k 点短路时 QF_1 跳闸后来校验。

2.2.5　对方向性电流保护的评价

方向性电流保护是为满足多侧电源辐射形电网和单侧电源环网的需要，在单侧电源辐射形电网的电流保护的基础上增设功率方向元件构成的，所以能够保证各保护之间动作的选择性，这是方向电流保护的主要优点。但当继电保护中应用方向元件后将使接线复杂，投资增加，同时保护安装处附近正方向发生三相短路时，存在电压死区，使整套保护装置拒动，当电压互感器二次侧开路时，方向元件还可能误动作，并且当系统运行方式变化时，会严重影响保护的技术性能。这是方向电流保护的缺点。

2.3　大电流接地系统的零序电流保护

在电力系统中，中性点的工作方式有中性点直接接地、中性点经消弧线圈接地和中性

点不接地3种，后两种也称非直接接地。在我国，110kV及以上电压等级的电网都采用中性点直接接地方式，而3k～35kV的电网采用中性点非直接接地方式。在中性点直接接地的系统中，发生单相接地短路时，将出现很大的故障相电流和零序电流，故又称为大电流接地系统。在中性点非直接接地的系统中，发生单相接地时，因构不成短路回路，在故障点上流过比负荷电流小得多的电流，故又称为小电流接地系统。

本节根据大电流接地系统发生单相接地故障时，在电网中产生的零序分量的特点，分别介绍零序分量过滤器及零序电流保护、零序方向电流保护的接线及整定，并指出零序电流保护的优缺点。

2.3.1 接地时零序分量的特点

在大电流接地系统中，当正常运行和发生相间短路时，三相对地电压的相量和为零，三相电流的相量和也为零，无零序电压和零序电流。当发生单相接地短路时，将出现零序电压和零序电流，如图2.34所示。

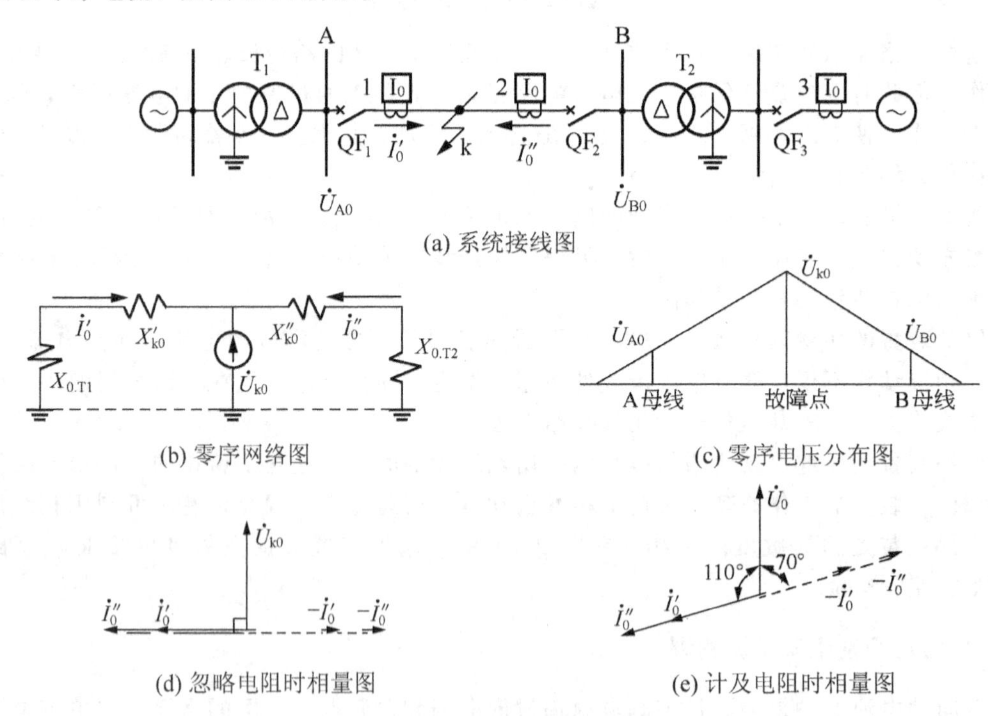

(a) 系统接线图

(b) 零序网络图

(c) 零序电压分布图

(d) 忽略电阻时相量图

(e) 计及电阻时相量图

图2.34 单相接地时的零序网络

零序电流可以看成是在故障点出现一个零序电压$\dot{U}_{k0}$而产生的，它必须经过变压器接地的中性点构成回路。所以，零序电流只能在中性点接地的电网中流动。对零序电流的方向，规定母线流向线路为正，而零序电压的正负以大地为基准，线路高于大地的电压为正，低于大地的电压为负。这样形成的网络称为零序网络，如图2.34(b)所示。由此可知，零序电流的实际方向是线路流向母线的方向。零序网络中的零序电压、零序电流、零序功率等统称为零序分量，其有如下特点。

1. 零序电压

零序电压的最高点位于接地故障处，系统中距故障点越远处的零序电压越低。零序电压的分布如图 2.34(c)所示。保护安装处的母线零序电压为$\dot{U}_{A0}$($\dot{U}_{B0}$)，其大小主要取决于变压器的零序电抗 $X_{0 \cdot T1}$($X_{0 \cdot T2}$)。

2. 零序电流

(1) 零序电流是由零序电压产生的，它必须经过变压器中性点构成回路。所以它只能在中性点接地的网络中流动，而中性点不接地的网络中不存在零序电流。

(2) 零序电流与零序电压的相位关系。当忽略回路电阻时，回路为纯电感电路，其相位关系按规定正方向画出，如图 2.34(d)所示(虚线为电流的实际方向)。当计及回路电阻时，如取零序阻抗角 $\varphi_{k0}=70°$时，其相位关系如图 2.34(e)所示，则零序电流将超前零序电压 110°。

(3) 零序电流的分布，主要取决于线路的零序阻抗和中性点接地变压器的零序阻抗，而与电源的数目和位置无关。如当变压器 T_2 的中性点不接地时，则 $I''_0=0$。所以，只要系统中性点接地的数目和分布不变，即使电源运行方式变化，零序网络仍保持不变，这就使零序电流保护受电源运行方式的影响减小。

(4) 零序电流保护的灵敏度直接决定于系统中性点接地的数目和分布。所以要求变压器中性点不应任意改变其接地方式。

3. 零序功率

零序功率是由故障点流向电源，即由故障线路流向母线。而通常规定，母线到线路的方向为正。所以，对于零序功率方向元件，它是在负值零序功率下动作的。零序功率方向元件的输入电压与输入电流之间的相位差完全取决于变压器的零序阻抗角，如$\dot{U}_{A0}$与$\dot{I}'_0$之间的相位差则决定于变压器 T_1 的零序阻抗角，与被保护线路的零序阻抗及故障点的位置无关。

所以，用零序电流和零序电压的幅值以及它们的相位关系即可实现接地短路的零序电流保护和零序方向保护。

4. 变压器中性点接地方式的选择

系统中全部或部分变压器中性点直接接地是大接地电流系统的标志，其主要目的是降低对整个系统绝缘水平的要求。但中性点接地变压器的台数、容量及其分布情况变化时，零序网络也随之改变，因此，同一故障点的零序电流分布也随之改变。所以变压器的中性点接地情况改变，将直接影响零序电流保护的灵敏性。因此，对变压器中性点接地的选择要满足下面两条要求。

(1) 不使系统出现危险的过电压。

(2) 不使零序网络有较大改变，以保证零序电流保护有稳定的灵敏性。

根据上述两条要求，变压器中性点接地方式选择的原则如下。

(1) 在多电源系统中，每个电源处至少有一台变压器中性点接地，以防止中性点不接地的电源因某种原因与其他电源切断联系时，形成中性点不接地系统。在图 2.35(a)中，如变压器 T1 的中性点不接地，当线路 AB 上发生接地短路时，B 侧零序保护先动作跳开 B 侧断路器，则 A 侧成为一个中性点不接地系统并带接地故障点运行，从而会产生危险的弧光电压，使按大接地电流系统设计的设备的绝缘遭受到破坏。

(2) 在双母线按固定连接方式运行的变电站中，每组母线上至少应有一台变压器中性点直接接地。这样，当母线联络开关断开后，每组母线上仍保留一台中性点直接接地的变压器。

(3) 每个电源处有多台变压器并联运行时，规定正常时按一台变压器中性点直接接地运行，其他变压器中性点不接地。这样，当某台中性点接地变压器由于检修或其他原因切除时，将另一台变压器中性点接地，以保持系统零序电流的大小与分布不变。

(4) 两台变压器并联运行，应选用零序阻抗相等的变压器，正常时将一台变压器中性点直接接地。当中性点接地变压器退出运行时，则将另一台变压器中性点直接接地运行。

(5) 220kV 以上大型电力变压器都为分级绝缘，且分为两种类型，其中绝缘水平较低的一种(500kV 系统，中性点绝缘水平为 38kV 的变压器)，中性点必须直接接地。

2.3.2 零序分量过滤器

零序电流和零序电压是通过零序分量过滤器取得的，零序分量过滤器有零序电压过滤器和零序电流过滤器两种。

1. 零序电压过滤器

为取得零序电压，可采用以下几种接线方式的互感器。

1) 采用 3 个单相电压互感器

如图 2.35(a)所示，一次绕组接成星形，并将中性点直接接地；二次绕组 3 个相互串联，接成开口三角形，则从 mn 两端即可获得零序电压 $3\dot{U}_0=\dot{U}_a+\dot{U}_b+\dot{U}_c$。

2) 采用三相五柱式三绕组电压互感器

如图 2.35(b)所示，一次绕组接成星形，并将中性点直接接地；二次绕组有两组线圈，一组接成星形，用于接测量仪表或继电器，另一组接成开口三角形，从开口处即可获得零序电压 $3\dot{U}_0=\dot{U}_a+\dot{U}_b+\dot{U}_c$。

3) 对于发电机

当发电机的中性点经电压互感器或消弧线圈接地时，从它的二次绕组中也能获得零序电压，如图 2.35(c)所示。

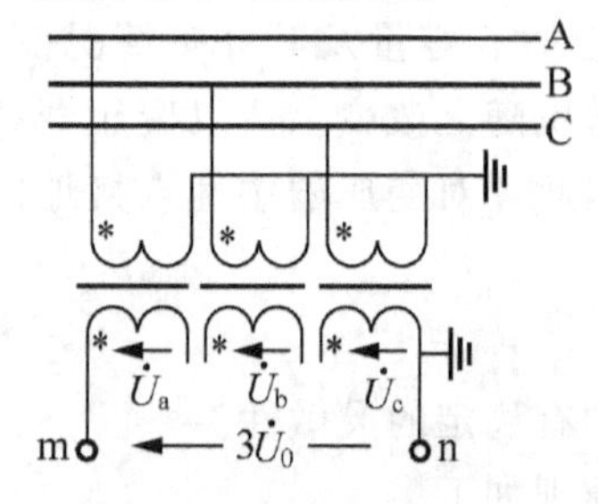

(a) 三个单相电压互感器接线

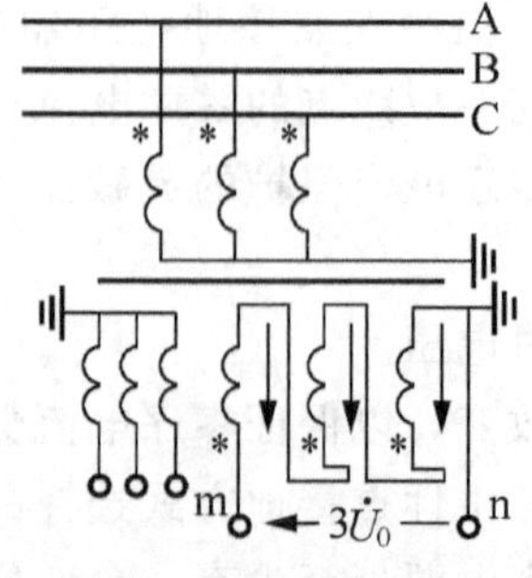

(b) 三相五柱式接线

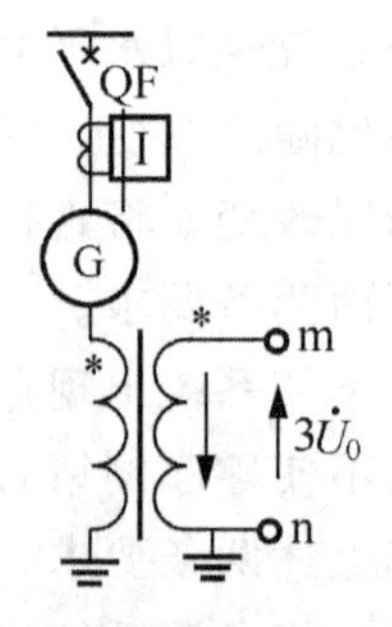

(c) 发电机中性点接线

图 2.35 零序电压过滤器

2. 零序电流过滤器

对于架空线路，为取得零序电流，通常采用3个单相电流互感器，接成完全星形接法，如图2.36(a)所示，其继电器中得到的电流为$3\dot{I}_0=\dot{I}_a+\dot{I}_b+\dot{I}_c$(实际就是中线中流过的电流)。所以，实际应用中，并不需要专门的零序电流过滤器，而是将继电器接入相间短路保护用电流互感器的中线上就可以了。

对于电缆线路，如图2.36(b)所示，将互感器套在电缆外面，从铁芯中穿过的电缆就是电流互感器的一次绕组，其一次电流是$\dot{I}_a+\dot{I}_b+\dot{I}_c$，正常时，$\dot{I}_a+\dot{I}_b+\dot{I}_c=0$，只有当一次侧出现零序电流时，即$\dot{I}_a+\dot{I}_b+\dot{I}_c\neq0$，在二次侧才有相应的$3\dot{I}_0$输出，其主要特点就是接线简单。

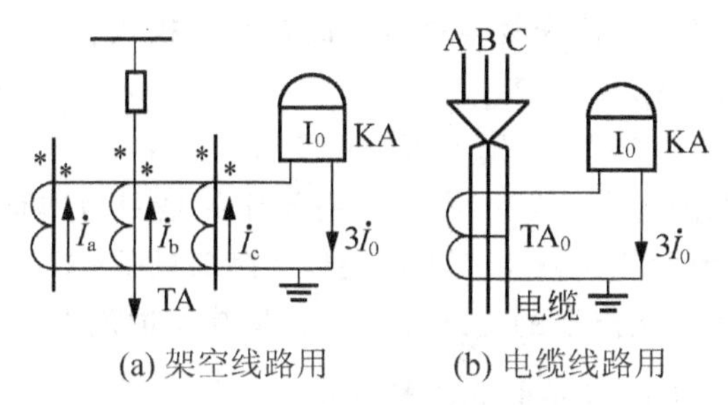

图2.36 零序电流过滤器

2.3.3 三段式零序电流保护

零序电流保护与三段式相间短路保护基本相似，也分为三段式：零序电流Ⅰ段为瞬时零序电流速断，只保护线路的一部分；零序电流Ⅱ段为限时零序电流速断，可保护本线路全长，并与相邻线路零序电流速断保护相配合，带有0.5s延时，它与零序电流Ⅰ段共同构成本线路接地故障的主保护；零序电流Ⅲ段为零序过电流保护，动作时限按阶梯原则整定，它作为本线路和相邻线路的单相接地故障的后备保护。

零序电流与线路的阻抗有关，可以作出$3\dot{I}_0$随线路长度L变化的关系曲线，然后进行整定，其整定原则类似于相间短路的三段式电流保护。

1. 零序电流Ⅰ段——零序电流速断保护

零序电流速断保护的动作电流I_{set}^{I}的整定应考虑以下3个原则。

(1) 为保证选择性，I_{set}^{I}应大于本线路末端单相或两相接地短路时流过保护安装处的最大零序电流$3I_{0\cdot max}$，即

$$I_{set}^{I}=K_{rel}^{I}\cdot 3I_{0\cdot max} \tag{2-34}$$

式中　K_{rel}^{I}——可靠系数，取1.2～1.3。

(2) 应大于断路器三相不同时合闸(非全相运行)时出现的最大零序电流$I_{0\cdot unc}$，即

$$I_{set}^{I}=K_{rel}^{I}\cdot 3I_{0\cdot unc} \tag{2-35}$$

式中　K_{rel}^{I}——可靠系数，取1.1～1.2。

注：①按上述原则整定时，应选取其中较大者作为零序电流速断保护的动作电流；②若零序Ⅰ段的动作时间(保护固有时间)大于断路器三相不同时合闸的时间，则不需考虑

$I_{0\cdot\text{unc}}$的影响，只按原则(1)整定；③在有些情况下，若按原则(2)整定将使启动电流过大，保护范围过小，这时可采用：合闸时(手动或自动)使零序Ⅰ段带有一个小的延时(0.15s)，以躲过三相不同时合闸的时间，这样整定时也不需要考虑原则(2)了。

(3) 当系统采用单相自动重合闸时(哪相接地，哪相跳闸，然后自动重合闸)，单相短路故障被切除后，系统处于非全相运行状态，并伴有系统振荡，此时将会出现很大的零序电流$3I_{0\cdot\text{unc}}$。若$3I_{0\cdot\text{unc}}>I_{\text{set}}^{\text{I}}$($I_{\text{set}}^{\text{I}}$按上述原则整定)，则保护将要误动作。

若按$3I_{0\cdot\text{unc}}$整定，则动作电流过大，使保护范围缩小，不能充分发挥零序Ⅰ段的作用。此时，应设置灵敏度不同的两套零序电流速断保护。

① 灵敏的Ⅰ段：$I_{\text{set}}^{\text{I}}$仍按上述原则整定，因动作值小，保护范围大，所以灵敏。主要任务是对全相运行状态下的接地故障进行保护。当单相自动重合闸启动时(即开始切除单相接地故障时)将其自动闭锁，待恢复全相运行时再重新投入。

② 不灵敏的Ⅰ段：其整定原则为

$$I_{\text{set}}^{\text{I}}=K_{\text{rel}}^{\text{I}}\cdot 3I_{0\cdot\text{unc}} \tag{2-36}$$

因动作值大，保护范围小，所以不灵敏。主要任务是专为非全相运行状态下(如单相自动重合闸过程中)，其他两相又发生了单相接地故障时的保护，以便尽快地将故障切除。当然，它也能反应全相运行状态下的接地故障，只是其保护范围比灵敏的Ⅰ段要小。

2. 零序电流Ⅱ段——限时零序电流速断保护

限时零序电流速断保护的整定原则与相间短路的限时电流速断保护相同，即考虑与下一条线路的零序Ⅰ段保护相配合，如图2.37所示。

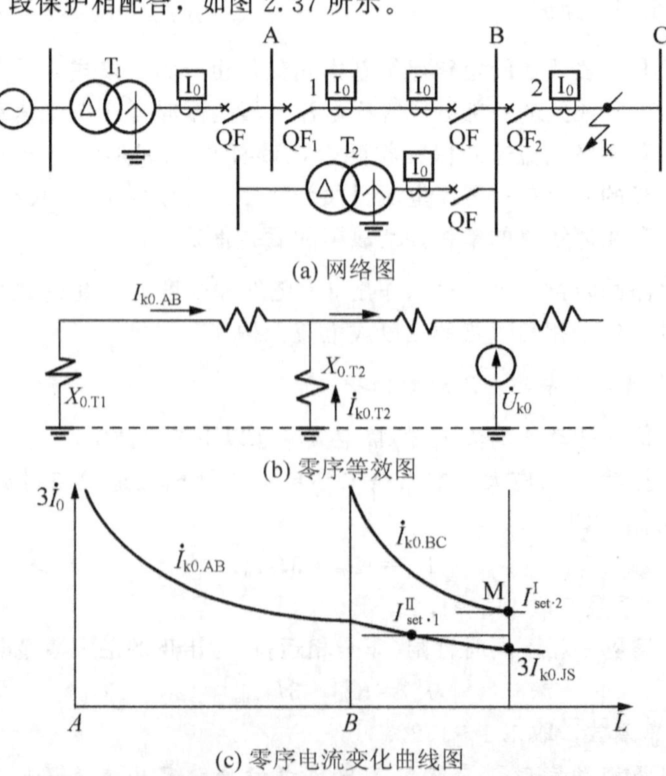

图2.37 有分支线路时零序电流Ⅱ段动作特性分析

$$I_{set\cdot 1}^{\text{II}}=K_{rel}^{\text{II}}\cdot I_{set\cdot 2}^{\text{I}} \tag{2-37}$$

式中　K_{rel}^{II}——可靠系数，取1.1～1.2。

但应注意，当两个保护之间的变电所母线上接有中性点接地的变压器时，应该考虑变压器对零序电流分流的影响。

在图2.37所示的网络中，在两个保护之间的变电所B母线上接有中性点接地变压器T_2，沿线路各点发生接地短路时，流过线路AB的零序电流$3I_{k0\cdot AB}$与短路距离L的关系曲线不再是单调平滑变化的，如图2.37(c)所示，这是Y_0/Δ接线的变压器T_2分流作用的结果。

为确定保护1的零序电流Ⅱ段的动作电流，当已知流过BC线路的$3I_{k0\cdot BC}$与L的关系曲线和$I_{set\cdot 2}^{\text{I}}$时，就可确定保护2零序电流速断保护的保护范围末端M点的位置，进而由$3I_{k0\cdot AB}$与L的关系曲线和M点的位置，可计算出在M点发生接地故障时流过线路AB的零序电流计算值$3I_{k0\cdot JS}$，则可得保护1限时电流速断保护的动作电流为

$$I_{set\cdot 1}^{\text{II}}=K_{rel}^{\text{II}}\cdot 3I_{k0\cdot JS} \tag{2-38}$$

当变压器T_2退出或改为中性点不接地运行时，$3I_{k0\cdot BC}$与$3I_{k0\cdot AB}$平滑曲线重合，$3I_{set\cdot JS}=I_{set\cdot 2}^{\text{I}}$，则$I_{set\cdot 1}^{\text{II}}=K_{rel}^{\text{II}}\cdot I_{set\cdot 2}^{\text{I}}$。

为保证选择性，按上述原则整定的零序电流Ⅱ段应比下一条线路零序电流Ⅰ段的动作时限大一个时限级差Δt，即$t_1^{\text{II}}=0.5\text{s}$。

限时零序电流速断保护的灵敏系数按被保护线路末端发生接地短路时的最小零序电流来校验。设B母线接地短路时流过AB线路的最小零序电流为$3I_{k0\cdot min}$，则灵敏系数为

$$K_{sen\cdot 1}^{\text{II}}=\frac{3I_{k0\cdot min}}{I_{set\cdot 1}^{\text{II}}}\geqslant 1.3\sim 1.5 \tag{2-39}$$

如果灵敏系数不能满足要求，则可改用与保护2零序电流Ⅱ段相配合。此外还可以考虑用以下方式解决。

(1) 用两个灵敏度不同的零序Ⅱ段保护。即保留0.5s的零序电流保护，以便快速切除正常运行方式和最大运行方式下线路上所发生的接地故障；同时再增加一个与下级线路零序电流Ⅱ段保护相配合的Ⅱ段保护，它能保证在各种运行方式下线路上发生短路时，保护装置具有足够的灵敏系数。这样与零序电流速断保护和零序过电流保护共同组成四段式零序电流保护。

(2) 从电网接线的全局考虑，可改用接地距离保护。

3. 零序电流Ⅲ段——定时限零序过电流保护

定时限零序过电流保护的作用相当于相间短路的过电流保护，在一般情况下是作为后备保护使用的，但在中性点直接接地系统中的终端线路上，也可以作为主保护使用。其动作电流I_{set}^{III}应按照下列原则进行整定。

(1) I_{set}^{III}应大于相邻线路首端(本线路末端)三相短路时所出现的最大零序不平衡电流，即

$$I_{set}^{\text{III}}=K_{rel}^{\text{III}}\cdot I_{0\cdot unb\cdot max} \tag{2-40}$$

$$I_{0\cdot unb\cdot max}=K_{np}K_{st}\Delta f\cdot I_{k\cdot max} \tag{2-41}$$

式中　K_{rel}^{III}——可靠系数，取1.1～1.2；

K_{np}——非周期分量影响系数，当采用自动重合闸后加速时为1.5～2.0，其他情况为1；

K_{st}——电流互感器同型系数，取 0.5；

Δf——电流互感器误差，取 $\Delta f=0.1$；

$I_{k\cdot max}$——相邻线路首端最大三相短路电流。

(2) $I_{set}^{Ⅲ}$应大于非全相运行时 $3I_0$，即

$$I_{set}^{Ⅲ}=K_{rel}^{Ⅲ}\cdot 3I_0 \tag{2-42}$$

(3) 按与相邻线路的零序电流Ⅱ段或Ⅲ段配合进行整定。

按上述的整定原则计算，应选取其中较大者作为 $I_{set}^{Ⅲ}$的整定值。

关于零序Ⅱ、Ⅲ段保护的配置情况如下。

① 零序Ⅱ段保护只与相邻线路的瞬动保护段配合，设置零序Ⅲ段保护与相邻线路零序Ⅱ段的保护配合，不满足灵敏系数要求时，再与相邻线路的零序Ⅲ段保护配合并要求有足够的灵敏系数。

② 零序Ⅱ段保护与相邻线路瞬动保护段配合，若能满足灵敏系数要求则不设置零序Ⅲ段保护，否则设置零序Ⅲ段保护，其整定要求同上。有时为了缩短零序Ⅲ段保护的动作时限，可以只和 0.5s 的零序Ⅱ段保护配合，灵敏系数不够就按保证本线路末端接地短路时有足够的灵敏系数计算。

③ 用零序Ⅱ段保护能保证本线路末端接地短路的灵敏系数时，不设置零序Ⅲ段保护。

定时限零序过电流保护作为本线路近后备保护的灵敏系数应按本线路末端接地短路时流过保护的最小零序电流校验，要求 $K_{sen}\geqslant 1.3$；当作为相邻线路的远后备保护时，应按相邻线路末端接地短路时流过本保护的最小零序电流来检验，要求 $K_{sen}\geqslant 1.2$。当两个保护之间具有分支线路时，应考虑分支线路的影响。同时还必须要求各保护的零序Ⅲ段保护之间的灵敏系数的相互配合，即本级的灵敏系数一定要小于下一级的灵敏系数。

定时限零序过电流保护的动作时限按阶梯原则确定，如图 2.38 所示。必须注意的是，在 Y_0、d 接法的变压器低压侧的任何故障都不会在高压侧引起零序电流，因此，保护 3 的零序过电流可以是瞬时动作的，所以对零序过电流保护来说，动作时限可从保护 3 开始逐级配合，即 $t_{0\cdot 2}^{Ⅲ}=t_{0\cdot 3}^{Ⅲ}+\Delta t$，$t_{0\cdot 1}^{Ⅲ}=t_{0\cdot 2}^{Ⅲ}+\Delta t$。为便于比较，将反应相间短路的过电流保护的时限特性也画在同一图中，它是从保护 4 开始逐级配合的。由图 2.38 可知，同一线路上零序过电流保护的动作时限小于相间短路过电流保护的动作时限。这是零序过电流保护的优点之一。

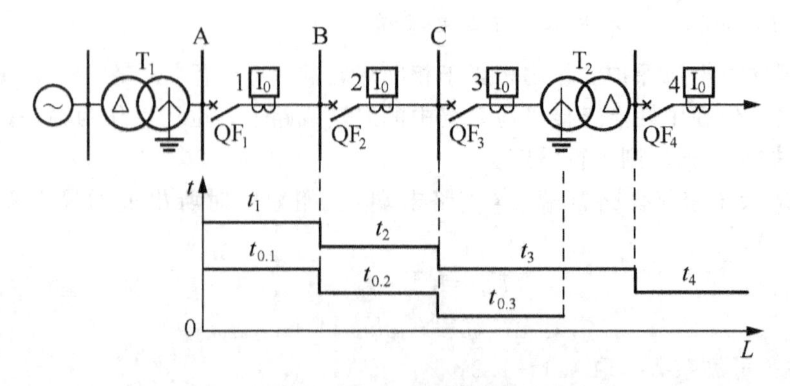

图 2.38 零序过电流保护的动作时限特性

实践表明，在 220k～500kV 的输电线路上发生单相接地故障时，往往会有较大的过

渡电阻存在，当导线对位于其下面的树木等放电时，接地过渡电阻可能达到100～300Ω。此时通过保护装置的零序电流很小，上述的零序电流保护均难以动作。为了在这种情况下能够切除故障，可考虑采用零序反时限过电流保护，继电器的动作电流可按照躲过正常情况下出现的不平衡电流进行整定。

2.3.4 方向性零序电流保护

在双侧或多侧电源的网络中，电源处变压器的中性点至少有一台要接地，由于零序电流的实际流向是由故障点流向各个中性点接地的变压器，因此，在变压器接地数目比较多的复杂网络中，就需要考虑零序电流保护动作的方向性问题。

1. 方向性零序电流保护工作原理

如图2.39所示，线路两侧电源处的变压器中性点均直接接地，这样当k_1点发生接地短路时，其零序等效网络和零序电流分布如图2.39(b)所示，按照选择性的要求，应该由保护1、2动作切除故障，但是零序电流$I''_{0\cdot k_1}$流过保护3时，就可能引起保护3的误动作。同样当k_2点发生接地短路时，其零序等效网络和零序电流分布如图2.39(c)所示，其零序电流$I'_{0\cdot k_2}$又可能使保护2误动作。这与双侧电源电网反应相间短路的电流保护一样。为了保证位于母线两侧的零序电流保护有选择性地切除故障，必须在零序电流保护中加装功率方向元件，构成零序电流方向保护。此时，只需按同一方向的零序电流保护进行配合，并构成阶段式零序方向电流保护。

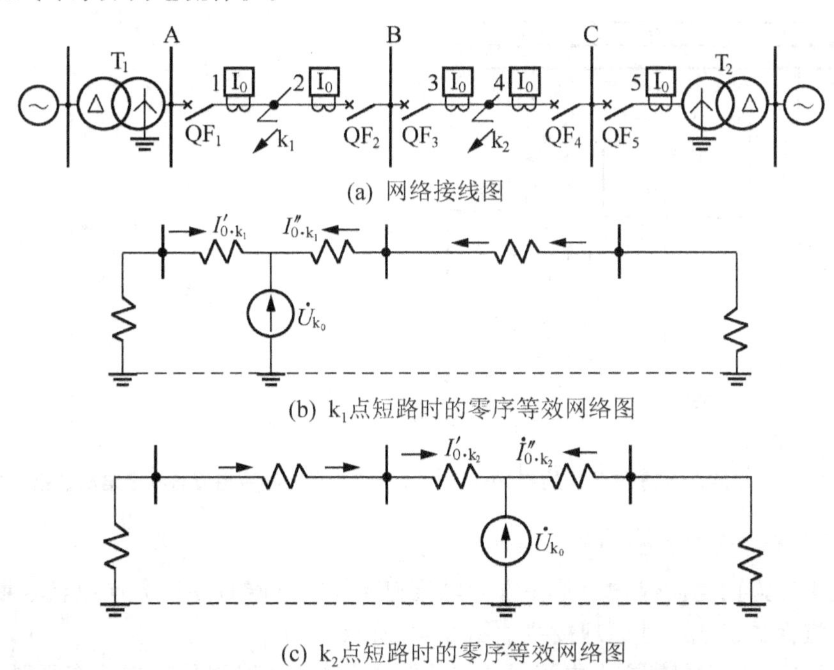

图2.39 零序方向保护工作原理分析图

2. 零序功率方向元件

为判别零序功率的方向，在零序电流保护装置中应接入零序功率方向元件，它反应于零序功率方向而动作，其整流型的零序功率方向元件与反应相间短路的整流型功率方向元件的工作原理和构成方法基本相同，差别仅在于接线方式不同。因为零序功率方向元件反应的是零序功率的方向，所以需要接入零序电压 $3\dot{U}_0$ 和零序电流 $3\dot{I}_0$；又因为接地故障点越靠近保护安装处，零序电压越高，所以零序功率方向元件不存在电压“死区”问题。这里仅说明零序功率方向元件的接线方法。

由图 2.34(e)可知，当 k 点发生接地短路时，按规定的正方向看，零序电压 $\dot{U}$ 将滞后于零序电流 $\dot{I}'_0$ 或 $\dot{I}''_0$ 约 90°～110°，即保护安装地点背后的零序阻抗角为 90°～70°。这时装设于保护 1 和 2 的零序方向电流保护均应正确动作，并应工作在最灵敏的条件下，即零序功率方向元件的最大灵敏角为 $\varphi_{sen}=-70°\sim-90°$(负号表示电流超前电压)。而生产厂家实际制造的零序功率方向元件的最灵敏的角度是 70°～85°，即电流滞后于电压 70°～85°时继电器动作最灵敏。所以，在使用零序功率方向元件时，若 $3\dot{I}_0$ 以正极性端接入继电器电流线圈的极性端，则 $3\dot{U}_0$ 必须以负极性端接入继电器电压线圈的极性端，如图 2.40 所示，反之亦然。

具体接线如图 2.40 所示，将零序功率方向元件电流线圈的极性端子与零序电流过滤器的极性端子相连，以取得 $3\dot{I}_0$；而把继电器电压线圈的极性端子与零序电压过滤器的非极性端子相连，以取得 $-3\dot{U}_0$，其矢量关系如图 2.41 所示，正好符合最灵敏的条件。这一点在实际工作中须特别注意，否则，将失去动作的方向性。

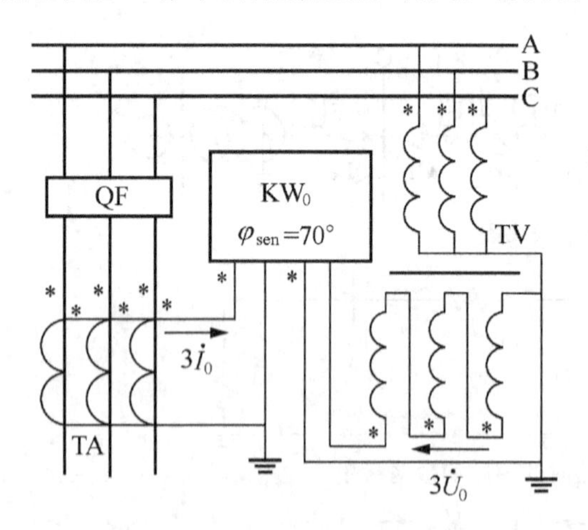

图 2.40 零序功率方向元件的接线

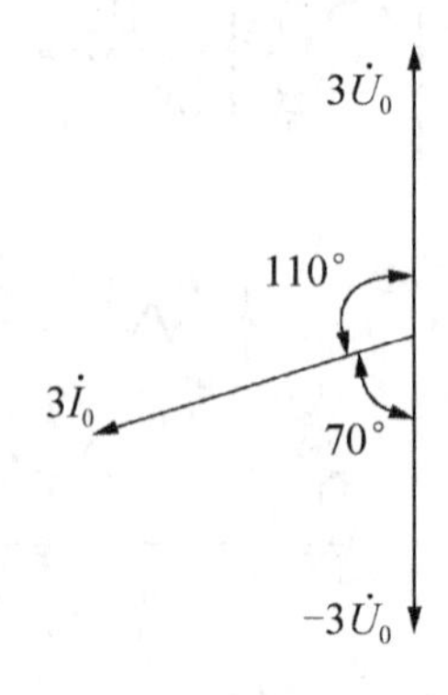

图 2.41 零序电流与零序电压的相位关系

3. 三段式零序方向电流保护

三段式零序方向电流保护由零序方向电流速断保护、限时零序方向电流速断保护和零序方向过电流保护组成，其原理接线如图 2.42 所示。

在同一保护方向上零序方向电流保护的动作电流和动作时限的整定计算原则以及灵敏系数的校验与三段式零序电流保护相同。因为接地故障点的 $3\dot{U}_0$ 最大，所以当接地故障位于保护安装处附近时不会出现继电器的电压死区。相反，当接地点距保护安装处较远时，零序电压和零序电流都较低，继电器可能不启动，所以要校验其灵敏度，即相邻线路末端接地短路时流经本保护的最小零序功率与继电器的动作功率的比值(即灵敏系数)要求不小于 2.0。

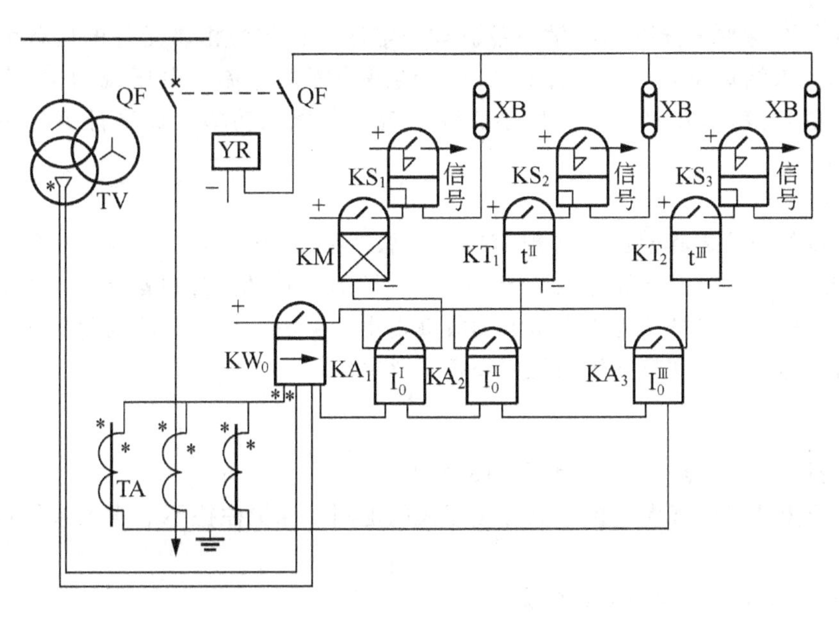

图 2.42　三段式零序方向电流保护原理接线图

2.3.5 对零序电流保护的评价

1. 优点

1）灵敏性高

由于线路的零序阻抗较正序阻抗大，所以线路始端和末端接地短路时，零序电流变化显著，曲线较陡，因此，零序电流Ⅰ段和零序电流Ⅱ段保护范围较长。

此外，零序过电流保护按躲过最大不平衡电流来整定，继电器的动作电流一般为 2～3A。而相间短路的过电流保护要按最大负荷电流来整定，动作电流值通常都大于零序过电流保护的动作电流值。所以，零序过电流保护灵敏性高。

另外，零序电流保护受系统运行方式变化的影响要小，保护范围较稳定。因为系统运行方式变化时，零序网络不变或变化不大，所以零序电流的分布基本不变。

2）速动性好

由图 2.38 可见，零序过电流保护的动作时限比相间短路过电流保护的动作时限要短。尤其是对于两侧电源的线路，当线路内部靠近任一侧发生接地短路时，本侧零序电流保护Ⅰ段动作跳闸后，对侧零序电流将增大，可使对侧零序电流保护Ⅰ段也相继动作跳闸，因而使总的故障切除时间更加缩短。

3）不受过负荷和系统振荡的影响

当系统中发生某些不正常运行状态，如系统振荡、短时过负荷时，三相仍然是对称的，不产生零序电流，因此，零序电流保护不受其影响，而相间短路电流保护可能受其影响而误动作，所以需要采取必要的措施予以防止。

4）方向零序电流保护在保护安装处接地时无电压死区

由于愈靠近故障点的零序电压愈高，因此，零序方向元件没有电压死区。相反当故障点距保护安装处地点愈远时，由于保护安装处的零序电压较低，零序电流较小，必须校验方向元件在这种情况下的灵敏系数。如当零序保护作为相邻元件的后备保护时，即采用相邻元件末端短路时，在本保护安装处的最小零序电流、电压或功率(经互感器转换后的二次值)与功率方向元件的最小启动电流、电压或功率之比来计算灵敏系数，并要求$K_{sen} \geqslant 1.5$。

5）应用广泛

零序电流保护较之其他保护实现简单、可靠，在110kV及以上的高压和超高压电网中，单相接地故障约占全部故障的70%～90%，而且其他的故障也都是由单相故障发展起来的，所以零序电流保护就为绝大多数的故障提供了保护，具有显著的优越性，因此，在中性点直接接地的高压和超高压系统中获得了普遍应用。

2. 缺点

1）受变压器中性点接地数目和分布的影响

对于运行方式变化很大或接地点变化很大的电网，保护往往不能满足系统运行所提出的要求。

2）准确动作率受非全相运行的影响

随着单相自动重合闸的广泛应用，在重合闸动作的过程中将出现非全相运行状态，再考虑到系统两侧的发电机发生摇摆，可能会出现较大的零序电流，因而影响零序电流保护的正确工作，此时应从整定计算上予以考虑，或在单相重合闸动作过程中使其短时退出工作。

3）不同电压等级网络相连时整定复杂

当采用自耦变压器联系两个不同电压等级的电网(如110kV和220kV电网)时，则在任一电网中发生接地短路时都会在另一电网中产生零序电流，这使得零序电流保护的整定配合复杂化，并增大了零序三段保护的动作时限。

2.3.6 零序电流保护整定计算举例

【例2.2】 在图2.43(a)所示系统中，已知A母线处发电机和变压器采用单元接线方式(停运时发电机和变压器同时停运)；B母线处两台负荷变压器可能两台都采用中性点接地运行方式，也可能采用只有一台中性点接地运行方式。计算保护2和保护1的零序Ⅰ段整定值及它们零序Ⅰ段的最小动作范围。系统电压为115kV，可靠系数取1.2，系统中各元件及线路的负序阻抗和正序阻抗相同，其他参数如图中所示。

解：先根据系统运行情况及各元件参数画出等值序网图。图2.43(b)为两台发电机变压器都运行，B母线处两台负荷变压器均接地运行时的等值序网图；图2.43(c)为为两台发电机变压器都运行，但B母线上负荷变压器只有一台接地运行时的等值序网图；图2.43(d)和(e)分别为发电机变压器组只有一台运行，B母线处负荷变压器两台或单台中性点接地运行时的等值序网图。

1）计算保护2零序Ⅰ段定值

按整定原则应选择在C母线上发生单相或两相接地时出现的最大零序电流。对于保护2显然应选择图2.43(b)序网图对应的运行方式，此时流过保护2的零序电流最大，先计算从C母线看入的各序综合阻抗。

$$Z_{1\Sigma C}=Z_{2\Sigma C}=(20+10)//(20+10)+20+20=55\Omega$$

$$Z_{0\Sigma C}=((10//10)+40)//(60//60)+40=58\Omega$$

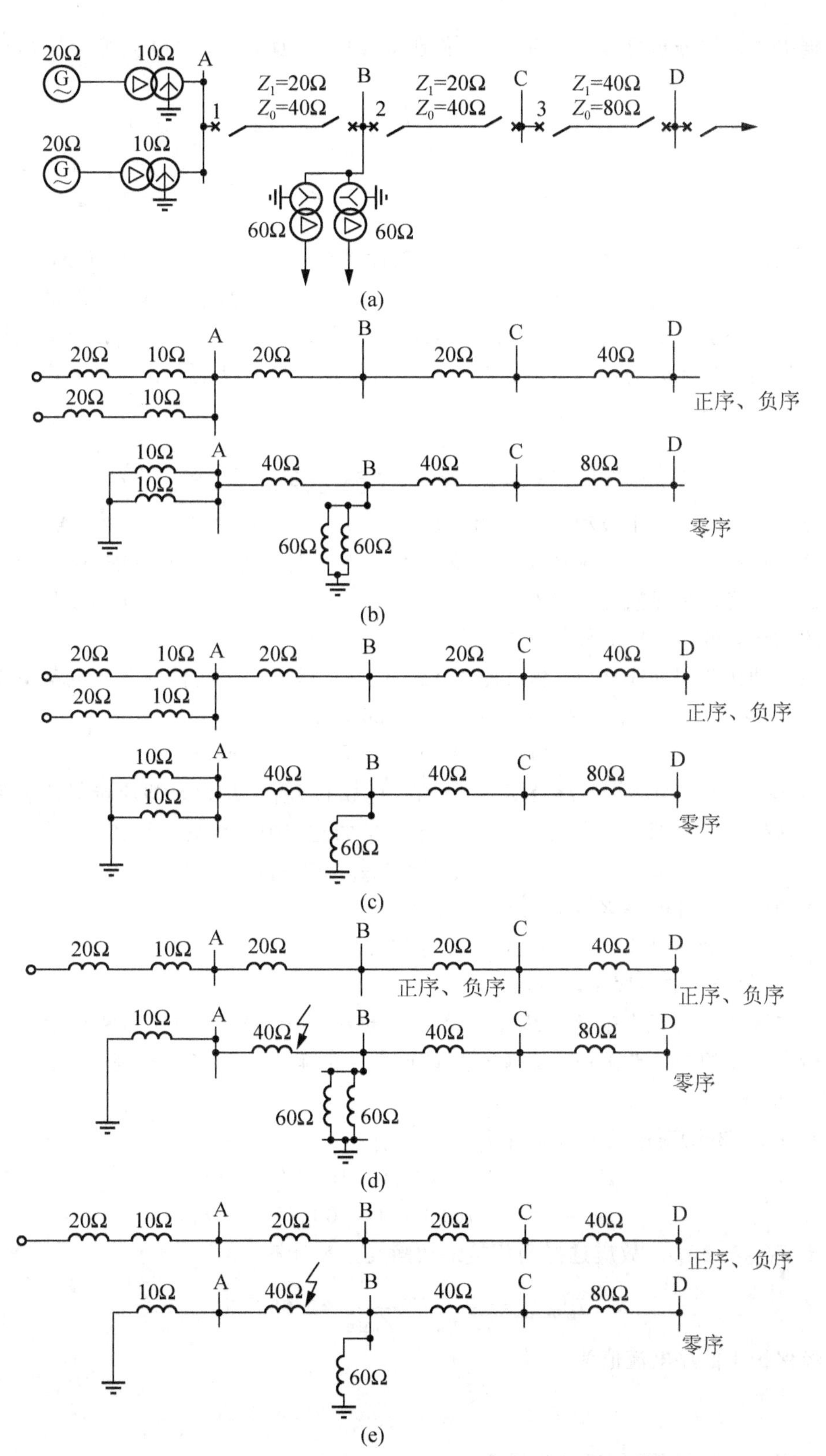

(a) 系统图；(b)-(d) 不同运行方式下的正序、负序、零序等值序网图

图 2.43　大电流接地系统零序电流保护整定例图

根据电力系统分析可知，发生单相接地和两相接地时的零序电流可分别由以下两式计算

$$I_{0.\mathrm{k}}^{(1)}=E_{\varphi}/(Z_{1\Sigma C}+Z_{2\Sigma C}+Z_{0\Sigma C})=E_{\varphi}/(2Z_{1\Sigma C}+Z_{0\Sigma C})$$

$$I_{0.\mathrm{k}}^{(1,1)}=\frac{E_{\varphi}}{Z_{1\Sigma C}+\dfrac{Z_{2\Sigma C}\times Z_{0\Sigma C}}{Z_{2\Sigma C}+Z_{0\Sigma C}}}\times\frac{Z_{2\Sigma C}}{Z_{2\Sigma C}+Z_{0\Sigma C}}=\frac{E_{\varphi}}{Z_{1\Sigma C}+2Z_{0\Sigma C}}$$

上两式已利用了条件 $Z_{1\Sigma C}=Z_{2\Sigma C}$，所以对此系统中无论故障点位于何处，以上两式始终成立。由此可见，当 $Z_{1\Sigma C}<Z_{0\Sigma C}$时，则有 $I_{0.\mathrm{k}}^{(1)}>I_{0.\mathrm{k}}^{(1,1)}$，即单相接地故障时的零序电流为最大；反之，当 $Z_{1\Sigma C}>Z_{0\Sigma C}$时，则有 $I_{0.\mathrm{d}}^{(1)}<I_{0.\mathrm{d}}^{(1,1)}$。在此，因 $Z_{1\Sigma C}<Z_{0\Sigma C}$，故应选择 C 母线上发生单相接地故障时的零序电流，对不同的故障点，只需以该点看入的零序综合阻抗代替即可。

$$I_{0.\mathrm{k.max}}^{(1)}=E_{\varphi}/(2Z_{1\Sigma C}+Z_{0\Sigma C})=\frac{115/\sqrt{3}}{2\times55+58}=0.3952\mathrm{kA}$$

由此可得保护 2 的Ⅰ段动作电流为：$I_{\mathrm{set}\cdot2}^{\mathrm{I}}=1.2\times3\times0.3952=1.4227\mathrm{kA}$

计算最小动作范围时应选择使流过保护 2 的零序电流为最小的系统条件(故障类型)。对于保护 2 而言，很显然应选择在 A 母线上单台机组运行，B 母线上负荷变压器单台接地运行时的系统条件，对应的等值序网图如图 2.43(e)所示。

设最小动作范围为线路 BC 总长的 K 倍，则在此范围末端短路时各序的等值阻抗为

$$Z_{1\Sigma K}=Z_{2\Sigma K}=20+10+20+20K=50+20K$$

$$Z_{0\Sigma K}=(10+40)/60+40K=27.27+40K$$

当 K 在 0～1 之间时，始终有 $Z_{1\Sigma K}>Z_{0\Sigma K}$，故有 $I_{0.\mathrm{k}}^{(1)}<I_{0.\mathrm{k}}^{(1,1)}$，即应选择单相接地故障计算。在保护范围末端短路应满足 $3I_{0}^{(1)}$ 等于保护的整定值，因此，可得

$$I_{\mathrm{set}\cdot2}^{\mathrm{I}}=3E_{\varphi}/(2Z_{1\Sigma C}+Z_{0\Sigma C})$$

代入相应值，可解得 $K=0.159=15.9\%$

即保护 2 的最小保护范围为线路全长的 15.9%

2）计算保护 1 的零序Ⅰ段定值

此时应选择 B 母线发生接地故障，显然 A 母线上发电机组选择为两台运行，但 B 母线上负荷变压器的中性点接地数必须经过计算后才能确定。所以应分别考虑图 2.43(b)和(c)对应的情况。

(1) 图 2.43(b)对应的系统条件下。

$$Z_{1\Sigma B}=(20+10)//(20+10)+20=35\Omega$$

$$Z_{0\Sigma B}=((10//10)+40)//(60//60)=18\Omega$$

由于 $Z_{1\Sigma B}>Z_{0\Sigma B}$，故应选择两相接地故障类型来计算。

$$I_{0.\mathrm{Bk.max}}^{(1,1)}=\frac{E_{\varphi}}{Z_{1\Sigma B}+2Z_{0\Sigma B}}=0.935\mathrm{kA}$$

流经保护 1 的序电流值为

$$I_{0.\mathrm{Bk1}}=I_{0.\mathrm{Bk.max}}^{(1,1)}\times\frac{30}{45+30}=0.374\mathrm{kA}$$

(2) 图 2.43(c)对应的系统条件下。

$$Z_{1\Sigma B}=(20+10)//(20+10)+20=35\Omega$$

$$Z_{0\Sigma B}=((10//10)+40)//60=25.71\Omega$$

由于 $Z_{1\Sigma B}>Z_{0\Sigma B}$，故也应选择两相接地故障方式。

$$I_{0.\text{Bk.max}}^{(1,1)}=\frac{E_{\varphi}}{Z_{1\Sigma B}+2Z_{0\Sigma B}}=0.7683\text{kA}$$

流经保护 1 的电流为

$$I_{0.\text{Bk1}}=I_{0.\text{Bk.max}}^{(1,1)}\times\frac{60}{45+60}=0.439\text{kA}$$

由(1)、(2)计算可见，虽然后一种情况故障点总电流小于前一种，但流经保护 1 的零序电流却在后一种情况下最大。因此，保护 1 的整定值应按躲过此最大电流来整定，即

$$I_{\text{set}\cdot 1}^{\text{I}}=1.2\times3\times0.439=1.5804\text{kA}$$

计算保护 1 的最小动作范围时，A 线上发电机变压器组应选择为单台运行，但同样在 B 母线负荷变压器中性点接地数目仍需通过计算来确定。同样假设最小保护范围为线路 AB 长的 K 倍，故可对应不同的系统条件进行计算。

(3) 图 2.43(d)对应的系统条件下。

在此范围末端短路时，有

$$Z_{1\Sigma K}=20+10+20K=30+20K$$

$$Z_{0\Sigma K}=(10+40K)//((1-K)\times40+30)=\frac{(1+4K)\times(70-40K)}{8}$$

当 $0\leqslant K\leqslant1$ 时，始终有 $Z_{1\Sigma K}>Z_{0\Sigma K}$，故单相接地故障电流为最小，也即保护范围为最小的情况。在保护范围末端短路时，流经保护 1 的 3 倍零序电流等于其启动电流，即

$$\frac{E_{\varphi}}{2Z_{1\Sigma K}+Z_{0\Sigma K}}\times\frac{70-40K}{80}=I_{\text{set}\cdot 1}^{\text{I}}$$

由此可得

$$\frac{\sqrt{3}\times115}{2\times(30+20K)+(1+4K)(70-40K)/8}\times\frac{7-4K}{8}=1.5804$$

整理得 $$160K^2-1064.14K+332.245=0$$

解得

$$K=\frac{1064.14\pm\sqrt{1064.14^2-4\times160\times332.245}}{2\times160}=\frac{1064.14\pm95.04}{320}$$

由于 K 的取值范围只能为 $0\leqslant K\leqslant1$，故取

$$K=0.3284=32.84\%$$

即最小保护范围为线路全长的 32.84%。

(4) 图 2.43(e)对应的系统条件下。

同理有

$$Z_{1\Sigma K}=30+20K$$

$$Z_{0\Sigma K}=(10+40K)//((1-K)\times40+60)=\frac{(1+4K)(100-40K)}{11}$$

当 K 在 $0\leqslant K\leqslant1$ 时，始终有 $Z_{1\Sigma K}>Z_{0\Sigma K}$，因此，单相接地故障为保护范围最小的故障类型。类似地可得到下列方程

$$\frac{3E_{\varphi}}{2Z_{1\Sigma K}+Z_{0\Sigma K}}\times\frac{100-40K}{110}=I_{0.\text{r1}}^{\text{I}}$$

代入各参数的表达式并整理后可得

$$160K^2-1304.14K+500.35=0$$

可知具有实际意义的 K 值为

$$K=40.36\%$$

即在此种情况下保护 1 的最小保护范围为线路全长的 40.36%。比较此两种场合下计算的 K 值可知，保护 1 的最小保护范围出现在图 2.43(d)对应的系统条件下发生单相接地故障的情况，此时保护范围为线路全长的 32.84%。

【例 2.3】 系统参数及线路参数同例 2.2，但 B 线上负荷变压器始终保持两台中性点都接地运行。整定保护 1 和保护 2 的零序电流Ⅱ段的定值，并算出其灵敏系数。(取 $K_{\text{rel}}^{\text{I}}=1.2$，$K_{\text{rel}}^{\text{II}}=1.1$)。

解：(1)整定保护 2 的Ⅱ段定值并计算灵敏系数。

由于保护 2 的Ⅱ段应与下条线路的保护即保护 3 的Ⅰ段相配合，因此，先应整定保护 3 的Ⅰ段定值。保护 3 的Ⅰ段定值应按躲过 D 母线上发生接地故障时出现的最大零序电流来整定，很明显在图 2.43(b)对应的方式下将出现最大的零序电流。在 D 母线上发生故障时

$$Z_{1\Sigma D}=(20+10)//(20+10)+20+20+40=95\Omega$$

$$Z_{0\Sigma D}=[(10//10)+40]//(60//60)+40+80=138\Omega$$

由于 $Z_{1\Sigma D}<Z_{0\Sigma D}$，故在发生单相接地时零序电流将为最大，即

$$I_{0.\text{Dk.max}}^{(1)}=\frac{E_\varphi}{2Z_{1\Sigma D}+Z_{0\Sigma D}}=0.2024\text{kA}$$

所以有 $I_{\text{set}\cdot 3}^{\text{I}}=1.2\times3\times0.2024=0.7286\text{kA}$

因此，保护 2 的零序电流Ⅱ段应整定为

$$I_{\text{set}\cdot 2}^{\text{II}}=1.1\times0.7628=0.8015\text{kA}$$

保护 2 的Ⅱ段时限应整定为 $t_2^{11}=0.5\text{s}$。

(2) 保护 2 的零序电流Ⅱ段的灵敏系数计算，应选择在 C 线发生接地故障时可能出现的最小零序电流来校验。由于 B 母线上两台变压器中性点均接地，所以使保护 2 在 C 母线上短路时流过最小零序电流应出现在图 2.43(d)对应的系统方式。此时有

$$Z_{1\Sigma C}=20+10+20+20=70\Omega$$

$$Z_{0\Sigma C}=(10+40)//(60//60)+40=58.75\Omega$$

可见，$Z_{1\Sigma C}>Z_{0\Sigma C}$，故发生 $K^{(1)}$ 时为零序电流最小的情况，所以

$$3I_{0.\text{Ck.min}}^{(1)}=\frac{3E_\varphi}{2Z_{1\Sigma C}+Z_{0\Sigma C}}=\frac{115/\sqrt{3}}{2\times70+58.75}=0.3341\text{kA}$$

由此可求出保护 2 零序Ⅱ段的灵敏系数

$$K_{\text{sen}}=\frac{3I_{0\text{Ck.min}}}{I_{0.2}^{\text{II}}}=\frac{3\times0.3341}{0.8015}=1.251$$

确定保护 1 的Ⅱ段定值并计算灵敏系数。

保护 1 的零序电流Ⅱ段应与保护 2 的零序电流Ⅰ相配合，应躲过其保护范围末端短路时分流到保护 1 的最大计算电流来整定。由例 1 的计算值有保护 2Ⅰ段定值为 1.4227kA，因此，可计算出分流到保护 1 的最大零序电流为

$$3I_{0.r1}=1.4227\times\frac{60}{45+60}=0.813\text{kA}$$

故保护 1 的零序电流Ⅱ段应整定为

$$I_{set\cdot1}^{\mathrm{II}}=1.1\times0.813=0.894\text{kA}$$

同样保护 1 的Ⅱ段时限应整定为 0.5s。

保护 1 的零序电流Ⅱ的灵敏度应按在 B 母线发生接地故障时流到保护 1 的最小零序电流来校验。根据系统的运行方式，可见只能按图 2.43(d)对应的方式计算。此时

$$Z_{1\Sigma B}=20+10+20=50\Omega$$

$$Z_{0\Sigma B}=(10+40)//(60//60)=18.75\Omega$$

因为 $Z_{1\Sigma B}>Z_{0\Sigma B}$，故应选取发生 $K^{(1)}$ 时分流到保护 1 的电流来校验。

$$I_{0.Bk.min}=\frac{E_{\varphi}}{2Z_{1\Sigma B}+Z_{0\Sigma B}}\times\frac{30}{50+30}=\frac{115\sqrt{3}}{2\times50+18.75}\times\frac{30}{80}=0.2097\text{kA}$$

因此，保护 1 的Ⅱ段灵敏系数为

$$K_{sen}=\frac{3I_{0.Bk.min}}{I_{set\cdot1}^{\mathrm{II}}}=\frac{3\times0.2097}{0.626}=1.005$$

2.4 小电流接地系统的单相接地保护

所谓小电流接地系统，是指中性点非直接接地系统，即指中性点不接地系统和中性点经消弧线圈接地系统。在这种系统中，发生单相接地时，因构不成短路回路，在故障点上流过比负荷电流小得多的电流，所以称为小电流接地系统。在我国，3～35kV 的电网主要采用中性点非直接接地方式。

在小电流接地系统中，发生单相接地时，除故障点电流很小外，三相之间的线电压仍然保持对称，对负载的供电没有影响，所以在一般情况下都允许再继续运行 2h。在此期间，其他两相的对地电压要升高$\sqrt{3}$倍，为了防止故障的进一步扩大造成两相或三相短路，应及时发出信号，以便运行人员查找发生接地的线路，采取措施予以消除。这也是采用小电流接地系统的主要优点。所以在单相接地时，一般只要求继电保护能选出发生接地的线路并及时发出信号，而不必跳闸。但当单相接地对人身和设备的安全有危险时，则应动作于跳闸。

2.4.1 中性点不接地系统中单相接地故障的特点

中性点不接地的简单网络如图 2.44(a)所示。在正常运行情况下，三相有相同的对地电容 C_0，三相的对地电压是对称的，中性点对地电压$\dot{U}_{N}=0$，在相电压的作用下，各相的电容电流也是对称的，且超前各自的相电压 90°。这时，三相对地电压之和与三相电容电流之和均为零，电网无零序电压和零序电流。

假设 A 相发生单相接地短路，A 相对地电压为零，对地电容被短接，电容电流为零，而其他两相的对地电压升高$\sqrt{3}$倍，对地电容电流也相应增大$\sqrt{3}$倍，其相量关系如图 2.44(b)所示。

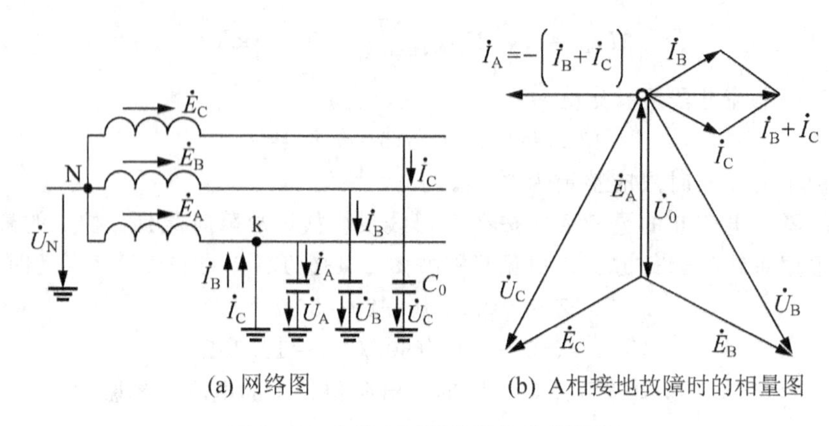

(a) 网络图　　(b) A相接地故障时的相量图

图 2.44　中性点不接地系统单相接地

在不计负荷电流和电网压降时，电网中性点对地电压和各相对地电压为

$$\left.\begin{aligned}&\dot{U}_N=-\dot{E}_a\\&\dot{U}_{A0}=0\\&\dot{U}_{B0}=\dot{E}_B-\dot{E}_a=\sqrt{3}\dot{E}_a e^{-j150^\circ}\\&\dot{U}_{C0}=\dot{E}_C-\dot{E}_a=\sqrt{3}\dot{E}_a e^{j150^\circ}\end{aligned}\right\}\tag{2-43}$$

在接地点处出现的零序电压为

$$\dot{U}_0=\frac{1}{3}(\dot{U}_A+\dot{U}_B+\dot{U}_C)=-\dot{E}_A=\dot{U}_N\tag{2-44}$$

A 相接地时，A 相对地电容电流为零，而非故障相在对地电压的作用下，分别产生超前 90°的电容电流，即

$$\left.\begin{aligned}&\dot{I}_B=j\omega C_0\dot{U}_{B0}\\&\dot{I}_C=j\omega C_0\dot{U}_{C0}\end{aligned}\right\}\tag{2-45}$$

此时，通过故障相 A 接地点处的电流是系统非故障相电容电流之和，即

$$\dot{I}_A=-(\dot{I}_B+\dot{I}_C)=-j\omega C_0(\dot{U}_{B0}+\dot{U}_{C0})=-j3\omega C_0\dot{U}_0\tag{2-46}$$

其有效值为 $I_A=3\omega C_0U_0$，是正常运行时单相电容电流的 3 倍。

而通过保护安装处的零序电流为

$$3\dot{I}_0=\dot{I}_A+\dot{I}_B+\dot{I}_C=0\tag{2-47}$$

由上可知，在发生单相接地短路时，非故障相电压升高至原来的$\sqrt{3}$倍，电源中性点对地电压等于零序电压，零序电压的相量与故障相电势的相量大小相等方向相反。

单电源多线路中性点不接地电网如图 2.45(a)所示，假设线路 3 的 A 相 k 点接地，则该电网 A 相被短接，整个电网的 A 相对地电压和对地电容电流都为零，而非故障相的对地电容电流通过大地、接地点、电源和线路构成回路。

所以，通过非故障线路保护安装处的各相对地电容电流为

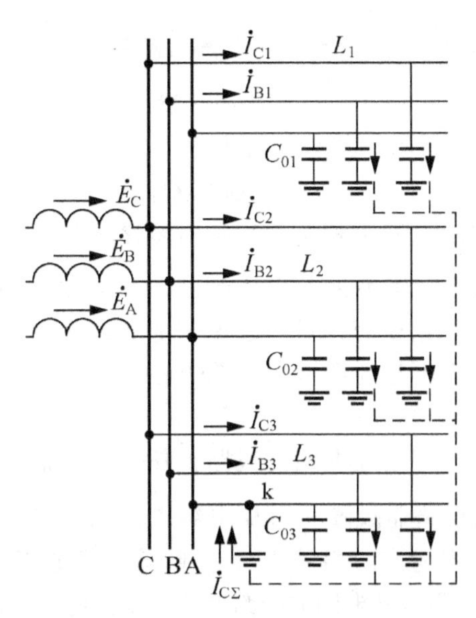

(a) 网络图

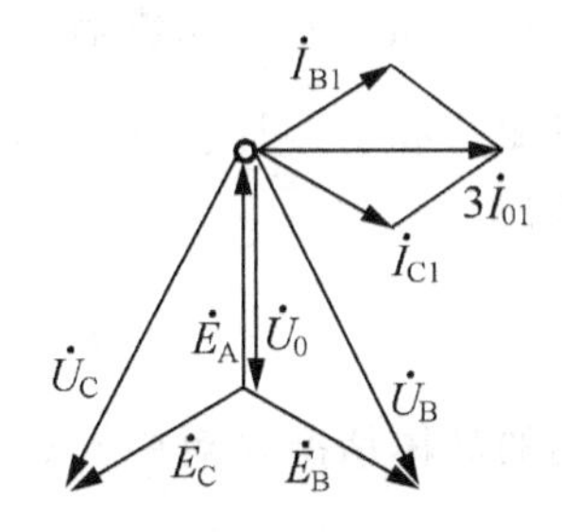

(b) 非故障线路电流与电压相量图

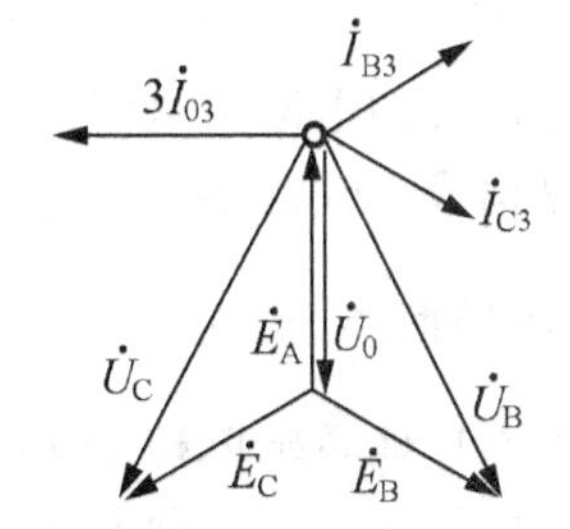

(c) 故障线路电流与电压相量图

图 2.45 单电源多线路中性点不接地电网单相接地时电流电压分析图

$$\left.\begin{aligned}\dot{I}_{B1}&=j\omega C_{01}\dot{U}_{B0}\\ \dot{I}_{C1}&=j\omega C_{01}\dot{U}_{C0}\\ \dot{I}_{A1}&=0\end{aligned}\right\}\tag{2-48}$$

通过非故障线路保护安装处的零序电流为

$$3\dot{I}_{01}=\dot{I}_{B1}+\dot{I}_{C1}=j3\omega C_{01}\dot{U}_0\tag{2-49}$$

其相量关系如图 2.45(b)所示，其有效值为

$$3I_{01}=3\omega C_{01}U_0\tag{2-50}$$

通过故障线路保护安装处的各相对地电容电流为

$$\left.\begin{aligned}\dot{I}_{B3}&=j\omega C_{03}\dot{U}_{B0}\\ \dot{I}_{C3}&=j\omega C_{03}\dot{U}_{C0}\\ \dot{I}_{A3}&=-(\dot{I}_{B1}+\dot{I}_{C1}+\dot{I}_{B2}+\dot{I}_{C2}+\dot{I}_{B3}+\dot{I}_{C3})\end{aligned}\right\}\tag{2-51}$$

通过故障线路保护安装处的零序电流为

$$3\dot{I}_{03}=\dot{I}_{A3}+\dot{I}_{B3}+\dot{I}_{C3}=-(\dot{I}_{B1}+\dot{I}_{C1}+\dot{I}_{B2}+\dot{I}_{C2})=-(3\dot{I}_{01}+3\dot{I}_{02})$$
$$=-\mathrm{j}3\omega(C_{01}+C_{02})\dot{U}_0=-\mathrm{j}3\omega C_{0\Sigma}\dot{U}_0 \quad (2-52)$$

其相量关系如图2.45(c)所示，其有效值为

$$3I_{03}=3\omega C_{0\Sigma}U_0 \quad (2-53)$$

综上所述，中性点不接地电网单相接地短路时零序分量的特点如下。

(1) 接地相对地电压为零，非故障相电压升高$\sqrt{3}$倍，电网出现零序电压，电源中性点对地电压等于零序电压，零序电压的相量与故障相电势的相量大小相等方向相反。

(2) 单电源单线路中性点不接地电网的线路上任一点接地时，通过保护安装处的零序电流为零。

(3) 单电源多线路中性点不接地电网的线路上任一点接地时，通过非故障线路的保护安装处的零序电流$3\dot{I}_0$为该线路非故障相对地电容电流的相量和，其数值为$3\omega C_0U_0$(即为一条线路的非故障相对地电容电流的相量和)，并超前零序电压90°。

(4) 单电源多线路中性点不接地电网的线路上任一点接地时，通过故障线路的保护安装处的零序电流$3\dot{I}_0$为所有非故障线路零序电流之和，其数值为$3\omega C_{0\Sigma}U_0$，并滞后零序电压90°。

(5) 接地点流过的电流为电网各元件对地电容电流之和，即$\dot{I}_{C\Sigma}=\mathrm{j}3\omega C_{0\Sigma}\dot{U}_0$。

这些特点是构成中性点不接地电网接地保护的依据。

2.4.2 中性点不接地系统的接地保护

根据中性点不接地系统单相接地的特点以及电网的具体情况，对中性点不接地系统的单相接地保护可以采用以下几种方式。

1. 绝缘监视装置

利用单相接地时出现的零序电压的特点，可以构成无选择性的绝缘监视装置，其原理接线如图2.46所示。

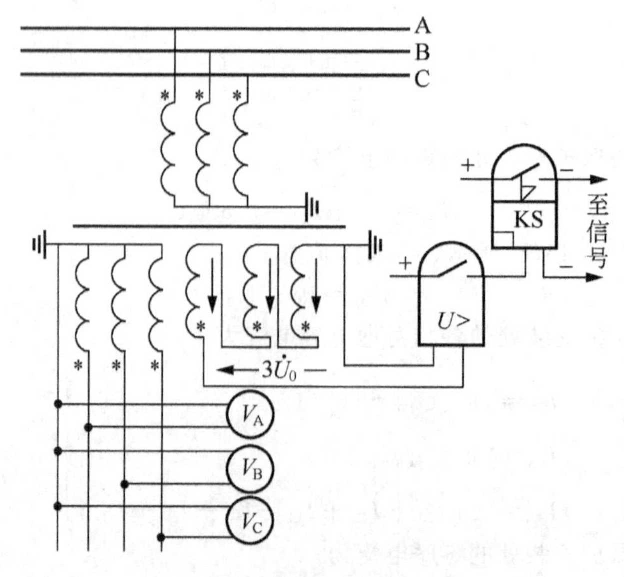

图2.46 绝缘监测装置接线图

在发电厂或变电所的母线上，装有一套三相五柱式电压互感器，其二次侧有两组线圈，一组接成星形，在它的引出线上接 3 只电压表(或一只电压表加一个三相切换开关)，用于测量各相电压(注意：电压表的额定工作电压应按线电压来选择)；另一组接成开口三角形，并在开口处接一只过电压继电器，用于反应接地故障时出现的零序电压，并动作于信号。

正常运行时，系统三相电压对称，没有零序电压，所以 3 只电压表读数相等，过电压继电器不动作。当变电所母线上任一条线路发生接地时，接地相电压变为零，该相电压表读数变为零，而其他两相的对地电压升至原来的$\sqrt{3}$倍，所以电压表读数升高。同时出现零序电压，使过电压继电器动作，发出接地故障信号。工作人员根据信号和表针指示，就可以判别出发生了接地故障和故障的相别，即知道哪一相接地了，但却不知道是哪一条线路的该相发生了接地故障。因为当该电网发生单相接地短路时，处于同一电压等级的所有发电厂和变电所母线上，都将出现零序电压，所以该装置发出的信号是没有选择性的。这时可采用由运行人员依次短时断开每条线路的方法(可辅以自动重合闸，将断开线路投入)来寻找故障点所在线路。如断开某条线路时，系统接地故障信号消失，则被断开的线路就是发生接地故障的线路。找到故障线路后，就可以采取措施进行处理，如转移故障线路负荷，以便停电检查。

在电网正常运行时，由于电压互感器本身有误差以及高次谐波电压的存在，开口三角形处会有不平衡电压输出。所以，过电压继电器的动作电压应躲过这一不平衡电压，一般整定为 15V。

2. 零序电流保护

利用故障线路零序电流大于非故障线路零序电流的特点，可以构成有选择性的零序电流保护，并根据需要动作于信号或跳闸。

对于架空线路，采用零序电流过滤器的接线方式，即将继电器接在完全星形接法的中线上，如图 2.47 所示。

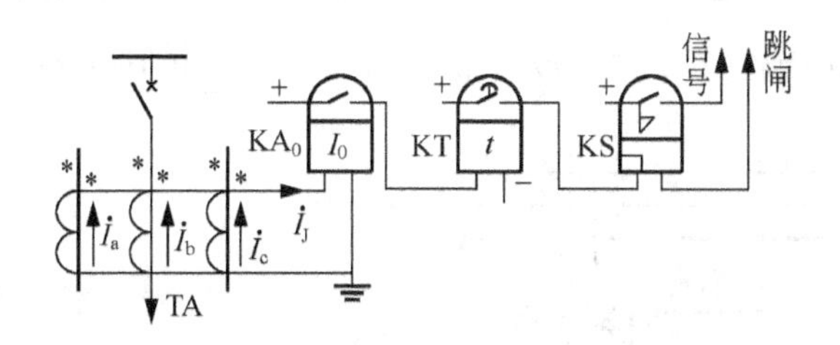

图 2.47　架空线路用零序电流保护原理图

对于电缆线路，采用零序电流互感器的接线方式，如图 2.48 所示。

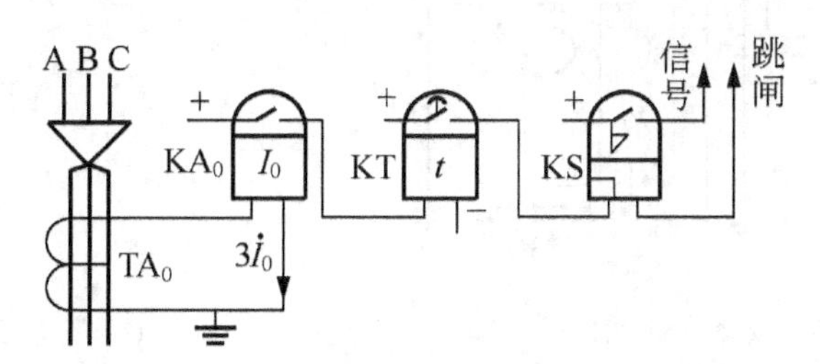

图 2.48　电缆线路用零序电流保护原理接线图

根据对图 2.45 的分析，当某一线路上发生单相接地时，非故障线路上的零序电流为本身的电容电流，因此，为了保证动作的选择性，保护装置的动作电流应大于本线路的电容电流，即

$$I_{KA\cdot set}=K_{rel}3U_N\omega C_0 \tag{2-54}$$

式中 K_{rel}——可靠系数，它的大小与保护动作时间有关，如瞬时动作，为防止因暂态电容电流而误动，一般取 4～5；如保护延时动作，可取 1.5～2；

U_N——电网故障前的相电压；

C_0——被保护线路每相对地电容。

按式(2-54)整定 $I_{KA\cdot set}$时，若不能躲过本线路外部三相短路时出现的最大不平衡电流，则必须用延时来保证选择性，其时限必须比下一条线路相间短路保护动作时限大 Δt。

保护的灵敏系数按被保护线路发生单相接地短路时，流过保护的最小零序电流来校验。由于流经故障线路的零序电流为全网络中非故障线路的电容电流之和，可用 $3U_P\omega(C_{0\Sigma}-C_0)$表示，所以灵敏系数为

$$K_{sen}=\frac{3U_P\omega(C_{0\Sigma}-C_0)}{K_{rel}3U_P\omega C_0}=\frac{C_{0\Sigma}-C_0}{K_{rel}C_0} \tag{2-55}$$

式中 $C_{0\Sigma}$——电网在最小运行方式下各线路每相对地电容之和。

显然，当网络出线越多时，$C_{0\Sigma}$值越大，越容易满足灵敏系数的要求。对架空线路，要求 $K_{sen}\geqslant 1.5$；对于电缆线路，要求 $K_{sen}\geqslant 1.25$。

3. 零序方向保护

利用故障线路与非故障线路零序电流方向不同的特点，可以构成有选择性的零序功率方向保护，动作于信号或跳闸。当网络出线较少时，非故障线路零序电流与故障线路零序电流差别可能不大，采用零序电流保护灵敏度很难满足要求，则可采用零序方向保护。

因为中性点不接地电网发生单相接地时，非故障线路零序电流超前零序电压 90°，故障线路零序电流滞后零序电压 90°，所以，采用零序方向继电器可以明显区分故障线路与非故障线路。零序方向保护的原理接线如图 2.49(a)所示，零序功率方向元件的最大灵敏角为 $\varphi_{sen}=90°$，采用正极性接入方式接入 $3\dot{U}_0$和 $3\dot{I}_0$。以电压为参考量，给出 $3\dot{I}_0$的动作区如图 2.49(b)所示。

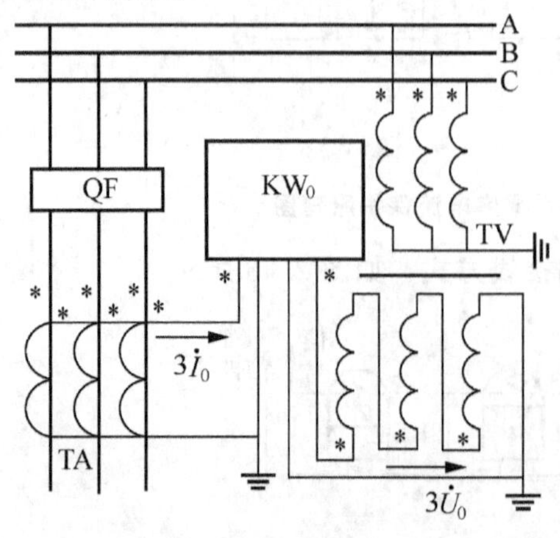

(a) 零序功率方向元件接线图

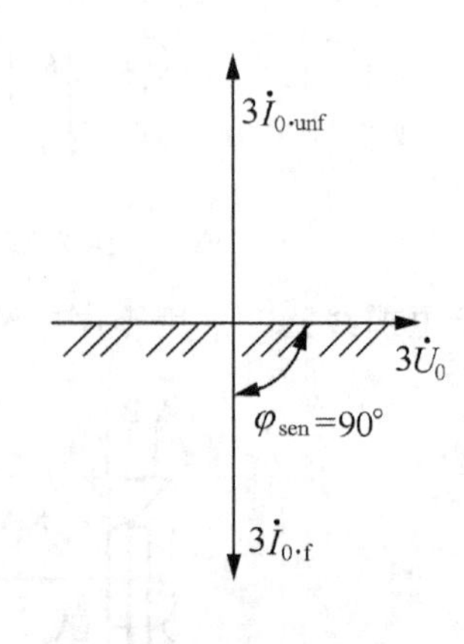

(b) 零序方向元件动作区

图 2.49 中性点不接地电网零序电流方向保护

当网络发生单相接地故障时，故障线路的零序电流 $3\dot{I}_{0.f}$ 由线路流向母线，其相位滞后于零序电压 90°，落入继电器动作区的最大灵敏线上，所以方向元件动作，使保护灵敏地动作。而非故障线路的零序电流 $3\dot{I}_{0.unf}$ 则落入非动作区，方向元件不动作，则保护不动作。所以该保护的动作是有选择性的。

为了提高零序方向保护动作的可靠性和灵敏性，可以考虑仅在发生接地故障时，零序电流元件动作并延时 50m～100ms 之后，才开放方向元件的相位比较回路，如图 2.50 所示的框图。

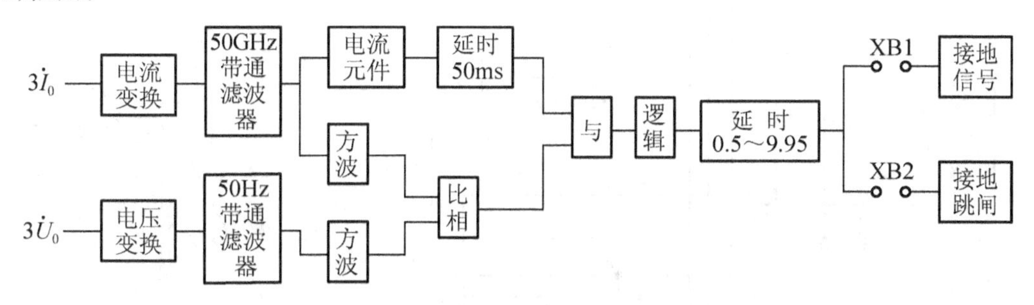

图 2.50 构成零序电流方向保护的原理框图

其中零序电流元件的启动电流按躲开相间短路时零序电流互感器的不平衡电流整定，而与被保护元件自身电容电流的大小无关，既简化了整定计算，又极大地提高了保护的灵敏性。

对零序方向元件的灵敏角可选择 $\varphi_{sen.max}=90°$，即 $3\dot{U}_0$ 超前 $3\dot{I}_0$ 90°时动作最灵敏，动作范围为 $\varphi_{sen.max}\pm(80°\sim90°)$。

采用零序电流元件控制零序方向元件比相回路这个方案的特点如下。

(1) 只在发生接地故障时才将方向元件投入工作，提高了工作的可靠性。

(2) 不受正常运行及相间短路时零序电压及零序电流过滤器不平衡输出的影响。

(3) 电流元件动作后延时 50～100ms 开放方向元件的比相回路，可有效地防止单相接地瞬间过渡过程对方向元件的影响。

(4) 当区外故障时，流过保护的电流是被保护元件自身的电容电流，方向元件可靠不动作。

2.4.3 中性点经消弧线圈接地系统的特点

由图 2.45 可知，当 A 相发生接地故障时，通过故障点的电流等于系统总的电容电流，其值为

$$\dot{I}_K=\dot{I}_{C\Sigma}=-j3\omega C_{0\Sigma}\dot{U}_0=-j3\omega C_{0\Sigma}\dot{E}_A \tag{2-56}$$

所以，接地点的电流 I_K 与 $C_{0\Sigma}$ 成正比。在系统电压等级一定的情况下，系统越大，$C_{0\Sigma}$ 就越大，则 I_K 也越大。当 I_K 达到一定值时，就会在接地点燃起电弧，引起弧光过电压，从而使非故障相对地电压进一步升高，造成绝缘损坏，形成两点或多点接地短路，以致发展为停电事故。为解决这一问题，可在电源中性点接一电感 L，如图 2.51(a)所示。当线路 L_2 的 A 相接地时，通过电感 L 的电流为

$$\dot{I}_{L}=\frac{\dot{E}_{A}}{j\omega L}=-\frac{j\dot{E}_{A}}{\omega L} \tag{2-57}$$

其电流与电压之间的相位关系如图 2.51(b)所示。此时通过故障点的电流为

$$\dot{I}_{K}=\dot{I}_{C\Sigma}-\dot{I}_{L}=-j3\omega C_{0\Sigma}\dot{E}_{A}+j\frac{\dot{E}_{A}}{\omega L}=-j3\dot{E}_{A}(\omega C_{0\Sigma}-\frac{1}{3\omega L}) \tag{2-58}$$

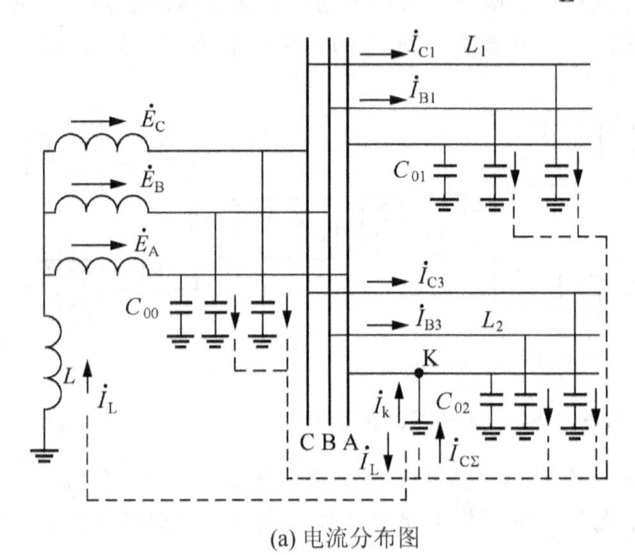

(a) 电流分布图

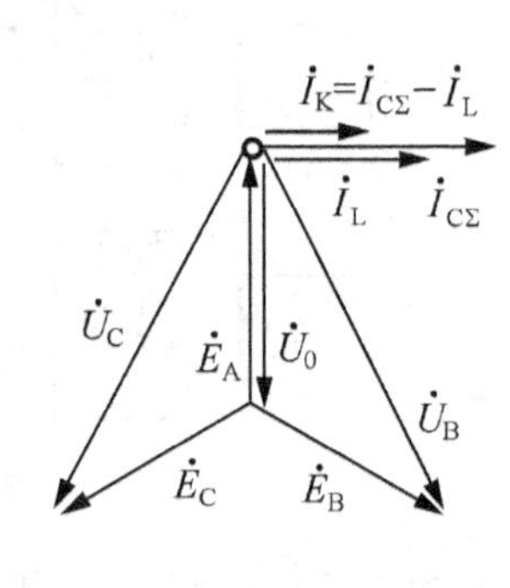

(b) 电流电压相量图

图 2.51　中性点经消弧线圈接地电网单相接地时电流分布与相量图

由式(2-58)可知，选择适当大小的电感 L，可以使单相接地时，流经故障点的电流 I_K 减小到零，因此，通常称该电感线圈为消弧线圈。

在我国，对于 3k～6kV 电网，当发生单相接地故障时，通过故障点总的电容电流超过 30A，对于 10kV 电网超过 20A，对于 22k～66kV 电网超过 10A 时，都要求装设消弧线圈。

因为变压器中性点经消弧线圈接地的电网发生单相接地故障时，故障电流也很小，所以它也属于小电流接地系统。

2.4.4　补偿方式

消弧线圈的作用就是用电感电流来补偿流经接地点的电容电流。根据人为对电容电流补偿程度的不同，可分为完全补偿、欠补偿和过补偿 3 种方式。

1. 完全补偿

完全补偿就是使 $I_L=I_{C\Sigma}$，从而使 $I_K=0$ 的方式。从消除故障点电弧，避免出现弧光过电压的角度来说，这种补偿方式是最好的。但从另一方面来说，则存在严重缺点，因为完全补偿时，$\omega L=\frac{1}{3\omega C_{0\Sigma}}$正是引起串联谐振的条件，如图 2.52 所示。

如果正常运行时三相对地电容不完全相等，则在消弧线圈开路的情况下电源中性点对地之间就会产生一个偏移电压，即零序电压$\dot{U}_0$。此外，在断路器三相触头不同时闭合或断开时，也将短时出现一个数值更大的零序分量电压。$\dot{U}_0$电压将在串联谐振回路中产生很大

的电流，此电流在消弧线圈上又会产生很大的电压降，从而使电源中性点对地电压严重升高。这是不允许的，因此，在实际上是不能采用完全补偿方式的。

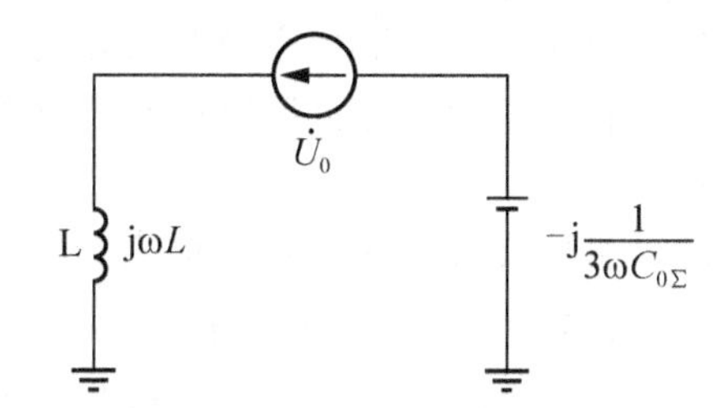

图 2.52　产生串联谐振的零序等效电网

2. 欠补偿

欠补偿就是使 $I_L < I_{C\Sigma}$ 的补偿方式，补偿后的接地点电流仍然是电容性的。当采用这种方式时，仍然不能避免上述问题的发生。因为当系统运行方式变化，例如，某个元件被切除或因发生故障而跳闸时，则电容电流就将减小，这时很可能又出现 $I_L = I_{C\Sigma}$ 的情况，从而又引起过电压。因此，欠补偿方式一般也是不采用的。

3. 过补偿

过补偿就是使 $I_L > I_{C\Sigma}$，补偿后流过故障点的电流是感性的。采用这种补偿方式不可能发生串联谐振的过电压问题，因此，这种方式在实际中得到了广泛的应用。

I_L 大于 $I_{C\Sigma}$ 的程度用过补偿度 P 来表示，其关系为

$$P = \frac{I_L - I_{C\Sigma}}{I_{C\Sigma}} \tag{2-59}$$

一般选择过补偿度 $P = 5\% \sim 10\%$。

在过补偿情况下，通过故障线路保护安装处的电流为补偿以后的感性电流，它与 $\dot{U}_0$ 的相位关系和非故障线路容性电流与 $\dot{U}_0$ 的相位关系相同，在数值上较小。因此，在这种情况下，无法利用零序功率方向的差别来判别故障线路，也不能利用零序电流的大小来找出故障线路(因灵敏度很难满足要求)，即零序电流保护和零序方向保护已不适用。

2.4.5　中性点经消弧线圈接地系统的接地保护

在中性点经消弧线圈接地的电网中，一般采用过补偿运行方式。所以零序电流保护和零序方向保护已不再适用。因此，长期以来，这一直是人们探索研究的一个难题。

近年来，随着微机在电力系统及其自动化和继电保护领域的广泛应用，也使这个难题的解决取得了突破性的成果，现简要介绍如下。

(1) 逐条断开线路判断故障。

采用图 2.46 所示的绝缘监视装置，在单相接地时发出信号，然后由运行人员依次短时断开每条线路进行查找。

(2) 利用单相接地故障瞬间过渡过程的首半波构成保护。

在国内，自 1958 年以来就提出用暂态过程中的首半波实现接地保护的原理及保护装置，但根据单相接地过渡过程的特点，在过渡过程中，电容电流的峰值大小与发生接地故

障瞬间相电压的瞬时值有关，因此，很难保证保护装置的可靠动作。

(3) 利用过渡过程中的小波变换方法构成接地选线的保护。

主要是利用接地过渡过程中电压、电流所含有的谐波分量信息进行精确分析，特别是对暂态突变信号和微弱信号的变化很敏感，能可靠地提取出故障特征。有关小波变换在继电保护中的应用可参考相关资料。

另外还有其他的一些方法，具体实现原理可参考相关资料。

目前现场使用的微机型线路保护屏如图 2.53 所示。

图 2.53 微机型线路保护屏

本章小结

本章介绍了继电器原理、分类、组成及其特性。重点介绍了三段式电流保护的实现原理、整定计算原则、动作时限特性、灵敏度校验及各段之间的配合关系；同时介绍了相间短路的方向性保护、三段式零序电流保护的工作原理及整定原则；最后对中性点不接地、经消弧线圈接地系统中零序电流的特点、实现方法等予以介绍。

关键词

主保护 Main Protection；**后备保护** Backup Protection；**灵敏系数** Sensitivity Coefficient；**返回系数** Return Ratio

目前继电保护需要解决的问题

继电保护微机化已成定局，这将给这个本来就充满技术与艺术的行业带来新的天地，目前应注重从以下几方面开展工作。

1. 新原理、新技术的应用

微机化的继电保护不应该再单纯停留在为传统继保的“翻译”上了，要开发新原理，例如，工频变化量、行波、网络化保护、小波应用、自适应、广域保护等，同时应充分利用微机的优势，将保护配置方案优化，实现100%可靠的选择性。

2. 软件开发标准化

现在就微机保护而言，*EMC*的标准已经很成熟，但装置的型号管理、软件功能、软件开发规范还没有完善的指导性规范，导致市场(特别是中低压市场)纷乱无序，好多产品不具有通用性。如果有软件开发规范做指导，就会使厂家少走弯路，也能为市场提供更完善的产品。

3. 为智能化电网建设而实现接口标准化

为迎合大电网建设的需要，适应国际化市场竞争，各厂家装置接口标准化势在必行。*IEC61850*应作为行业的准入门槛。这个接口标准化不再单纯是传统意义上的通信接口，而应在模量输入接口、数字*I/O*接口、装置内部逻辑接口等方面均应实现标准化。

4. *Web*管理

充分利用*Internet*，利用系统内部网，实现对装置的*web*管理，提高效率。

5. 功能扩展性

目前，国外诸如*ABB*、*GE*、*SIEMENS*、*SEL*等公司产品都有逻辑编程功能，可以实现功能的扩展，这也应该是国内产品可以学习的。另外，国外产品在逻辑编程环节有一个弱点就是应用时序慢，造成有些功能不能很好应用，这也是我们国内产品发展可以考虑完善的地方。

6. 与新能源、新技术的结合

随着风力、太阳能等分布式能源的迅速发展，开发适应新能源产业的保护、控制、稳定监测等产品尤为必要，同时，还应考虑适用柔性送电技术要求的保护装置。

资料来源：电力技术，远征

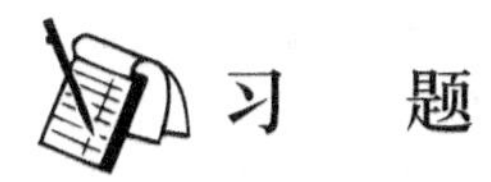

习　题

2.1　填空题

1. 阶段式电流保护中，无时限电流速断保护靠选择______来保证选择性，带时限电流速断保护靠选择______和______来保证选择性，定时限过电流保护靠选择______来保证选择性。

2. 电流保护的接线方式可分为______、______、______。

3. 过电流保护是指其作动电流按躲过______来整定，而时限按______来整定的一种电流保护。

4. 在相间故障的方向性电流保护中，方向元件采用______接线方式，B相方向元件所接电流电压分别为______、______，在正方向故障时，其短路功率方向为从______流向______。

5. 在复杂电网的后备保护之间，除要求各后备保护______相互配合外，还必须进行______的配合。

6. 零序功率的方向是由______，而正序功率的方向和它______。

7. 阶段式零序电流保护中无时限零序电流速断保护靠选择______来保证选择性，带时限零序电流速断保护靠选择______和______来保证选择性，定时限零序过电流保护靠选择______来保证选择性。

8. 当系统发生______、______、______、______时出现零序电流分量。

9. 小电流接地系统单相接地时，接地相对地电压为______，健全相对地电压为______。

10. 小电流单电源多线路系统单相接地时，将出现零序电压，在数值上为______；非故障线路上零序电流实际方向为______；在故障线路上零序电流实际方向为______。

2.2 选择题

1. 电流继电器的返回系数(　　)，过电压继电器的返回系数(　　)，低电压继电器的返回系数(　　)，无时限电流速断保护的灵敏系数(　　)，限时电流速断保护的灵敏系数(　　)，定时限过电流保护的灵敏系数(　　)，三相完全星形接线方式的接线系数(　　)，两相不完全星形接线方式的接线系数(　　)。两相电流差接线方式，在三相短路时接线系数(　　)，在 AC 两相短路时接线系数(　　)，在 AB 或 BC 两相短路时接线系数(　　)。

A. 大于 1　　B. 小于 1　　C. 等于 1　　D. 为 2　　E. 为$\sqrt{3}$

2. 阶段式电流保护只适用于(　　)，方向性电流保护适用于(　　)。

A. 单电源辐射网　　B. 双电源辐射网或单电源环网　C. 任意结构电网

3. 阶段式电流保护中，(　　)最灵敏，(　　)最不灵敏。

A. 无时限电流速断保护　　B. 限时电流速断保护　　C. 定时限过电流保护

4. 当系统(　　)、(　　)、(　　)、(　　)、(　　)不出现零序分量。

A. 单相接地短路　　B. 两相短路　　C. 三相短路　　D. 两相短路接地
E. 对称运行　　F. 对称振荡　　G. 对称过负荷　　H. 非全相运行

5. 电流速断保护的保护范围在(　　)运行方式下最小。

A. 最大　　B. 正常　　C. 最小

6. 双侧电源线路中的电流速断保护为提高灵敏性，方向元件应装在(　　)。

A. 动作电流大的一侧　　B. 动作电流小的一侧　　C. 两侧

7. 定时限过电流保护的动作电流需要考虑返回系数，是为了(　　)。

A. 提高保护的灵敏性　　B. 外部故障切除后可靠返回　C. 解决选择性

8. 装有三段式电流保护的线路，当线路末端短路时，一般由(　　)动作切除故障。

A. 瞬时电流速断保护　B. 限时电流速断保护　　C. 定时限过电流保护

9. 双侧电源线路的过电流保护加装方向元件是为了(　　)。

A. 解决选择性　　B. 提高灵敏性　　C. 提高可靠性

10. 若装有定时限过电流保护的线路，其末端变电所母线上有 3 条出线，各自的过电流保护动作时间分别为 1.5s、0.5s、1s，则该线路过电流保护的动作时限应该整定为(　　)s。

A. 1.5　　B. 2　　C. 3.5

2.3 判断题

1. 零序电流保护能反应各种不对称故障，但不反应三相对称故障。 （ ）

2. 3次谐波的电气量一定是零序分量。 （ ）

3. 只要出现非全相运行状态，一定会出现负序电流和零序电流。 （ ）

4. 过电流保护在系统运行方式变小时，保护范围也将变小。 （ ）

5. 对正、负序电压而言，越靠近故障点其数值越小；而零序电压则是越靠近故障点数值越大。 （ ）

6. 保护范围大的保护，灵敏性好。 （ ）

7. 保护的跳闸回路中应串入断路器的常闭辅助接点。 （ ）

8. 0.5s的限时电流速度保护比1s的限时电流速度保护的灵敏性好。 （ ）

9. 架空线路为了获取零序电容电流，通常采用零序电流互感器。 （ ）

10. 瞬时电流速断保护的保护范围与故障类型有关。 （ ）

2.4 问答题

1. 什么是启动电流、返回电流、返回系数？对电流继电器的返回系数有何要求？

2. 什么是电流速断保护、限时电流速断保护、定时限过电流保护？

3. 三段式电流保护的保护范围是如何确定的，在一条线路上，是否一定要用三段式保护？用两段行吗？为什么？

4. 什么是阶段式电流保护的时限特性？定时限过电流保护的动作时限在什么情况下可整定为0？此时过电流保护是否可以称为“速断”，为什么？

5. 分析和评价阶段式电流保护中各段保护的异同，试按“四性”的要求评价它们的优缺点。

6. 定时限过电流保护在整定计算时为何要考虑自启动系数和返回系数？而电流速断保护在整定计算时为何不考虑自启动系数和返回系数？

7. 已知某一供电线路的最大负荷电流 $I_{L \cdot max}=100A$，相间短路定时限过电流保护采用两相不完全星形接线，电流互感器的变比 $K_{TA}=300/5$，当系统在最小运行方式时，线路末端的三相短路电流 $I_{k.min}=550A$，该线路定时限过电流保护作为近后备时，能否满足灵敏度的要求？（$K_{ss}=1.2$，$K_{re}=0.85$）

8. 分析Y、Δ−11变压器Δ侧发生AB两相短路时两侧电流分布，说明其对Y侧两相不完全星形接线方式过电流保护的影响和解决措施。

9. 在什么条件下，要求电流保护的动作具有方向性？

10. 分析相间电流保护中正、反向故障时电压、电流的相位关系有何不同。

11. 分析相间电流保护中正、反向故障时短路功率的方向。

12. 说明功率方向元件的作用及其所反应的量的实质是什么。

13. 何为90°接线？保证采用90°接线的功率方向元件在正方向三相和两相短路时正确动作的条件是什么？为什么？采用90°接线的功率方向元件在相间短路时会不会有死区？为什么？

14. 什么是按相启动原则？为什么要采用按相启动？

15. 零序网络有什么特点？

16. 在零序电流保护中，什么情况下必须考虑保护的方向性？

17. 在大电流接地系统中，采用完全星形接线方式的相间电流保护也能反应所有接地故障，为何还要采用专用的零序电流保护？

18. 在中性点不接地系统中，单相接地时有何特点？

19. 在中性点经消弧线圈接地电网中，单相接地时有何特点，如何补偿？

20. 在中性点经消弧线圈接地电网中，为什么不能采用完全补偿方式？

2.5 计算题

1. 在图 2.54 所示网络中，已知保护 2、3、4、5 的最大动作时限，计算保护 1 电流Ⅲ段的动作时限。

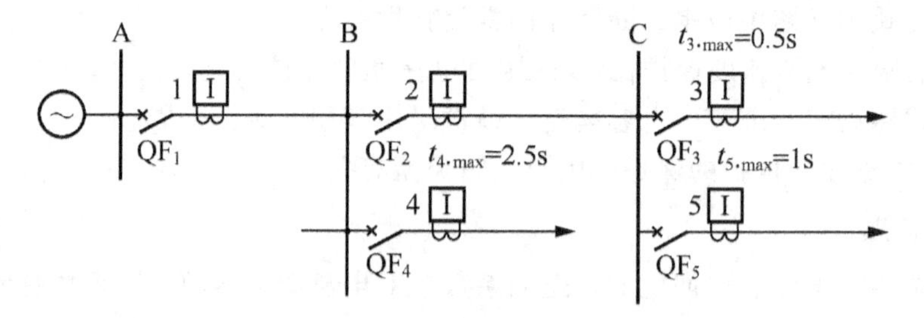

图 2.54 计算题 1 网络图

2. 在图 2.55 所示网络中，已知 $Z_1=0.4\Omega/\text{km}$；$K_{rel}^{I}=1.25$；$K_{rel}^{II}=1.1$；$K_{rel}^{III}=1.2$；$K_{SS}=1.5$；$K_{re}=0.85$；$K_{TA}=300/5$。对保护 1 进行三段式电流保护整定计算，若采用完全星形接线，计算继电器的动作电流。

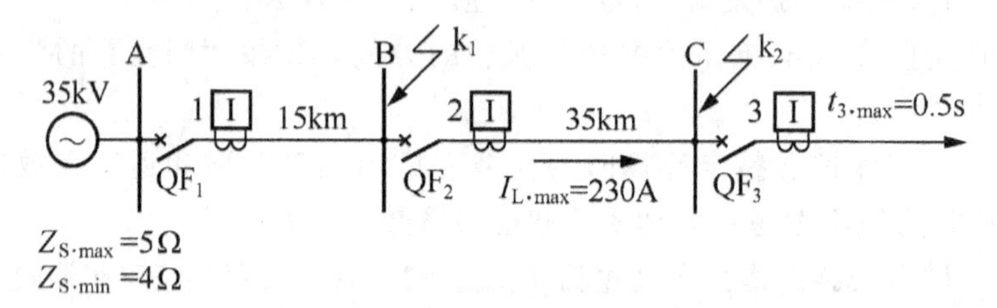

图 2.55 计算题 2 网络图

3. 在图 2.56 所示网络中，流过保护 1、2、3 的最大负荷电流分别为 400A、500A、550A，$K_{SS}=1.3$，$K_{re}=0.85$，$K_{rel}^{III}=1.15$，$t_1^{III}=t_2^{III}=0.5\text{s}$，$t_3^{III}=1.0\text{s}$。计算：

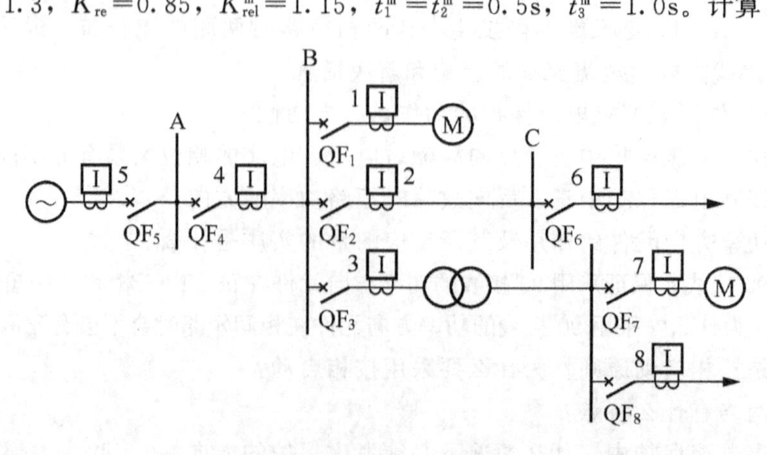

图 2.56 计算题 3 网络图

（1）保护 4 的过电流整定值。

（2）保护 4 的过电流整定值不变，保护 1 所在元件故障被切除，当返回系数 K_{re} 低于何值时会造成保护 4 的误动？

（3）当 $K_{re}=0.85$ 时，保护 4 的灵敏系数为 $K_{sen}=3.2$，当 $K_{re}=0.7$ 时，保护 4 的灵敏系数降低到多少？

4. 在图 2.57 所示网络中，已知：

（1）电源等值电抗 $X_1=X_2=5\Omega$，$X_0=8\Omega$。

（2）线路 AB、BC 的电抗 $x_1=0.4\Omega/km$，$x_0=1.4\Omega/km$。

（3）变压器 T_1 的额定参数为 31.5MVA，110/6.6kV，$U_K=10.5\%$，其他参数如图所示。

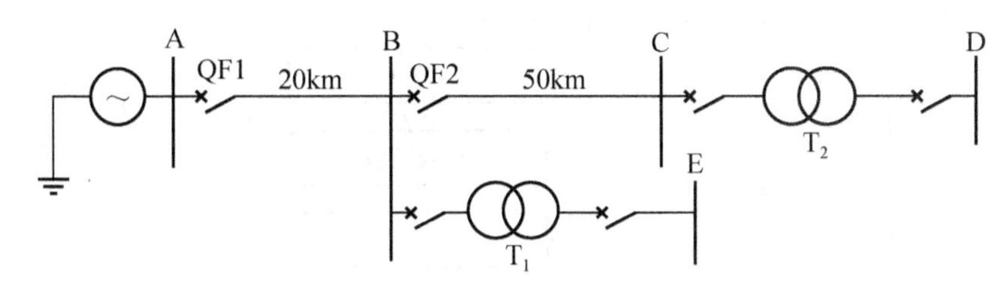

图 2.57 计算题 4 网络图

计算线路 AB 的零序电流保护的Ⅰ段、Ⅱ段、Ⅲ段的动作电流、灵敏度和动作时限。

第 3 章　电网的距离保护

本章知识结构图

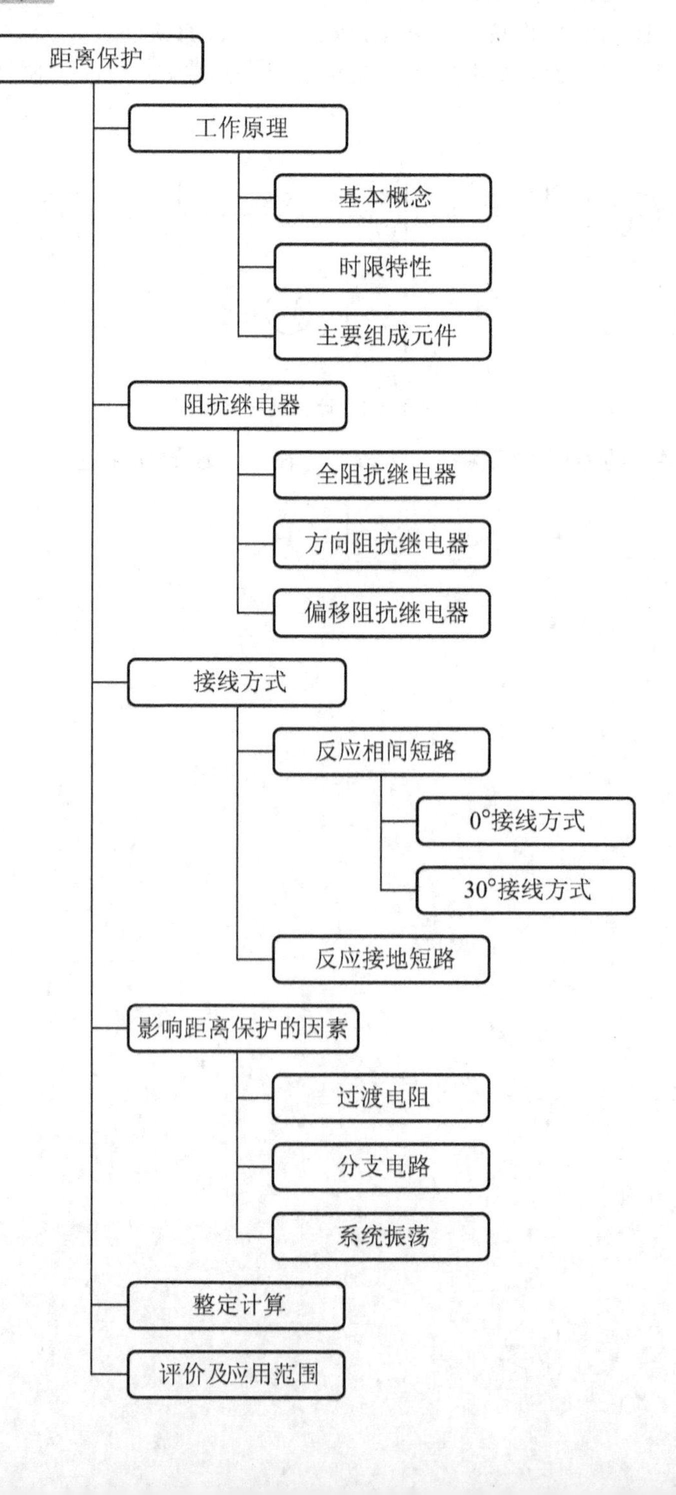

随着电力系统的进一步发展，出现了容量大、电压高、距离长、负荷重和结构复杂的网络，这时简单的电流、电压保护就难于满足电网对保护的要求。如何保证在结构复杂的高压电网中，保护装置能正确、可靠、迅速的动作，这些问题将在本章中予以解答。

本章教学目标与要求

掌握距离保护的工作原理。
掌握影响距离保护正确动作的因素。
熟悉阻抗继电器的动作特性。
熟悉距离保护的整定原则和方法。
了解振荡对距离保护影响的情况。

本章导图1 1000kV输电试验线路

本章导图2 目前现场使用的微机继电保护屏

3.1 距离保护的基本原理与组成

3.1.1 距离保护的基本原理

距离保护是反应保护安装处至故障点的距离，并根据距离的远近而确定动作时限的一种保护装置。测量保护安装处至故障点的距离，实际上是测量保护安装处至故障点之间的阻抗大小，故有时又称阻抗保护。

测量阻抗通常用 Z_m 表示，它定义为保护安装处测量电压$\dot{U}_m$ 与测量电流 $\dot{I}_m$ 之比，即

$$Z_m=\frac{\dot{U}_m}{\dot{I}_m} \tag{3-1}$$

Z_m 为一复数，在复平面上既可以用极坐标形式表示，也可以用直角坐标形式表示，即

$$Z_m=|Z_m|\angle\varphi_m=R_m+jX_m \tag{3-2}$$

式中 $|Z_m|$——测量阻抗的阻抗值；

φ_m——测量阻抗的阻抗角；

R_m——测量阻抗的实部，称测量电阻；

X_m——测量阻抗的虚部，称测量电抗。

电力系统正常运行时，$\dot{U}_m$近似为额定电压，$\dot{I}_m$ 为负荷电流，Z_m 为负荷阻抗。负荷阻抗的量值较大，其阻抗角为数值较小的功率因数角(一般功率因数不低于 0.9，对应的阻抗角不大于 25.8°)，阻抗性质以电阻性为主。

当线路故障时，母线测量电压为$\dot{U}_m=\dot{U}_k$，输电线路上测量电流为$\dot{I}_m=\dot{I}_k$，这时测量阻抗为保护安装处到短路点的短路阻抗 Z_k，即

$$Z_m=\frac{\dot{U}_m}{\dot{I}_m}=\frac{\dot{U}_k}{\dot{I}_k}=Z_k \tag{3-3}$$

在短路以后，母线电压下降，而流经保护安装处的电流增大，这样短路阻抗 Z_k 比正常时测量到的阻抗 Z_m 大大降低，所以距离保护反应的信息量测量阻抗 Z_m 在故障前后变化比电流变化大，因而比反应单一物理量的电流保护灵敏度高。

距离保护的实质是用整定阻抗 Z_{set} 与被保护线路的测量阻抗 Z_m 比较。当短路点在保护范围以内，即 $Z_m<Z_{set}$时，保护动作；当 $Z_m>Z_{set}$时，保护不动作。因此，距离保护又称低阻抗保护。

3.1.2 三相系统中测量电压和测量电流的选取

上面的讨论是以单相系统为基础的，在单相系统中，测量电压$\dot{U}_m$ 就是保护安装处的电压，测量电流$\dot{I}_m$ 就是被保护元件中流过的电流，系统金属性短路时两者间的关系为

$$\dot{U}_m=\dot{I}_mZ_m=\dot{I}_mZ_k=\dot{I}_mZ_1L_k \tag{3-4}$$

式(3-4)是距离保护能够用测量阻抗来正确表示故障距离的前提和基础，即只有测量电压、测量电流之间满足该式，测量阻抗才能准确地反映故障的距离。

在实际三相系统中，可能发生多种不同的短路故障，而在各种不对称短路时，各相的电压、电流都不再简单地满足式(3-4)，需要寻找满足式(3-4)的电压、电流接入保护装置，以构成在三相系统中可以用的距离保护。

现以图3.1所示网络中k点发生短路故障时的情况为例，对此问题予以分析。

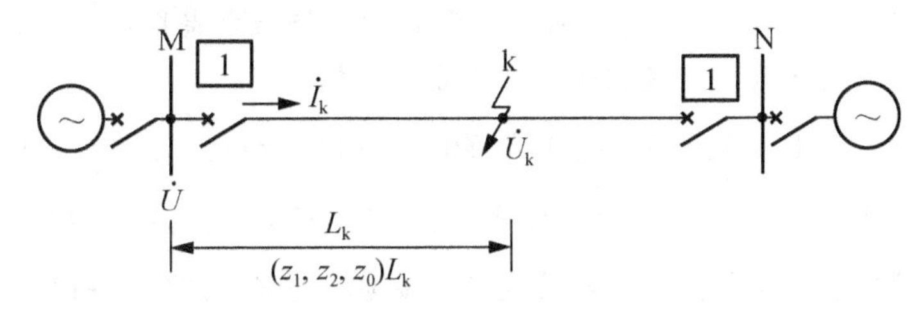

图3.1 故障网络图

按照对称分量法，可以算出M母线上各相的电压为

$$\begin{aligned}\dot{U}_A &= \dot{U}_{kA} + \dot{I}_{A1}Z_1L_k + \dot{I}_{A2}Z_2L_k + \dot{I}_{A0}Z_2L_k \\ &= \dot{U}_{kA} + \left[(\dot{I}_{A1} + \dot{I}_{A2} + \dot{I}_{A0}) + 3\dot{I}_{A0}\frac{Z_0 - Z_1}{3Z_1}\right]Z_1L_k \\ &= \dot{U}_{kA} + (\dot{I}_A + K \times 3\dot{I}_0)Z_1L_k\end{aligned} \tag{3-5a}$$

$$\dot{U}_B = \dot{U}_{kB} + (\dot{I}_B + K \times 3\dot{I}_0)Z_1L_k \tag{3-5b}$$

$$\dot{U}_C = \dot{U}_{kC} + (\dot{I}_C + K \times 3\dot{I}_0)Z_1L_k \tag{3-5c}$$

式中 $\dot{U}_{kA}$、$\dot{U}_{kB}$、$\dot{U}_{kC}$——故障点k处A、B、C的三相电压；

$\dot{I}_A$、$\dot{I}_B$、$\dot{I}_C$——流过保护安装处的三相电流；

$\dot{I}_{A1}$、$\dot{I}_{A2}$、$\dot{I}_{A0}$——流过保护安装处A相的正序、负序、零序电流；

Z_1、Z_2、Z_0——被保护线路单位长度的正序、负序、零序阻抗，一般情况下可按正、负序阻抗相等考虑；

K——零序电流补偿系数，$K = \dfrac{Z_0 - Z_1}{3Z_1}$，可以是复数。

对于不同类型和相别的短路，故障点的边界条件是不同的，下面就几种故障情况予以分析。

1. 单相接地短路故障($k^{(1)}$)

以A相接地为例，当A相发生金属性短路时，$\dot{U}_{kA}=0$，式(3-5a)变为

$$\dot{U}_A = (\dot{I}_A + K \times 3\dot{I}_0)Z_1L_k \tag{3-6}$$

若令$\dot{U}_{mA} = \dot{U}_A$、$\dot{I}_{mA} = \dot{I}_A + K \times 3\dot{I}_0$，则式(3-6)变为

$$\dot{U}_{mA} = \dot{I}_{mA}Z_1L_k \tag{3-7}$$

与式(3-4)具有相同的形式，因而由$\dot{U}_{mA}$、$\dot{I}_{mA}$算出的测量阻抗能够正确反映故障的距离，从而可以实现对故障区段的比较和判断。

对于非故障相B、C，若令$\dot{U}_{mB} = \dot{U}_B$、$\dot{I}_{mB} = \dot{I}_B + K \times 3\dot{I}_0$或$\dot{U}_{mC} = \dot{U}_C$、$\dot{I}_{mC} = \dot{I}_C + K \times 3$

$\dot{I}_0$，由于$\dot{U}_{kB}$、$\dot{U}_{kC}$不为零，式(3-5a)和式(3-5c)无法变成式(3-4)的形式，所以两非故障相的测量电压、电流不能准确地反映故障的距离。又由于$\dot{U}_{kB}$、$\dot{U}_{kC}$均接近正常电压，而$\dot{I}_B$、$\dot{I}_C$均接近正常负荷电流，B、C两相的工作状态与正常负荷状态相差不大，所有在A相故障时，由于B、C两相电压、电流算出的测量阻抗接近负荷阻抗，对应的距离一般都大于整定距离，由它们构成的距离保护一般都不会动作。

同理分析表明，在B相发生单相接地故障时，用$\dot{U}_{mB}=\dot{U}_B$、$\dot{I}_{mB}=\dot{I}_B+K\times3\dot{I}_0$作为测量电压、电流能够正确反应故障距离，而用$\dot{U}_{mA}$、$\dot{I}_{mA}$或$\dot{U}_{mC}$、$\dot{I}_{mC}$作为测量电压、电流计算出的距离一般都大于整定距离；C相发生单相接地故障时，用$\dot{U}_{mC}=\dot{U}_C$、$\dot{I}_{mC}=\dot{I}_C+K\times3\dot{I}_0$作为测量电压、电流能够正确反映故障距离，而用$\dot{U}_{mA}$、$\dot{I}_{mA}$或$\dot{U}_{mB}$、$\dot{I}_{mB}$作为测量电压、电流计算出的距离一般都大于整定距离。

2. 两相接地短路故障($k^{(1,1)}$)

系统发生金属性两相接地故障时，故障点处两接地相的电压都为0，以B、C两相接地故障为例，即$\dot{U}_{kB}=0$、$\dot{U}_{kC}=0$。令$\dot{U}_{mB}=\dot{U}_B$，$\dot{I}_{mB}=\dot{I}_B+K\times3\dot{I}_0$或$\dot{U}_{mC}=\dot{U}_C$、$\dot{I}_{mC}=\dot{I}_C+K\times3\dot{I}_0$，可以得到

$$\dot{U}_{mB}=\dot{I}_{mB}\times Z_1L_k \tag{3-8}$$

$$\dot{U}_{mC}=\dot{I}_{mC}\times Z_1L_k \tag{3-9}$$

两式均与式(3-4)形式相同，所以由$\dot{U}_{mB}$、$\dot{I}_{mB}$或$\dot{U}_{mC}$、$\dot{I}_{mC}$作出的测量和判断都能够正确地反映故障距离。

非故障相A相故障点处的电压$\dot{U}_{kA}\neq0$，$\dot{U}_{mA}$、$\dot{I}_{mA}$之间不存在式(3-4)所示的关系，且保护安装处的电压、电流均接近正常值，所以B、C两相接地故障时，用$\dot{U}_{mA}$、$\dot{I}_{mA}$算出的距离不能正确反映故障的距离，且一般均大于整定距离。

将式(3-5a)和式(3-5c)相减，可得

$$\dot{U}_B-\dot{U}_C=(\dot{I}_B-\dot{I}_C)Z_1L_k \tag{3-10}$$

令$\dot{U}_{mBC}=\dot{U}_B-\dot{U}_C$、$\dot{I}_{mBC}=\dot{I}_B-\dot{I}_C$，也可得到与式(3-4)相同的形式，因而用它们作为距离保护的测量电压和测量电流，同样能够正确反映故障距离。

由于在B、C两相接地故障的情况下，$\dot{U}_{mAB}=\dot{U}_A-\dot{U}_B$、$\dot{I}_{mAB}=\dot{I}_A-\dot{I}_B$以及$\dot{U}_{mCA}=\dot{U}_C-\dot{U}_A$、$\dot{I}_{mCA}=\dot{I}_C-\dot{I}_A$之间不存在式(3-4)所示的关系，所以由它们构成测量电压、电流都不能正确测量故障距离。由于在测量电压、电流中含有非故障相的电压、电流，且电压高，电流小，因此它们一般不会动作。

同理可知A、B两相或C、A两相接地故障时各故障相和非故障相元件的动作情况与B、C两相接地时相同。

3. 两相不接地短路故障($k^{(2)}$)

在金属性两相短路的情况下，故障点处两故障相的对地电压相等，各相电压都不为0，

现以 A、B 两相故障为例，因$\dot{U}_{kA}=\dot{U}_{kB}$，将式(3－5a)与式(3－5b)相减，可得

$$\dot{U}_A-\dot{U}_B=(\dot{I}_A-\dot{I}_B)Z_1L_k \tag{3-11}$$

令$\dot{U}_{mAB}=\dot{U}_A-\dot{U}_B$、$\dot{I}_{mAB}=\dot{I}_A-\dot{I}_B$，可得到与式(3－4)相同的形式。

非故障相 C 相故障点处的电压与故障相电压不等，作相减运算时不能被消掉，所以它不能用来进行故障距离的判断。

4. 三相对称短路($k^{(3)}$)

三相对称短路时，故障点处的各相电压相等，且三相系统对称时均为 0。这种情况下，选用任意一相的电压、电流或任意两相间的电压、电流差作为距离保护的测量电压和电流，都可得到与式(3－4)相同的形式，即能正确判断故障距离。

5. 故障环路的概念及测量电压、电流的选取

经由以上对各种短路类型下正确测量故障距离的分析，可以寻找出接入距离保护中电压、电流间的规律。在系统中性点直接接地系统中，发生单相接地时，故障电流在故障相与大地之间流通；两相接地短路时，故障电流既可在两故障相与大地间流通，也可在两故障相间流通；两相不接地短路时，故障电流在两故障相间流通；而三相短路时，故障电流可在任何两相间流通。

如果把故障电流可以流通的通路称为故障环路，则在单相接地短路时，存在一个故障相与大地之间的故障环路(相-地故障环)；两相接地短路时，存在两个故障相与大地间的(相-地)故障环路和一个两故障相间的(相-相)故障环路；三相短路接地时，存在 3 个相-地故障环和 3 个相-相故障环路。

上述分析表明，故障环路上的电压和环路中流通的电流之间满足式(3－4)，用它们作为测量电压和测量电流所算出的测量阻抗，能够正确反映保护安装处到故障点的距离。而非故障环路上的电压、电流之间不满足式(3－4)，由它们算出的测量阻抗就不能正确反映故障距离。

距离保护应取故障环路上的电压、电流作为判断故障距离的依据，而用非故障环路上的电压、电流计算得到的距离一般大于保护安装处到故障点的距离。

对于接地短路，取相-地故障环路，测量电压为保护安装处故障相对地电压，测量电流为带有零序电流补偿的故障相电流，由它们算出的测量阻抗能够准确反映单相接地故障、两相接地故障和三相接地故障下的故障距离，这种合理选取相地环路中电流、电压的方法称为接地距离保护接线方式。

对于相间短路，故障环路为相-相故障环路，取测量电压为保护安装处两故障相的电压差，测量电流为两故障相的电流差，由它们算出的测量阻抗能够准确反映两相短路、三相短路和两相接地短路情况下的故障距离，这种合理选取相相环路中电流、电压的方法称为相间距离保护接线方式。

两种接线方式的距离保护在各种不同类型短路时的动作情况见表 3－1。

表3-1 接地距离保护和相间距离保护在不同类型短路时的动作情况

接线方式 / 故障类型		接地距离保护方式			相间距离保护方式		
		A相	B相	C相	AB相	BC相	CA相
		$\dot{U}_{mA}=\dot{U}_A$ $\dot{I}_{mA}=\dot{I}_A+K\times3\dot{I}_0$	$\dot{U}_{mB}=\dot{U}_B$ $\dot{I}_{mB}=\dot{I}_B+K\times3\dot{I}_0$	$\dot{U}_{mC}=\dot{U}_C$ $\dot{I}_{mC}=\dot{I}_C+K\times3\dot{I}_0$	$\dot{U}_{mAB}=\dot{U}_A-\dot{U}_B$ $\dot{I}_{mAB}=\dot{I}_A-\dot{I}_B$	$\dot{U}_{mBC}=\dot{U}_B-\dot{U}_C$ $\dot{I}_{mBC}=\dot{I}_B-\dot{I}_C$	$\dot{U}_{mCA}=\dot{U}_C-\dot{U}_A$ $\dot{I}_{mCA}=\dot{I}_C-\dot{I}_A$
单相接地短路	A	+	−	−	−	−	−
	B	−	+	−	−	−	−
	C	−	−	+	−	−	−
两相接地短路	AB	+	+	−	+	−	−
	BC	−	+	+	−	+	−
	CA	+	−	+	−	−	+
两相不接地短路	AB	−	−	−	+	−	−
	BC	−	−	−	−	+	−
	CA	−	−	−	−	−	+
三相短路	ABC	+	+	+	+	+	+

注："+"表示能正确反映故障距离；"−"表示不能正确反映故障距离。

3.1.3 距离保护的时限特性

距离保护是利用测量阻抗来反映保护安装处至短路点之间的距离，当两个故障点分别发生在线路的末端或下一级线路始端时，保护同样存在无法区分故障点选择性的问题，为了保证选择性，目前获得广泛应用的是阶梯形时限特性，这种时限特性与三段式电流保护的时限特性相同，一般也做成三阶梯式，即有与3个动作范围相对应的3个动作时限，如图3.2所示。

距离Ⅰ段为无延时的速动段，其动作时限 t_1^{I} 仅为保护装置的固有动作时间。为了与下一条线路保护的Ⅰ段有选择性的配合，则两者保护范围不能重叠，因此，Ⅰ段的保护范围不能延伸到下一线路中去，而为本线路全长的80%～85%，即Ⅰ段的动作阻抗整定为80%～85%线路全长的阻抗。

距离Ⅱ段为带延时的速动段，其时限为 t_2^{II}。为了有选择性地动作，距离Ⅱ段的动作时限和启动值要与相邻下一条线路保护的Ⅰ段和Ⅱ段相配合。根据相邻线路之间选择性配合的原则：两者的保护范围重叠，则两保护的动作时限整定不同；若动作时限相同，则保护范围不能重叠；因此，与下一线路距离保护Ⅰ段的配合，采取整定时限 t_2^{II} 大于下一线路保护Ⅰ段时间 t_1^{I} 一个 Δt 的措施，通常第Ⅱ段的整定时限取0.5s；与下一线路保护的第Ⅱ段之间的配合，因两者时限相同，则保护范围不能重叠，故距离保护Ⅱ段的保护范围不应超过下一线路距离Ⅰ段的保护范围，即第Ⅱ段的动作阻抗整定为小于下一条线路第Ⅰ段保护范围末端短路时的测量阻抗。

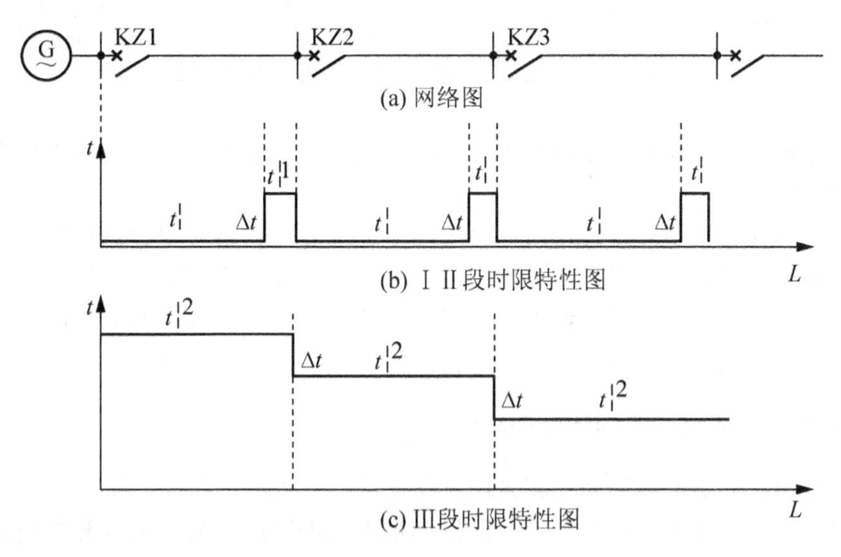

图 3.2 距离保护时限特性图

距离Ⅲ段为本线路和相邻线路(元件)的后备保护，其动作时限 t_3^{III} 的整定原则与过电流保护相同，即大于下一条变电站母线出线保护的最大动作时限一个 Δt，其动作阻抗应按躲过正常运行时的最小负荷阻抗来整定。

3.1.4 距离保护的组成

距离保护装置一般由以下 5 个主要元件组成。

1. 启动元件

当被保护线路发生故障时，瞬间启动保护装置，以判断线路是否发生了故障，并兼有后备保护的作用。通常启动元件采用过电流继电器或阻抗继电器。为了提高元件的灵敏度，也可采用反映负序电流或零序电流分量的复合滤过器来作为启动元件。

2. 测量元件

用来测量保护安装处至故障点之间的距离，并判别短路故障的方向。通常采用带方向性的阻抗继电器作测量元件。如果阻抗继电器是不带方向性的，则需增加功率方向元件来判别故障的方向。

3. 时间元件

用来提供距离保护Ⅱ段、Ⅲ段的动作时限，以获得其所需要的动作时限特性。通常采用时间继电器或延时电路作为时间元件。

4. 振荡闭锁元件

用来防止当电力系统发生振荡时，距离保护的误动作。在正常运行或系统发生振荡时，振荡闭锁元件将保护闭锁，而当系统发生短路时，解除闭锁开放保护，使保护装置根据故障点的远、近有选择性地动作。

5. 电压回路断线失压闭锁元件

用来防止当电压互感器二次回路断线失压时，引起阻抗继电器的误动作。

3.2 阻抗继电器及其动作特性

阻抗继电器是距离保护装置的核心元件，它主要用做测量元件，也可以用做启动元件兼作功率方向元件。

阻抗继电器种类繁多。按其构成方式不同分为电磁型、整流型、晶体管型；按其构成原理不同可分为幅值比较、相位比较和多输入量时序比较；按其动作特性不同可分为圆阻抗特性、直线特性、四边形阻抗特性、苹果形阻抗特性等；按阻抗继电器的接线方式不同可分为单相式、多相式、滤序式、多相补偿式等。

3.2.1 用复数阻抗平面分析阻抗继电器的特性

按相测量阻抗的继电器称为单相式阻抗继电器，加入继电器中的量只有一个电压和一个电流。由于电压与电流之比是阻抗，所以测量阻抗可以通过测量电压和电流来实现。继电器动作情况取决于 Z_m 的值，当测量阻抗 Z_m 小于预定的整定值 Z_{set} 时动作，大于整定值时不动作。因测量阻抗 Z_m 可以写成 $R+jX$ 这种复数形式，故可以在复数阻抗平面上用做图法表示出来，如图 3.3 所示。图中相量 Z_m 的模值为 $\sqrt{R_m^2+X_m^2}$，幅角为 $\tan^{-1}\frac{X_m}{R_m}$。

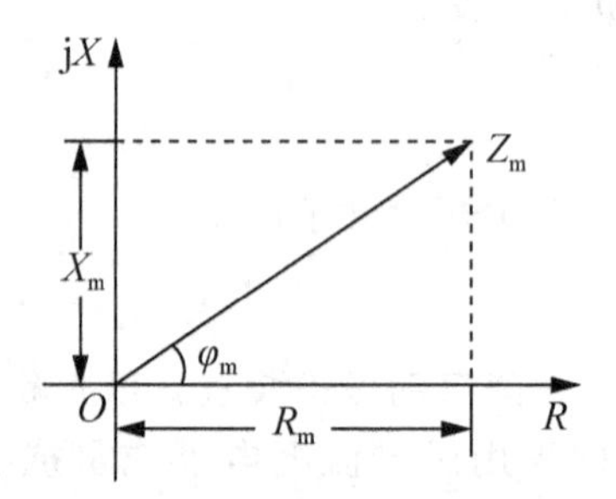

图 3.3 阻抗相量在复平面上的表示

对于输电线路，同样可以在复数阻抗平面上用相量 Z 表示其阻抗。例如，图 3.4 所示的系统，如果各段线路的阻抗角相同，则该线路在复数阻抗平面上的形状是一条直线。并超前 R 轴 φ_m 角，将线路 BC 的 B 端(保护 B 的安装处)置于坐标原点，保护 B 正方向的线路阻抗画在第Ⅰ象限，并超前 R 轴 φ_m 角，用相量 Z_{BC} 表示；保护 B 反方向的线路 AB 的阻抗画在第Ⅲ象限，用 Z_{AB} 表示，如图 3.5 所示。

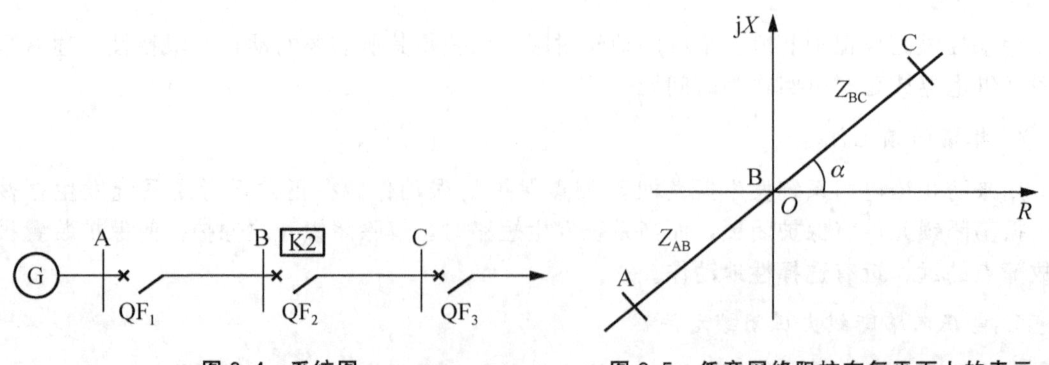

图 3.4 系统图

图 3.5 任意网络阻抗在复平面上的表示

对于单相阻抗继电器的动作范围，原则上在阻抗复数平面上用一个小方框就可以满足要求，如图 3.6 所示。但是当短路点有过渡电阻存在时，阻抗继电器的测量阻抗将不在幅角为 φ_m 的直线上。此外，电压互感器、电流互感器都存在角误差，这样也将使测量阻抗角发生变化。所以，要求阻抗继电器的动作范围不是以 φ_m 为幅角的直线，应将其动作范围扩大，扩大为一个面或圆(但整定值不变)。目前已经实现的有圆特性、椭圆特性、橄榄特性、苹果特性、直线特性、四边形特性等。在以上各种特性的继电器中，以圆特性和直线特性的继电器最为简单，应用也最为普遍。

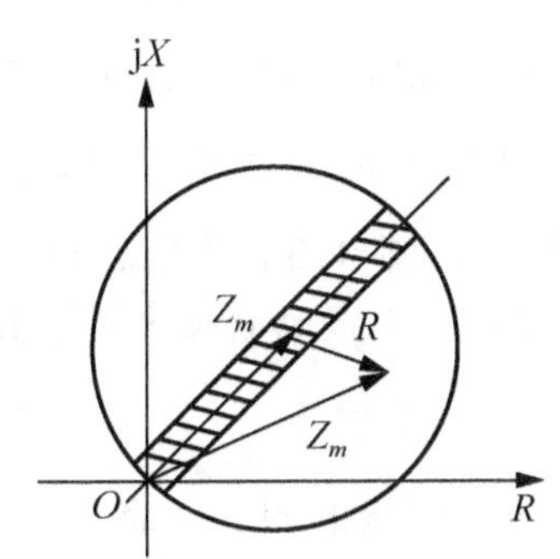

图 3.6　过渡电阻对测量阻抗的影响

应该指出，对于多相补偿式阻抗继电器，由于加入继电器的不是单一的电压和电流，因此，就不能用测量阻抗的概念在阻抗复平面上分析它的特性，而只能用数学式来表达。

3.2.2　比幅原理和比相原理

在线性器件中，两个正弦交流电气量之间的关系包括幅值大小和相位关系。因此，可以利用比较其幅值大小和相位关系来构成继电器，其中反映两电气量幅值大小关系的继电器称为幅值比较继电器，简称比幅器；反映相位关系的继电器为相位比较继电器，简称比相器。现对比幅原理、比相原理及其互换关系进行分析。

1. 比幅原理

任何按比幅原理工作的阻抗继电器都具有两个输入量，其中一个构成动作量，另一个构成制动量。比较两个电气量的幅值，就是只比较其幅值大小，而不管它们的相位如何。例如，有两个正弦交流电气量 $\dot{A}$ 和 $\dot{B}$，其数学表达式为

$$\dot{A}=Ae^{j\varphi_a} \tag{3-12a}$$

$$\dot{B}=Be^{j\varphi_b} \tag{3-12b}$$

相量 $\dot{A}$ 和 $\dot{B}$ 的幅值分别用 $|\dot{A}|$ 和 $|\dot{B}|$ 表示。比幅器的动作边界条件为

$$|\dot{A}|=|\dot{B}| \tag{3-13}$$

当 $|\dot{A}|>|\dot{B}|$ 时，继电器动作；当 $|A|<|B|$ 时，继电器不动作。

按比幅原理工作的继电器基本方框图如图 3.7 所示。

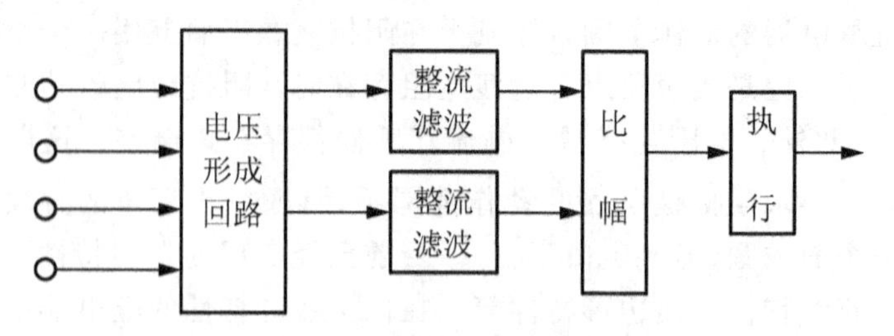

图 3.7　比幅式继电器的实现方框图

在图 3.7 中，输入继电器的电压$\dot{U}m$和电流$\dot{I}m$通过电压形成回路，按继电器的某种特性方程关系，形成 $\dot{A}$ 和 $\dot{B}$ 两个被比较的交流电气量，然后分别整流、滤波，取幅值$|\dot{A}|$和$|\dot{B}|$后，将其输入比幅电路。比幅电路有均压法和环流法两种，但一般都采用环流法接线。比幅电路根据比较的结果，输出直流电压信号作用于执行元件。

2. 比相原理

比相器的动作决定于被比较两电气量的相位，而与它们的幅值大小无关。用 $\dot{C}$ 和 $\dot{D}$ 表示这两个正弦交流电气量，其数学表达式为

$$\dot{C}=Ce^{j\varphi_c} \tag{3-14a}$$

$$\dot{D}=De^{j\varphi_d} \tag{3-14b}$$

按比相原理构成的继电器动作条件一般可写为

$$-\varphi_1\leqslant\arg\frac{\dot{C}}{\dot{D}}\leqslant\varphi_2 \tag{3-15}$$

符号 $\arg\frac{\dot{C}}{\dot{D}}$表示取复数$\frac{\dot{C}}{\dot{D}}$的相角，当相量 $\dot{C}$ 超前 $\dot{D}$ 时，相角 $\arg\frac{\dot{C}}{\dot{D}}$为正，反之为负。

动作范围为$-90°\sim90°$的继电器称为余弦型比相器，其动作特性如图 3.8 所示。

按比相原理工作的继电器，其方框图如图 3.9 所示。

在图 3.9 中，反映被保护元件工作情况的电压$\dot{U}m$及电流$\dot{I}m$通过电压形成回路，按继电器的某种特定关系，转换成相位比较的两个电气量 $\dot{C}$ 和 $\dot{D}$，送入比相电路进行比较，根据两电气相量相位比较结果，输出一直流电压信号作用于执行元件。

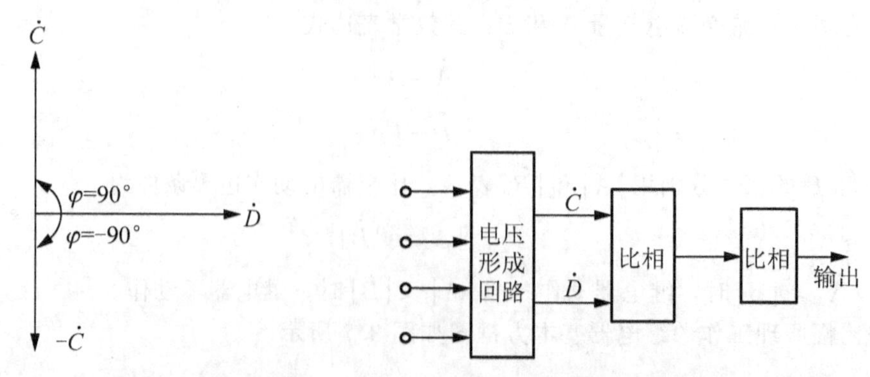

图 3.8　余弦型比相器的动作范围　　　图 3.9　比相式继电器的实现方框图

3. 比幅与比相之间的转换关系

上述分析说明，比幅和比相虽然是两种不同的原理和方法，但可以构成同一特性的继电器。它们之间存在着一定的内在关系，在一定条件下可以互换，把输入量作适当的组合就可以利用比幅式实现相位比较。反之，也可利用比相式实现幅值比较。

按比幅原理工作的继电器，以 $\dot{A}$ 和 $\dot{B}$ 表示比幅的两个电气量，而且继电器动作条件为 $|\dot{A}|\geqslant|\dot{B}|$，按比相原理工作的继电器，以 $\dot{C}$ 和 $\dot{D}$ 表示比相的两个电气量，它的动作条件为

$$-90^{\circ}\leqslant\arg\frac{\dot{C}}{\dot{D}}\leqslant 90^{\circ}$$

这两类继电器的动作条件，恰好可以用在复数平面上平行四边形的两条边与对角线的关系来表示，如图 3.10 所示。$\dot{C}$ 和 $\dot{D}$ 为两条边，则两条对角线为 $\dot{A}$ 和 $\dot{B}$。

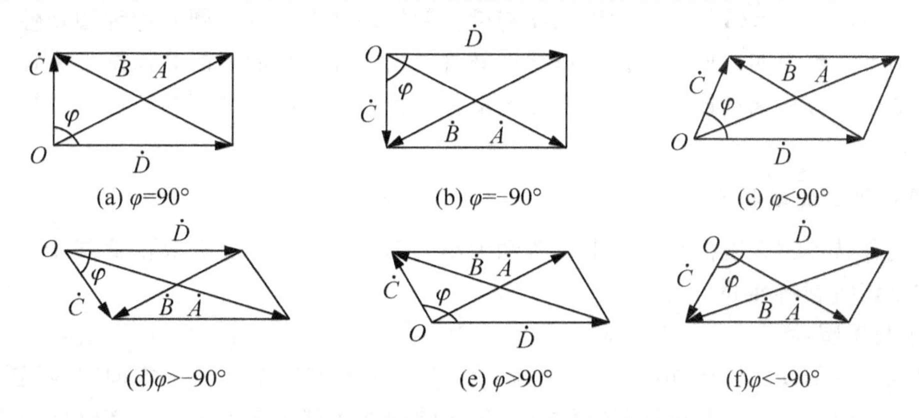

图 3.10　两种比较原理两比较量之间的关系

由图 3.10 可以看出，不管 $\dot{C}$ 和 $\dot{D}$ 的大小如何，若 φ 为 90°或－90°时，相位比较正好处于临界状态，这时图形为一个矩形，两对角线长短相等，即 $|\dot{A}|=|\dot{B}|$，如图 3.10(a)、(b)所示；当－90°φ < 90°时，相位比较处于动作状态，由图 3.10(c)、(d)可知，$|\dot{A}|>|\dot{B}|$，幅值比较也处于动作状态；当 $\varphi>90^{\circ}$ 或 $\varphi<-90^{\circ}$ 时，$|\dot{A}|<|\dot{B}|$，两类继电器都不在动作区内，如图 3.10(e)、(f)所示。

由此得出两种比较原理的两组比较量的互换关系如下

$$\left.\begin{aligned}\dot{A}&=\dot{C}+\dot{D}\\ \dot{B}&=\dot{C}-\dot{D}\end{aligned}\right\}\tag{3-16}$$

同样可得

$$\left.\begin{aligned}\dot{C}&=\frac{1}{2}(\dot{A}+\dot{B})\\ \dot{D}&=\frac{1}{2}(\dot{A}-\dot{B})\end{aligned}\right\}\tag{3-17}$$

由于是比较相位，式(3－7)中的常数$\frac{1}{2}$不影响 $\dot{C}$ 和 $\dot{D}$ 的比较结果，故可把式(3－17)

变为

$$\left.\begin{aligned}\dot{C}=\dot{A}+\dot{B}\\ \dot{D}=\dot{A}-\dot{B}\end{aligned}\right\} \tag{3-18}$$

上述关系说明，动作条件$-90^\circ\leqslant\varphi\leqslant90^\circ$的相位比较与动作条件为$|\dot{A}|\geqslant|\dot{B}|$的幅值比较等效，利用式(3-17)或式(3-18)，即可由一种比较原理的比较量算出另一种比较原理的比较量，它们所构成的动作特性完全相同。但是应该指出，在应用幅值比较与相位比较转换关系式时应注意其条件：当幅值比较继电器动作条件为$|\dot{A}|\geqslant|\dot{B}|$时，则相位比较继电器的动作角度范围为$\varphi=-90^\circ\sim90^\circ$；如果相位比较继电器的动作边界不是$\pm90^\circ$，则不能应用上述的转换关系。此外，这种转换关系只能适用于正弦波的交流电气量。

3.2.3 阻抗继电器的动作特性和动作方程

阻抗继电器动作区域的形状称为动作特性。例如，动作区域为圆时称为圆特性；动作区域为四边形时称为四边形特性。动作特性既可以用阻抗复平面上的几何图形来描述，也可用复数的数学方程来描述，这种方程称为动作方程。下面对几种不同特性的阻抗继电器予以分析。

1. 圆特性阻抗继电器

根据动作特性圆在阻抗复平面上位置和大小的不同，圆特性又分为偏移圆特性、方向圆特性和全阻抗圆特性等。

1）偏移圆特性

偏移圆特性的动作区域如图3.11所示，它有两个整定阻抗，即正方向整定阻抗Z_{set1}和反方向整定阻抗Z_{set2}，两整定阻抗对应矢量末端的连线就是圆的直径。特性圆包含坐标原点，圆心位于$\frac{1}{2}(Z_{\text{set1}}+Z_{\text{set2}})$处，半径为$\left|\frac{1}{2}(Z_{\text{set1}}-Z_{\text{set2}})\right|$。圆内为动作区，圆外为非动作区。当测量阻抗正好落在圆周上时，阻抗继电器临界动作。

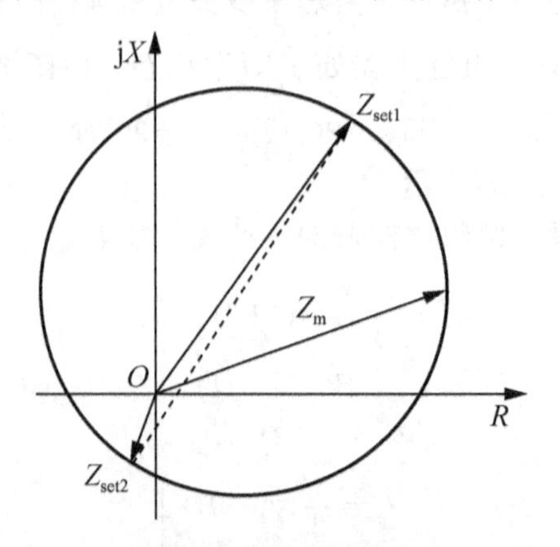

图3.11 偏移圆特性

对应于该特性的动作方程，可以有两种不同的表达式：一种是比较两个量大小的幅值的比较原理表达式；另一种是比较两个量相位的比较原理表达式。

(1) 幅值比较原理。当测量阻抗 Z_m 落在圆内或圆周上时，Z_m 末端到圆心的距离一定小于或等于圆的半径；而当测量阻抗 Z_m 落在圆外时，Z_m 末端到圆心的距离一定大于圆的半径。所以动作条件可表示为

$$\left|Z_m-\frac{1}{2}(Z_{set1}+Z_{set2})\right|\leqslant\left|\frac{1}{2}(Z_{set1}-Z_{set2})\right| \tag{3-19}$$

Z_{set1}、Z_{set2} 均为已知的整定阻抗，Z_m 可由测量电压 $\dot{U}_m$ 和测量电流 $\dot{I}_m$ 算出。

当 Z_m 满足上式时，阻抗继电器动作，否则不动作。式(3-19)就是偏移圆特性阻抗继电器的幅值比较动作方程。

(2) 相位比较原理。如上所述，Z_{set1} 与 Z_{set2} 矢量末端的连线就是圆特性的直径，它将圆分成两部分，即右下部分和左上部分，如图 3.12 所示。由图可见，当测量阻抗落在右下部分圆周的任一点上时，有

$$\arg\frac{Z_{set1}-Z_m}{Z_m-Z_{set2}}=90° \tag{3-20}$$

当测量阻抗落在左上部分圆周的任一点上时，有

$$\arg\frac{Z_{set1}-Z_m}{Z_m-Z_{set2}}=-90° \tag{3-21}$$

当测量阻抗落在圆内任一点时，有

$$-90°<\arg\frac{Z_{set1}-Z_m}{Z_m-Z_{set2}}<90° \tag{3-22}$$

当测量阻抗落在圆点时，有

$$\arg\frac{Z_{set1}-Z_m}{Z_m-Z_{set2}}>90°\text{或}\arg\frac{Z_{set1}-Z_m}{Z_m-Z_{set2}}<-90° \tag{3-23}$$

因而测量元件的动作条件可表示为

$$90°\leqslant\arg\frac{Z_{set1}-Z_m}{Z_m-Z_{set2}}\leqslant90° \tag{3-24}$$

式(3-24)就是偏移圆特性阻抗继电器的相位比较动作方程。

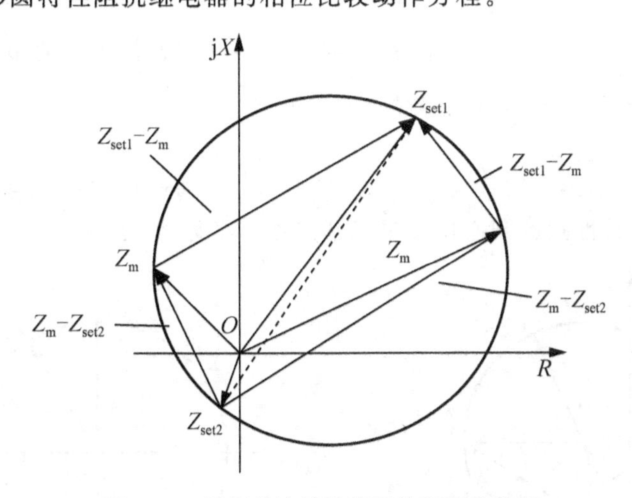

图 3.12 用相位比较法实现的偏移特性圆

使阻抗元件处于临界动作状态对应的阻抗称为动作阻抗，通常用 Z_{op} 表示。对于具有偏移圆特性的阻抗继电器而言，当测量阻抗 Z_m 的阻抗角不同时，对应的动作阻抗是不同的。

当测量阻抗 Z_m 的阻抗角与正向整定阻抗 Z_{set1} 的阻抗角相等时，阻抗继电器的动作阻抗最大，正好等于 Z_{set1}，即 $Z_{op}=Z_{set1}$，此时继电器最灵敏，所以 Z_{set1} 的阻抗角又称为最大灵敏角。

最大灵敏角是阻抗继电器的一个重要参数，一般取为被保护线路的阻抗角。当测量阻抗 Z_m 的阻抗角与反向整定阻抗 Z_{set2} 的阻抗角相等时，动作阻抗最小，正好等于 Z_{set2}，即 $Z_{op}=Z_{set2}$。

由上述分析可见，偏移圆特性的阻抗继电器在反向故障时有一定的动作区。如果 Z_{set2} 的方向正好与 Z_{set1} 的方向相反，则 Z_{set2} 可以用 $-\rho Z_{set1}$ 表示，ρ 称为偏移特性的偏移率。偏移特性的阻抗元件通常用在距离保护的后备段(如第Ⅲ段)中。

2) 方向圆特性

在上述的偏移圆特性中，如果令 $Z_{set2}=0$，$Z_{set1}=Z_{set}$，则动作特性就变成方向圆特性，动作区域如图 3.13 所示。特性圆经过坐标原点，圆心位于 $\frac{1}{2}Z_{set}$ 处，半径为 $\left|\frac{1}{2}Z_{set}\right|$。

将 $Z_{set2}=0$，$Z_{set1}=Z_{set}$ 代入式(3-19)，可得到方向圆特性的幅值比较动作方程为

$$\left|Z_m-\frac{1}{2}Z_{set}\right|\leqslant\left|\frac{1}{2}Z_{set}\right| \tag{3-25}$$

将 $Z_{set2}=0$，$Z_{set1}=Z_{set}$ 代入式(3-24)，可得到方向圆特性的相位比较动作方程为

$$-90°\leqslant\arg\frac{Z_{set}-Z_m}{Z_m}\leqslant 90° \tag{3-26}$$

与偏移阻抗圆特性类似，方向圆特性对于不同的 Z_m 阻抗角，动作阻抗也是不同的。在整定阻抗的方向上，动作阻抗最大，正好等于整定阻抗；其他方向的动作阻抗都小于整定阻抗；在整定阻抗的反方向，动作阻抗为 0。反向故障时不会动作，阻抗元件本身具有方向性。

从原理上讲，不管继电器在阻抗复平面上是何种动作特性，只要能判断出短路阻抗的大小和短路方向，都可称为方向阻抗继电器。但是，习惯上是指在阻抗复平面上过坐标原点并具有圆形特性的阻抗继电器。

方向圆特性的阻抗元件一般用于距离保护的主保护段(Ⅰ段和Ⅱ段)中。

方向圆特性的动作阻抗圆经过坐标原点，根据复数反演的理论，当把该特性反演到导纳平面(即取 $Y_m=\frac{1}{Z_m}$，做 Y_m 的动作特性)时，导纳动作特性为一直线。因而也有将方向圆特性的阻抗继电器称为导纳继电器或欧姆继电器。

3) 全阻抗圆特性

在偏移特性中，如果令 $Z_{set2}=-Z_{set}$，$Z_{set1}=Z_{set}$，则动作特性就变为圆特性，动作区域如图 3.14 所示。特性圆的圆心位于坐标圆点处，半径为 $|Z_{set}|$。

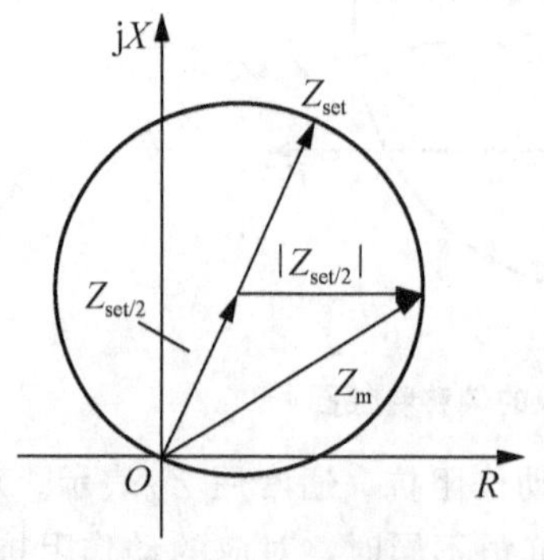

图 3.13 方向圆特性

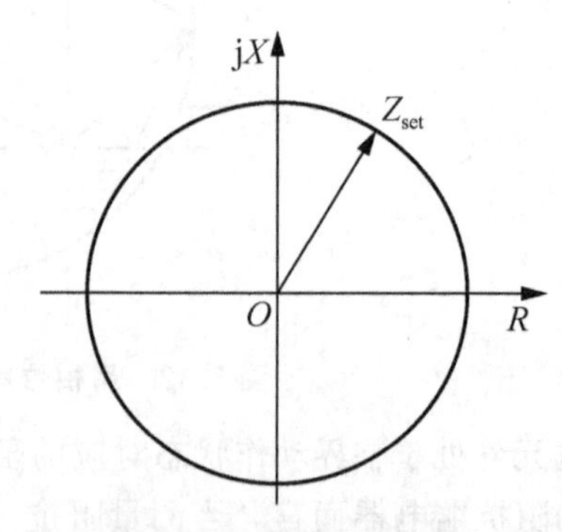

图 3.14 全阻抗圆特性

将 $Z_{set2}=-Z_{set}$，$Z_{set1}=Z_{set}$代入式(3-19)，可以得到全阻抗圆特性的幅值比较动作方程为

$$|Z_m|\leqslant|Z_{set}| \tag{3-27}$$

将 $Z_{set2}=-Z_{set}$，$Z_{set1}=Z_{set}$代入式(3-24)，可得到全阻抗圆特性的相位比较动作方程为

$$-90°\leqslant\arg\frac{Z_{set}-Z_m}{Z_{set}+Z_m}\leqslant 90° \tag{3-28}$$

全阻抗圆特性在各个方向上的动作阻抗都相同，它在正向或反向故障的情况下具有相同的保护区，即阻抗元件本身不具有方向性。全阻抗圆特性的阻抗元件可以应用于单侧电源的系统中；当应用于多侧电源时，应与方向元件相配合。

2. 直线特性的阻抗元件

直线特性的阻抗元件可以看做是圆特性阻抗元件的特例，当上述特性圆的圆心在无穷远处，而直径趋向于无穷大时，圆形动作边界就变为直线边界。因而，圆特性中的幅值比较原理和相位比较原理都可以应用于直线特性。

根据直线在阻抗复平面上位置和方向的不同，直线特性可分为电抗特性、电阻特性和方向特性等几种。

1) 电抗特性

电抗特性的动作边界如图 3.15 中的直线 1 所示。动作边界直线平行于 R 轴，到 R 轴的距离为 X_{set}，直线的下方为动作区。

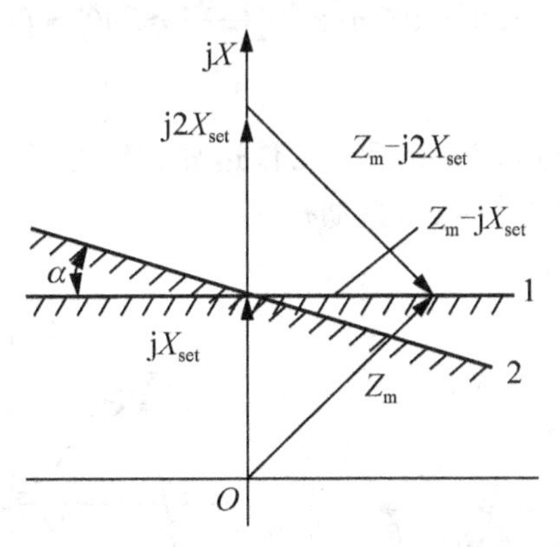

图 3.15 电抗特性

由图 3.15 可知，当测量阻抗 Z_m 落在动作特性直线上(即处于临界动作状态)时，$|Z_m-j2X_{set}|=|Z_m|$、$\arg\frac{Z_m-jX_{set}}{-jX_{set}}=-90°$(虚轴左侧)或 $\arg\frac{Z_m-jX_{set}}{-jX_{set}}=90°$(虚轴右侧)；落在动作特性直线下方(即动作区中)时，$|Z_m-j2X_{set}|>|Z_m|$、$-90°<\arg\frac{Z_m-jX_{set}}{-jX_{set}}<90°$；落在动作特性直线上方(即非动作区中)时，$|Z_m-j2X_{set}|<|Z_m|$、$90°<\arg\frac{Z_m-jX_{set}}{-jX_{set}}<270°$。所以，电抗特性的幅值比较动作方程和相位比较动作方程分别为

$$|Z_m|\leqslant|Z_m-j2X_{set}| \tag{3-29}$$

$$-90°<\arg\frac{Z_m-jX_{set}}{-jX_{set}}<90° \tag{3-30}$$

电抗特性的动作情况只与测量阻抗中的电抗分量有关，与电阻无关，因而它有很强的耐过渡电阻的能力。但它本身不具有方向性，且在负荷阻抗情况下也可能动作，所以它通常不能独立应用，而是与其他特性复合，形成具有复合特性的阻抗元件。

实际应用的电抗特性一般为图 3.15 中的直线 2，相应的特性称为准电抗特性或正电抗特性，它与直线 1 的夹角为 α，对应的相位比较动作方程为

$$-90°-\alpha\leqslant\arg\frac{Z_m-jX_{set}}{-jX_{set}}\leqslant 90°-\alpha \tag{3-31}$$

2）电阻特性

动作特性的动作边界如图 3.16 所示。动作边界直线平行于 jX 轴，到 jX 轴的距离为 R_{set}，直线的左侧为动作区。

类似于电抗特性的分析，可以得到电阻特性阻抗形式的幅值比较动作方程和相位比较动作方程分别为

$$|Z_m|\leqslant|Z_m-2R_{set}| \tag{3-32}$$

$$-90°\leqslant\arg\frac{Z_m-R_{set}}{-R_{set}}\leqslant 90° \tag{3-33}$$

与电抗特性一样，电阻特性通常也是与其他特性复合，形成具有复合特性的阻抗元件。实际应用的电阻特性一般为图 3.16 中的直线 2，相应的特性称为准电阻特性或修正电阻特性，它与直线 1 的夹角为 θ，对应的相位比较动作方程为

$$-90°-\theta\leqslant\arg\frac{Z_m-R_{set}}{-R_{set}}\leqslant 90°-\theta \tag{3-34}$$

3）方向特性

方向特性的动作边界如图 3.17 所示。动作边界直线经过坐标原点，且与整定阻抗 Z_{set} 方向垂直，直线的右上方(即 Z_{set} 一侧)为动作区。

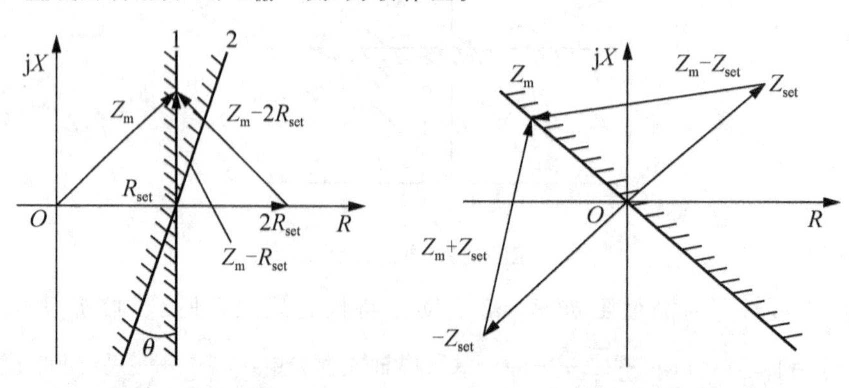

图 3.16　电阻特性　　图 3.17　方向特性

类似于电抗特性的分析，可以得到方向特性阻抗形式的幅值比较动作方程和相位比较动作方程分别为

$$|Z_m-Z_{set}|\leqslant|Z_m+Z_{set}| \tag{3-35}$$

$$-90°\leqslant\arg\frac{Z_m}{Z_{set}}\leqslant 90° \tag{3-36}$$

3.3 阻抗继电器的实现方法

对于动作于跳闸的继电保护功能而言，最重要的是判断出故障处于规定的保护区内还是区外，至于区内或区外的具体位置，一般并不需要确切地知道。这样，就可以用两种不同的方法来实现距离保护。一种是首先精确地测量出 Z_m，然后再将它与事先确定的动作特性进行比较。当 Z_m 落在动作区域之内时，判为区内故障，给出动作信号；当 Z_m 落在动作区域之外时，继电器不动作。另一种方法无须精确地测出 Z_m，只需间接地判断它是处在动作边界之内还是处在动作边界之外，即可确定继电器动作或不动作。

阻抗继电器一般根据已经推导出的幅值比较动作方程和相位比较动作方程来实现，也可以按照距离保护原理的要求由其他方法实现。

3.3.1 幅值比较原理的实现

令 $\dot{A}=Z_A$ 且 $\dot{B}=Z_B$，根据幅值比较的条件并在该式两端同乘以测量电流 $\dot{I}_m$，并令 $\dot{I}_m Z_A=\dot{U}_A$，$\dot{I}_m Z_B=\dot{U}_B$，则幅值比较的动作条件又可以表示为

$$|\dot{U}_B|\leqslant|\dot{U}_A| \tag{3-37}$$

式(3-37)称为电压形式的幅值比较方程。

1. 模拟式距离保护中幅值比较的实现

在传统的模拟式距离保护中，幅值比较原理是以电压比较的形式实现的。根据动作特性的需要，首先形成两个参与比较的电压量 $\dot{U}_A$、$\dot{U}_B$，然后在幅值比较电路中比较两者的大小，当满足式(3-37)时，发出动作信号。

早期的整流型或晶体管型模拟式保护装置中，电压形成是依靠回路串、并联连接的方法实现的。以圆特性的方向阻抗元件为例，可用图 3.18 所示的回路连接完成电压形成。

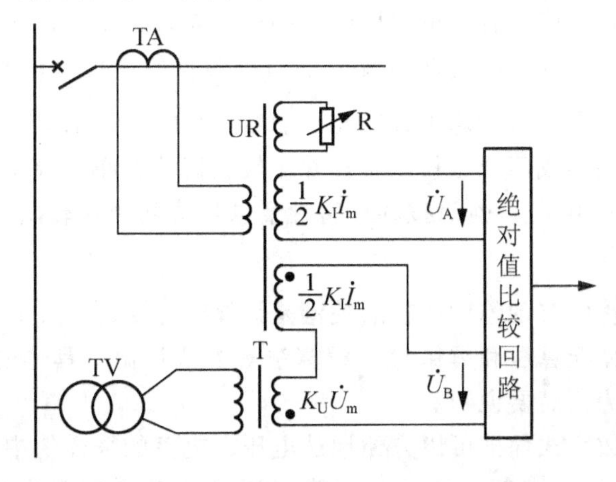

图 3.18 幅值比较的电压形成电路

在图中，T 为电压变换器，它将电压互感器的输出电压变换为适合弱电回路运算的电压，有一个输入绕组和一个输出绕组，输出电压接入阻抗继电器的电压形成回路。变换器

的变换系数 K_U 为没有量纲的实数，所以变换器的输出电压与输入电压同相位，幅值为 $|K_U \dot{U}_m|$。

UR 为电抗互感器，它有一个输入绕组和 3 个输出绕组，输入来自电流互感器的二次电流，3 个输出绕组中，其中一个绕组接调节电阻，另外两个绕组接阻抗继电器的电压形成回路。接电压形成回路的两个绕组的输出电压都为 $\frac{1}{2}K_I \dot{I}_m$，其中 K_I 为具有阻抗量纲的复数变换系数，改变匝数可以改变变换系数的值，改变调节绕组中的调节电阻，可以改变其阻抗角。电抗互感器的铁芯有气隙，其输出电压近似为输入电流的导数，对输入电流中不同频率成分的影响是不同的，对于输入信号中的直流分量，其输出基本没有反映，即可以滤除直流分量，而当输入中含有高频信号时，它将会有较大的放大作用。

按照图 3.18 所示的回路，可以得到

$$\dot{U}_A = \frac{1}{2}K_I \dot{U}_m \tag{3-38}$$

$$\dot{U}_B = \frac{1}{2}K_I \dot{I}_m - K_U \dot{U}_m \tag{3-39}$$

幅值比较回路的动作条件为

$$\left| \frac{1}{2}K_I \dot{I}_m - K_U \dot{U}_m \right| \leqslant \left| \frac{1}{2}K_I \dot{I}_m \right| \tag{3-40}$$

两侧同除以 $|K_U \dot{I}_m|$，并令 $\frac{K_I}{K_U} = Z_{set}$，式(3-40)就变成了式(3-25)的形式，即为用阻抗表示的具有方向圆特性的阻抗继电器。

在集成电路型的模拟式保护中，电压形成既可以用上述回路连接的办法实现，也可用模拟加、减法器通过对测量电压、电流和整定阻抗进行模拟运算的办法实现，具体电路可参考有关资料。

2. 数字式保护中幅值比较的实现

在数字式保护中，幅值比较既可以用电压的形式实现，也可以用阻抗的形式实现。来自 TV 的测量电压和来自 TA 的测量电流分别通过各自的模拟量输入回路送到 A/D 转换器，转换成数字信号，由微型计算机计算出相量 $\dot{U}_m$ 和 $\dot{I}_m$。若用电压比较算法，则直接根据动作特性要求用软件形成两个比较电压，并比较它们的大小，决定是否动作；若采用阻抗比较算法，则应先算出 Z_m，然后按动作特性要求形成两个比较阻抗，判断它们的大小，决定是否动作。

可见，数字式保护中实现绝对比较的关键是计算 $\dot{U}_m$、$\dot{I}_m$ 或 Z_m。它们可以分别由两点积算法、导数算法、傅氏算法和解微分方程算法等方法算出，具体的计算方法见第 9 章，此处仅以用傅氏算法为例简要说明。

应用傅氏算法，数字式保护可以方便地从电压、电流的采样值中计算出测量电压和测量电流基波相量的实部和虚部，从而进一步可以算出基波测量电压、测量电流和测量阻抗。

设由傅氏算法算出的电压和电流实、虚部分别用 U_R、U_I、和 I_R、I_I 表示，则

$$\dot{U}_m = \dot{U}_R + j\dot{U}_I = U_m \angle \varphi_U \tag{3-41}$$

$$\dot{I}_m = \dot{I}_R + j\,\dot{I}_I = I_m \angle \varphi_I \tag{3-42}$$

$$Z_m = \frac{\dot{U}_m}{\dot{I}_m} = \frac{U_R + jU_I}{I_R + jI_I} = \frac{U_R I_R + U_I I_I}{I_R^2 + I_I^2} + j\,\frac{U_I I_R - U_R I_I}{I_R^2 + I_I^2} = R_m + jX_m \tag{3-43}$$

或

$$Z_m = \frac{\dot{U}_m}{\dot{I}_m} = \frac{U_m}{I_m} \angle(\varphi_U - \varphi_I) = |Z_m| \angle \varphi_m \tag{3-44}$$

式中　$\dot{U}_m$、I_m——测量电压、电流基波的有效值；

φ_U、φ_I——测量电压、电流基波的相角；

R_m、X_m——测量阻抗的实、虚部；

$|Z_m|$、φ_m——测量阻抗的阻抗值和阻抗角。

3.3.2　相位比较原理的实现

令 $\dot{C} = \dot{I}_m Z_C = \dot{U}_C$，$\dot{D} = \dot{I}_m Z_D = \dot{U}_D$，则式(3-15)又可以表示为

$$-90° \leqslant \arg \frac{\dot{U}_C}{\dot{U}_D} \leqslant 90° \tag{3-45}$$

式(3-45)称为电压形式相位比较方程。

1. 模拟式保护中相位比较的实现

与幅值比较原理的实现方程类似，模拟式保护的相位比较原理也是以电压比较的形式实现的。它也应根据动作特性的需要，首先形成两个参与相位比较的电压量$\dot{U}_C$与$\dot{U}_D$，然后在相位比较电路中比较两者的相位关系，当满足式(3-45)时，发出动作信号。

电压的形成也有依靠回路串、并联连接和用模拟加减法器运算两种方式，此处只讨论第一种方式。仍以圆特性的方向阻抗元件为例，比较电压可由图 3.19 所示的回路连接形成。

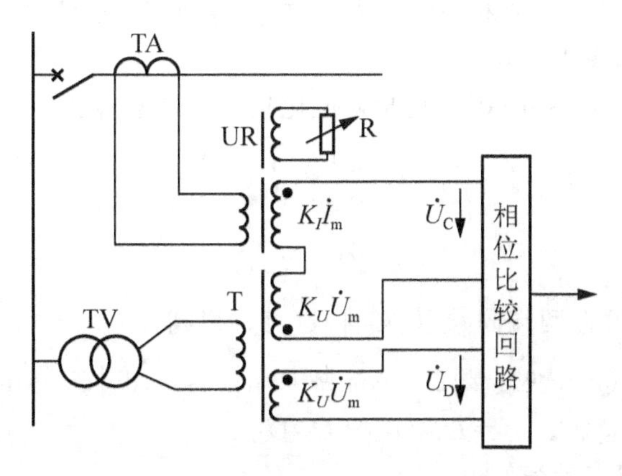

图 3.19　相位比较的电压形成回路图

在图 3.19 中，电压变换器 T 有两个输出绕组，输出的电压均为 $K_U\dot{U}_m$；电抗互感器 UR 也有两个输出绕组，其中一个的输出电压为 $K_I\dot{I}_m$，另一个绕组接相角调节电阻。按

照图示的连接，可以得到

$$\dot{U}_C = K_I \dot{I}_m - K_U \dot{U}_m \tag{3-46}$$

$$\dot{U}_D = K_U \dot{U}_m \tag{3-47}$$

相位比较回路的动作条件为

$$-90° \leqslant \arg \frac{K_I \dot{I}_m - K_U \dot{U}_m}{K_U \dot{U}_m} \leqslant 90° \tag{3-48}$$

式(3-48)分子、分母同除以 $K_U \dot{I}_m$，并令$\frac{K_I}{K_U} = Z_{set}$，就可以得到式(3-26)的形式，即用阻抗表示的方向阻抗特性。

2. 数字式保护中相位比较的实现

在数字式保护中，相位比较既可以用阻抗的形式实现，也可以用电压的形式实现。在用阻抗比较的情况下，首先应用上述的阻抗算法，算出系统故障时的测量阻抗 Z_m，然后根据特性要求与已知的整定阻抗一起，组合出比较阻抗 Z_C 和 Z_D，直接代入动作条件的一般表达式(3-15)，根据是否满足动作条件，决定是否动作。

在用电压比较方式的情况下，又可以分为相量比较和瞬时采样值比较两种，现分别予以讨论。

1）相量比较方式

当电力系统故障时，微机保护装置首先应用傅氏算法等计算方法，算出保护安装处的测量电压$\dot{U}_m$ 和测量电流$\dot{I}_m$，然后根据动作特性的要求算出相量$\dot{U}_C$ 和$\dot{U}_D$。

在复平面上，$\dot{U}_C$ 和$\dot{U}_D$既可用幅值和相角表示为极坐标的形式，也可以用实部和虚部表示为直角坐标的形式，即

$$\dot{U}_C = U_C \angle \varphi_C = U_{CR} + jU_{CI} \tag{3-49a}$$

$$\dot{U}_D = U_D \angle \varphi_D = U_{DR} + jU_{DI} \tag{3-49b}$$

即$\dot{U}_C$ 和$\dot{U}_D$两个比较相量之间的相位差为 $\varphi_C - \varphi_D$。各种不同的相位比较方程，就是判断该相位差是否在给定的动作边界和范围之内。

（1）动作范围为$-90°\sim+90°$。此时相位比较动作的条件为

$$-90° \leqslant \varphi_C - \varphi_D \leqslant 90° \tag{3-50}$$

即

$$\cos(\varphi_C - \varphi_D) \geqslant 0 \tag{3-51}$$

式(3-51)左端展开，并在两端同乘以$|\dot{U}_C||\dot{U}_D|$，得到

$$\begin{aligned} |\dot{U}_C||\dot{U}_D|\cos(\varphi_C - \varphi_D) &= |\dot{U}_C|\cos\varphi_C|\dot{U}_D|\cos\varphi_D + |\dot{U}_C|\sin\varphi_C|\dot{U}_D|\sin\varphi_D \\ &= U_{CR}U_{DR} + U_{CI}U_{DI} \geqslant 0 \end{aligned}$$

即比相动作的条件可以表示为

$$U_{CR}U_{DR} + U_{CI}U_{DI} \geqslant 0 \tag{3-52}$$

由于该式是通过$\dot{U}_C$ 和$\dot{U}_D$ 相角差余弦的形式导出的，所以它又称为余弦型相位比较判据。

式(3-52)还可以通过下面的方法导出。在用直角坐标表示的情况下，$\dot{U}_C$、$\dot{U}_D$ 之比可以表示为

$$\frac{\dot{U}_C}{\dot{U}_D}=\frac{U_{CR}+jU_{CI}}{U_{DR}+jU_{DI}}=\frac{(U_{CR}U_{DR}+U_{CI}U_{DI})+j(U_{DR}U_{CI}-U_{CR}U_{DI})}{U_{DR}^2+U_{DI}^2}$$

即$\dot{U}_C$、$\dot{U}_D$ 之比是一个无量纲的相量。在复平面上，$\dot{U}_C$、$\dot{U}_D$ 之间的夹角在(－90°～＋90°)范围内的判断，即式(3-45)所示的比相动作条件，等价于该相量的实部大于0，所以动作的条件可以表示为

$$\frac{(U_{CR}U_{DR}+U_{CI}U_{DI})}{U_{DR}^2+U_{DI}^2}\geqslant 0 \tag{3-53}$$

在$\dot{U}_D\neq 0$ 的情况下，它与式(3-52)完全等同。

(2) 动作范围为0°～180°。此时相位比较动作的条件为

$$0^\circ\leqslant\varphi_C-\varphi_D\leqslant 180^\circ \tag{3-54}$$

即

$$\sin(\varphi_C-\varphi_D)\geqslant 0 \tag{3-55}$$

式(3-55)左端展开，并在两端同乘以$|\dot{U}_C||\dot{U}_D|$，得到

$$\begin{aligned}|\dot{U}_C||\dot{U}_D|\sin(\varphi_C-\varphi_D)&=|\dot{U}_C|\sin\varphi_C|\dot{U}_D|\cos\varphi_D-|\dot{U}_C|\cos\varphi_C|\dot{U}_D|\sin\varphi_D\\&=U_{CI}U_{DR}-U_{CR}U_{DI}\geqslant 0\end{aligned}$$

则比相动作的条件可以表示为

$$U_{CI}U_{DR}-U_{CR}U_{DI}\geqslant 0 \tag{3-56}$$

由于该式是通过$\dot{U}_C$ 和$\dot{U}_D$ 相角差正弦的形式导出的，所以它又可以称为正弦型相位比较判据。也可以理解为$\dot{U}_C$、$\dot{U}_D$ 之间的夹角在(0°～180°)范围内的判断，等价$\dot{U}_C$、$\dot{U}_D$ 之比相量的虚部大于0。

2) 瞬时采样值比较方式

与比较电压$\dot{U}_C$、$\dot{U}_D$ 对应的瞬时电压可以表示为

$$\left.\begin{aligned}u_C&=\sqrt{2}U_C\sin(\omega t+\varphi_C)\\u_D&=\sqrt{2}U_D\sin(\omega t+\varphi_D)\end{aligned}\right\} \tag{3-57}$$

若当前的采样时刻为 n，则当前时刻的采样值表示为

$$\left.\begin{aligned}u_C(n)&=\sqrt{2}U_C\sin(\omega t_n+\varphi_C)\\u_D(n)&=\sqrt{2}U_D\sin(\omega t_n+\varphi_D)\end{aligned}\right\} \tag{3-58}$$

工频$\frac{1}{4}$周期以前时刻的采样值表示为

$$\left.\begin{aligned}u_C(n-\frac{N}{4})&=\sqrt{2}U_C\sin\left[\omega(t_n-\frac{T}{4})+\varphi_C\right]=-\sqrt{2}U_C\cos(\omega t_n+\varphi_C)\\u_D(n-\frac{N}{4})&=\sqrt{2}U_D\sin\left[\omega(t_n-\frac{T}{4})+\varphi_D\right]=-\sqrt{2}U_D\cos(\omega t_n+\varphi_D)\end{aligned}\right\} \tag{3-59}$$

式(3-58)和式(3-59)中的对应项平方相加，可得

$$\left.\begin{aligned}u_C^2(n)+u_C^2(n-\frac{N}{4})&=2U_C^2\\u_D^2(n)+u_D^2(n-\frac{N}{4})&=2U_D^2\end{aligned}\right\} \tag{3-60}$$

式(3-58)和式(3-59)中的对应项相除，可得

$$\left.\begin{aligned}\frac{u_C(n)}{-u_C(n-\frac{N}{4})}=\tan(\omega t_n+\varphi_C)\\ \frac{u_D(n)}{-u_D(n-\frac{N}{4})}=\tan(\omega t_n+\varphi_D)\end{aligned}\right. \tag{3-61}$$

若令 $U_{CI}=u_C(n)$、$U_{CR}=-u_C(n-\frac{N}{4})$、$U_{DI}=u_D(n)$、$U_{DR}=-u_D(n-\frac{N}{4})$

则式(3-60)、式(3-61)两式可以简写为

$$\left.\begin{aligned}U_{CI}^2+U_{CR}^2=2U_C^2\\ U_{DI}^2+U_{DR}^2=2U_D^2\end{aligned}\right\}$$

$$\left.\begin{aligned}\frac{U_{CI}}{U_{CR}}=\tan(\omega t_n+\varphi_C)\\ \frac{U_{DI}}{U_{DR}}=\tan(\omega t_n+\varphi_D)\end{aligned}\right\}$$

即 U_{CR}、U_{CI}可以看做是幅值为 U_C、相角为$(\omega t_n+\varphi_C)$的相量$\dot{U}_C$ 的实部和虚部；U_{DR}、U_{DI}可以看成是幅值为 U_D、相角为$(\omega t_n+\varphi_D)$的相量$\dot{U}_D$ 的实部和虚部。将它们分别代入式(3-52)和式(3-56)，就可以得到用瞬时采样值表示的余弦比相方程和正弦比相方程分别为

$$u_C(n-\frac{N}{4})u_D(n-\frac{N}{4})+u_C(n)u_D(n)\geqslant 0 \tag{3-62}$$

$$u_C(n-\frac{N}{4})u_D(n)-u_C(n)u_D(n-\frac{N}{4})\geqslant 0 \tag{3-63}$$

这种算法只需要用相隔$\frac{1}{4}$工频周期的两个采样值就可以完成比相，故可称为比相的两点积算法。由于该方法用瞬时值比相，受输入量中的谐波等干扰信号的影响较大，故必须先用数字滤波算法滤除输入中的干扰信号，然后再进行比相。有关数字滤波的方法见第9章。

3.3.3 阻抗继电器的精确工作电流和精确工作电压

在上面讨论的阻抗继电器的动作特性中，仅仅考虑了测量电压与测量电流间的相对关系，并没有考虑它们自身的大小。在实际中，阻抗继电器动作的情况不仅与测量电压、电流之间的相对关系有关，同时与它们自身的大小有关。

在传统的模拟式保护中，阻抗继电器的整定阻抗是由电抗互感器 UR 的变换系数 K_I 和电压变换器 T 的变比系数 K_U 决定的。电压变换器的线性程度较好，其变比 K_U 可近似认为是常数，但电抗互感器的线性程度较差，当输入的电流较小时，其特性处于磁化曲线的起始部分，变换系数 K_I 较小；而当输入电流很大时，其铁芯饱和，变换系数 K_I 也将变小，只有输入电流在一个适当的范围内时，变换系数 K_I 才可以看成是一个常数。这样在输入电流较小或较大时，相当于继电器的整定阻抗变小，从而使其动作阻抗也将变小，即整个动作区将变小。

为保证动作的可靠性，实现幅值比较原理的比较电路有一定的动作门槛，即只有$|\dot{U}_A|$与$|\dot{U}_B|$之差大于一个固定门槛值U_0时才会动作。对于具有圆特性的方向阻抗继电器，$\dot{U}_A=\frac{1}{2}K_I\dot{I}_m$，$\dot{U}_B=\frac{1}{2}K_I\dot{I}_m-K_U\dot{U}_m$，实际继电器动作的条件应表示为

$$\left|\frac{1}{2}K_I\dot{I}_m\right|-\left|\frac{1}{2}K_I\dot{I}_m-K_U\dot{U}_m\right|\geqslant U_0 \tag{3-64}$$

两侧同除以$|K_U\dot{I}_m|$，并用$Z_m=\frac{\dot{U}_m}{\dot{I}_m}$，$Z_{set}=\frac{K_I}{K_U}$代入后，可得

$$\left|\frac{1}{2}Z_{set}\right|-\left|\frac{1}{2}Z_{set}-Z_m\right|\geqslant\frac{U_0}{|K_U\dot{I}_m|} \tag{3-65}$$

在保护区的末端附近金属性短路的情况下，测量阻抗Z_m的阻抗角与整定阻抗Z_{set}的阻抗角相等，且Z_m的阻抗值大于整定值的$\frac{1}{2}$，这时式(3-65)中的$-\left|\frac{1}{2}Z_{set}-Z_m\right|=\left|\frac{1}{2}Z_{set}\right|-|Z_m|$，所以式(3-64)又可表示为

$$|Z_m|\leqslant|Z_{set}|-\frac{U_0}{|K_U\dot{I}_m|} \tag{3-66}$$

使继电器的测量阻抗处于临界动作状态，就是继电器的动作阻抗，记为Z_{op}，显然

$$|Z_{op}|=|Z_{set}|-\frac{U_0}{|K_U\dot{I}_m|} \tag{3-67}$$

理论上此时的整定阻抗处于继电器的动作边缘，继电器的整定阻抗应该等于动作阻抗，但是由于以上误差及动作门槛，继电器实际的动作阻抗与输入电流的关系如图3.20所示。

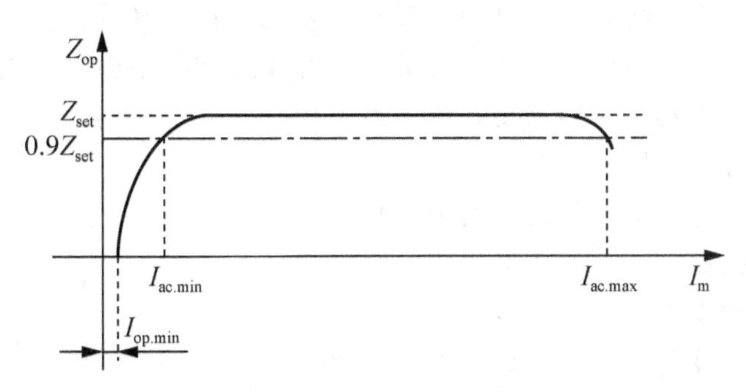

图3.20 动作阻抗随测量电流变化的曲线

在图3.20中，$I_{op.min}$是使动作阻抗降为0对应的测量电流，称为最小动作电流，当实际电流小于$I_{op.min}$时，无论测量阻抗为多少，测量元件都不会动作。$I_{ac.min}$和$I_{ac.max}$都是使动作阻抗降为$0.9Z_{set}$对应的测量电流，$I_{ac.min}$为阻抗继电器的最小精确工作电流，$I_{ac.max}$为阻抗继电器的最大精确工作电流，从而有

$$Z_{op}=0.9|Z_{set}|=|Z_{set}|-\frac{U_0}{|K_U\dot{I}_{ac.min}|} \tag{3-68}$$

$$0.1|Z_{set}|=\frac{U_0}{K_UI_{ac.min}}$$

最小精确工作电流与整定阻抗值的乘积称为阻抗继电器的最小精确工作电压，常用$U_{ac.min}$表示，即

$$U_{ac.min}=I_{ac.min}\left|Z_{set}\right|=\left|\frac{10U_0}{K_U}\right| \tag{3-69}$$

只有实际的测量电流在最小和最大精确工作电流之间，测量电压在最小精确工作电压以上时，三段式距离保护才能准确地配合工作，其误差已被考虑在可靠系数中。最小精确工作电流是距离保护测量元件的一个重要参数，愈小愈好。

测量元件精确工作电流的校验，一般是指对最小精确工作电流的校验。要求在保护区内发生短路时，通入继电器的最小电流不小于最小精确工作电流，并留有一定的裕度，裕度系数不小于1.5～2，即

$$K_{mar}=\frac{I_{k.min}}{I_{ac.min}}>1.5\sim2 \tag{3-70}$$

在出口短路时的测量阻抗很小，动作阻抗的变化一般不会影响保护的正确动作，所以最大精确工作电流一般不必校验。

在阻抗继电器应用于较短线路时，由于线路末端短路时测量电压可能较低，需对最小精确工作电压进行校验。线路较长时，一般不用校验精确工作电压。

3.4 影响距离保护正确工作的因素

3.4.1 概述

在距离保护中，最根本的要求是阻抗继电器能正确测量短路点至保护安装处的距离。当故障发生在保护区内时，测量的阻抗应小于动作阻抗，继电器动作，当故障发生在区外时，测量阻抗大于动作阻抗，继电器应不动作，从而保证选择性。为了保证这一要求的实现，除了采用正确的接线方式外，还应充分考虑在实际运行中保护装置会受到一些不利因素的影响，使之发生误动。一般来说，影响距离保护正确动作的因素主要有如下几个。

(1) 短路点的过渡电阻。

(2) 在短路点与保护安装处之间有分支电路。

(3) 电力系统振荡。

(4) 测量互感器误差。

(5) 电网频率的变化。

(6) 在Y、Δ－11变压器后发生短路故障。

(7) 线路串联补偿电容的影响。

(8) 过渡过程及二次回路断线。

(9) 平行双回路互感的影响等。

由于这些因素的影响，使阻抗继电器发生不正确动作，为此必须对这些影响的因素加以分析研究，然后采取适当措施予以防止。对于第(4)项，阻抗继电器是通过电流互感器和电压互感器接入电气量的，测量互感器的变比误差和角误差必然给阻抗继电器的正确测量带来影响，关于这种影响通常在计算阻抗继电器的动作阻抗时，用可靠系数来考虑；对于第(5)项，在相位比较方向阻抗继电器中，用记忆极化电压作为一个比较量，由于电压

记忆回路调整在额定工频下谐振，因此对系统频率的变化最为敏感。当系统的工作频率与谐振频率发生偏移时，将使阻抗继电器特性曲线在阻抗复平面向左、右方向偏移；对于第(6)项，当保护安装处与短路点具有 Y、Δ 接线变压器时，阻抗继电器的工作将受变压器的阻抗和一、二次电压相角差的影响。例如，方向阻抗继电器对 Y、Δ 变压器另一侧的两相短路反应能力很差，一般不能起后备作用；对于第(7)项，在线路或变电所内装设串联补偿电容后，破坏了阻抗继电器的测量阻抗与距离成比例的关系，同时它的电抗部分还会改变符号，使保护的方向性被破坏，对阻抗继电器的正确工作带来影响；对于第(8)项，在电力系统正常运行中，电压互感器的一次回路或二次回路有可能出现断线的情况，当电压回路断线后，二次侧接至保护回路的相电压或线电压都可能降低至零，由于这时电力系统处于正常运行状态，仍然有负荷电流，所以测量阻抗可能小于动作阻抗，使阻抗继电器可能误动作；对于第(9)项，当发生接地短路故障时，双回线路中的接地阻抗继电器的测量阻抗，受双回线路零序互阻抗的影响，产生阻抗测量上的误差。

以上对第(4)至(9)项影响因素作了概略说明，下面着重分析第(1)至第(3)项影响因素。

3.4.2 过渡电阻对距离保护的影响

1. 短路点过渡电阻的特性

在此之前，分析和整定继电保护装置时，都是用金属性短路作为依据(不计短路点的过渡电阻)。然而，在实际的电力系统中，当发生相间短路或接地短路时，短路点通常具有阻抗，例如，电弧电阻、外物电阻、导线和大地间的电阻(当导线落地时)、杆塔接地电阻以及利用木质绝缘的木杆电阻等。分析和实验表明，这些电抗是电阻性的，因此常称为过渡电阻。显然，过渡电阻的存在，将使阻抗继电器的测量阻抗发生变化，影响距离保护的正确动作。在一般情况下使测量电阻增大，距离保护Ⅰ段保护范围缩短，距离Ⅱ段保护灵敏度降低，但有时也可能引起保护超范围动作或反方向误动。

在相间短路时，过渡电阻主要由电弧电阻组成。电弧电阻具有非线性特性，其大小与电弧弧道的长度成正比，与电弧电流的大小成反比。国外进行的一系列实验表明，当故障电流相当大(数百安以上)时，电弧上的电压梯度几乎和电流无关(电位梯度即单位长度上的电位差)，其最大值约为 1.4～1.5kV/m。设电弧的长度为 l_{ac}(m)，电弧电流的有效值为 I_{ac}(A)，则电弧电阻的数值为

$$R_{ac} \approx 1050\frac{l_{ac}}{I_{ac}}(\Omega) \tag{3-71}$$

电弧的长度和电流是随时间而变的，一般来说，短路初始瞬间电流最大，电弧长度最小，电弧电阻的数值最小，而后，经过几个周期，由于短路点的空气流动和电动力的作用，电弧将随时间拉长，致使电弧电阻增大，起始增大较慢，大约经过 0.1～0.5s 之后，将剧烈上升，如图 3.21(a)所示。相间故障的电弧电阻一般在数欧至十几欧之间。

在接地短路时，除电弧电阻外，主要由杆塔接地电阻和杆塔电阻等组成。杆塔的接地电阻与大地导电率有关，对于跨越山区的高压线路，铁塔的接地电阻可达数十欧。当导线通过树木或其他物体对地短路时，过渡电阻更高。对于 500kV 线路，最大过渡电阻可达 300Ω，对 220kV 线路最大过渡电阻可达 100Ω。

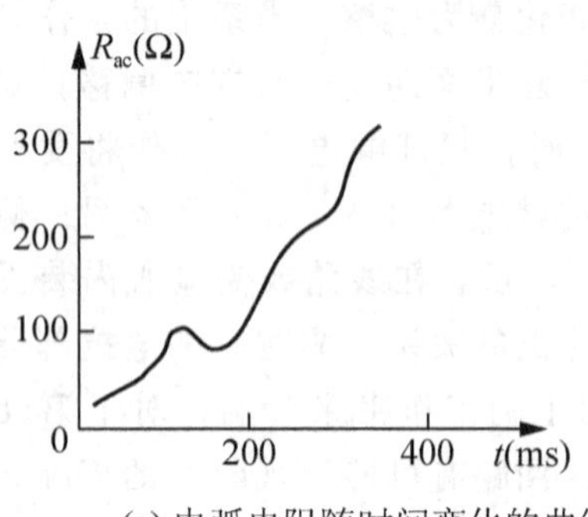

(a) 电弧电阻随时间变化的曲线

i

u

(b) 经电弧短路时电流、电压的波形图

图 3.21 短路时产生的电弧

短路点的过渡电阻将影响电流、电压值以及电流与电压间的相位角，由于 Rac 是非线性的，还可能使残余电压的波形发生畸变，如图 3.21(b)所示。由此可见，过渡电阻的存在，使距离保护装置的工作特性变坏。

2. 过渡电阻对距离保护的影响

1）单侧电源网络

图 3.22 为单侧电源网络通过过渡电阻 R_t 短路的情况。很明显由于过渡电阻 R_t 的存在，必然使测量阻抗增大，保护范围缩小。

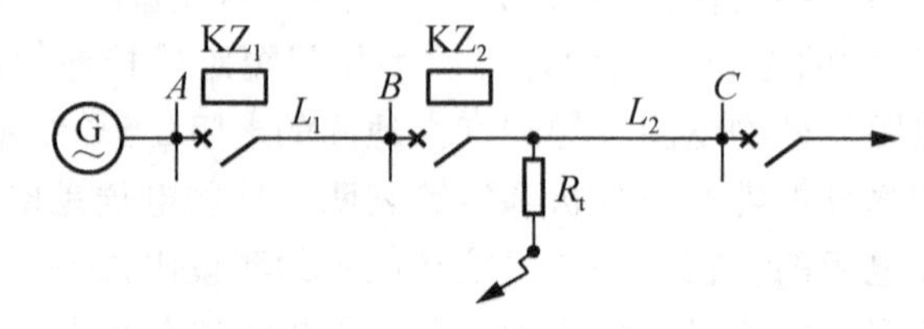

图 3.22 经过过渡电阻 R_t 短路示意图

过渡电阻的存在，给距离保护的性能带来较大的影响，但对不同地点的保护装置影响是不一样的。例如，在图 3.22 所示的单侧电源网络中，当线路 L_2 的出口通过 R_t 短路时，L_1、L_2 两条线路上的距离保护装置的测量阻抗分别是

$$KZ_2：Z_{K_2}=R_t \tag{3-72}$$

$$KZ_1：Z_{K_1}=Z_{L_1}+R_t \tag{3-73}$$

式中 Z_{L1}——线路 L_1 的阻抗。

由式(3-72)和式(3-73)可见，KZ_1 和 KZ_2 测量阻抗比在同一点发生金属性短路时，均有所增大，但增大的情况有所不同，其中 KZ_2 测量阻抗增大的数值就等于 R_t，而 KZ_1 的测量阻抗等于 ZL_1 和 R_t 的相量和，增加得较少，增大的数值小于 R_t，也就是受 R_t 影响小。

当过渡电阻 R_t 的数值较大时，可能导致距离保护装置的无选择性动作。例如，图 3.22 所示的网络，在线路 L_1 和 L_2 上装设由圆特性方向阻抗继电器作为测量元件的距离保护，其动作特性及过渡电阻对安装在不同地点阻抗继电器的影响示于图 3.23 中。

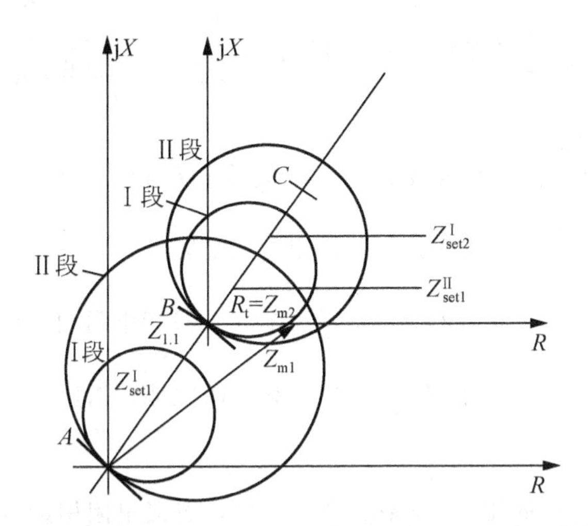

图 3.23　单侧电源网络过渡电阻对不同安装地点距离保护影响情况分析图

由图可见，当 R_t 数值较大时，KZ_2 的测量阻抗 $Z_{K_2}=R_t$，其矢端落于其Ⅰ段的动作特性圆外，但仍在其Ⅱ段圆内，而 KZ_1 的测量阻抗 Z_{K_1} 尚在其Ⅱ段动作特性圆内，因此 KZ_1 和 KZ_2 将同时以Ⅱ段时限跳闸，造成了越级跳闸，失去了选择性。

当过渡电阻 R_t 的数值更大时，KZ_1 和 KZ_2 两个保护都可能以Ⅲ段时限动作。

以上分析充分说明，过渡电阻的数值对阻抗元件工作的影响较大，同时保护装置的整定值越小，则相对的受过渡电阻的影响越大。在短线上的距离保护装置应特别注意过渡电阻的影响，在校验距离元件的灵敏度时，应该计及过渡电阻的影响因素。

2）双侧电源的网络

在双侧电源的网络中，阻抗继电器的工作性能与过渡电阻的关系比较复杂。对图 3.24 所示的双侧电源的线路，短路点的过渡电阻可能使测量阻抗增大，也可能使测量阻抗减小。

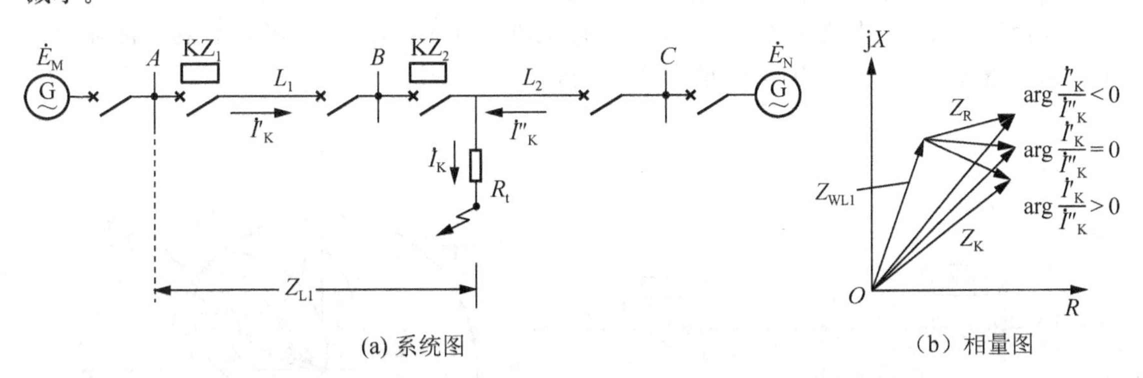

图 3.24　双侧电源网络经过渡电阻短路时对测量阻抗的影响

当由双侧电源供电，在线路 L_2 出口经过渡电阻 R_t 短路时，两侧电源均向短路点供给短路电流和 $\dot{I}''_K$，流经过渡电阻的电流为 $\dot{I}'_K+\dot{I}''_K$，此时，过渡电阻 R_t 上的电压降为

$$\dot{U}_R=(\dot{I}'_K+\dot{I}''_K)R_t \tag{3-74}$$

M 侧阻抗继电器 KZ_1 的测量阻抗为

$$Z_{K1}=\frac{\dot{I}'_{K}Z_{L_1}+(\dot{I}'_{K}+\dot{I}''_{K})R_t}{\dot{I}'_{K}}=Z_{L_1}+\frac{\dot{I}'_{K}+\dot{I}''_{K}}{\dot{I}'_{K}}\cdot R_t \tag{3-75}$$

由于两侧电源电势之间存在有相角差，电流$\dot{I}'_{K}$和$\dot{I}''_{K}$相位不同，因此，$\frac{R_t(\dot{I}'_{K}+\dot{I}''_{K})}{\dot{I}'_{K}}$是一个复数，它代表测量阻抗的变化量，称为附加测量阻抗，它不是纯电阻性的。

当$\dot{I}'_{K}$的相位落后于$\dot{I}''_{K}$的相位(即 $\arg\frac{\dot{I}'_{K}}{\dot{I}''_{K}}<0$)时，过渡电阻引起的附加分量将使测量阻抗的电抗成分增大(图 3.24(b)中 Z_R 呈感性，有正的虚部，相量 Z_R 向上倾斜)，造成保护范围缩短。

当$\dot{I}'_{K}$的相位超前于$\dot{I}''_{K}$的相位(则 $\arg\frac{\dot{I}'_{K}}{\dot{I}''_{K}}>0$)时，过渡电阻引起的附加分量将使测量阻抗的电抗成分减小(Z_R 呈容性，向下倾斜)，则实际的保护区将比整定值要大，可能导致超范围的动作。

3）过渡电阻对不同动作特性阻抗继电器的影响

在图 3.25 所示的网络中，假定在保护 1 处的距离Ⅰ段采用不同特性的阻抗继电器，它们的整定值选择都一样，即 $Z_{set}^{I}=0.85Z_{AB}$。如果在距离Ⅰ段保护范围内阻抗为 Z_F 处，通过电阻 R_t 发生短路，则保护KZ_1 的测量阻抗为

$$Z_{K_1}=Z_F+R_t \tag{3-76}$$

由图 3.25(b)可见，当 R_t 达到 R_{t1}时，具有椭圆特性的阻抗继电器开始拒动；达到 R_{t2}时，方向阻抗继电器开始拒动；达到 R_{t3}时，全阻抗继电器开始拒动。这就说明各种特性阻抗继电器对过渡电阻的敏感程度不一样，椭圆特性阻抗继电器动作特性在复数阻抗平面+R 轴方向面积最小，对过渡电阻最敏感，受其影响最大；全阻抗继电器动作特性在+R 轴方向面积最大，受其影响最小。因此，一般来说，阻抗继电器的动作特性在+R 轴方向所占面积越大，则受过渡电阻 R_t 的影响也就越小。

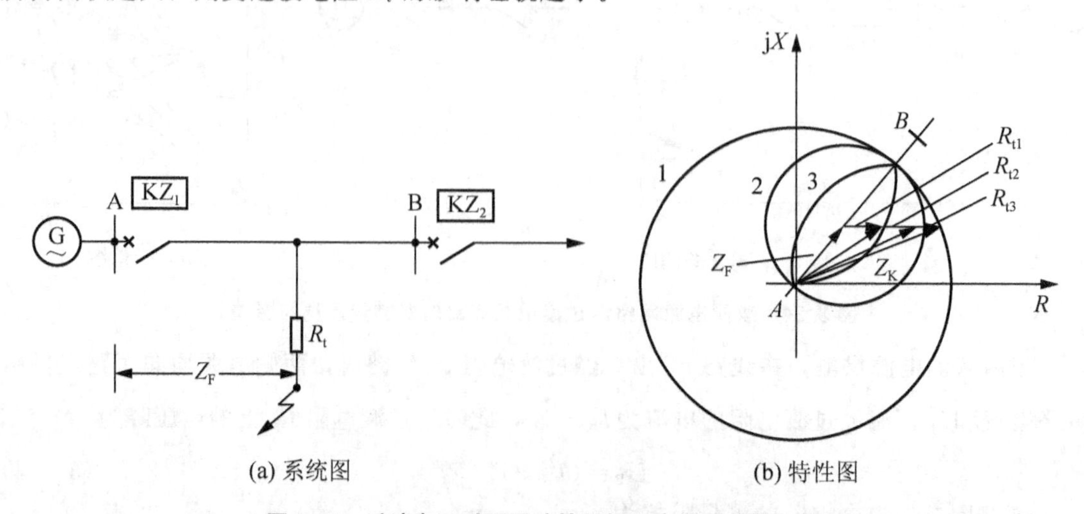

图 3.25 过渡电阻对不同特性阻抗继电器影响的比较

3. 防止过渡电阻影响的措施

1）采用瞬时测量装置

对于相间短路，过渡电阻一般为电弧电阻，具有纯电阻性质。由图3.21电弧电阻随时间变化关系曲线已经知道，电弧电阻在短路的初瞬间，R_{ac}最小，在短路0.1～0.15s之后将急剧增大。由这一特点可见，过渡电阻对距离保护的第Ⅰ段影响较小，但是对于距离保护的第Ⅱ段，由于它的动作是带时限的(动作时限不小于0.5s)，所以过渡电阻对距离Ⅱ段影响较大。为了克服这种影响，通常在距离Ⅱ段上装设“瞬时测量装置”。所谓“瞬时测量”就是将测量元件的初始动作状态，通过启动元件的动作将其固定下来。此后，当距离元件因短路点过渡电阻R_t增大使测量元件返回时，保护仍可通过“瞬时测量”装置按原整定时间动作于跳闸。

以上分析说明，采用“瞬时测量”是克服过渡电阻影响的有效措施。因而在实际的距离保护装置中得到了广泛应用。但是应当注意，一般只在单回线辐射型电网中带时限的Ⅱ段上采用，对于距离保护的Ⅰ段，因为动作时间短，过渡电阻的数值小，没有必要装设瞬时测量电路。当相邻线路为平行线路或单回线与环网相接时，则在该线路上就不能采用瞬时测量的方法来防止过渡电阻的影响，否则可造成保护的非选择性动作。

2）采用阻抗特性圆偏移的方法

采用能容许较大的过渡电阻而又不致拒动的阻抗继电器，如电抗型继电器、四边形动作特性的继电器、偏移特性阻抗继电器等，从而达到减小过渡电阻的影响。

3.4.3 分支电路对距离保护的影响

当保护安装处与短路点有分支线时，分支电流对阻抗继电器的测量阻抗有影响，现分两种情况予以分析。

1. 助增电流的影响

图3.26为助增电流对测量阻抗影响的示意图。当线路BD上k点发生短路故障时，由于在短路点k和KZA之间，还有分支电路CB存在，因此$\dot{E}_A$、$\dot{E}_B$两个电源均向短路点提供短路电流。这时故障线路中的电流为$\dot{I}_{Bk}=\dot{I}_{AB}+\dot{I}_{CB}$，流过非故障线路CB的电流为$\dot{I}_{CB}$，电流$\dot{I}_{CB}$流向故障点，但不流过保护装置KZA。若短路点k在距离保护KZA的第Ⅱ段范围内，则此时阻抗继电器KZA的测量阻抗为

$$\begin{aligned}Z_m&=\frac{\dot{I}_{AB}Z_{AB}+\dot{I}_{Bk}Z_{Bk}}{\dot{I}_{AB}}=Z_{AB}+\frac{\dot{I}_{Bk}}{\dot{I}_{AB}}Z_{Bk}\\&=Z_{AB}+K_bZ_{Bk}\end{aligned}\tag{3-77}$$

K_b称为分支系数(助增系数)，其定义为

$$K_b=\frac{\dot{I}_{Bk}}{\dot{I}_{AB}}$$

一般情况下，K_b为一复数，但在实用中可近似认为$\dot{I}_{Bk}$与$\dot{I}_{AB}$同相位，因此，可以认为K_b为一个实数。

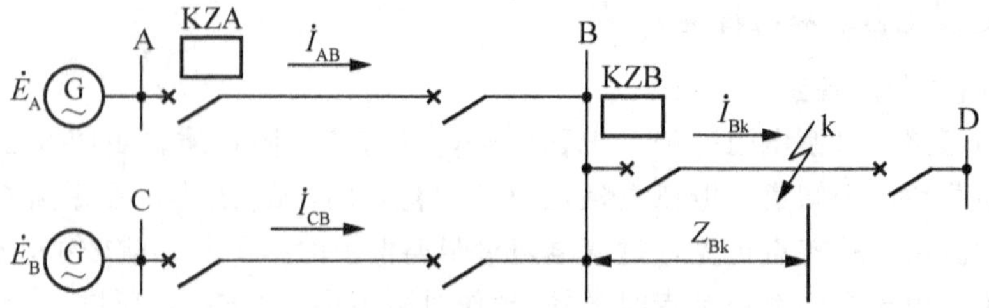

图 3.26　助增电流对阻抗继电器工作的影响

前面分析已经指出，在单侧电源幅射形电网中，继电器的测量阻抗只与短路点到保护安装处之间的距离成正比。但是式(3－77)说明，当短路点与保护安装处有分支电路时，由于分支电流 $\dot{I}_{CB}$的存在，使保护 KZA 第Ⅱ段的测量阻抗不仅取决于短路点至安装点的距离，而且还取决于电流 $\dot{I}_{CB}$与 $\dot{I}_{AB}$的比值，因为 $|\dot{I}_{Bk}|>|\dot{I}_{AB}|$，故 $K_b>1$，所以实际增大了测量阻抗(与无分支电路相比)。这种使测量阻抗增大的分支电流 $\dot{I}_{CB}$称为助增电流，其分支系数 K_b 也称为助增系数。

当助增电流使测量阻抗增大较多时，保护 KZA 的第Ⅱ段可能不动作。因此，助增电流的影响，实际上是降低了保护 KZA 的灵敏度，但并不影响与保护 KZA 的第Ⅰ段配合的选择性，也不影响保护 KZB 第Ⅰ段测量阻抗的正确性。

为了保证保护装置第Ⅱ段保护区的长度不变，在整定保护 KZA 的第Ⅱ段时引入分支系数，适当地增大保护的动作阻抗，以抵消由于助增电流的影响而导致的保护区缩短。

分支系数与系统的运行方式有关，在整定计算时应取实际可能运行方式下的最小值，以保证保护的选择性。因为这样整定后，如果运行方式变化出现较大的分支系数时，使得测量阻抗增大，保护范围缩小，不至于造成非选择性动作。反之，如果取实际可能运行方式下的较大值，则当运行方式变化，使分支系数减小时，将造成阻抗继电器的测量阻抗减小，保护范围伸长，有可能使保护无选择性动作。

2. 汲出电流的影响

如果保护安装处与短路点连接的不是分支电源而是负荷或单回线与平行线相连的网络，短路点位于平行线上，则阻抗继电器的测量阻抗亦相应地变化。图 3.27 所示为单回线与平行线相连的网络，当在平行线之一的 k 点发生相间短路时，由 A 侧电源供给短路电流 $\dot{I}_{AB}$送至变电所 B 时就分成两路流向短路点 k，其中非故障支路电流为 $\dot{I}_{BC}$，故障支路电流为 $\dot{I}_{Bd}$，它们之间的关系 $\dot{I}_{Bk}=\dot{I}_{AB}-\dot{I}_{BC}$，流过保护装置 KZA 的电流 $\dot{I}_{AB}$比故障支路电流 $\dot{I}_{Bk}$大。此时距离保护 KZA 第Ⅱ段的测量阻抗为

$$
\begin{aligned}
Z_m &= \frac{\dot{I}_{Bd}Z_{Bd}+\dot{I}_{AB}Z_{AB}}{\dot{I}_{AB}} = Z_{AB}+\frac{\dot{I}_{Bk}}{\dot{I}_{AB}}Z_{Bk} \\
&= Z_{AB}+K_b Z_{Bk}
\end{aligned}
\tag{3-78}
$$

K_b 称为分支系数(汲出系数)。由于 $|\dot{I}_{Bk}|<|\dot{I}_{AB}|$，所以 $K_b<1$。与无分支电路的情况相比，保护 KZA 的第Ⅱ段测量阻抗有所减小。这种使测量阻抗减小的电流(分支电流 $\dot{I}_{BC}$)称为汲出电流。

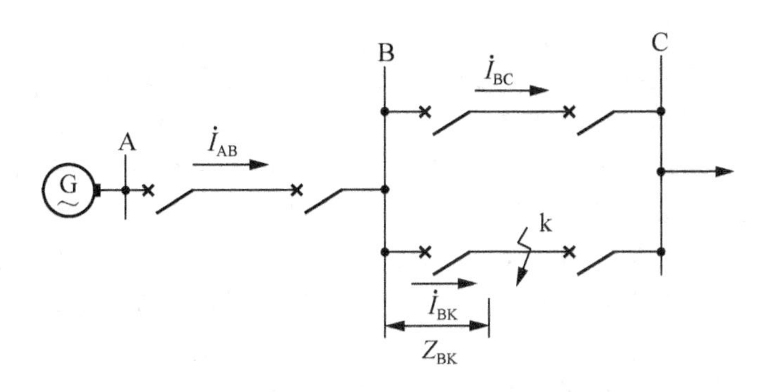

图 3.27　汲出电流对阻抗继电器工作的影响

由于汲出电流的存在，使测量阻抗减小，也即伸长了保护区的长度。可能造成保护的无选择性动作。为了防止这种非选择性动作，在整定计算时引入一个小于 1 的分支系数，使保护装置 KZA 的第Ⅱ段动作阻抗适当减少，以抵偿由于汲出电流的影响致使保护范围伸长的结果，使保护装置在任何情况下都能保证有选择地动作。

汲出系数也与系统的运行方式有关，在整定计算时仍应采用各种运行方式下最小的汲出系数。

负载电流也属于汲出电流，但与故障电流相比要小得多，其影响可以忽略不计。因为在短路状态下，负载电动机处于低负载情况，其汲出影响并不显著。

综上分析可知，K_b 是一个与电网接线有关的分支系数，其值可能大于 1、等于 1 或小于 1。当 $K_b>1$ 时，阻抗继电器的测量阻抗增大，亦即助增电流的影响使阻抗继电器的灵敏度下降；当 $K_b<1$ 时，阻抗继电器的测量阻抗减小，也即汲出电流的影响可能使保护失去选择性。因此正确计及助增电流和汲出电流是保证阻抗继电器正确工作的重要条件之一。为了在各种运行方式下都能保证相邻保护之间的配合关系，应按 K_b 为最小的运行方式来确定距离保护第Ⅱ段的整定值；对于作为相邻线路远后备保护的距离Ⅲ段保护，其灵敏系数应按助增电流为最大的情况来校验。

3.4.4　电力系统振荡对距离保护的影响

1. 电力系统振荡的基本概念

电力系统未受扰动处于正常运行状态时，系统中所有发电机处于同步运行状态，发电机电势间的相位差 δ 较小，并且保持恒定不变，此时系统中各处的电压、电流有效值都是常数。当电力系统受到大的扰动或小的干扰而失去运行稳定时，机组间的相对角度随时间不断增大，线路中的潮流也产生较大的波动。在继电保护范围内，把这种并列运行的电力系统或发电厂失去同步的现象称为振荡。

电力系统发生振荡的原因是多方面的，归纳起来主要有以下几点。

(1) 电网的建设规划不周，联系薄弱，线路输送功率超过稳定极限。

(2) 系统无功电源不足，引起系统电压降低，没有足够的稳定储备。

(3) 大型发电机励磁异常。

(4) 短路故障切除过慢引起稳定破坏。

(5) 继电保护及自动装置的误动、拒动或性能不良。

(6) 过负荷。

(7) 防止稳定破坏或恢复稳定的措施不健全及运行管理不善等。

电力系统振荡有周期与非周期之分。周期振荡时，各并列运行的发电机不失去同步，系统仍保持同步，其功角δ在0°～120°范围内变化；非周期振荡时，各并列运行的发电机失去同步，称为发电机失去稳定，其功角在0°～360°甚至720°及无限增长的范围内变化。

电力系统振荡是电力系统的重大事故。振荡时，系统中各发电机电势间的相角差发生变化，电压、电流有效值大幅度变化，以这些量为测量对象的各种保护的测量元件就有可能因系统振荡而动作，对用户造成极大的影响，可能使系统瓦解，酿成大面积的停电。但运行经验表明，当系统的电源间失去同步后，它们往往能自行拉入同步，有时当不允许长时间异步运行时，则可在预定的解列点自动或手动解列。显然，在振荡之中不允许继电保护装置误动，应该充分发挥它的作用，消除一部分振荡事故或减少它的影响。为此，必须对系统振荡时的特点及对继电保护的影响加以分析，并进而研究防止振荡对继点保护影响的措施。

为了使问题的分析简单明了，而又不影响结论的正确性，特作如下假设。

(1) 将所分析的系统按其电气连接的特点简化为一个具有双侧电源的开式网络。

(2) 系统发生全相振荡时，三相仍处于完全对称情况下，不考虑振荡过程中又发生短路的情况，因此可以只取一相来进行分析。

(3) 系统振荡时，两侧系统的电势$\dot{E}_M$和$\dot{E}_N$的幅值相等，相位差以δ表示，δ在0°～360°之间变化。

(4) 系统各元件的阻抗角相等，总阻抗为

$$Z_\Sigma = Z_M + Z_N + Z_L。$$

式中 Z_M——M侧系统的等值阻抗；

Z_N——N侧系统的等值阻抗；

Z_L——联络线路的阻抗。

(5) 振荡过程中不考虑负荷电流的影响。

2. 系统振荡时电流、电压的变化规律

在电力系统中，由于输电线路输送功率大，而超过静稳定极限，或因无功功率不足而引起系统电压降低或因短路故障切除缓慢或因采用非同期自动重合闸不成功时，都可能引起系统振荡。

下面以图3.28(a)所示的两侧电源辐射形网络图为例，说明系统振荡时各电气量的变化。如在系统全相运行时发生振荡，由于总是对称状态，故可按单相系统来分析。

图3.28(a)中给出了系统和线路的参数及电压、电流的参考方向。如以电动势$\dot{E}_M$为参考，使其相位为零，则$\dot{E}_M=E_M$。在系统振荡时，可认为N侧系统等值电动势$\dot{E}_N$围绕$\dot{E}_M$旋转或摆动。因此，$\dot{E}_N$落后于$\dot{E}_M$的角度δ在0°～360°之间变化，即

$$\dot{E}_N = E_M e^{-j\delta}。 \tag{3-79}$$

由此电动势产生的由M侧流向N侧的电流(又称为振荡电流)为

$$\dot{I}_M = \frac{\dot{E}_M - \dot{E}_N}{Z_\Sigma} = \frac{\Delta\dot{E}}{Z_\Sigma} = \frac{\dot{E}_M(1-e^{-j\delta})}{Z_\Sigma}。 \tag{3-80}$$

该电流滞后于$\Delta\dot{E}=\dot{E}_M-\dot{E}_N$的角度为系统总阻抗$Z_\Sigma$的阻抗角$\varphi_z$

$$\varphi_z=\arctan\frac{X_M+X_L+X_N}{R_M+R_L+R_N}=\frac{X_\Sigma}{R_\Sigma}。\tag{3-81}$$

由此可见，当δ在0°～360°范围内变化时，振荡电流的大小和相位都发生变化。振荡电流有效值随δ变化的曲线如图3.29(a)所示。当$\delta=180°$时，振荡电流的有效值为

$$I_{M.\max}=\frac{\Delta E}{Z_\Sigma}=\frac{2E_M}{Z_\Sigma}\sin\frac{\delta}{2}=\frac{2E_M}{Z_\Sigma}\tag{3-82}$$

系统振荡时，中性点的电位仍保持为零，故线路两侧母线的电压$\dot{U}_M$和$\dot{U}_N$分别为

$$\dot{U}_M=\dot{E}_M-\dot{I}Z_M\tag{3-83}$$

$$\dot{U}_N=\dot{E}_M-\dot{I}(Z_M+Z_L)=\dot{E}_N+\dot{I}Z_N\tag{3-84}$$

此时输电线路上的压降为

$$\dot{U}_{MN}=\dot{U}_M-\dot{U}_N=\dot{I}Z_L\tag{3-85}$$

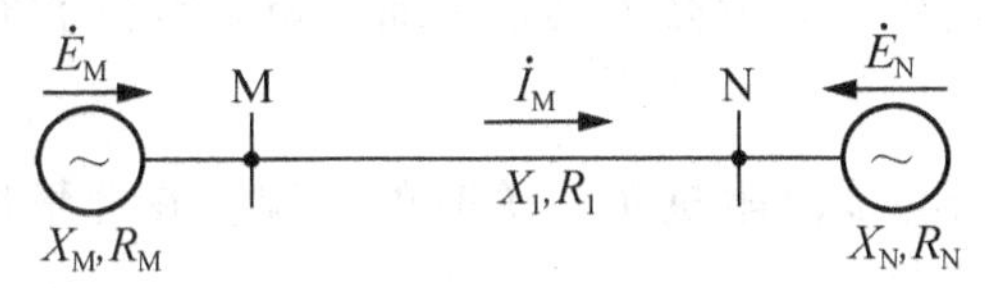

(a) 一次系统图

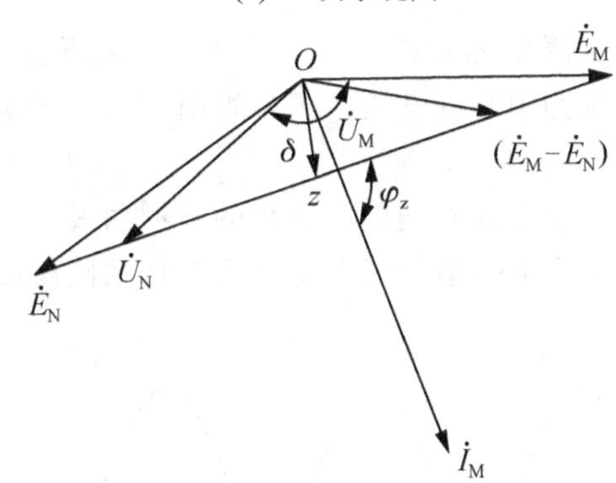

(b) 系统阻抗角与线路阻抗角相等时的矢量图

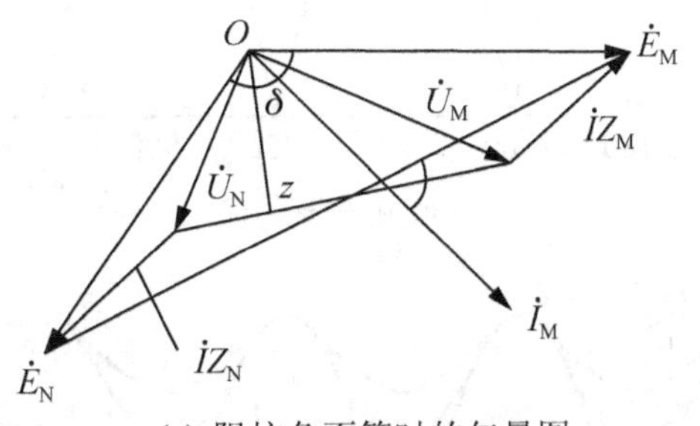

(c) 阻抗角不等时的矢量图

图3.28 系统振荡时的分析图

当全系统的阻抗角相等时，按照上述关系式可画出矢量图，如图3.28(b)所示。以$\dot{E}_M$为实轴，$\dot{E}_N$落后于$\dot{E}_M$的角度为δ。连接$\dot{E}_M$和$\dot{E}_N$矢量端点得到电动势差$\dot{E}_M-\dot{E}_N$。电流

$\dot{I}_M$ 滞后于此电动势的角度为 φ_z。从$\dot{E}_M$ 上减去 Z_M 上的压降 $\dot{I}_M Z_M$ 后得到 M 点电压$\dot{U}_M$。$\dot{E}_N$ 加上 Z_N 上的压降$\dot{I}_M Z_N$ 得到 N 点的电压$\dot{U}_N$。由于系统阻抗角等于线路阻抗角，也等于总阻抗的阻抗角，故$\dot{U}_M$ 和$\dot{U}_N$ 的端点必然落在直线($\dot{E}_M-\dot{E}_N$)上。矢量($\dot{U}_M-\dot{U}_N$)代表输电线路上的电压降落。如果输电线路是均匀的，则输电线上各点电压矢量的端点沿着直线($\dot{U}_M-\dot{U}_N$)移动。从原点与此直线上任一点连线所作成的矢量即代表输电线路上该点的电压。从原点作直线($\dot{U}_M-\dot{U}_N$)的垂线所得到的矢量最短，垂足 z 所代表的输电线路上那一点在振荡角度δ下的电压最低，该点称为系统在振荡角度为δ时的电气中心或振荡中心。此时电气中心不随δ的改变而移动，始终位于系统纵向总阻抗 $Z_M+Z_N+Z_L$ 的中点，电气中心的名称由此而来。

当$\delta=180°$时，振荡中心的电压将降至零。从电压、电流的数值看，这和在此点发生三相短路无异，但系统振荡属于不正常运行状态而非故障，继电保护装置不应该切除振荡中心所在的线路。因此，继电保护装置必须具备区别三相短路和系统振荡的能力，才能确保系统振荡时的正确工作。

图 3.28(c)为系统阻抗角与线路阻抗角不等时的情况。在此情况下，电压矢量$\dot{U}_M$ 和$\dot{U}_N$ 的端点不会落在直线($\dot{E}_M-\dot{E}_N$)上。如果线路阻抗是均匀的，则线路上任一点的电压矢量的端点将落在代表线路电压降落的直线($\dot{U}_M-\dot{U}_N$)上。从原点作直线($\dot{U}_M-\dot{U}_N$)的垂线即可得到振荡中心的位置及振荡中心的电压。不难看出，在此情况下振荡中心的位置将随δ的变化而变化。

图 3.29(b)为 M、N 和 Z 点电压幅值随δ变化的典型曲线。

对于系统各部分阻抗角不同的一般情况，也可用类似的图解法进行分析，此处从略。

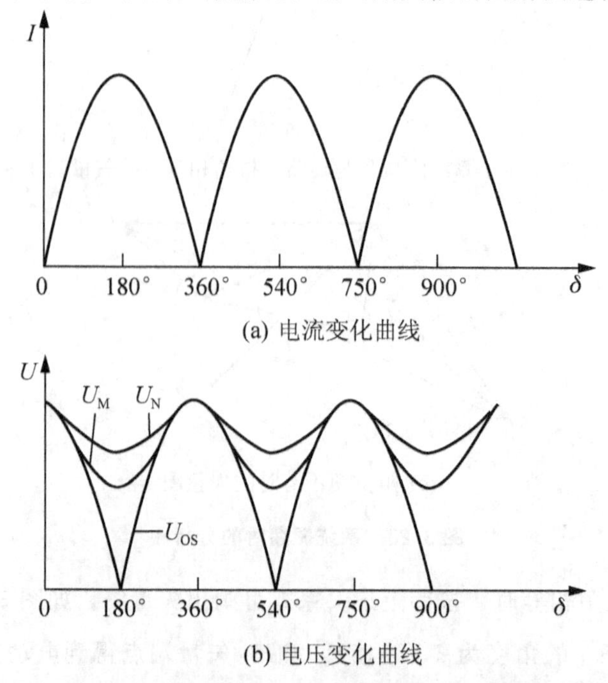

图 3.29 系统振荡时，电流、电压的变化曲线

3. 系统振荡对距离保护的影响

当系统振荡时，振荡电流为

$$\dot{I}=\frac{\dot{E}_M-\dot{E}_N}{Z_M+Z_L+Z_N}=\frac{\dot{E}_M-\dot{E}_N}{Z_\Sigma}, \quad (3-86)$$

M 点的母线电压为

$$\dot{U}_M=\dot{E}_M-\dot{I}Z_M, \quad (3-87)$$

因此，安装于 M 点阻抗继电器的测量阻抗为

$$\begin{aligned} Z_{K.M}&=\frac{\dot{U}_M}{\dot{I}}=\frac{\dot{E}_M}{\dot{I}}-Z_M=\frac{\dot{E}_M}{\dot{E}_M-\dot{E}_N}Z_\Sigma-Z_M, \\ &=\frac{1}{1-e^{-j\delta}}Z_\Sigma-Z_M。\end{aligned} \quad (3-88)$$

因 $1-e^{-j\delta}=1-\cos\delta+j\sin\delta=\dfrac{2}{1-j\cot\dfrac{\delta}{2}}$，所以

$$Z_{K.M}=\left(\frac{1}{2}Z_\Sigma-Z_M\right)-j\frac{1}{2}Z_\Sigma\cot\frac{\delta}{2}=\left(\frac{1}{2}-\rho_m\right)Z_\Sigma-j\frac{1}{2}Z_\Sigma\cot\frac{\delta}{2}, \quad (3-89)$$

式中 $\rho_m=\dfrac{Z_M}{Z_\Sigma}$。

将此继电器测量阻抗随 δ 变化的关系画在以保护安装处 M 为原点的复平面上，当系统所有阻抗角相同时，$Z_{K.M}$将在 Z_Σ 的垂直平分线$\overline{OO'}$上移动，如图 3.30 所示。

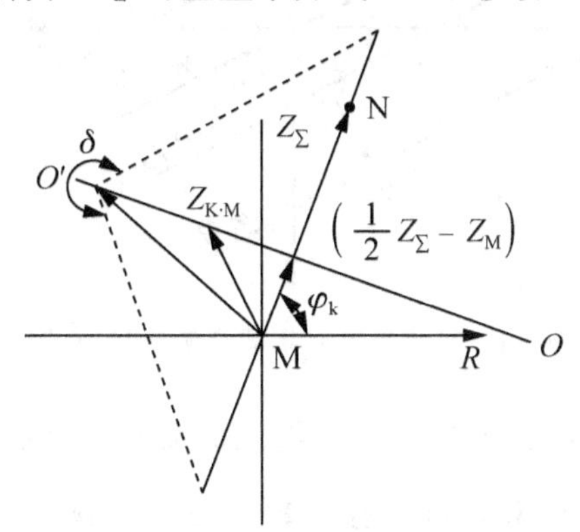

图 3.30 系统振荡时测量阻抗的变化

为了便于分析说明，现将部分表达式计算结果见表 3-2。

表 3-2 $j\frac{1}{2}Z_\Sigma\cot\frac{\delta}{2}$的计算结果

δ	$\cot\frac{\delta}{2}$	$j\frac{1}{2}Z_\Sigma\cot\frac{\delta}{2}$
0°	∞	j∞
90°	1	$j\frac{1}{2}Z_\Sigma$
180°	0	0
270°	−1	$-j\frac{1}{2}Z_\Sigma$
360°	−∞	−j∞

由此可见，当 $\delta=0°$ 时，$Z_{K.M}=\infty$；当 $\delta=180°$ 时，$Z_{K.M}=(\frac{1}{2}Z_\Sigma-Z_M)$，即等于保护安装处到振荡中心之间的阻抗。这一分析结果表明，当 δ 改变时，不仅测量阻抗的数值在变，而且阻抗角也在变，其范围在 $(\varphi_k-90°)$ 到 $(\varphi_k+90°)$ 之间。

当系统振荡时，为了算出不同安装处距离保护测量阻抗的变化规律，在式(3－89)中可令 Z_X 代替 Z_M，并假定 $m=\frac{Z_X}{Z_\Sigma}$，m 为小于1的变数，则式(3－89)就可变为

$$Z_{K.M}=(\frac{1}{2}-m)Z_\Sigma-j\frac{1}{2}Z_\Sigma\cot\frac{\delta}{2}。\tag{3-90}$$

当 m 取不同值时，测量阻抗变化的轨迹是一簇直线，如图3.31所示，当 $m=\frac{1}{2}$ 时，特性直线通过坐标原点，相当于保护装置安装在振荡中心处；当 $m<\frac{1}{2}$ 时，直线簇与 $+jX$ 轴相交，相当于图3.30所分析的情况，此时振荡中心位于保护范围的正方向,；而当 $m>\frac{1}{2}$ 时，直线簇则与 $-jX$ 相交，振荡中心位于保护范围的反方向。

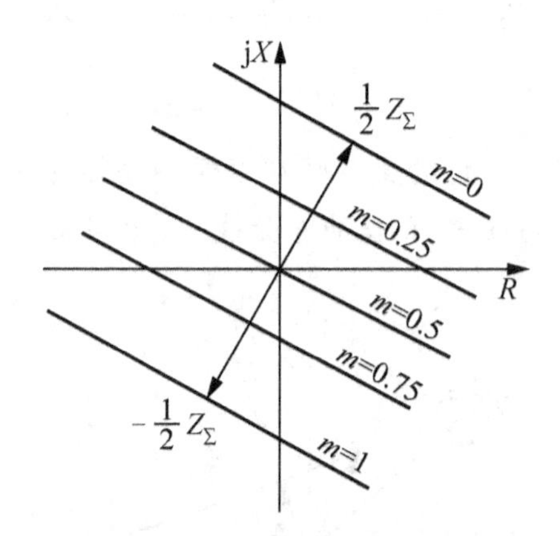

图3.31 系统振荡时不同点测量阻抗的变化

当两侧系统的电势不等时，继电器测量阻抗的变化将具有更复杂的形式。设 $h=\frac{E_M}{E_N}$，当 $h>1$ 及 $h<1$ 时，测量阻抗末端的轨迹如图3.32中的圆弧1和圆弧2所示。

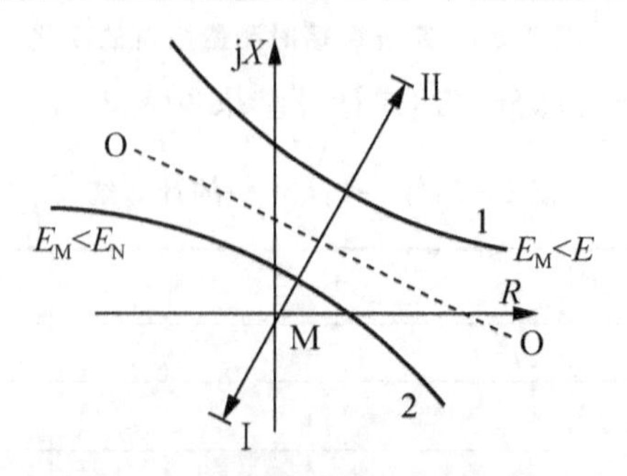

图3.32 测量阻抗的变化轨迹

在这种情况下，当 $\delta=0°$ 时，由于两侧电势不等而产生一个环流，因此，测量阻抗不等于 ∞，而是一个位于圆周上的有限数值。

引用上述结论可分析系统振荡时距离保护所受到的影响。现仍以变电所 M 处的距离保护为例，其距离Ⅰ段启动阻抗整定为 $0.85Z_L$，在图 3.33 中，以长度 MA 表示，由此可以作出各种继电器的动作特性曲线，其中曲线 1 为方向透镜型继电器特性，曲线 2 为方向阻抗继电器特性，曲线 3 为全阻抗继电器特性。当系统振荡时，测量阻抗的变化如图 3.30 所示，找出各种动作特性与直线$\overline{OO'}$的交点 O' 和 O''，其所对应的角度为 δ' 和 δ''，则在这两个交点的范围内继电器的测量阻抗均位于动作特性圆内，因此，继电器就要启动，即在这段范围内，距离保护受振荡的影响可能误动。由图中可见，在同样整定值的条件下，全阻抗继电器受振荡的影响最大，而透镜型继电器所受的影响最小。一般而言，继电器的动作特性在阻抗复平面上沿$\overline{OO'}$方向所占的面积愈大，受振荡的影响就愈大。

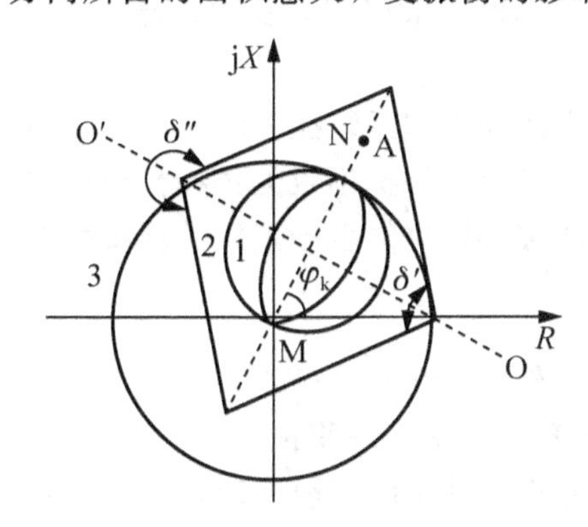

图 3.33 系统振荡时 M 变电站测量阻抗的变化图

总之，当电力系统振荡时，阻抗继电器是否误动、误动的时间长短与保护安装处位置、保护动作范围、动作特性的形状和振荡周期的长短等有关。安装位置距振荡中心愈近、整定值愈大、动作特性曲线在与整定阻抗垂直方向的动作区愈大时，愈容易受振荡的影响，振荡周期愈长，误动的几率愈高。并不是安装在系统中所有的阻抗继电器在振荡时都会误动，但是在出厂时都要求阻抗继电器配备振荡闭锁，使之具有通用性。

3.4.5 距离保护的振荡闭锁

既然电力系统振荡时可能引起距离保护的误动作，就需要进一步分析比较电力系统振荡与短路时电气量的变化特征，找出其间的差异，用以构成振荡闭锁元件，实现振荡时闭锁距离保护。

1. 振荡与短路时电气量的差异

(1) 振荡时，三相完全对称，无负序和零序分量出现；短路时总要长时间(不对称短路过程中)或瞬间(三相短路初始时)出现负序分量或零序分量。

(2) 振荡时，振荡电流和系统中各点的电压随 δ 的变化呈现周期性变化，其变化速度($\frac{dU}{dt}$、$\frac{dI}{dt}$、$\frac{dZ}{dt}$)与系统功角的变化速度一致，比较慢。当两侧功角摆开至 180°时，相当于在振荡中心发生三相短路(此时 I 最大，其值为 $\frac{2E}{|Z_\Sigma|}$，大大超过负荷电流)。从短路前到短路后其值突然变化，速度很快，而短路后短路电流、各点的残余电压和测量阻抗在不计衰减时是不变的。

(3) 振荡时，电气量呈周期性的变化，若阻抗测量元件误动作，则在一个振荡周期内动作和返回各一次；而短路时阻抗测量元件可能动作(区内短路)，可能不动作(区外短路)。

2. 构成振荡闭锁回路的基本要求

(1) 系统发生振荡而没有故障时，应可靠地将保护闭锁，且振荡不停息，闭锁不应解除。

(2) 系统发生各种类型的故障(包括转换性故障)时，不论系统有无振荡，保护都不应闭锁而可靠动作。

(3) 在振荡的过程中发生不对称故障时，保护应能快速地正确动作。对于对称故障，则允许保护延时动作。

(4) 当保护范围以外发生故障引起系统振荡时，应可靠闭锁。

(5) 先故障而后又发生振荡时，保护不致无选择性地动作。

(6) 振荡平息后，振荡闭锁装置应能自动返回，准备好下一次的动作。

3. 振荡闭锁的措施

构成振荡闭锁的原理有多种，但在实际中，常用以下方法。

1) 利用是否出现负序、零序分量实现闭锁

为了提高保护动作的可靠性，在系统无故障时，一般距离保护一直处于闭锁状态。当系统发生故障时，短时开放距离保护，允许保护出口跳闸，这称为短时开发。若在开放的时间内，阻抗继电器动作，说明故障点位于阻抗继电器的动作范围内，将故障切除；若在开放时间内，阻抗继电器未动作，则说明故障不在保护区内，重新将保护闭锁。原理图如图 3.34 所示。

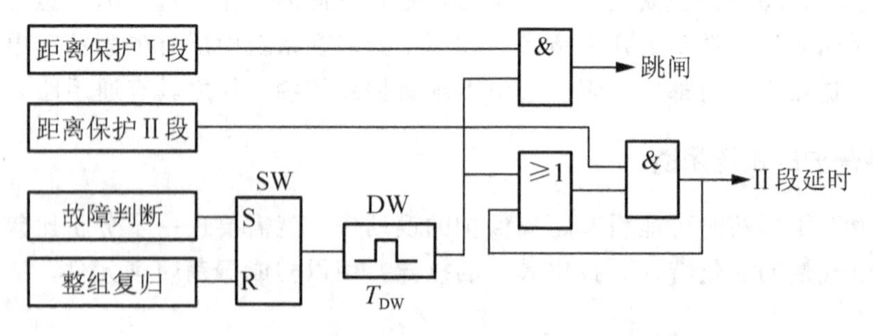

图 3.34 利用故障时短时开放的方式实现振荡闭锁

图中故障判断元件是实现振荡闭锁的关键元件。故障判断元件和整组复归元件在系统正常运行或因静态稳定被破坏时都不会动作，这时双稳态触发器 SW 以及单稳态触发器 DW 都不会动作，保护装置的Ⅰ段和Ⅱ段被闭锁，无论阻抗继电器本身是否动作，保护都不可能动作，即不会误动。当电力系统发生故障时，故障判断元件立即动作，动作信号经双稳态触发器 SW 记忆，直到整组复归。SW 输出的信号又经单稳态触发器 DW，固定输出时间宽度为 T_{DW}的脉冲，在 T_{DW}时间内，若阻抗判断元件的Ⅰ段或Ⅱ段动作，则允许保护无延时或有延时动作(距离保护Ⅱ段被自动保持)。若在 T_{DW}时间内，阻抗判断元件的Ⅰ段或Ⅱ段没有动作，保护闭锁直至满足整组复归条件，准备下次开放保护。

T_{DW}称为振荡闭锁开放时间或允许动作时间，其选择需要兼顾两个原则：一是要保证

在正向区内故障时，保护Ⅰ段有足够的时间可靠跳闸，保护Ⅱ段的测量元件能够可靠启动并实现自保持，因而时间不能过短，一般不应小于 0.1s；二是要保证在区外故障引起振荡时，测量阻抗不会在故障后的 T_{DW}时间内进入动作区，因而时间又不能过长，一般不应大于 0.3s。所以，通常情况下取 $T_{DW}=0.1\sim0.3s$，现代数字保护中，开放时间一般取 0.15s 左右。

整组复归元件在故障或振荡消失后再经过一个延时动作，将 SW 复归，它与故障判断元件、SW 配合，保证在整个一次故障过程中，保护只开放一次。但是对于先振荡后故障的情况，保护将被闭锁，尚需要有再故障判别元件。

故障判断元件又称为启动元件，其作用是仅判断系统是否发生故障，而不需要判断出故障的远近及方向，对它的要求是灵敏度高、动作速度快，系统振荡时不误动。目前距离保护中应用的故障判断元件主要有反映电压、电流中负序分量或零序分量的判断元件和反应电流突变量的判断元件两种。

（1）反映电压、电流中负序分量或零序分量的故障判断元件。

电力系统正常运行或因静稳定破坏而引发振荡时，系统均处于三相对称状态，电压、电流中不存在负序分量或零序分量。而当发生不对称短路时，故障电压、电流中都会出现较大的负序分量或零序分量；三相对称短路时，一般由不对称短路发展而来，短时也会有负序、零序分量输出。利用负序分量或零序分量是否存在，作为系统是否发生短路的判断。

（2）反映电流突变量的故障判断元件。

反映电流突变量的故障判断元件是根据在系统正常或振荡时电流变化比较缓慢，而在系统故障时电流会出现突变这一特点来进行故障判断的。电流突变的检测，既可用模拟的方法实现，也可用数字的方法实现。

2）利用阻抗变化率的不同实现闭锁

系统短路时，测量阻抗由负荷阻抗突变为短路阻抗，而在振荡时，测量阻抗缓慢变为保护安装处到振荡中心点的线路阻抗，这样，根据测量阻抗的变化速度的不同就可构成振荡闭锁，其原理可用图 3.35 进行说明。

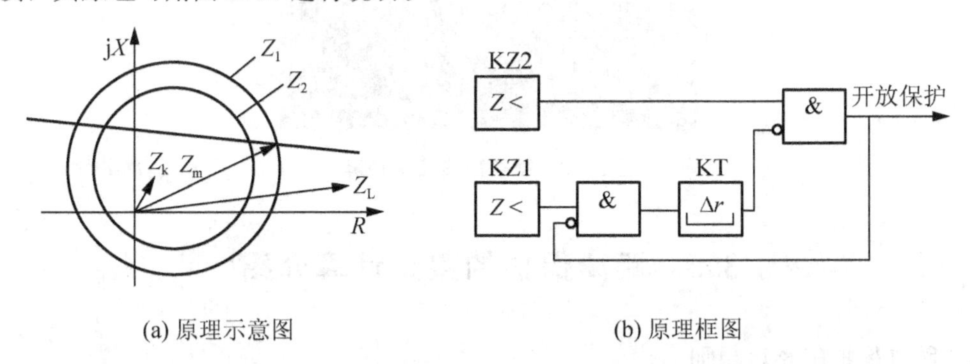

(a) 原理示意图　　(b) 原理框图

图 3.35　利用电气量变化速度的不同构成振荡闭锁

图中 KZ1 为整定值较高的阻抗元件，KZ2 为整定值较低的阻抗元件。实质是在 KZ1 动作后先开放一个 Δt 的延时，如果在这段时间内 KZ2 动作，去开放保护，直到 KZ2 返回；如果在 Δt 的时间内 KZ2 不动作，保护就不会被开放。它利用短路时阻抗的变化率较大，KZ1、KZ2 的动作时间差小于 Δt，短时开放。但与前面短时开放不同的是，测量阻抗每次进入 KZ1 的动作区后，都会开放一定时间，而不是在整个故障过程中只开放一次。

由于对测量阻抗变化率的判断是由两个大小不同的圆完成的，所以这种振荡闭锁原理通常也称“大圆套小圆”振荡闭锁原理。

3）利用动作延时实现闭锁

系统振荡时，距离保护的测量阻抗是随 δ 角的变化而变化的，当 δ 变化到某一值时，测量阻抗进入到阻抗继电器的动作区，而当 δ 角继续变化到另一角度时，测量阻抗又从动作区移出，测量元件返回。

分析表明，对于按躲过最大负荷整定的距离保护Ⅲ段阻抗元件，测量阻抗落入其动作区的时间小于一个振荡周期(1～1.5s)，只有距离保护Ⅲ段动作延时大于 1～1.5s，系统振荡时，保护Ⅲ段才不会误动作。

由北京四方继保公司生产的 750kV 微机型线路保护装置如图 3.36 所示。

图 3.36 微机型线路保护屏

3.5 距离保护的整定计算介绍

3.5.1 距离保护的整定原则

保护装置类型的选择是根据可能出现故障的情况来确定的。目前运行中的距离保护一般都采用三段式，主要由启动元件、阻抗元件、振荡闭锁元件、瞬时测量元件、时间元件和逻辑元件等部分组成。为了对不同特性的阻抗保护进行整定，保证电力系统的安全运行，在整定计算时需要注意以下问题。

(1) 各种保护在动作时限上按阶梯原则配合。

(2) 相邻元件的保护之间、主保护与后备保护之间、后备保护与后备保护之间均应配合。

(3) 相间保护与相间保护之间、接地保护与接地之间的配合，反应不同类型故障的保护之间不能配合。

(4) 上一线路与下一线路所有相邻线路保护间均需相互配合。

(5) 不同特性的阻抗继电器在使用中还需考虑整定配合。

(6) 对于接地距离保护，只有在整定配合要求不很严格的情况下，才能按照相间距离保护的整定计算原则进行整定。

(7) 了解所选保护采用的接线方式、反应的故障类型、阻抗继电器的特性及采用的段数等。

(8) 给出必须的整定值项目及注意事项。

3.5.2 距离保护的整定计算

1. 距离保护Ⅰ段整定计算

(1) 当被保护线路无中间分支线路(或分支变压器)时，定值计算按躲过本线路末端故障整定，一般可按被保护正序阻抗的80%～85%计算，即

$$Z_{set}^{I}=K_{rel}Z_1 \tag{3-91}$$

对方向阻抗继电器则有

$$\theta_{sen}=\theta_1$$

式中 Z_{set}^{I}——距离保护Ⅰ段整定值；

Z_1——被保护线路的正序阻抗；

K_{rel}——可靠系数，一般取0.8～0.85；

θ_{sen}——继电器的最大灵敏角；

θ_1——被保护线路的阻抗角。

保护的动作时间按 $t^{I}=0$，即保护固有动作时间整定。

(2) 当线路末端仅为一台变压器时(即线路变压器组)，其定值计算按不伸出线路末端变压器内部整定，即按躲过变压器其他各侧的母线故障整定，即

$$Z_{set}^{I}=K_{rel}Z_1+K'_{rel}Z_T \tag{3-92}$$

式中 K_{rel}——可靠系数，一般取0.8～0.85；

Z_1——线路正序阻抗；

K'_{rel}——可靠系数，一般取0.75；

Z_T——线路末端变压器的阻抗。

保护动作时间按 $t^{I}=0$，即保护固有动作时间整定。

(3) 当线路终端变电所为两台及以上变压器并列运行且变压器均装设差动保护时，如果本线路上装设有高频保护时，距离Ⅰ段仍可按(1)项的方式计算。当本线路上未装设高频保护时，则可按躲过本线路末端故障或按躲开终端变电所其他母线故障整定，即

$$Z_{set}^{I}=K_{rel}Z_1 \tag{3-93}$$

或

$$Z_{set}^{I}=K_{rel}Z_1+K'_{rel}Z'_T$$

式中 K_{rel}——可靠系数，一般取0.8～0.85；

Z_1——线路正序阻抗；

K'_{rel}——可靠系数，一般取0.75；

Z'_T——终端变电所变压器并联阻抗。

(4) 当线路终端变电所为两台及以上变压器并联运行(变压器未装设差动保护)时，按躲过本线路末端故障，或按躲过变压器的电流速断保护范围末端故障整定，即

$$Z^{I}_{set}=K_{rel}Z_1+K'_{rel}Z'' \tag{3-94}$$

式中 Z''——终端变电所变压器并列运行时，电流速断保护范围的最小阻抗值；

其他符号同前。

(5) 当被保护线路中间接有分支线路或分支变压器时，按躲开本线路末端和躲开分支线路(分支变压器)末端故障整定，即

$$Z^{I}_{set}=K_{rel}Z_1$$

或

$$Z^{I}_{set}=K_{rel}Z'_{xl}+K'_{rel}Z_T \tag{3-95}$$

式中 Z'_{xl}——本线中间接分支线路(分支变压器)处至保护安装处之间的线路正序阻抗。

2. 距离保护Ⅱ段整定计算

1) 按与相邻线路距离保护Ⅰ段配合整定

$$Z^{II}_{set}=K_{rel}Z_1+K'_{rel}K_bZ'_{set.I} \tag{3-96}$$

式中 Z_1——被保护线路正序阻抗；

Z'^{I}_{set}——相邻距离保护Ⅰ段动作阻抗；

K_b——(助增)分支系数，选取可能的最小值；

K_{rel}——可靠系数，一般取0.8～0.85；

K'_{rel}——可靠系数，一般取0.8。

保护动作时间 $t^{II}\geqslant\Delta t$

式中 Δt——时间级差，一般取0.5s。

最大灵敏角 $\theta_{sen}=\theta_1$

式中 θ_1——线路正序阻抗角。

2) 躲过相邻变压器其他侧母线故障整定

$$Z^{II}_{set}=K_{rel}Z_1+K'_{rel}K_bZ'_T \tag{3-97}$$

式中 Z_1——本线路正序阻抗；

Z'_T——相邻变压器阻抗(若多台变压器并列运行时，按并联阻抗计算)；

K_b——(助增)分支系数，选取可能的最小值；

K_{rel}——可靠系数，一般取0.8～0.85；

K'_{rel}——可靠系数，一般取0.7～0.75。

保护动作时间及最大灵敏角的整定同上。

3) 按与相邻线路距离保护Ⅱ段配合整定

$$Z^{II}_{set}=K_{rel}Z_1+K'_{rel}K_bZ'_{set.II} \tag{3-98}$$

式中 Z'^{II}_{set}——相邻距离保护Ⅱ段整定阻抗；

Z_1——被保护线路的正序阻抗；

K_b——(助增)分支系数，选取可能的最小值；

K_{rel}——可靠系数，一般取0.8～0.85；

K'_{rel}——可靠系数，一般取0.8。

最大灵敏角　$\theta_{sen}=\theta_1$

式中　θ_1——线路正序阻抗角。

保护动作时间　$t^{II}\geqslant t^{II}+\Delta t$

式中　t'^{II}——相邻距离保护Ⅱ段动作时间。

4）按保证被保护线路末端故障保护有足够的灵敏度整定

当按1)、2)、3)各项条件所计算的动作阻抗在本线路末端故障时，保护的灵敏度很高，与此同时又出现保护的Ⅰ段与Ⅱ段之间的动作阻抗相差很大，使继电器的整定范围受到限制而无法满足Ⅰ段、Ⅱ段计算定值的要求时，则可改为按保证本线路末端故障时有足够的灵敏度条件整定，即

$$Z_{set}^{II}=K_{sen}Z_1 \tag{3-99}$$

式中　Z_1——被保护线路的正序阻抗；

K_{sen}——被保护线路末端故障保护的灵敏度。

对最小灵敏度的要求如下。

(1) 当线路长度为50km以下时，不小于1.5。

(2) 当线路长度为50～200km时，不小于1.4。

(3) 当线路长度为200km以上时，不小于1.3。

(4) 同时应满足短路时有10Ω弧光电阻保护能可靠动作。

5）当相邻线路末端装设有其他类型的保护时

(1) 当相邻线路装设有相间电流保护时，距离保护Ⅱ段定值为

$$Z_{set}^{II}=K_{rel}Z_1+K'_{rel}K_bZ'_1 \tag{3-100}$$

式中　Z_1——被保护线路的正序阻抗；

K_b——(助增)分支系数，选取可能的最小值；

K_{rel}——可靠系数，一般取0.8～0.85；

K'_{rel}——可靠系数，一般取0.75；

Z'_1——相邻线路电流保护最小保护范围(以阻抗表示)。

Z'_1的计算为

$$Z'_1=\frac{\sqrt{3}E_{S.min}}{2I'_{set}}-Z_{S.max} \tag{3-101}$$

式中　$E_{S.min}$——系统最小运行方式的相电势；

$Z_{S.max}$——系统至相邻线路保护安装处之间的最大阻抗(最小运行方式下的阻抗值)。

保护动作时间为

$$t^{II}\geqslant t'+\Delta t$$

式中　t'——相邻电流保护的动作时间；

Δt——时间级差。

(2) 当相邻线路装设有电压保护时，保护整定为

$$Z_{set}^{II}=K_{rel}Z_1+K'_{rel}K_bZ''_1 \tag{3-102}$$

式中　Z''_1——相邻线路电压保护之最小保护范围(以阻抗表示)，其计算为

$$Z''_1=\frac{U'_{set}}{\sqrt{3}E_s-U'_{set}}\times Z_{S.min} \quad (3-103)$$

式中　U'_{set}——电压保护的整定电压(线电压值)；

E_s——系统运行的相电势；

$Z_{S.min}$——系统至相邻线路电压保护安装处之间的最小阻抗(最大运行方式下)；

其余符号含义同(1)项。

保护动作时间为

$$t^{\mathrm{II}}\geqslant t'+\Delta t$$

式中　t'——相邻电压保护的动作时间。

(3) 当相邻线路装设电流、电压保护时，距离保护Ⅱ段的动作阻抗可分别按(1)、(2)项计算出电流、电压保护的电流元件和电压元件的保护范围 Z''_1，再按式(3-100)计算出距离保护Ⅱ段的动作阻抗值。

保护动作时间为

$$t^{\mathrm{II}}\geqslant t'+\Delta t$$

式中　t'——相邻电流、电压保护的动作时间；

Δt——时间级差。

6) 距离保护Ⅱ段灵敏度

Ⅱ段保护灵敏度的计算为

$$K_{sen}=\frac{Z_{set}^{\mathrm{II}}}{Z_1} \quad (3-104)$$

式中　Z_{set}^{II}——距离保护Ⅱ段整定阻抗值；

Z_1——被保护线路的正序阻抗。

3. 距离保护Ⅲ段整定计算

1) 按与相邻距离保护Ⅱ段配合整定

此时，保护的整定值为

$$Z_{set}^{\mathrm{III}}=K_{rel}Z_1+K'_{rel}K_bZ'^{\mathrm{II}}_{set} \quad (3-105)$$

式中　Z'^{II}_{set}——相邻线路距离保护Ⅱ段整定阻抗；

K_b——(助增)分支系数，选取可能的最小值；

K_{rel}——可靠系数，一般取0.8～0.85；

K'_{rel}——可靠系数，一般取0.8。

最大灵敏角　$\theta_{sen}=\theta_1$

式中　θ_1——线路正序阻抗角。

距离保护Ⅲ段动作时间按以下条件分别整定。

(1) 相邻距离保护Ⅱ段在重合闸之后不经振荡闭锁控制，且距离Ⅲ段保护范围不伸出相邻变压器的其他母线时

$$t^{\mathrm{III}}\geqslant t'^{\mathrm{II}}_Z+\Delta t \quad (3-106)$$

式中　t'^{II}_Z——相邻距离Ⅱ在重合闸之后不经振荡闭锁控制时的Ⅱ段动作时间。

（2）当Ⅲ段保护范围伸出相邻变压器的其他母线时，其动作时间整定为

$$t^{\mathrm{III}} \geqslant t'_{\mathrm{T}} + \Delta t \tag{3-107}$$

式中 t'_{T}——相邻变压器的后备保护动作时间。

2）按与相邻距离Ⅲ段相配合整定

距离Ⅲ段按与相邻距离Ⅲ段相配合时，动作阻抗为

$$Z_{\mathrm{set}}^{\mathrm{III}} = K_{\mathrm{rel}} Z_1 + K'_{\mathrm{rel}} K_{\mathrm{b}} Z'^{\mathrm{III}}_{\mathrm{set}} \tag{3-108}$$

式中 $Z'^{\mathrm{III}}_{\mathrm{set}}$——相邻距离Ⅲ段的动作阻抗；

Z_1——线路的正序阻抗；

K_{rel}——可靠系数，取0.8～0.85；

K'_{rel}——可靠系数，取0.8；

K_{b}——分支系数，取可能的最小值。

最大灵敏角 $\theta_{\mathrm{sen}} = \theta_1$

式中 θ_1——线路正序阻抗角。

距离Ⅲ段动作时间为

$$t^{\mathrm{III}} \geqslant t'^{\mathrm{III}} + \Delta t \tag{3-109}$$

式中 t'^{III}——相邻距离保护Ⅲ段动作时间。

3）按与相邻变压器的电流、电压保护配合整定其定值为

$$Z_{\mathrm{set}}^{\mathrm{III}} = K_{\mathrm{rel}} Z_1 + K'_{\mathrm{rel}} K_{\mathrm{b}} Z' \tag{3-110}$$

式中 Z'——电流元件或电压元件的最小保护范围阻抗值。

该保护范围按以下各条件分别进行计算

对相邻保护为电压元件时

$$Z' = \frac{U'_{\mathrm{set}}}{\sqrt{3}E_{\mathrm{s}} - U'_{\mathrm{set}}} \times Z_{\mathrm{S.min}} \tag{3-111}$$

式中 U'_{set}——相邻电压元件动作电压(线电压)；

E_{s}——系统运行相电势；

$Z_{\mathrm{S.min}}$——系统至相邻电流保护安装处之间的最小综合阻抗(最大运行方式下)。

相邻保护为电流元件时，计算为

$$Z' = \frac{\sqrt{3}E_{\mathrm{s}}}{2I'_{\mathrm{set}}} - Z_{\mathrm{S.max}} \tag{3-112}$$

式中 I'_{set}——相邻电流元件动作电流；

$Z_{\mathrm{S.max}}$——系统至相邻电流保护安装处之间的最大等值阻抗(最小运行方式下)。

最大灵敏角 $\theta_{\mathrm{sen}} = \theta_1$

式中 θ_1——线路正序阻抗角。

保护Ⅲ段时间为

$$t^{\mathrm{III}} \geqslant t'_{\mathrm{T}} + \Delta t \tag{3-113}$$

式中 t'_{T}——相邻变压器电流、电压保护动作时间。

4）按躲过线路最大负荷时的负荷阻抗配合整定

（1）当距离Ⅲ段为电流启动元件时，其整定值为

$$I_{\mathrm{set}}^{\mathrm{III}} = \frac{K'_{\mathrm{rel}} K_{\mathrm{ss}}}{K_{\mathrm{re}}} I_{\mathrm{L.max}} \tag{3-114}$$

式中 K'_{rel}——可靠系数，取1.2～1.25；

K_{re}——电流返回系数，取0.85；

K_{ss}——自启动系数，根据负荷性质可取1.5～2.5；

$I_{L.max}$——线路最大负荷电流。

(2) 当距离Ⅲ段为全阻抗启动元件时，其整定值为

$$Z_{set}^{Ⅲ}=\frac{Z_{L.min}}{K'_{rel}K_{ss}K_{re}} \tag{3-115}$$

式中 K'_{rel}——可靠系数，取1.2～1.25；

K_{re}——电流返回系数，取1.15～1.25；

K_{ss}——自启动系数，根据负荷性质可取1.5～2.5；

$Z_{L.min}$——最小负荷阻抗值。

最小负荷阻抗值计算为

$$Z_{L.min}=\frac{(0.9\sim0.95)U_N}{\sqrt{3}I_{L.max}} \tag{3-116}$$

式中 U_N——额定运行线电压。

(3) 当为方向阻抗启动元件时，其整定值为

当方向阻抗元件为0°接线方式时，Ⅲ段整定值为

$$Z_{set}^{Ⅲ}=\frac{Z_{L.min}}{K_{rel}K_{re}K_{ss}\cos(\varphi_L-\varphi_l)} \tag{3-117}$$

当方向阻抗元件为−30°接线方式时，Ⅲ段整定值为

$$Z_{set}^{Ⅲ}=\frac{Z_{L.min}}{K_{rel}K_{re}K_{ss}\cos(\varphi_L-\varphi_l-30^\circ)} \tag{3-118}$$

式中 φ_l——线路正序阻抗角，一般为60°～85°；

φ_L——负荷阻抗角，一般小于25°，即功率因数不低于0.9。

5) 距离Ⅲ段的灵敏度

线路末端灵敏度计算为

$$K_{sen}=\frac{Z_{set}^{Ⅲ}}{Z_1} \tag{3-119}$$

后备保护灵敏度计算为

$$K_{sen}=\frac{Z_{set}^{Ⅲ}}{Z_1+K_bZ'_1} \tag{3-120}$$

式中 Z_1——线路正序阻抗；

$Z_{set}^{Ⅲ}$——距离Ⅲ段整定阻抗。

距离Ⅲ段灵敏度的要求如下。

对于110kV线路，在考虑相邻线路相继动作后，对相邻元件后备保护灵敏度要求$K_{sen}\geqslant1.2$。

对于220kV及以上线路，对相邻元件后备保护灵敏度要求$K_{sen}\geqslant1.3$；若后备保护灵敏度不够时，根据电力系统的运行要求，可考虑装设近后备保护；对于相邻元件为Y、Δ接线的变压器，当变压器低压侧发生两相短路时，按$\frac{U_\Delta}{I_\Delta}$接线的阻抗继电器，其反应短路故障的能力很差，一般起不到足够的后备作用。

4. 距离保护各段动作时限的选择配合原则

1）距离保护Ⅰ段的动作时限

距离保护Ⅰ段的动作时限，即保护装置本身的固有动作时间，一般不大于0.03～0.1s，不作特殊的计算。

2）距离保护Ⅱ段的动作时限

距离保护Ⅱ段的动作时限应按阶梯式特性逐段配合。当距离保护Ⅱ段与相邻线路距离保护段Ⅰ配合时，若距离Ⅰ段动作时限(本身固有动作时间)为0.1s以下时，Ⅱ段动作时限可按0.5s考虑；当相邻距离保护Ⅰ段动作时限为0.1s以上时，或者与相邻变压器差动保护配合时，则距离保护Ⅱ段动作时限可选为0.5～0.6s。当距离保护Ⅱ段与相邻距离保护Ⅱ段配合时，按$t_{Ⅱ}=t'_{Ⅱ}+\Delta t$计算，其中$t'_{Ⅱ}$为相邻距离保护Ⅱ段的时限。当相邻母线上有失灵保护时，距离Ⅱ段的动作时限尚应与失灵保护相配合，但为了降低主保护的动作时限，此情况的配合级差允许按Δt=0.2～0.25s考虑。

3）距离保护Ⅲ段的动作时限

距离保护Ⅲ段的动作时限仍应遵循阶梯式原则，但应注意以下两点。

（1）躲过系统振荡周期。

距离保护Ⅲ段动作时限不得低于常见的系统振荡周期(因距离保护Ⅲ段一般不经振荡闭锁控制)。系统常见的振荡周期为1～1.5s，故距离保护Ⅲ段动作时限应大于或等于2s。另外，当相邻距离保护Ⅱ段经振荡闭锁控制时，为了在重合闸后距离保护能与相邻的距离保护相配合，可将距离保护Ⅲ段经重合闸后延时加速到1.5s，这样既可满足躲过振荡的要求，又能满足与相邻距离保护Ⅲ段相配合的效果(因相邻距离保护Ⅲ段仍为大于或等于2s的动作时间)。

（2）在环网中距离保护动作时限的配合。

在环网中，距离保护Ⅲ段的动作时限，仍应按阶梯式特性逐级配合，但若所有Ⅲ段均按与相邻Ⅲ段配合，则势必出现相互循环配合的结果。为了解决这一问题，必须选取某一线路的距离保护Ⅲ段与相邻的距离保护Ⅱ段动作时限配合。此即环网中距离保护Ⅲ段动作时限的起始配合点，此起始点的选择原则是：应尽可能使整个环网距离保护Ⅲ段的保护灵敏度较高，动作时限较短。通常按以下几方面考虑。

① 若相邻线路比本线路长，则本线路距离保护Ⅲ段可考虑按与相邻距离保护Ⅱ段动作时间配合。

② 本线路与相邻线路之间有较大的助增系数，且受运行方式变化的影响较小时，可按本线路距离保护Ⅲ段与相邻距离保护Ⅱ段动作时限配合。

③ 当相邻线路距离保护Ⅱ段动作时限较短，而相邻线路的距离保护Ⅲ段的动作时限又较长时，可考虑本线路距离保护Ⅲ段与相邻距离保护Ⅱ段动作时限相配合。

3.5.3 整定计算举例

【例3.1】 在图3.37所示网络中，各线路均装设有距离保护，已知线路AB的最大负荷电流为$I_{L.max}=350A$，功率因数$\cos\varphi=0.9$，各线路正序阻抗为$Z_1=0.4\Omega/km$，阻抗角$\varphi_L=70°$，电动机的自启动系数$K_{ss}=1.5$，正常时母线最低工作电压$U_{min}=0.9U_N$，其余参数如图3.37中所示，计算保护1的相间短路保护Ⅰ、Ⅱ、Ⅲ段的定值。

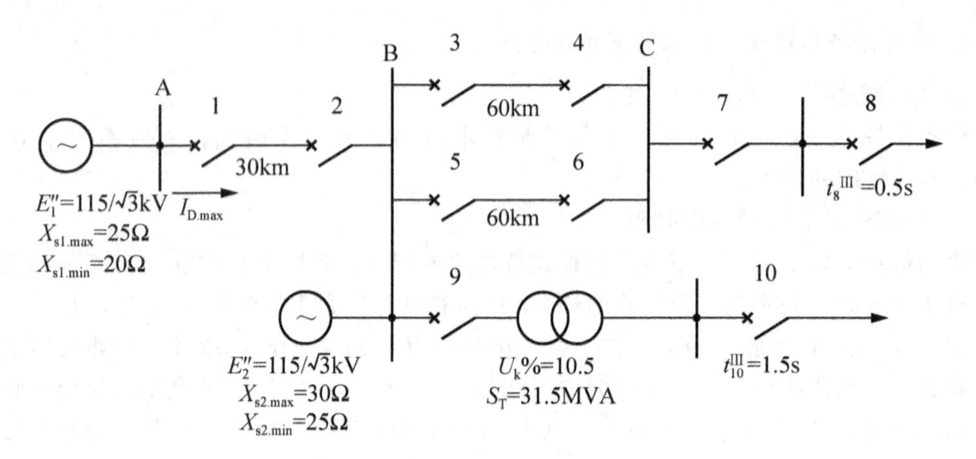

图 3.37　例 3.1 网络图

解：1. 有关元件阻抗计算

线路 1—2 的正序阻抗

$$Z_{1-2}=0.4\times30=12\Omega$$

线路 3—4、5—6 的正序阻抗分别为

$$Z_{3-4}=Z_{5-6}=0.4\times60=24\Omega$$

变压器的等值阻抗

$$Z_{\mathrm{T}}=\frac{U_{\mathrm{k}}\%}{100}\times\frac{U_{\mathrm{T}}^{2}}{S_{\mathrm{T}}}=\frac{10.5}{100}\times\frac{115^{2}}{31.5}=44.1\Omega$$

2. 距离Ⅰ段的整定计算

1）整定阻抗

$$Z_{\mathrm{set}}^{\mathrm{I}}=K_{\mathrm{rel}}^{\mathrm{I}}Z_{1-2}=0.85\times12=10.2\Omega$$

2）动作时限

$t^{\mathrm{I}}=0$，实际Ⅰ段动作时限为保护固有动作时间。

3. 距离Ⅱ段的整定计算

1）整定阻抗：按下列两个条件选择

(1) 与相邻下级最短线路 3—4(或 5—6)的保护Ⅰ段配合，即

$$Z_{\mathrm{set}}^{\mathrm{II}}=K_{\mathrm{rel}}^{\mathrm{II}}(Z_{1-2}+K_{\mathrm{b.min}}Z_{\mathrm{set.3}}^{\mathrm{I}})$$

取 $K_{\mathrm{rel}}^{\mathrm{I}}=0.85$，$K_{\mathrm{rel}}^{\mathrm{II}}=0.8$，而 $Z_{\mathrm{set.3}}^{\mathrm{I}}=K_{\mathrm{rel}}^{\mathrm{I}}Z_{3-4}=0.85\times24=20.4\Omega$

$K_{\mathrm{b.min}}$的计算如下。

$K_{\mathrm{b.min}}$为保护 3 的Ⅰ段末端发生短路时对保护 1 而言的最小分支系数，如图 3.38 所示，当保护 3 的Ⅰ段末端 k1 短路时，分支系数为

$$K_{\mathrm{b}}=\frac{I_2}{I_1}=\frac{X_{\mathrm{s1}}+Z_{1-2}+X_{\mathrm{s2}}}{X_{\mathrm{s2}}}\times\frac{(1+0.15)Z_{3-4}}{2Z_{3-4}}$$

$$=(\frac{X_{\mathrm{s1}}+Z_{1-2}}{X_{\mathrm{s2}}}+1)\times\frac{1.15}{2}$$

由上式可看出，为使 K_{b} 最小，则 X_{s1}应取最小，X_{s2}最大，而相邻线路并列平行二分支应投入，因而

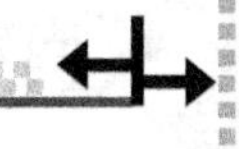

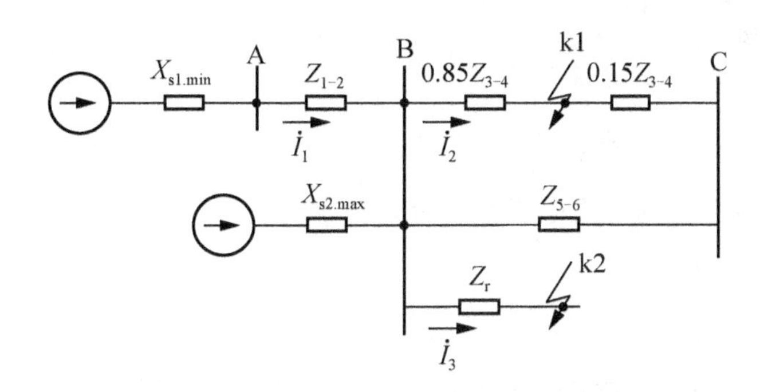

图3.38 计算Ⅱ段分支系数的等值电路

$$K_{b.min}=(\frac{20+12}{30}+1)\times\frac{1.15}{2}=1.19$$

于是得 $Z_{set.1}^{Ⅱ}=K_{rel}^{Ⅱ}(Z_{1-2}+K_{b.min}Z_{set.3}^{Ⅰ})=0.8\times(12+1.19\times20.4)=29\Omega$。

(2) 按躲过相邻变压器低压出口k2点短路整定，即与相邻变压器瞬动保护(差动保护)相配合，因而 $Z_{set.1}^{Ⅱ}=K_{rel}^{Ⅱ}(Z_{1-2}+K_{b.min}Z_T)$

$K_{b.min}$为在相邻变压器出口k2点短路时对保护1的最小分支系数，由图3.38可知

$$K_{b.min}=\frac{X_{s1.min}+Z_{1-2}}{X_{s2.max}}+1=\frac{20+12}{30}+1=2.07$$

于是 $Z_{set.1}^{Ⅱ}=0.7\times(12+2.07\times44.1)=72.3\Omega$，此处取 $K_{rel}^{Ⅱ}=0.7$。

取以上计算结果中较小者为Ⅱ段整定值，即 $Z_{set}^{Ⅱ}=29\Omega$。

2) 灵敏性校验：按本线路末端短路计算，即

$$K_{sen}=\frac{Z_{set.1}^{Ⅱ}}{Z_{1-2}}=\frac{29}{12}=2.42>1.5 \qquad 满足要求。$$

3) 动作时限：与相邻保护3的Ⅰ段瞬时保护配合，则

$$t_1^{Ⅱ}=t_3^{Ⅰ}+\Delta t=0.5s$$

它能同时满足与相邻保护及与相邻变压器保护配合的要求。

4. 距离Ⅲ段的整定计算

1) 整定阻抗：按躲过最小负荷阻抗整定

$$Z_{L.min}=\frac{\dot{U}_{L.min}}{\dot{I}_{L.max}}=\frac{(0.9\sim0.95)\dot{U}_N}{\dot{I}_{L.max}}$$

按最低电压考虑，则

$$Z_{L.min}=\frac{0.9\dot{U}_N}{\dot{I}_{L.max}}=\frac{0.9\times110}{\sqrt{3}\times0.35}=163.5\Omega$$

因继电器取为相间接线方式的方向阻抗继电器，所以

$$Z_{set.1}^{Ⅲ}=\frac{Z_{L.min}}{K_{rel}^{Ⅲ}K_{ss}K_{re}\cos(\varphi_L-\varphi_l)}$$

取 $K_{rel}^{Ⅲ}=1.2$，$K_{ss}=1.5$，$K_{re}=1.15$，$\varphi_l=70°$，$\varphi_L=\cos^{-1}0.9=25.8°$。

于是 $$Z_{set.1}^{Ⅲ}=\frac{163.5}{1.2\times1.15\times1.5\times\cos(25.8°-70°)}=110.2\Omega$$

2）灵敏性校验

当本线路末端短路时，灵敏系数为

$$K_{\text{sen}(1)}=\frac{Z_{\text{set.1}}^{\text{Ⅲ}}}{Z_{1-2}}=\frac{110.2}{12}=9.18>1.5\quad 满足要求。$$

当相邻元件末端短路时，灵敏系数可分两种情况。

（1）相邻线路末端短路时

$$K_{\text{sen}(2)}=\frac{Z_{\text{set}}^{\text{Ⅲ}}}{Z_{1-2}+K_{\text{b.max}}Z_{3-4}}$$

$K_{\text{b.max}}$为相邻线路 3－4 末端短路时对保护 1 的最大分支系数，如图 3.39 所示。取 X_{s1} 可能的最大值为 $X_{\text{s1.max}}$，X_{s2} 可能最小值为 $X_{\text{s2.min}}$，而相邻平行线路取单回线运行，则

$$K_{\text{b.max}}=\frac{I_2}{I_1}=\frac{X_{\text{s1.max}}+Z_{1-2}}{X_{\text{s2.min}}}+1=\frac{25+12}{25}+1=2.48$$

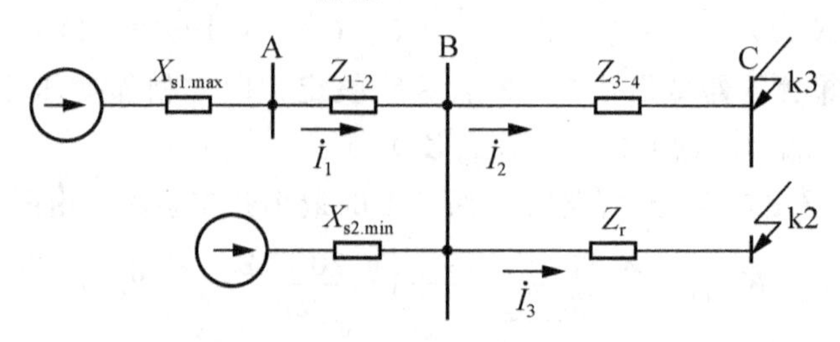

图 3.39 校验Ⅲ段灵敏系数时计算分支系数等值电路

于是 $K_{\text{sen}(2)}=\frac{Z_{\text{set.1}}^{\text{Ⅲ}}}{Z_{1-2}+K_{\text{b.max}}Z_{3-4}}=\frac{110.2}{12+2.48\times 24}=1.54>1.2$ 满足要求。

（2）相邻变压器低压出口 k2 点短路时，如图 3.39 所示。则

$$K_{\text{b.max}}=\frac{I_3}{I_1}=\frac{X_{\text{s1.max}}+Z_{1-2}}{X_{\text{s2.min}}}+1=\frac{25+12}{25}+1=2.48$$

于是 $K_{\text{sen}(2)}=\frac{Z_{\text{set.1}}^{\text{Ⅲ}}}{Z_{1-2}+K_{\text{b.max}}Z_{\text{T}}}=\frac{110.2}{12+2.48\times 44.1}=0.9<1.2$ 不满足要求，需对变压器增加近后备保护，此处略。

3）动作时限整定

$$t_1^{\text{Ⅲ}}=t_8^{\text{Ⅲ}}+3\Delta t=0.5+3\times 0.5=2\text{s}$$

或

$$t_1^{\text{Ⅲ}}=t_{10}^{\text{Ⅲ}}+2\Delta t=1.5+2\times 0.5=2.5\text{s}$$

取其中时限较长者，即 $t_1^{\text{Ⅲ}}=2.5\text{s}$

【例 3.2】如图 3.40 所示，已知线路 L1、L2 的最大负荷 $I_{\text{L.max}}=400\text{A}$，L3、L4 距离保护 Z_3、Z_4的 3 段定值如下。

Z_3各段定值：Ⅰ段　$Z_3^{\text{Ⅰ}}=10\Omega$，$t_3^{\text{Ⅰ}}=0\text{s}$；

Ⅱ段　$Z_3^{\text{Ⅱ}}=18\Omega$，$t_3^{\text{Ⅱ}}=0.5\text{s}$；

Ⅲ段　$Z_3^{\text{Ⅲ}}=50\Omega$，$t_3^{\text{Ⅲ}}=2.5\text{s}$。

Z_4各段定值：Ⅰ段　$Z_4^{\text{Ⅰ}}=12\Omega$，$t_4^{\text{Ⅰ}}=0\text{s}$；

Ⅱ段　$Z_4^{\text{Ⅱ}}=20\Omega$，$t_4^{\text{Ⅱ}}=1\text{s}$；

Ⅲ段　$Z_4^{\text{Ⅲ}}=60\Omega$，$t_4^{\text{Ⅲ}}=3\text{s}$。

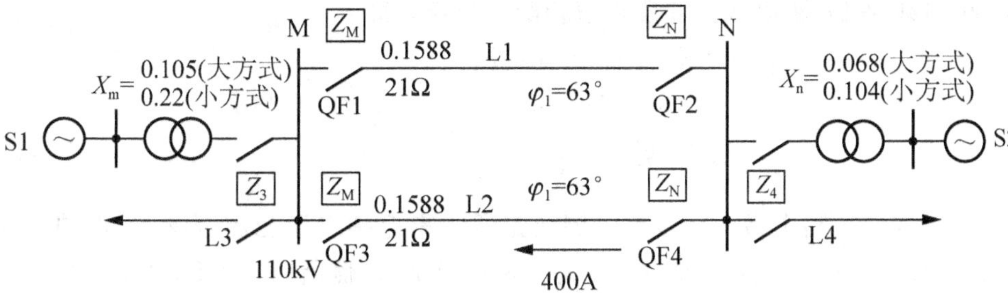

图 3.40　整定计算系统图

发电厂及系统变电站变压器各侧母线上均装设有母线差动保护，发电厂 M 及系统 N 的运行方式及其参数已归算到以 100MVA 为基准，计算双回线路 L1、L2 两端距离保护各段定值。

解： 1. 计算双回线路 M 侧的距离保护定值

1）距离保护Ⅰ段

按躲过本线路末端故障整定(按一次线路正序阻抗表示，下同)，即

$$Z_{\text{set.M}}^{\mathrm{I}}=K_{\text{rel}}Z_{\text{L1}}=0.85\times21=17.85\Omega$$

$$t_{\mathrm{M}}^{\mathrm{I}}=0$$

2）距离保护Ⅱ段

(1) 按与线路 L4 距离保护Ⅰ段相配合整定，即

$$Z_{\text{set.M}}^{\mathrm{II}}=K_{\text{rel}}Z_{\text{L1}}+K'_{\text{rel}}K_{\text{b}}Z_{4}^{\mathrm{I}}=0.85\times21+0.8K_{\text{b}}\times12$$

分支系数(助增系数)的 K_{b} 计算方式为双回线路中的一回线断开，电厂 M 为大运行方式，系统 N 为小运行方式，则由图 3.41 可知，由发电厂 M 至变电所 N 母线处的综合阻抗为

$$X_{\Sigma1}=0.105+0.1588=0.2638$$

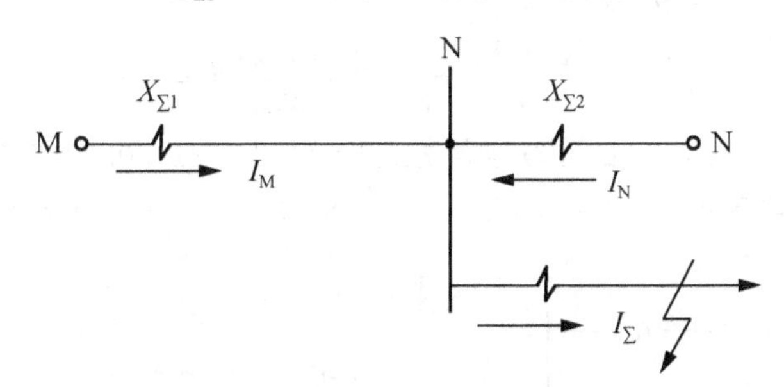

图 3.41　Ⅱ段助增系数计算等效图

由系统 N 至变电所母线处的综合阻抗为

$$X_{\Sigma2}=0.104$$

$$K_{\text{b}}=\frac{X_{\Sigma1}+X_{\Sigma2}}{X_{\Sigma2}}=3.53$$

$$Z_{\text{set.M}}^{\mathrm{II}}=0.85\times21+0.8\times3.53\times12=51.74\Omega$$

$$K_{\text{sen}}=\frac{51.74}{21}=2.46$$

（2）按与线路 L4 距离保护Ⅱ段定值相配合整定，即

$$Z_{set.M}^{II}=K_{rel}Z_{L1}+K'_{rel}K_{b}Z_{4}^{II}$$
$$=0.85\times21+0.8\times3.53\times20=74.33\Omega$$

$$K_{sen}=\frac{74.33}{21}=3.54$$

（3）按与双回线路中另一回线路对侧断路器距离保护Ⅰ段相配合整定(例如，QF1 的Ⅱ段与 QF4 的Ⅰ段配合整定，此时考虑另一回线路的 M 侧断路器 QF3 为断开方式)，即

$$Z_{set.M}^{II}=K_{rel}Z_{L1}+K'_{rel}K_{b}Z_{set}^{I}$$
$$=0.85\times21+0.8\times3.53\times(0.85\times21)=68.25\Omega$$

$$K_{sen}=\frac{68.25}{21}=3.25$$

选取 $Z_{set.M}^{II}=51.74\Omega$，$t_{M}^{II}=0.5s$，$K_{sen}=2.46$。

3）距离保护Ⅲ段

（1）按与线路 L4 距离保护Ⅱ段定值相配合整定，即

$$Z_{set.M}^{III}=K_{rel}Z_{L1}+K'_{rel}K_{b}Z_{4}^{II}$$
$$=0.85\times21+0.8\times3.53\times20=74.33\Omega$$

$$K_{sen}=\frac{74.33}{21}=3.54,\quad t_{M}^{III}=1+0.5=1.5s$$

（2）按与线路 L4 距离保护Ⅲ段定值相配合整定，即

$$Z_{set.M}^{III}=0.85\times21+0.8\times3.53\times60=187.27\Omega$$

$$K_{sen}=\frac{187.27}{21}=8.9,\quad t_{M}^{III}=3+0.5=3.5s$$

（3）与双回路中另一回线路对侧断路器 QF4 距离保护Ⅱ段相配合整定(考虑另一回线路在发电厂 M 侧的断路器 QF3 为断开方式)，为此须先按图 3.42 整定 L2 上 QF4 距离保护的Ⅱ段定值，此时助增系数为

$$K_{b.N}=\frac{X_{\Sigma_1}+X_{\Sigma_2}}{X_{\Sigma_1}}=\frac{0.22+0.2248}{0.22}=2.02$$

与 Z_3 保护Ⅰ段配合时，Z_N 的Ⅱ段定值为 $Z_{N}^{II}=0.85\times21+0.8\times2.02\times10=34\Omega$，时限取 0.5s。故 Z_M 的Ⅲ段定值为 $Z_{M}^{III}=0.85\times21+0.8\times3.53\times34=72.8\Omega$。

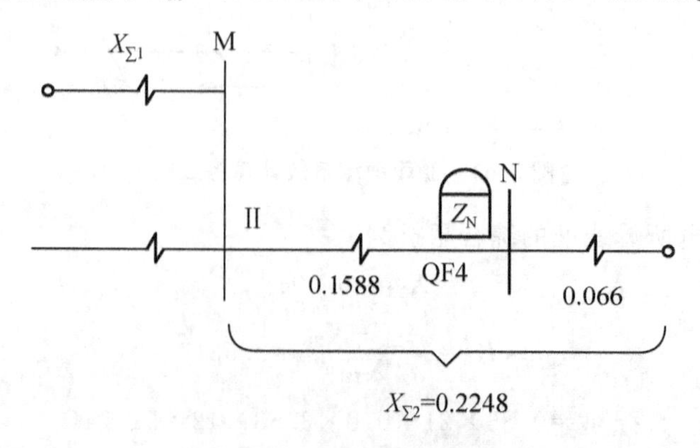

图 3.42　部分系统等值图

（4）按最大负荷电流整定，$I_{fh.max}=400A$

$$Z_{L.min}=\frac{0.95\times110}{0.4\times\sqrt{3}}=150.8\Omega$$

$$Z_{set.M}^{Ⅲ}=\frac{Z_{L.min}}{K_{rel}K_{re}K_{ss}\cos(\varphi_L-\varphi_l)}$$

K_{rel}为可靠系数，取 1.2；K_{re}为返回系数，取 1.2；K_{ss}为自启动系数，取 2，φ_L 取 37°，φ_l 取 63°，从而可知

$$Z_{set.M}^{Ⅲ}=\frac{150.8}{1.2\times1.2\times2\times\cos(37°-63°)}=58.2\Omega$$

$$t_M^{Ⅲ}=2s$$

选取 $Z_{set.M}^{Ⅲ}=58.2\Omega$，$t_M^{Ⅲ}=2s$。

对本线路末端，灵敏度为 $K_{lm}=\frac{58.2}{21}=2.77$。

双回线路并列运行时，若一回线路故障被切除，另一回线路负荷将增大一倍，故当距离保护按双回路最大负荷电流整定时，则将降低相邻线路后备保护的灵敏度。

2. 计算双回线路 N 侧的距离保护定值

1）距离保护Ⅰ段

与 M 端距离保护Ⅰ段相同，即

$$Z_{set.N}^{Ⅰ}=K_{rel}Z_{L1}=0.85\times21=17.85\Omega，时限\ t_N^{Ⅰ}=0s。$$

2）距离保护Ⅱ段

（1）按与 Z_3 保护Ⅰ段相配合整定(前面已计算)，即

$$Z_{set.N}^{Ⅱ}=34\Omega，时限\ t_N^{Ⅱ}=0.5s。$$

（2）按与 Z_3 保护Ⅱ段相配合整定，即

$$Z_{set.N}^{Ⅱ}=K_{rel}Z_{L1}+K'_{rel}K_{b.N}Z_3^{Ⅱ}=0.85\times21+0.8\times2.02\times18=46.94\Omega$$

时限 $t_N^{Ⅱ}=0.5s$。

（3）与双回路 L1 线路 M 端距离保护Ⅱ段(即 M 端双回 L1 线路Ⅰ段定值 $Z_M^{Ⅰ}=17.85\Omega$)配合整定，即 $Z_{set.N}^{Ⅱ}=K_{rel}Z_1+K_{rel}^{Ⅰ}K_{b.N}Z_3^{Ⅱ}=0.85\times21+0.8\times2.02\times17.85=46.70\Omega$

时限 $t_N^{Ⅱ}=0.5s$。

选取 $Z_{set.N}^{Ⅱ}=46.70\Omega$，$t_N^{Ⅱ}=0.5s$，

灵敏系数 $K_{sen}=\frac{46.65}{21}=2.22$。

3）距离保护Ⅲ段

（1）与 Z_3保护Ⅱ段配合整定，即

$$Z_{set.N}^{Ⅲ}=K_{rel}Z_1+K'_{rel}K_{b.N}Z_3^{Ⅱ}=0.85\times21+0.8\times2.02\times18=46.94\Omega$$

（2）与 Z_3保护Ⅲ段配合整定，即

$$Z_{set.N}^{Ⅲ}=K_{rel}Z_1+K'_{rel}K_{b.N}Z_3^{Ⅲ}=0.85\times21+0.8\times2.02\times50=98.65\Omega$$

（3）与双回路 M 端距离保护Ⅲ段配合整定，即

$$Z_{set.N}^{Ⅲ}=K_{rel}Z_1+K'_{rel}K_{b.N}Z_M^{Ⅲ}=0.85\times21+0.8\times2.02\times58=111.59\Omega$$

(4) 按最大负荷整定，即

$$Z_{set.N}^{III}=\frac{Z_{L.min}}{K_{rel}K_{re}K_{ss}\cos(\varphi_L-\varphi_l)}=\frac{150.8}{1.2\times1.2\times2\times\cos(37°-63°)}=58.2\Omega$$

选取 $Z_{set.N}^{III}=58.2\Omega$，$t_N^{III}=2.5+0.5=3s$。

灵敏系数 $K_{sen}=\frac{58.2}{21}=2.76$。

通过以上例题可知，整定计算非常烦琐，尤其在工程实际中，其网络图要比在此列举的例题复杂得多，因此，仅按本章中所述及的整定原则往往是不理想的，经常会出现顾此失彼，即四性难以同时满足的情况，因此，整定计算被喻为是一门“艺术”，在工程实际中，技术人员往往要根据电网继电保护装置运行的规程、线路及负荷的重要程度、运行参数等实际情况综合考虑，即顾此不薄彼，从而保证庞大复杂电网的安全可靠运行。

3.6 对距离保护的评价及应用范围

对距离保护的评价，应根据继电保护的4个基本要求来评定。

(1) 选择性。根据距离保护的工作原理可知，它可以在多电源复杂网络中保证有选择性地动作。

(2) 快速性。距离保护Ⅰ段是瞬时动作，但是只能保护线路全长80%～85%，因此，两段加起来就有30%～40%的线路长度内的故障不能从两端瞬时切除，在一端须经0.35～0.5s的延时后，经距离Ⅱ段来切除，因此，对220kV及以上系统，根据系统稳定运行的需要，要求全长无时限切除线路任一点的短路，这时距离保护就不能作为主保护来应用。

(3) 灵敏性。距离保护不但反应故障时电流增大，同时反应故障时电压降低，因此，灵敏性比电流、电压保护高。更主要的是，距离保护Ⅰ段保护范围不受系统运行方式改变的影响，而其他两段保护范围受系统运行方式改变的影响也较小，因此，保护范围比较稳定。

(4) 可靠性。距离保护受各种因素的影响，如系统振荡、短路点的过渡电阻和电压回路断线等，因此，在保护中需采取各种防止或减少这些因素影响的措施。如需要采用复杂的阻抗继电器和较多的辅助继电器，使整套保护装置比较复杂，故可靠性相对比电流保护低。距离保护目前应用较多的是保护电网的相间短路。对于大电流接地系统中的接地故障可由简单的阶段式零序电流保护装置切除，或者采用接地距离保护，通常在35kV电网中，距离保护作为复杂网络相间短路的主保护；在110kV及以上系统中，相间短路距离保护和接地短路距离保护主要作为全线速动主保护的相间短路和接地短路的后备保护，对于不要求全线速动的高压线路，距离保护可作为线路的主保护。

本章小结

介绍了距离保护的基本工作原理、实现方法及影响距离保护正确动作的原因，重点介绍了过渡电阻、分支电路及系统振荡对测量阻抗的影响及防止措施，同时给出距离保护整定的原则及其使用范围。

关键词

距离保护 Distance Protection；**测量阻抗** Measuring Impedance；**阻抗继电器** Impedance Relay；**电力系统振荡** Power Swing

阅读材料

美加 8.14 大停电

北京时间 2003 年 8 月 15 日凌晨 4 点许(美国东部时间 14 日下午 4 点)，美国纽约市曼哈顿首先发生大面积停电，继而底特律、克利夫兰和波士顿等美国东部几大城市也漆黑一片，而与上述城市同用一个供电网络的加拿大首都渥太华和商业中心多伦多也没能幸免于难。不少人瞬间产生第一直觉，难道是“9·11”重演？但随即在美国加州的美国总统布什发表讲话，“这不是恐怖袭击。”那么，美国电网怎么了？它缘何如此脆弱，使美加几个大城市陷入了长久的黑暗……

受这次停电影响的区域总面积为 9300 平方千米。面对这有史以来对该地区影响最大的一次断电事故，身处其中的数百万美国人和加拿大人算是亲身领教了现代交通运输体系对电的严重依赖程度。没有了电，上至飞机航班，下至地铁运输，整个交通系统立刻陷入全面瘫痪。

在纽约，成千上万名乘客被困在漆黑的地铁隧道里。公共汽车就地停止运营，造成公路堵塞。同时，办公楼内电梯停运、空调没法运转，许多上班族和商场内的顾客陷入恐慌，不顾一切地冲到曼哈顿的各条大街上。当时气温高达 33℃，但由于公路被堵，他们只好忍耐炙热步行回家。想给家人通告一下，由于成千上万的人同时使用手机打电话，造成网络繁忙无法接通，纽约生活的方方面面都已经被打乱，纽约市在很长一段时间内没有一辆公共汽车、火车、地铁在运营。

图 3.43、图 3.44 为停电后纽约市的交通状况。

图 3.43　美加大停电时纽约交通状况之 1

图 3.44　美加大停电时纽约交通状况之 2

同时，在有 200 万居民的加拿大第一大城市多伦多，交通系统也陷入瘫痪状态，地铁站已经被关闭，数千人无奈地冒着 30℃的高温徒步行进。多伦多北部的萨德伯里还有 100 多名矿工被困在井下，好在他们还有充足的水，井下通风的电也可由备用电机提供。加拿大安大略省已宣布进入紧急状态，要求人们没有急事暂时不要出门。

14 日傍晚，加拿大一些城市已陆续开始恢复供电，但官方称要完全恢复恐怕还要等段时间。

事故发生后，联邦调查局、国土安全部和纽约警方很快做出反应。他们一致认为，没有证据表明这次大面积停电是恐怖分子发动的袭击，也没有证据表明这是一起犯罪案件。

综合收集到的资料，特别是事故过程中事件发生的顺序和过程中潮流的变化，基本可以判断这次大停电对全网而言属于潮流大范围转移导致的快速电压崩溃，同时伴有潮流大范围转移和窜动导致的断面线路相继跳闸和系统解列后的频率崩溃。

美国有关人士认为，这次大范围的停电事故突出地暴露了北美电力系统过于陈旧的弱点。

第二次世界大战结束后，北美电力传输系统急剧扩展。加州电力研究所的资料显示，美国的电力需求在过去 10 年中增加了 30%，但与此同时输电能力却仅仅增长了 15%。因此，工业部门的官员警告说，面对今天巨大的用电压力，北美电力系统早已显得“力不从心”。

8 月 14 日，闷热的天气像“毛毯”一样包裹着美国东北地区，空调的用电量占了传输线总电量的 30%，严重超过传输网络所能承受的负担。毫无疑问，这对陈旧的电力系统来说更是雪上加霜。

新墨西哥州州长、前美国能源部部长比尔理查德森对 CNN 表示，这个超级大国所拥有的电力网是一个“第三世界水平的电力网”，确定需要新的网络。现在的问题是，没有人愿意修建具有足够能力的电力传输网。

美联社报道说，美国电力公司和政府电力管理部门的官员就曾表示，多年来，美国全国的电力供应网一直面临全面更新的问题，之所以迟迟未能更换，主要存在 3 个障碍，一是建设费用庞大，二是环保主义者反对，三是部分民众不希望电力设施离自家太近。

资料来源：科技日报，兰克等

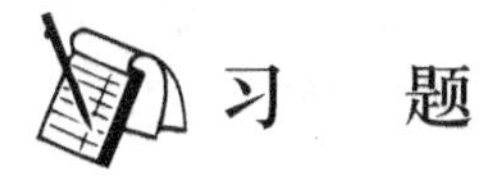

习　题

3.1　填空题

1. 测量保护安装处至故障点的距离，实际上是测量保护安装处至故障点之间的______大小，故又称______保护。

2. 当测量阻抗 Z_{cl} 小于整定阻抗 Z_{zd} 时，短路点在保护范围______，保护______。

3. 距离保护装置一般由______、______、______、______、______5 部分组成。

4. 当保护定值不变时，分支系数愈______，保护范围愈______，灵敏性______。

5. 正常运行时，阻抗继电器测量的阻抗为______，短路故障时，测量的阻抗为______。

6. 对阻抗继电器的接线方式的基本要求有______和______。

7. 使测量阻抗增大的分支电流成为______，使测量阻抗减小的分支电流成为______。

8. 对于距离保护后备段，为了防止距离保护超越，应取常见运行方式下______的助增系数进行整定。

9. 在图 3.45 所示电力系统中，已知线路 MN 的阻抗为 10Ω，线路 NP 的阻抗为 20Ω；当 P 点三相短路时，电源 A 提供的短路电流为 100A，电源 B 提供的短路电流为 150A，此时 M 点保护安装处的测量阻抗为______。

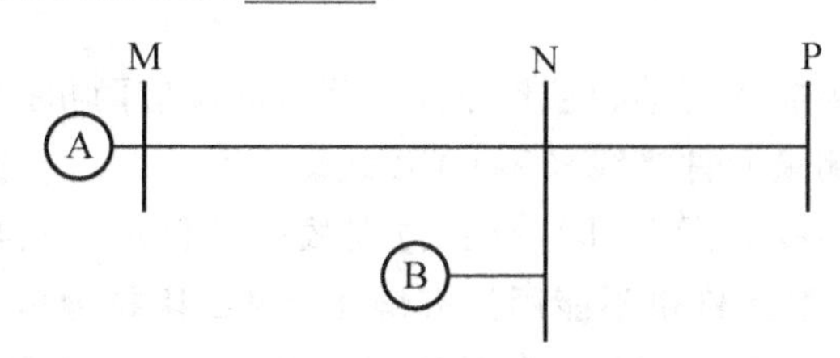

图 3.45　填空题 9 网络图

10. 对于全阻抗继电器和椭圆特性阻抗继电器，______受过渡电阻影响较小，______受系统振荡影响较小。

3.2　选择题

1. 加到阻抗继电器的电压和电流的比值是该继电器的(　　)。

A. 整定阻抗　　B. 测量阻抗　　C. 动作阻抗　　D. 正序阻抗

2. 保护线路发生三相短路，相间距离保护的测量阻抗(　　)接地距离保护的测量阻抗。

A. 大于　　B. 小于　　C. 大于等于　　D. 等于

3. 当电力系统发生振荡时，各点电压和电流(　　)。

A. 均作往复性摆动　　B. 均会发生突变

C. 变化速度较快　　D. 电压作往复性摆动

4. 反应 AB 相间短路的阻抗继电器采用 0°接线，则加入继电器的电压、电流分别为(　　)。

A. $\dot{U}_{BC}$，$\dot{I}_A$　　B. U_{AC}，$\dot{I}_A-\dot{I}_{AC}$　　C. $\dot{U}_{AB}$，$\dot{I}_A-\dot{I}_B$　　D. $\dot{U}_{AB}$，$\dot{I}_A$

5. 余弦型比相器的动作范围为(　　)。

A. $-90°\sim0°$　　B. $0°\sim90°$　　C. $0°\sim180°$　　D. $-90°\sim90°$

6. 比相式方向阻抗继电器的动作方程为(　　)。

A. $-90°\leqslant\arg\frac{Z_m-Z_{set}}{Z_m}\leqslant90°$　　B. $-90°\leqslant\arg\frac{Z_{set}-Z_m}{Z_m}\leqslant90°$

C. $-90°\leqslant\arg\frac{Z_{set}-Z_m}{Z_m}\leqslant90°$　　D. $-90°\leqslant\arg\frac{Z_m-Z_{set}}{Z_{set}}\leqslant90°$

7. 过渡电阻对距离保护的影响(　　)。

A. 使测量阻抗减小，保护范围减小　　B. 使测量阻抗增大，保护范围减小

C. 使测量阻抗减小，保护范围增大　　D. 使测量阻抗增大，保护范围增大

8. 相对于短路故障，系统振荡时电气量的变化下列哪个正确(　　)?

A. 系统中会出现零序分量

B. 系统中会出现负序分量

C. 电压电流的相位差随振荡角不同而变化

D. 电流电压变化速度较快

3.3　判断题

1. 与电流电压保护相比，距离保护主要优点在于完全不受系统运行方式的影响。(　　)

2. 接地距离保护不仅能反应单相接地故障，而且能反应两相接地故障。(　　)

3. 接地距离保护的测量元件接线采用60°接线。(　　)

4. 距离保护是保护本线路及相邻线路正方向故障的保护，它具有明显的方向性，因此，距离保护第Ⅲ段的测量元件也不能用具有偏移特性的阻抗继电器。(　　)

5. 方向阻抗继电器中，电抗变压器的转移阻抗角决定着继电器的最大灵敏角。(　　)

6. 分支电流对距离保护Ⅰ、Ⅱ段均有影响。(　　)

7. 发生短路故障时，故障点的过渡电阻总是使距离保护的测量阻抗增大。(　　)

8. 长线路的测量阻抗受故障点过渡电阻的影响比短线路大。(　　)

9. 当振荡变化周期大于该点距离保护某段的整定时间时，则该段距离保护不会误动作。(　　)

10. 距离保护中的振荡闭锁装置，是在系统发生振荡时，才启动去闭锁保护。(　　)

3.4　问答题

1. 何谓距离保护，它有什么优缺点?

2. 距离保护装置由哪些主要部分组成? 各起什么作用?

3. 阻抗继电器都有哪些种类?

4. 什么是保护安装处的负荷阻抗、短路阻抗、系统等值阻抗?

5. 什么是故障环路? 相间短路与接地短路所构成的故障环路的最明显差别是什么?

6. 构成距离保护为什么必须用故障环上的电压、电流作为测量电压和电流?

7. 距离保护的第Ⅰ段保护范围为什么选择为被保护线路全长的85%以内?

8. 为了切除线路上各种类型的短路，一般配置哪几种接线方式的距离保护协同工作？

9. 在本线路上发生金属性短路，测量阻抗为什么能够正确反映故障的距离？

10. 何谓方向阻抗继电器的最大灵敏角？为什么要调整其最大灵敏角等于被保护线路的阻抗角？

11. 影响阻抗继电器正确测量的因素有哪些？

12. 振荡时对距离保护有何影响？

13. 为什么阻抗继电器的动作特性必须是一个区域？画出常用动作区域的形状并陈述其优缺点。

14. 画图并解释偏移特性阻抗继电器的测量阻抗、整定阻抗和动作阻抗的含义。

15. 电力系统振荡和短路的区别是什么？

16. 振荡闭锁装置必须满足哪些要求？

17. 用相位比较方法实现距离继电器有何优点？以余弦比相公式为例说明之。

18. 什么是最小精确工作电流和最小精确工作电压？测量电流或电压小于最小精确工作电流或电压时会出现什么问题？

19. 为什么要规定阻抗继电器的精确工作电流这一指标，它有什么意义？

20. 在整定值相同的情况下，比较方向圆特性、全阻抗圆特性、苹果特性、橄榄特性的躲负荷能力。

21. 某距离保护Ⅱ段整定已考虑助增电流的影响，若运行中助增电流消失，保护区如何变化，为什么？

22. 在整定距离保护Ⅱ段时，为什么采用最小分支系数？在检验距离保护Ⅲ段时，为什么采用最大分支系数？

23. 过渡电阻对距离Ⅰ段的影响大还是对距离Ⅱ段的影响大，为什么？

24. 距离保护装置应该采用哪些反事故技术措施？

25. 采用故障时短时开放的方式为什么能够实现振荡闭锁？开放时间选择的原则是什么？

26. 单相负载(如电气化铁路)对常规距离保护有何影响？

27. 什么是距离保护的稳态超越，克服稳态超越影响的措施有哪些？

28. 什么是距离保护的暂态超越，克服暂态超越影响的措施有哪些？

29. 串联补偿电容器对距离保护的正确工作有什么影响，如何克服这些影响？

30. 用故障分量构成继电保护有什么优点？

3.5 计算题

1. 某方向阻抗继电器的整定阻抗为 $5\angle 75°$欧，现测量阻抗为 $3\angle 15°$欧，问该方向阻抗继电器能否启动？

2. 在图 3.46 所示网络中，各线路均装设有距离保护，请对保护 1 的相间短路保护Ⅰ、Ⅱ、Ⅲ段参数进行整定计算。已知线路 AB 的最大负荷电流为 $I_{L\cdot max}=350A$，功率因数 $\cos\varphi=0.9$，各线路正序阻抗为 $Z_1=0.4\Omega/km$，阻抗角 $\varphi_L=70°$，电动机的自启动系数 $K_{ss}=1.5$，正常时母线最低工作电压 $U_{N\cdot min}=0.9U_N$，其余参数如图中所示。

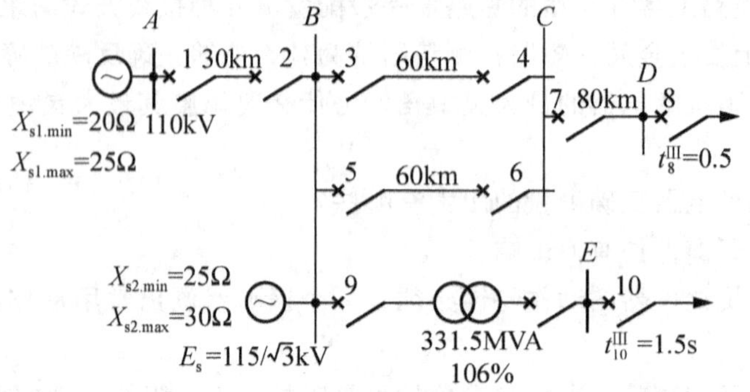

图 3.46 计算题 2 网络图

3. 如图 3.47 所示，已知 $K_{rel}=1.25$；$K_{re}=1.2$；$K_{ss}=1$；$Z_1=0.4\Omega/km$；$U_{min}=0.9\times110kV$。各线路均装设距离保护，对保护 1 的距离Ⅲ段保护参数进行整定计算。

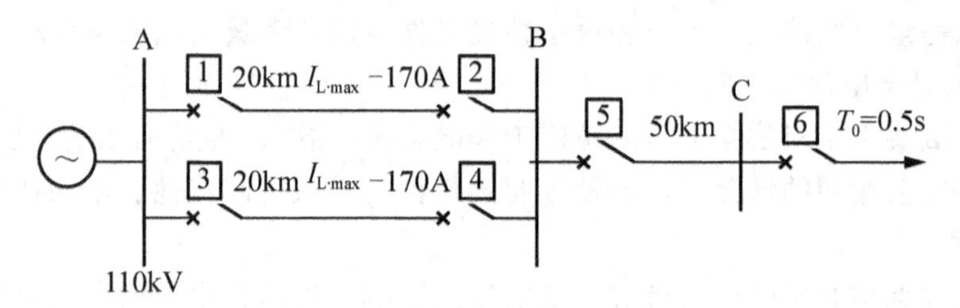

图 3.47 计算题 3 网络图

第4章　输电线路纵联保护

本章知识结构图

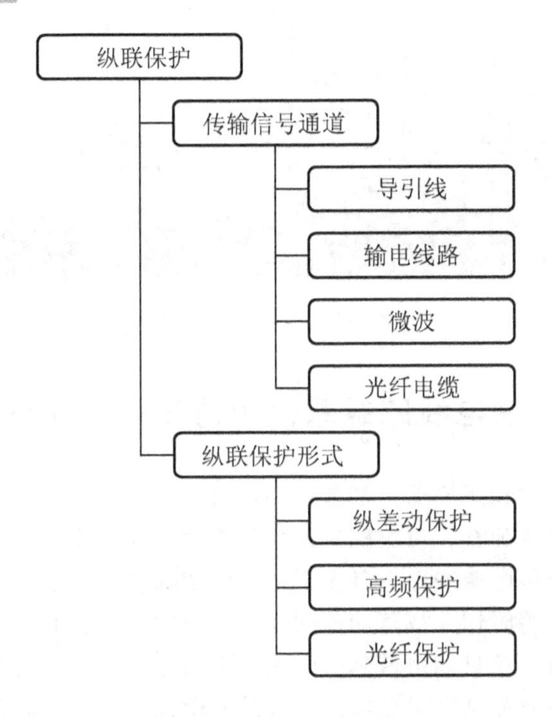

仅反应线路一侧的电气量不可能快速区分本线路末端和对侧母线故障，为了有选择性地切除线路上任意点的故障，采用电流、距离保护等阶段式保护的配合，对于线路末端故障需要这些保护的Ⅱ段延时切除，这在220kV及以上系统中难以满足系统稳定性对快速切除故障的要求，因此，就需要能瞬时切除故障线路的保护，什么样的保护能满足这一要求，通过本章学习就可予以解答。

本章教学目标与要求

掌握输电线路纵联保护的基本原理及基本类型。
掌握输电线路方向高频保护、高频闭锁保护及光纤保护的基本原理。
熟悉方向高频保护相地高频通道各部分的作用。

本章导图　500kV 输电线路

4.1　输电线路纵联保护的基本原理与类型

由于电流、电压保护和距离保护都是单端量保护，为了保证选择性，其动作值的整定必须与下一个元件的保护配合，以致瞬时切除故障的范围只能是被保护线路的一部分。对于距离保护Ⅰ段，在单侧电源线路上最多只能瞬时切除被保护线路全长的80%～85%的故障，在双侧电源线路上瞬时切除故障的范围大约只有线路全长的60%～70%；在被保护线路其余部分发生故障时，都只能由带延时的保护来切除。这对于很多重要的高压输电线路是不允许的，延时切除故障难以保证电力系统的安全稳定运行。因此，能够无延时切除线路上任意处故障的输电线路纵联保护就是在这种背景下产生的。

所谓输电线路纵联保护，就是利用某种通信通道(通道)将输电线路两端的保护装置纵向联结起来，把各端的电气量传送到对端，将两端的电气量进行比较以判断故障是在本线路范围之内还是范围之外，从而决定是否动作跳闸。

4.1.1　输电线路纵联保护的基本原理

输电线路的纵联保护通过比较流过两端电流的幅值、两端电流相位和流过两端功率的方向等，利用信息通道将一端的电气量或其用于被比较的特征传送到对端，比较两端不同电气量的差别以构成不同原理的纵联保护。以两端输电线路为例，一套完整的纵联保护的一般构成如图4.1所示。

图4.1中每一侧的继电保护装置通过电压互感器TV、电流互感器TA获取本侧的电压、电流，根据不同的保护原理提取或形成两侧被比较的电气量的故障特征，一方面通过通信设备将本侧的电气量特征传送给对侧，另一方面通过通信设备接收对侧发送过来的电气量特征，之后将两侧的电气量特征信息进行比较，判断是否为保护范围内故障并采取相应的动作。

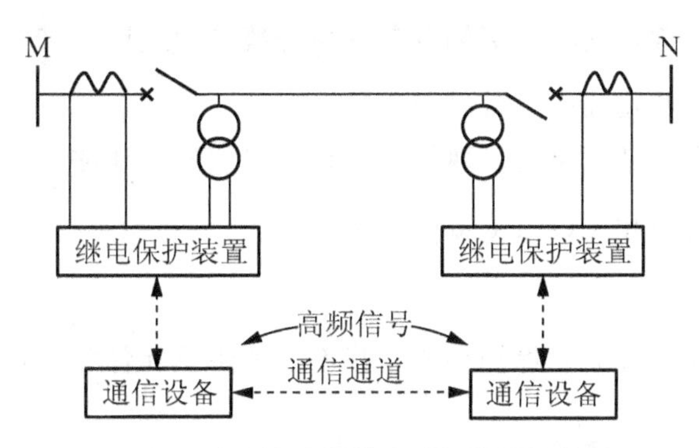

图 4.1 输电线路纵联差动保护结构简图

纵联保护利用了线路发生区内故障、区外故障时，依据电力线两侧的电流波形、电流相位、功率方向以及两侧测量阻抗的差异可以构成以下不同的保护原理。

1. 纵联电流差动保护

利用了输电线路两侧电流波形或电流相量和的特征构成纵联电流差动保护。该保护原理利用的故障特征如下。

(1) 线路发生区内短路时，不考虑线路分布电容的影响，两侧的短路电流均流入故障点，如图 4.2(a)所示，即有$\sum\dot{I}=\dot{I}_{M}+\dot{I}_{N}=\dot{I}_{k1}$。

(2) 线路正常运行和外部短路时，线路电流从送电侧流入受电侧，即被保护线路两侧的电流大小相等、方向相反，如图 4.2(b)所示，即有$\sum\dot{I}=\dot{I}_{M}+\dot{I}_{N}=0$。

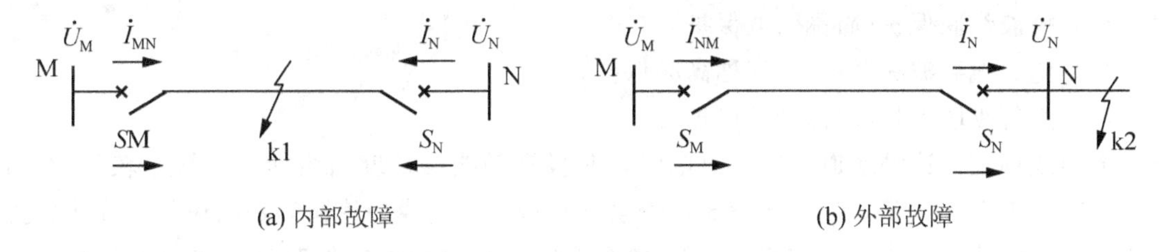

图 4.2 双端电源线路内部、外部故障时的故障特征对比

2. 方向比较式纵联保护

利用输电线路两侧的功率方向相同或相反的特征可构成方向比较式纵联保护。该保护原理利用的故障特征如下。

(1) 线路发生区内故障时，短路功率由两侧电源提供，均由母线流向线路，即两侧功率方向相同，都为正方向(S_{M}(+)、S_{N}(+))，如图 4.2(a)所示。

(2) 线路发生区外故障时，远故障点功率由母线流向线路，功率方向为正，而近故障点功率由线路流向母线，功率方向为负，两侧功率方向相反，如图 4.2(b)所示。另外线路正常运行时，送电侧的功率方向由母线流向线路，为正方向；而受电侧的功率方向为线路流向母线，为负方向。

3. 电流相位比较式纵联保护

利用两侧电流相位的特征差异，比较两侧电流的相位关系构成电流相位比较式纵联保护。该保护原理利用的故障特征为(假定全系统阻抗角均匀，两侧电动势角相同)如下。

(1) 当线路发生内部短路时，两侧电流均由母线流向线路，其对应的相位由线路阻抗角决定，即两侧电流同相位($\arg(\dot{I}_M/\dot{I}_N)=0°$)。

(2) 而正常运行和外部短路时，两侧电流均由母线流向线路，其对应的相位由线路阻抗角决定，即两侧电流反相位($\arg(\dot{I}_M/\dot{I}_N)=180°$)。

4. 距离纵联保护

构成原理与方向比较式纵联保护相似，只不过用阻抗元件替代功率方向元件。该保护原理利用的故障特征如下。

(1) 线路区内故障时，输电线路两侧的测量阻抗都是短路阻抗，一定位于距离保护Ⅱ段的动作区内，两侧的距离Ⅱ段同时启动。

(2) 当线路发生外部短路时，两侧的测量阻抗也是短路阻抗，但一侧为反方向，即至少有一侧距离Ⅱ段不启动。当线路正常运行时，两侧的测量阻抗为负荷阻抗，距离保护Ⅱ段不启动。

4.1.2 输电线路纵联保护的基本类型

输电线路纵联保护为了交换两侧的电气量信息，需要利用通道。采用的通道不同，在装置原理、结构、性能和适用范围等方面就具有很大的差别。输电线路纵联保护按照所利用通道的不同可以分为以下4种类型。

(1) 导引线纵联保护(简称导引线保护)。

(2) 微波纵联保护(简称微波保护)。

(3) 电力线载波纵联保护(简称高频保护)。

(4) 光纤纵联保护(简称光纤保护)。

导引线通道。这种通道需要铺设电缆，其投资随线路长度而增加。当线路较长(超过10km以上)时就不经济。导引线越长，安全性越低。导引线中传输的是电信号。在中性点接地系统中，除了雷击外，在接地故障时地中电流会引起地电位升高，也会产生感应电压，对保护装置和人身安全构成威胁，也会造成保护不正确动作。所以导引线的电缆必须有足够的绝缘水平(如15kV的绝缘水平)，从而使投资增大。导引线直接传输交流电量，故导引线保护广泛采用差动保护原理，但导引线的参数(电阻和分布电容)直接影响保护性能，从而在技术上也限制了导线保护用于较长的线路。

微波通道。微波通道与输电线没有直接的联系，输电线发生故障时不会对微波通信系统产生任何影响，因而利用微波保护的方式不受限制。微波通信是一种多路通信系统，可以提供足够的通道，彻底解决了通道拥挤的问题。微波通信具有很宽的频带，线路故障时信号不会中断，可以传送交流电的波形。但由于信号衰耗，其传输的距离仅几十千米，长线路需要建设多个中继站，维护工作量大，且抗干扰能力差，因此，目前在系统中已停用。

电力线载波通道。这种通道在保护中应用最广。载波通道由高压输电线及其加工和连接设备(阻波器、结合电容器及高频收发信机)等组成。高压输电线机械强度大，十分安全可靠。但正是在线路发生故障时通道可能遭到破坏(高频信号衰减增大)，为此需考虑在此情况下高频信号是否能有效传输的问题。当载波通道采用“相-地”制，在线路中点发生单相短路接地故障时，衰减与正常时基本相同，但在线路两端故障时衰减显著增大。当载波通道采用“相-相”制，在单相短路接地故障时高频信号能够传输，但在三相短路时仍然不能。为此，载波保护在利用高频信号时应使保护在本线路故障信号中断的情况下仍能正确动作。

光纤通道。光纤通道与微波通道有相同的优点。光纤通信也广泛采用(PCM)调制方式。当被保护线路很短时，通过光缆直接将光信号送到对侧，在每半套保护装置中都将电信号变成光信号送出，又将所接收的光信号变为电信号供保护使用。由于光与电之间互不干扰，所以光纤保护没有导引线保护的问题，在经济上也可以与导引线保护竞争。近年来发展的在架空输电线的接地线中铺设光纤的方法既经济又安全，很有发展前景。当被保护的线路很长时，应与通信、远动等复用。

4.2 输电线高频保护基本概念

导引线纵联差动保护原理简单，但需要敷设专用电缆通信通道，难以适用于长距离高压输电线路。而以输电线本身作为通信通道的纵联保护则可以有效解决该问题。所谓输电线高频保护，将线路两侧的电流相位(或功率方向)信息转换为高频信号，经相应的高频耦合装置将高频信号加载在被保护线路上，通过被保护线路通道将高频信号传递到对侧，对侧再经过高频耦合装置接收高频信号，进而实现两侧电气量特征的比较以判断短路是在被保护输电线本身还是在相邻线路上。

4.2.1 输电线高频通道的构成

输电线高频保护是利用输电线载波通信方式构成的，以输电线作为高频保护通道来传输高频信号。为了使输电线路既能传输工频电流同时又能传输高频信号，必须在输电线路上装设专用的加工设备，将同时在输电线路上传送的工频和高频电流分开，并将高频收、发信机与高压设备隔离，以保证二次设备和人身的安全。

输电线高频通道有“相-相”和“相-地”两种方式。

(1)“相-相”制。

高频收、发信机通过结合电容器连接在输电线路两相导线之间；高频通道的衰耗小，但所需加工设备多，投资大。

(2)“相-地”制。

高频收、发信机通过结合电容器连接在输电线一相导线与大地之间；高频通道传输效率低，但所需加工设备少，投资较小。

目前，国内外一般都采用图4.3所示的“相-地”制接线方式。通常高频加工设备由高频阻波器、耦合电容器、连接滤波器、高频电缆等组成，主要元件作用分述如下。

1. 高频阻波器

高频阻波器是由一个电感线圈和可调电容器组成的并联谐振回路，串接在输电线的工作相中，阻止本线路的高频信号外泄到外线路。阻波器对50Hz工频电流呈现电感线圈的阻抗，数值很小，约为0.04Ω左右，不影响工频电流的正常传输；而阻波器对高频载波电流呈现很高的阻抗，其阻抗为其并联谐振阻抗，其值约大于1000Ω，这样高频信号就被限制在被保护线路的范围以内，而不能穿越到相邻线路上去，以免产生不必要的损耗和造成对其他高频通道的干扰。

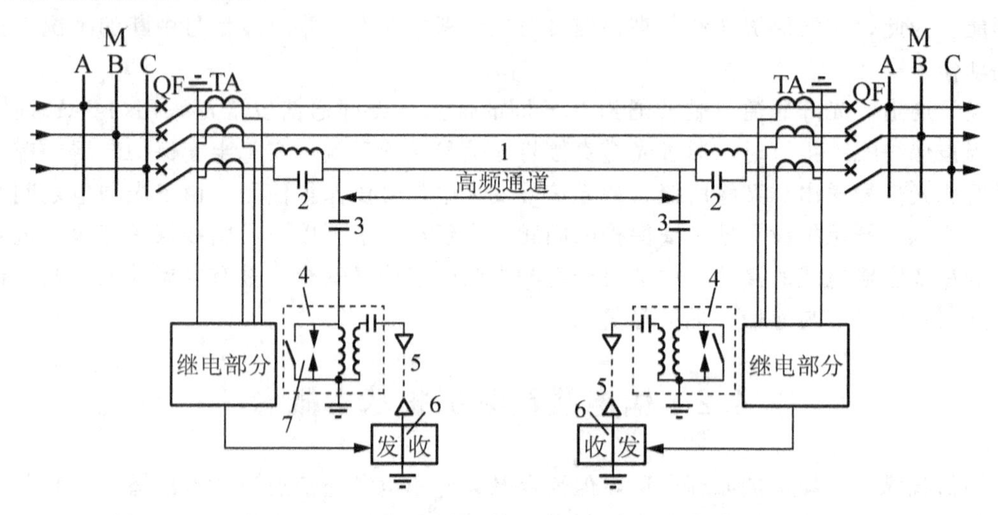

图 4.3 “相-地”制高频通道原理接线图

1—输电线路 2—高频阻波器 3—耦合电容器 4—连接滤波器
5—高频电线；6—高频收、发信机 7—接地刀闸/保护间隙

2. 耦合电容器和连接滤波器

耦合电容器也称结合电容器，它与连接滤波器共同配合，将高频信号传递到输电线路上，同时使高频收发信机与工频高压侧可靠隔离；另外，耦合电容器对于工频电流呈现极大的阻抗，故由它所导致的工频泄漏电流极小。连接滤波器由一个可调节的空心变压器及连接至高频电缆一侧的电容器组成，连接滤波器与耦合电容器组成高频串联谐振回路，高频电缆侧线圈电感与电容也组成高频串联谐振回路，保证高频电流顺利通过。

耦合电容器与连接滤波器构成一个带通滤波器，使得所需频带的高频电流能够通过。同时，带通滤波器还实现了波阻抗的匹配，即线路一侧看入的阻抗与输电线路的波阻抗匹配；而从电缆侧看入的阻抗与高频电缆的波阻抗相匹配。对“相-地”制方式，输电线路侧的波阻抗约为400Ω，高频电缆侧的波阻抗约为100Ω。这样，就可以避免高频信号的电磁波在传送过程中发生反射，减小高频信号的附加衰耗。

3. 高频电缆

高频电缆是将位于主控制室的高频收、发信机与户外变电站的阻波器、结合电容器和连接滤波器连接起来的导线，以便用最小的衰耗传送高频信号。从主控制室到户外变电站这段距离，虽然高频电缆只有几百米，但因其所传送的信号频率很高，如果采用普通电缆，衰减很大，因此，多采用单芯式同轴电缆，其波阻抗约为100Ω。

4. 保护间隙、接地刀闸

保护间隙是高频通道的辅助设备，作为过电压保护用，当线路上遭受雷击产生过电压时，通过放电间隙击穿接地，以保护收、发信机不致被击毁。

并联在连接滤波器两侧的接地刀闸，是当调整或检修高频收、发信机和连接滤波器时，用来进行安全接地，以保证人身和设备的安全的。

5. 高频收、发信机

发信机部分由继电保护来控制。通常是在电力系统发生故障时，保护部分启动之后它才发出信号，但也有采用长期发信、故障时停信或改变信号频率的方式。由发信机发出的高频信号，一方面通过高频通道输送到对侧收信机接收，另一方面也可以被本侧收信机接收。高频收信机接收到本侧和对侧所发送的高频信号，经过比较和判断后，决定继电保护动作跳闸或闭锁。

4.2.2 高频通道的工作方式

纵联保护根据通道传送的信号判断故障是发生在被保护线路内，还是被保护线路外。因此，信号的性质和功能直接影响到保护的性能。

1. 按照正常运行时有无高频信号分类

1）正常时无高频电流方式

正常运行时，高频通道中无高频电流通过，当电力系统故障时，发信机由启动元件发信，通道中才有高频电流出现。这种方式又称为故障时发信方式，其优点是可以减小对通道中其他信号的干扰，可延长收发信机的寿命。其缺点是要有启动元件，延长了保护的动作时间，需要定期启动发信机来检查通道是否良好。目前广泛采用这一方式。

2）正常时有高频电流方式

正常运行时，发信机发信，通道中有高频电流通过，故这种方式又称长期发信方式。其优点是：使高频通道处于经常的监视状态，可靠性较高；保护装置中无须收、发信机的启动元件，使保护简化，并可提高保护的灵敏度。其缺点是：收、发信机的使用年限减少，增加了通道的干扰。

3）移频方式

正常运行时，发信机发出 f_1 频率的高频电流，用以监视通道及闭锁高频保护。当线路发生故障时，高频保护控制发信机移频，发出 f_2 频率的高频电流。移频方式能经常监视通道状况，提高通道工作的可靠性，加强了保护的抗干扰能力。

需要注意的是，应该将“高频信号”与“高频电流”两个概念区分开来。所谓高频信号是指线路一端的高频保护在故障时向线路另一端的高频保护所发出的信息。因此，在经常无高频电流(故障时发信方式)的通道中，故障时高频电流的出现就是一种信号，但在经常有高频电流(长期发信方式)的通道中，当故障时将高频电流停止或改变其频率也代表一种信号。

2. 以其传送的信号性质不同分类

1）跳闸信号

跳闸信号是线路对侧发来的直接使保护动作于跳闸的信号。即“出现高频信号就构成跳闸的充分条件，不论本侧保护装置是否启动”。它与继电保护的动作信号之间是“或”的逻辑关系，如图 4.4(a)所示。

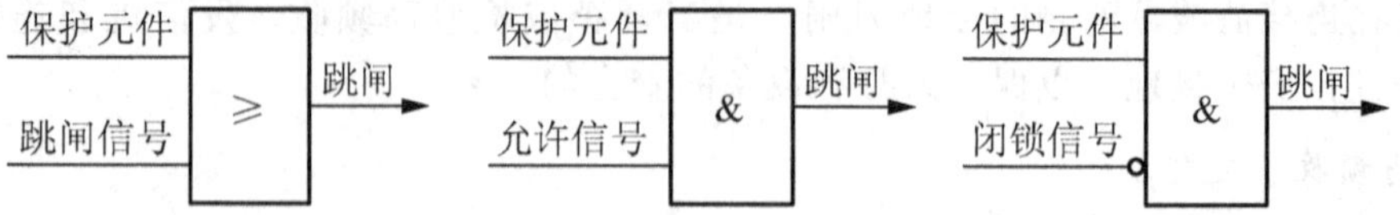

(a) 跳闸信号 (b) 允许信号 (c) 闭锁信号

图 4.4 高频保护信号逻辑

采用跳闸信号的优点是能从一端判定内部故障，缺点是抗干扰能力差，多用于线路变压器组上。

2）允许信号

允许信号是允许保护动作与跳闸的高频信号。即“收到高频信号仅构成跳闸的必要条件，必须再和保护装置的动作行为组成‘与’门，才构成跳闸的充分条件。没有高频信号则构成不跳闸的充分条件”。其动作逻辑如图 4.4(b)所示。

采用允许信号的主要优点是动作速度快，在主保护双重化的情况下，可以一套利用闭锁信号，另一套用允许信号。

3）闭锁信号

闭锁信号是制止保护动作将保护闭锁的信号。当线路内部故障时，两侧保护不发出闭锁信号，通道中无闭锁信号，保护作用于跳闸。即“出现高频信号构成不跳闸的充分条件，没有高频信号仅是跳闸的必要条件，后者和保护装置的动作行为组成‘与’门，构成跳闸的充分条件”。其动作逻辑如 4.4(c)所示。

采用闭锁信号的优点是可靠性高，线路故障对传送闭锁信号无影响，所以在以输电线路作高频通道时，我国广泛采用这种信号方式；缺点是这种信号方式要求两端保护元件动作时间和灵敏系数要很好配合，所以保护结构复杂，动作速度慢。

3. 按照高频信号的比较方式不同分类

1）间接比较方式

高频信号仅将本侧交流继电器对故障的判断结果传送到对侧去，线路两侧保护根据两侧交流继电器对故障判断的结果作出最终判断。所以高频信号间接代表交流电气量，可以简单地用高频电流的有或无来代表逻辑信号的“是”或“非”。这种方式传输信息量小，对通道要求简单，被广泛采用。

2）直接比较方式

高频信号直接将两侧交流电气量传送到对侧，在两侧保护的继电器中直接比较两侧的交流电气量，然后作出故障判断。由于这种比较方式要传送交流量，比较复杂，要求传输的信息大，需要通信容量大的通道才能应用，如微波通信、光纤通信。

4.2.3 高频保护的类型

根据高频信号的利用方式一般将常用的高频保护分为以下 4 种。

（1）高频闭锁方向保护(间接比较式闭锁信号)。

（2）高频闭锁距离保护(间接比较式闭锁信号)。

（3）相差高频保护(直接比较式闭锁信号和允许信号)。

(4) 高频远方跳闸保护(间接比较式跳闸信号)。

目前，高频闭锁方向保护、高频闭锁距离保护原理等广泛用于高压或超高压线路的常规与微机成套线路保护装置中，作为线路的主保护。

4.3 高频闭锁方向保护

4.3.1 高频闭锁方向保护的基本原理

高频闭锁方向保护是通过高频通道间接地比较被保护线路两侧的功率方向，保护采用故障时发信方式。规定以母线指向线路的功率方向为正方向；以线路指向母线的功率方向为反方向。当系统发生故障时，接收反向功率的一侧发出的高频信号，本侧和对侧的收信机收到高频信号保护不动作，所以称为高频闭锁方向保护。

以图 4.5 所示的系统为例说明高频闭锁方向保护的工作原理。

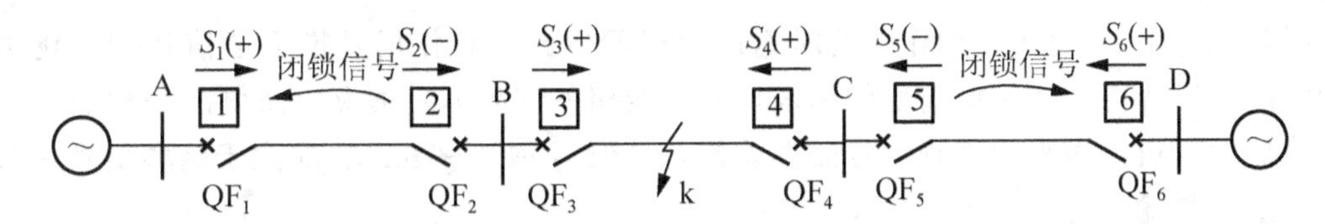

图 4.5 高频闭锁方向保护的作用原理

当 BC 段的 k 点发生短路时，保护 3 和 4 的方向元件反映为正方向短路[即 S_3(＋)、S_4(＋)]，两侧都不发高频闭锁信号，因此，断路器 QF_3 和 QF_4 都跳闸，瞬时将短路切除。而当 k 点发生短路时，对于非故障线路 AB 和 CD，保护 2 和 5 的方向元件反映为反向短路[即 S_2(－)、S_5(－)]，对应的保护发出高频闭锁信号，此信号一方面被本身的收信机接收，同时经过输电线路分别送至对端的保护 1 和 6，使保护装置 1、2 和 5、6 都被高频信号闭锁，因此，断路器 QF_1、QF_2 和 QF_5、QF_6 不跳闸，保证非故障线路 AB 和 BC 不会被误切除。

这种按闭锁信号构成的保护只在非故障线路上才传送高频信号，而在故障线路上并不传送高频信号。因此，在故障线路上，由于短路使高频通道可能遭到破坏时(如断线故障)，并不会影响保护的正确动作，这是它的主要优点，也是闭锁式高频保护在我国得到广泛应用的主要原因之一。

高频闭锁方向保护装置包括启动元件和方向元件。启动元件主要作用是故障时启动发信机发信，发出高频闭锁信号；方向元件则是测量功率方向，在保护正方向故障时才准备好跳闸回路。按照高频闭锁方向保护的启动元件不同可分为以下 3 种。

4.3.2 电流启动方式的高频闭锁方向保护

图 4.6 为接于被保护线路一端的半套用电流元件启动的高频闭锁方向保护原理框图。

线路每一侧的半套保护中装有两个高低灵敏度的电流启动元件 KA1 和 KA2，灵敏度较高的 KA1(整定值小)用来启动高频发信机发送闭锁信号，而灵敏度低的 KA2(整定值大)则用来启动保护的跳闸回路。

方向元件 S 用来判别短路功率的方向，只有测得正方向故障时才动作。

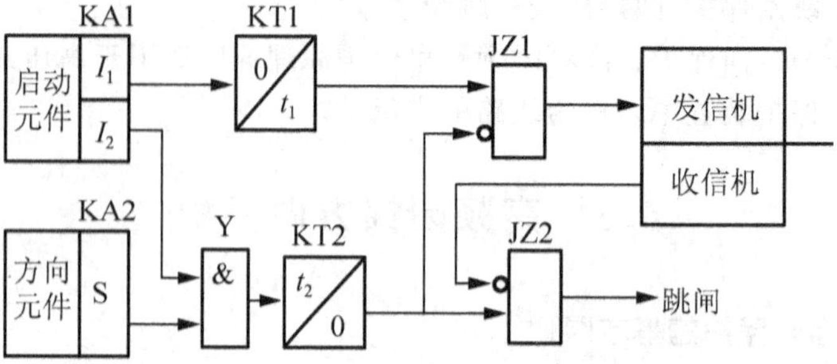

图 4.6 电流元件启动的高频闭锁方向保护的方框图

时间元件 KT1 是瞬时动作、延时返回的时间电路，在启动元件返回后，使得反向功率侧的发信机继续发送闭锁信号；保证外部故障切除后，反向功率侧的发信机发出闭锁信号的时间再延长 t_1 时间(t_1 常取 0.5s)，以保证远故障点侧不会由于启动元件和方向元件返回慢而导致误跳闸。

时间元件 KT2 是延时动作、瞬时返回的时间电路，其作用是推迟停信和接通跳闸回路的时间，以等待对侧闭锁信号的到来，防止线路外部故障时远离故障侧的保护在未收到近故障侧发信机传送来的高频信号而误动作，一般 t_2 取 4～16ms，应大于高频信号在被保护线路上的传输时间。

图 4.6 中逻辑与门 Y 综合启动元件 KA2 和方向元件 S 的作用，禁止门 JZ1 闭锁发信回路，禁止门 JZ2 闭锁跳闸回路。

现将保护的工作情况说明如下。

(1) 内部故障，对于两侧电源供电网络，两侧保护的启动元件动作，KA1 启动发信，KA2 启动跳闸回路，两侧的方向元件测得正方向故障而动作；经 t_2 延时后将控制门 JZ1 闭锁，使两侧的发信机停止发信，而后两侧收信机收不到对侧的闭锁信号，两侧的控制门 JZ2 均开放，两侧保护动作使断路器跳闸，切除故障线路。对于单侧电源供电线路发生内部故障时，送电侧的保护动作情况同两侧电源网络内部故障时的保护动作情况相同，受电侧保护不启动，即不发闭锁信号，经 t_2 延时后送电侧保护的收信机收不到受电侧的闭锁信号，送电侧保护的控制门 JZ2 开放，送电侧保护动作使断路器跳闸，正确切除故障线路。

(2) 正常运行时，启动元件 KA1 和 KA2 均不动作，发信机不发信，保护不动作。

(3) 外部故障时，启动元件动作，启动发信机发信，但是靠近故障点侧保护的方向元件反应的是反方向故障，反向元件不动作，近故障点侧发信机继续发闭锁信号，两侧的收信机均收到该闭锁信号，两侧保护被闭锁，从而有选择性不动作。

需要指出的是，保护装置中采用两个灵敏度不同的电流启动元件，是考虑到被保护线路两侧电流互感器的误差不同和两侧电流启动元件动作值的离散性。如果只用一个电流启动元件，在被保护线路外部短路而短路电流接近启动元件动作值时，近故障点侧的电流启动元件可能拒动，导致该侧发信机不发信；而远故障点侧的电流启动元件可能动作，导致该侧发信机仅在 t_1 时间以内发信，经 t_1 延时后，收信机就收不到高频闭锁信号，从而引起该侧断路器误跳闸。采用两个动作电流不等的电流启动元件，就可以防止这种无选择性动作。用动作电流较小的电流启动元件 KA1(灵敏度较高)去启动发信机，用动作电流较大的启动元件 KA2(灵敏度较低)启动跳闸回路，这样，被保护线路任一侧的启动元件

KA2 动作之前，两侧的启动元件 KA1 都已先动作，从而保证了在外部短路时发信机能可靠发信，避免了上述的误动作。

低定值的启动元件 KA1 动作电流按照躲开正常运行时最大负荷电流整定，即

$$I_{\text{set1}}=\frac{K_{\text{rel}}K_{\text{ss}}}{K_{\text{re}}}I_{L\max} \tag{4-1}$$

式中 K_{rel}——可靠系数，一般采用 1.1～1.2；

K_{ss}——自启动系数，一般采用 1～1.5；

K_{re}——电流继电器的返回系数，一般采用 0.85。

高定值启动元件 KA2 动作电流按照与 KA1 进行灵敏度配合整定，一般取 KA2 的动作电流为 $I_{\text{set2}}=(1.5\sim2)I_{\text{set1}}$，并按照线路末端短路进行灵敏系数校验，要求灵敏系数大于等于 2。

通常，线路两侧电流启动元件的动作电流应选为同一个数值，即两侧的两个电流启动元件的动作值应分别相等。在电流启动元件的灵敏度不能满足要求时，可采用负序电流元件作为启动元件，其动作电流按躲过最大负荷情况下出现的最大不平衡电流整定。

4.3.3 方向元件启动方式的高频闭锁方向保护

图 4.7 为方向元件启动的高频闭锁方向保护的方框图。

图 4.7(a)中 $S-$、$S+$ 为功率方向元件。$S-$ 为在反方向短路时动作的方向元件，用以启动发信机发闭锁信号；$S+$ 为在正方向短路时动作的方向元件，用以启动跳闸回路。

图 4.7(b)为方向元件 $S-$ 和 $S+$ 的动作范围。

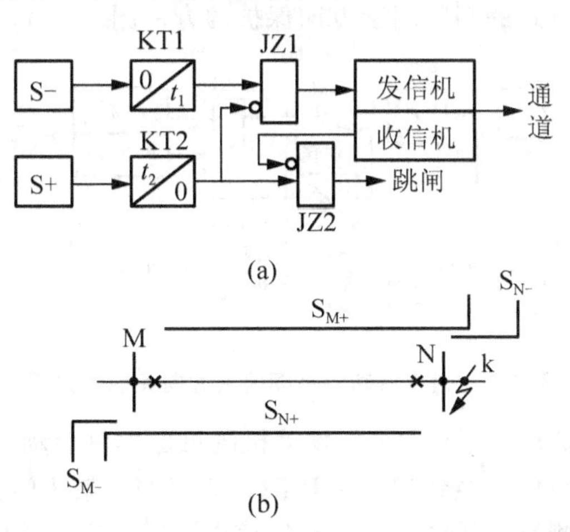

图 4.7 方向元件启动的高频闭锁方向保护的方框图

保护的动作情况分析如下。

(1) 内部短路时，对于两侧电源线路保护反应的功率方向为正，两侧方向元件 $S-$ 均不动作，两侧发信机均不启动；而两侧方向元件 $S+$ 均动作，延时 t_2 后，经禁止门 JZ2 作用于两侧断路器同时跳闸。而对于单侧电源线路内部故障时，受电侧保护不动作也不发闭锁信号，送电侧保护动作方向元件 $S+$ 均动作，且收不到受电侧闭锁信号，延时 t_2 后禁止门 JZ2 开放送电侧断路器跳闸切除故障线路。

（2）正常运行时，无负序功率，两侧方向元件均不动作，即不启动发信机发信，也不开放跳闸回路。

（3）外部短路时（如图 4.7 中的 k 点），远故障点侧（M 侧）的方向元件 S_M＋动作，启动跳闸回路；近故障点侧（N 侧）的方向元件 S_N＋动作，启动该侧发信机发闭锁信号。两侧的收信机收到近故障点侧发来的闭锁信号，禁止门 JZ2 闭锁，两侧断路器不会误跳闸。

为了保证被保护线路外部短路时保护的选择性，一方面两侧方向元件在灵敏度上应当配合，即近故障点侧的 $S-$ 应较远故障点侧的 $S+$ 更灵敏；另一方面近故障点侧的 $S-$ 的动作区必须大于远故障点侧的 $S+$ 的动作区。

时间元件 KT1、KT2 的作用和整定，分别与用电流元件启动的高频闭锁方向保护中的 KT1、KT2 相同。时间元件 KT2 动作后将禁止门 JZ1 闭锁，是为了防止在内部短路的暂态过程中，方向元件 $S-$ 可能短暂动作而引起保护动作的延缓。

方向元件启动的高频闭锁方向保护的总体构成比较简单，这是这种保护方式的主要优点。但是，由于没有另外的启动元件，方向元件的动作功率必须大于最大负荷功率，以避免输电线路正常运行时由输送最大负荷引起的保护误动作。由于负序功率方向继电器能对各种短路故障作出，保护无动作死区，且在正常情况下和系统振荡时不会误动作，因此，目前广泛采用负序方向元件来代替一般方向元件，从而使方向元件启动高频闭锁方向保护性能更趋完善。

4.3.4 远方启动方式的高频闭锁方向保护

图 4.8 为远方启动方式的高频闭锁方向保护的方框图。

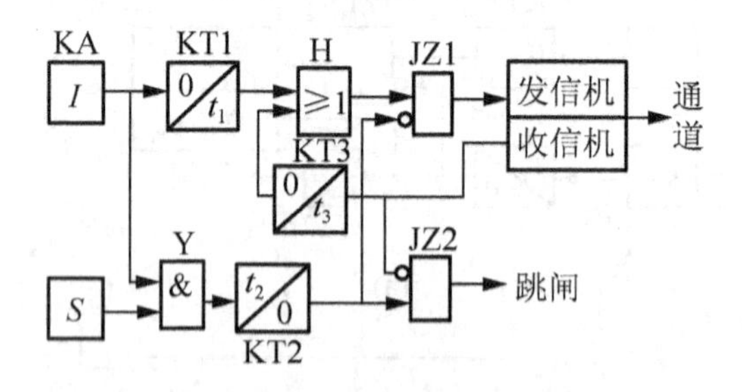

图 4.8 远方启动的高频闭锁方向保护的方框图

该方式只有一个电流启动元件 KA。发信机既可由本侧启动元件 KA 启动，也可由收信机收到对端的高频信号后，经延时元件 KT3、或门 H、禁止门 JZ1 来启动。这样，在外部短路时，即使只有一侧启动元件 KA 启动发信机，另一侧通过高频通道接收到远方传来的信号也可将发信机启动，后者的启动方式称为远方启动。

在两侧相互远方启动发信后，为了只使发信机固定启动一段时间，在图 4.8 中设置时间元件 KT3，该时间元件为瞬时启动、延时返回，延时返回时间 t_3 就是发信机固定启动时间。在收信机收到对侧发来的高频信号后，时间元件 KT3 立即发出一个持续时间 t_3 的脉冲，经或门、禁止门使发信机发信。经延时 t_3 后，远方启动回路就自动切断。t_3 的时间应大于外部短路可能持续的时间，一般取 $t_3=5\sim8\text{s}$。这是因为在外部故障切除前，若近故障点侧的发信机由远方启动的高频发信机停止发信，对侧保护因收不到高频闭锁信号而误动作。

接下来分析远方启动方式的高频闭锁方向保护的动作情况。

(1) 内部故障时，对于两侧电源线路，两侧电流启动元件动作，启动发信机发信；方向元件动作，启动跳闸回路；延时 t_2 后，经禁止门 JZ2 作用于两侧断路器同时跳闸。而对于单侧电源线路内部故障时，送电侧保护动作启动发信同时启动本侧跳闸回路；受电侧保护启动元件不动作，但受电侧经远方启动发信号后，由于启动元件不动作，发信机不停信，以致受电侧持续收到闭锁信号，将导致送电侧保护拒动作。

(2) 正常运行时，保护的电流启动元件均不启动，发信机不发信，保护均闭锁不动作。

(3) 外部短路时，由于近故障点侧保护的正向方向元件 S 反应为反方向故障不动作，禁止门 JZ1 不会被闭锁，发信机能够发信，向对侧传送高频闭锁信号。对侧收信机收到高频信号，所以不会误跳闸。如果此时近故障点侧启动元件 KA 不动作，远故障点侧的启动元件 KA 及正向方向元件 S 动作时，则远故障点侧将误跳闸。为了避免这种误动作，时间元件 KT2 的整定值应大于高频信号在高频通道上往返一次所需的时间，一般取 $t_2=20\text{ms}$。这样，在外部故障时，远故障点侧的收信机能够收到近故障点侧用远方启动方式发来的闭锁信号，将保护可靠闭锁。

采用远方启动方式，只需设一个启动元件，可以提高保护的灵敏性，但动作速度较慢。在单侧电源线路内部短路时，受电侧被远方启动后不能停信，这样就会造成电源侧保护拒动。因此，远方启动方式的高频闭锁保护一般不应用在单侧电源线路。

4.4 高频闭锁距离保护

4.4.1 高频闭锁距离保护的基本原理

高频闭锁方向保护可以快速切除保护范围内部的各种故障，但不能作为变电所母线和下级线路的后备。对于距离保护，只能在线路中间 60%～70%长度范围内瞬时切除故障，而在其余的 30%～40%长度范围内要以一端带有Ⅱ段的时限切除。而距离保护中所用到的主要元件(启动元件、测量元件)都是时限高频闭锁保护所必需的。因此，在某些情况下，将两者结合起来，做成高频闭锁的距离保护，使得内部故障时能够瞬时动作，而在外部故障时带有不同的动作时限，起到后备保护的作用，兼备两种保护的优点，并能简化整个保护的接线。

高频闭锁距离保护是通过高频通道间接地比较被保护线路两侧的测量阻抗的方向，保护采用故障时发信方式。当系统发生故障时，测量阻抗为负的一侧发出的高频信号，本侧和对侧的收信机收到高频信号保护不动作，所以称为高频闭锁距离保护。

以图 4.9 所示的系统为例说明高频闭锁距离保护的工作原理。

当 BC 段的 k 点发生短路时，保护 3 和 4 的测量阻抗反应为正阻抗[即 $Z_{m3}(+)$、$Z_{m4}(+)$]，两侧都不发高频闭锁信号，因此，断路器 QF_3 和 QF_4 都跳闸，瞬时将短路切除。而当被保护线路 BC 内部 k 点发生短路时，对于非故障线路 AB 和 CD，保护 2 和 5 的测量阻抗反应为负阻抗[即 $Z_{m2}(-)$、$Z_{m5}(-)$]，对应的保护发出高频闭锁信号，此信号一方面被本身的收信机接收，同时经过输电线路分别送至对端的保护 1 和 6，使保护装置 1、2 和

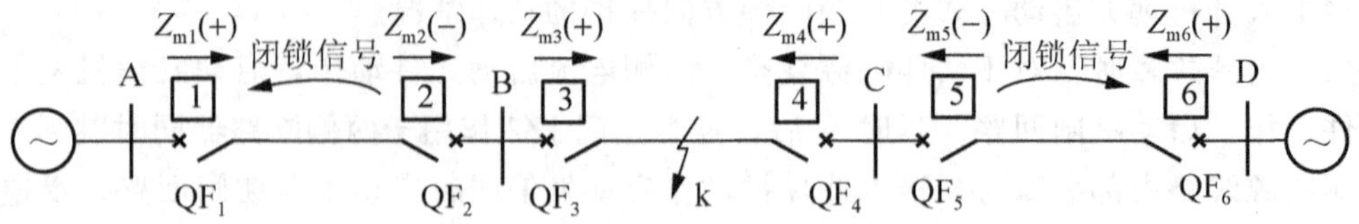

图 4.9 高频闭锁距离保护的作用原理

5、6都被高频信号闭锁，因此，断路器 QF_1、QF_2 和 QF_5、QF_6 不跳闸，保证非故障线路AB和线路BC不会被误切除。

同样，高频闭锁距离保护只在非故障线路上才传送高频信号，而在故障线路上并不传送高频信号。因此，在故障线路上，由于短路使高频通道可能遭到破坏时(如断线故障)，并不会影响保护的正确动作。

4.4.2 高频闭锁距离保护构成及工作原理

高频闭锁距离保护装置包括距离保护和高频闭锁两部分，如图4.10所示。

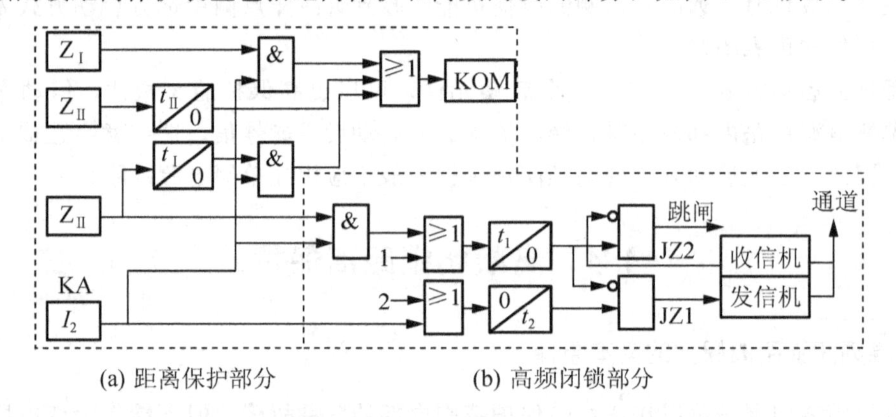

(a) 距离保护部分　　(b) 高频闭锁部分

图 4.10 高频闭锁距离保护的方框图

距离保护部分采用三段式，Ⅰ、Ⅱ、Ⅲ段都采用独立的方向阻抗继电器作为测量元件，各段定值的动作时限的整定同第3章所述的一致。高频闭锁部分与距离保护共用一个负序电流元件KA(也可以利用距离保护Ⅲ段)作为故障启动发信元件，利用距离保护Ⅱ段作为方向判别元件和停信元件，以距离保护Ⅰ段作为独立跳闸段。高频闭锁部分的时间元件KT1、KT2同上一节电流启动方式的高频闭锁方向保护中的时间元件相同。

现结合图4.10分析高频闭锁距离保护的工作原理。

(1) 内部故障，对于两侧电源供电网络，两侧保护的负序电流启动元件KA和距离保护Ⅱ段 $Z_{Ⅱ}$ 均动作，KA启动发信，$Z_{Ⅱ}$ 启动跳闸回路，经 t_1 延时后将控制门JZ1闭锁，使两侧的发信机停止发信，而后两侧收信机收不到对侧的闭锁信号，两侧的控制门JZ2均开放，两侧保护动作使断路器跳闸，切除故障线路。在线路一侧或两侧［故障发生在线路中间(60%～70%长度以内时)］的距离保护Ⅰ段(电流元件 I_2、出口跳闸继电器KOM)也可动作跳闸，但受振荡闭锁回路的控制。

对于单侧电源供电线路发生内部故障时，送电侧的保护动作情况同两侧电源网络内部故障时的保护动作情况相同，受电侧保护不启动，即不发闭锁信号，经延时后送电侧保护的收信机收不到受电侧的闭锁信号，送电侧保护的控制门 JZ2 开放，送电侧保护动作使断路器跳闸，正确切除故障线路。

(2) 正常运行时，启动元件 KA 不动作，发信机不发信，保护不动作。

(3) 外部故障时，靠近故障点侧保护的负序电流元件 KA 启动，测量阻抗元件 Z_{II} 不启动，跳闸回路不启动，近故障点侧持续发信，两侧收信机收到闭锁信号，闭锁两侧的跳闸回路。此时，如果故障线路的保护不动作或拒跳，远故障点侧的距离保护Ⅱ或Ⅲ段可以经出口继电器 KOM 跳闸，作为相邻线路的后备保护。

另外，高频闭锁零序方向纵联保护的实现原理与高频闭锁距离保护的实现原理相同，只需要用零序方向元件替代测量阻抗元件。图 4.10 中，只需要将端子 1、端子 2 与零序电流方向保护相连，即可构成高频闭锁零序方向保护。

4.4.3 高频闭锁距离保护的动作特性分析

通过以上分析，高频闭锁距离保护具有以下特点。

(1) 能够正确反映并快速切除各种对称和不对称短路故障，且保护具有足够的灵敏度。负序电流启动元件为瞬时动作的电流元件，即使是对称性故障在暂态过程中亦存在负序分量。

(2) 高频闭锁距离保护中的距离保护可兼作相邻线路和元件的远后备保护，即使是高频部分故障，距离保护仍可以继续工作，能够独立对线路进行保护。

(3) 高频闭锁距离保护受检修运行方式影响较大，当后备保护检修时，主保护需要退出运行。

4.5 光纤纵联保护

电力线载波通道是我国电力系统广泛采用的一种保护信号的传输通道，但由于保护的线路往往很长，信号经受到恶劣气候(如风、霜、雨、雪)和雷电的影响外，导致传输质量较差；并且载波通道传递的保护信息量非常有限，对于诸如纵联电流差动保护将难以实现。采用微波通道来传输继电保护信号也有广泛的应用，但微波信号除经常受到气候变化的影响外，同时微波通道也存在如信号衰减快、通道易中断、中间转接环节较多等问题，导致其传输质量也往往不能保证。而光纤通信具有抗电磁干扰能力强、绝缘性能好、传输频带宽和损耗小等优点，用光纤通道来传输继电保护信号已是一种发展趋势，在国内外电力系统中得到了越来越广泛的应用。

4.5.1 光纤通道的特点

光纤通道是基于光导纤维作为传输介质的一种通信手段。光纤通道相对于其他传统通道如电力线、微波等，具有如下特点。

1. 传输质量高，误码率低

光纤通道很容易满足继电保护对通道所要求的准确性。即发信端保护装置发送的信息，经通道传输后到达收端，使收信端保护装置所看到的信息与发信端原始发送信息完全一致。

目前所采用的光纤电流差动保护对通道误码要求为两种：一种是向量式光纤差动，采用传输向量的工作原理，发生误码时，可以用向量递推等方式来合成。由于其动作灵敏度低、速度慢，因而对通道要求较低，通道误码率约为$10^{-3}\sim10^{-5}$。另一种是传输采样值的光纤差动，由于其灵敏度高、速度快，因而对通道要求也高，误码率约为10^{-7}。而光纤通信所提供的通道的误码率约为$10^{-9}\sim10^{-11}$。显然，光纤通道很容易满足继电保护对通道所要求的“透明度”，通信设备正常工作时，通道误码完全能满足继电保护对通道的要求。

2．频带宽，传输信息量大

线路两端保护装置尽可能多地交换信息量，如电流差动保护利用到两端故障电流量的瞬时值，从而可以大大提高继电保护动作的正确性和可靠性。

3．抗干扰能力强

由于光信号的特点，可以有效地防止雷电、系统故障时产生的电磁干扰，且抗腐蚀和耐潮等，因此，光纤通道最适合应用于继电保护通道。

以上光纤通道的3个特点，是继电保护所采用的常规通道形式所无法比拟的。在通道选择上应为首选。但是基于光缆的物理特性，抗外力破坏能力较差，推荐采用光纤复合架空地线(OPGW)，可以有效地防止外力破坏的发生。

4.5.2 光纤纵联保护的构成

图4.11为光纤纵联保护构成框图。

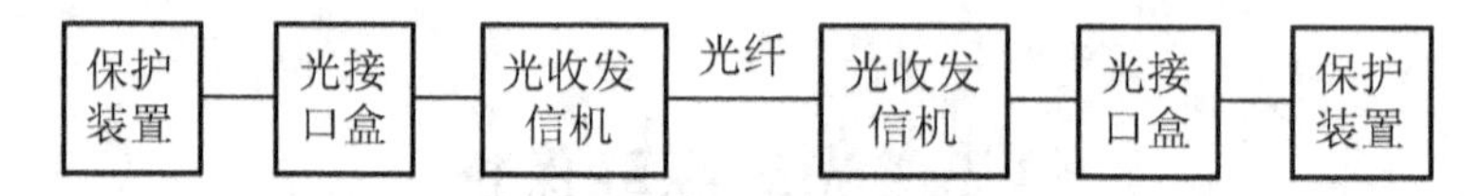

图4.11 光纤通道保护结构

保护侧电/光(发信)、光/电(收信)的交换器装置在背板上的光接口盒内，完成数字信号与光信号的转换。通过光发生器和光接收器，可直接与外部光纤通道连接，使装置外部所传信号为光信号，增强了信号抗干扰的能力。传送数据时，在本地接口盒内将数字电信号转化为光信号，然后传送到对侧；远端接收到对方所传送的光信号后，再在其本地接口盒内将光信号转化为数字信号，以供保护装置进行故障判别。

4.5.3 光纤保护通道方式

目前，采用光纤通道方式的纵联保护得到了越来越广泛的应用，在现场运行设备中，主要有3种方式：专用光纤、脉冲调制PCM 64Kbit/s复用和同步数字体系SDH 2Mbit/s复用方式。

1．专用光纤方式

光纤与纵联保护配合构成专用光纤纵联保护。采用允许式，在光纤通道上传输允许信号和直跳信号。专用方式需为继电保护敷设专用的光纤通道，在此通道中只传输继电保护的信息。

1）专用光纤通道结构

其结构如图4.12所示。

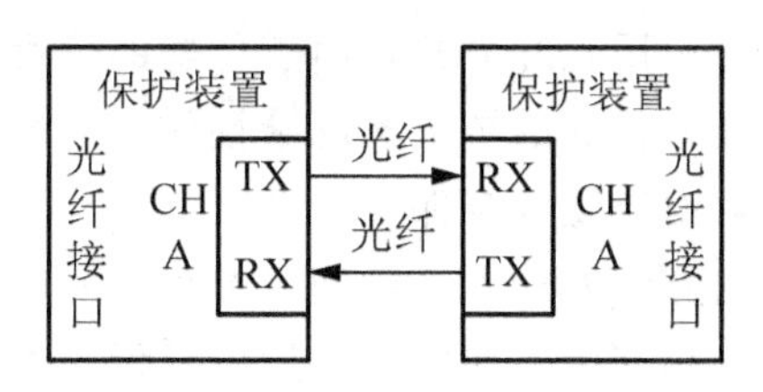

图 4.12　专用光纤通道结构

在专用光纤通信方式下，保护装置的光接收接口和发送接口直接通过专用光纤与对侧保护装置的光发送接口和接收接口相连。这种方式中间环节少、简单可靠。

2）通信性能影响因素

专用光纤方式由于受光收、发接口的光信号发送功率和接收灵敏度的制约，对通信距离有所限制；并且在专用方式下，通信通道的中间环节比较少，而且传的都是光信号，受到的干扰也比较少，所以对通道性能的影响主要应该考虑光发送的时钟方式、光发送功率、光接收功率、饱和功率和通道裕度。

（1）时钟方式。在专用光纤方式下，光纤通信系统中没有其他时钟基准，需要至少设置一端光收、发接口的光发送模块为主时钟，从而为光收、发接口的光发送数据采用提供时钟基准。一般情况下，可以设置两侧装置发送时钟工作在“主—主”方式下，此时发送数据时钟采用内部时钟，接收数据时钟采用从接收数据流提取的时钟。

（2）光发送功率。光发送功率是影响传输距离的重要影响因素，在专用方式下，一定要对光收、发接口的光发送功率进行测量和检验。测量时，需用光纤跳线一端接光收、发接口的光发射口，另一端接光功率计测试端，读出表上显示稳定值(dB)，发送功率为该值加上 2dB(跳线光纤接头衰耗 1dB×2 个)，要求光发射功率不小于光额定发送功率。

（3）光接收功率。光接收功率对光纤通道的通信性能有很大的影响，如果接收功率低于光接收模块的灵敏度，就会导致传输性能极大降低，所以在测出发送功率后，还要测量光接收功率。测量时，把从对端接收到的光信号接入光功率计，此时光功率计测量的功率数值即为接收功率，要求最小接收功率满足光器件接收功率的灵敏度，最好具有一定裕度。

（4）光器件饱和功率。光接收功率过低会导致通信传输性能的降低，同样如果光接收功率太高也会导致通信传输性能的降低。如果光接收功率过高，以致大于光接收接口的饱和功率，此时通信传输性能也会下降，所以需要对饱和功率进行监测，把测量的接收功率和光器件的饱和功率进行比较，要求最大接收功率要小于饱和功率。在专用方式下，一般不会出现接收功率超过饱和功率的情况。

（5）通道裕度计算。由于光模块工作受温度和老化影响很大，为保证通道工作正常，需进行光纤通道裕度校验。通道裕度校验时，发射功率和接收灵敏度取测量修正值或光模块出厂标称值，其他参数取经验参考值，要保证系统衰减余量一般不少于 6dB，也有文献要求通道裕度为 3dB。

光纤通道衰耗有：光纤衰耗 0.3dB/km（单模）；接头衰耗 1dB/点；熔接衰耗 0.2dB/点。

通道裕度校验公式：光发射功率－光接收灵敏度－0.3×距离－1×接头个数－0.2×熔接个数＞6dB。

(6) 抗干扰屏蔽要求。对专用光纤方式，由于传输的信号都是光信号，而且中间没有经过其他设备，其通信通道具有很好的抗干扰屏蔽性能，一般不需要进行特殊处理，而保护装置本身的抗干扰屏蔽问题由装置本身保证。

(7) 匹配问题。由于专用光纤方式下，中间环节少，一般是同一个厂家的保护与通信设备之间以及通信设备之间互相连接，在实际应用中，设备之间的匹配基本只需考虑内部阻抗、电平和编码的匹配，不需要考虑不同厂家设备之间的匹配，一般较少出现匹配问题。

由于受光收、发接口工作距离的限制和敷设光缆费用的制约。专用方式的通信距离一般在100km以内。专用方式的优点是光缆的纤芯经熔纤后由光缆终端箱直接接入保护设备的光收、发接口，避免了与其他装置的联系，减少了信号的传输环节，不需附加其他设备，实现简单、可靠性高，而且由于不涉及通信调度，管理也较方便。缺点是光纤利用率降低(与复用比较)，保护人员维护通道设备没有优势；而且在带路操作时，需进行本路保护与带路保护光芯的切换，操作不便，而且光接头经多次的拔插，易造成损坏。目前，专用光纤方式主要应用于距离较短的城网线路保护以及发电厂与电力系统之间重要线路的保护。

2. PCM 64Kbit/s 复用方式

光纤与纵联保护配合构成复用光纤纵联保护。也采用允许式，保护装置发出的允许信号和直跳信号需要经音频接口传送给复用设备，然后经复用设备上光纤通道。

1) PCM 64Kbit/s 复用方式结构

其结构如图4.13所示。

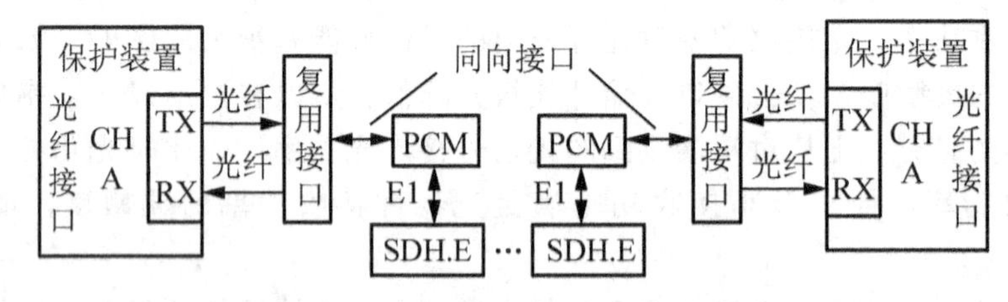

图4.13 PCM 64Kbit/s 复用方式结构

PCM64Kbit/s复用通信方式是保护装置光收、发接口利用数字复用技术通过复用接口与PCM复接设备及复用通道和对侧保护装置相连。保护装置和PCM复用设备之间的互连由一个64Kbit/s同向数据复用接口实现，其一般采用同步通信方式，通信规约符合CCITT标准中G.703码型协议。一般情况下，保护设备在保护室，而64Kbit/s数据复用接口在通信机房，保护室的保护装置将数据通过光纤传送给设在通信室中的64Kbit/s同向数据复用接口。64Kbit/s数据信号(含64kHz定时信号和8kHz的8bit组相位定时信号)经保护专用PCM复接成2Mbit/s信号，进而复接成为标准的155Mbit/s信号进入光路传输。

2) 通信性能影响因素

在64Kbit/s复用通道方式下，光收、发接口直接发送的光信号传送到通信室的数据复用接口，在光纤中光的直接传输距离较短，一般不存在发送功率不足、接收功率不足或

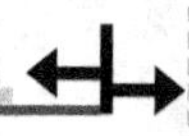

通道裕度不够的情况。同时在64Kbit/s复用方式下，中间设备较多，对通信性能的影响相对比较大。其影响因素主要有时钟方式、通道裕度、屏蔽干扰、匹配问题和通道延时等因素。

（1）时钟方式。64Kbit/s复用方式下，由于PCM设备提供主时钟，要求其他连接到PCM的设备设置为从时钟，所以两端保护装置的光收、发接口的光发送数据的时钟方式要设置为“从时钟”，即数据的发送时钟以从接收数据中提取的时钟为基准。

（2）光功率及通道裕度。在复用方式下，一般不存在光功率发送不足、接收达不到灵敏度或通道裕度不足的问题，但在实际运行期间，还需要对光功率进行测量和验证，特别是光收、发接口的饱和功率要进行检验，防止接收功率达到饱和功率，引起接收过载，从而引起保护通信告警信号的频繁出现，降低了通道的传输性能。其方法基本与专用方式下的测量方式相同，不仅测量光收、发接口的光功率，还要测量64Kbit/s数据复用接口的光功率及电平和复用设备的电平。

（3）抗干扰屏蔽要求。64kbit/s数据复用接口与PCM设备之间有屏蔽要求。64Kbit/s数据复用接口和PCM复用设备之间传送的是电信号，容易受干扰，需要严密注意其电磁干扰的屏蔽措施。64Kbit/s数据复用接口与PCM设备之间的连接屏蔽双绞线一般采用6类双屏蔽电缆(HF－P31/AA)，同时采取外屏蔽层两端接地，内屏蔽层一端接地的措施，如图4.14所示。外屏蔽层两端接地可有效降低高频段共模干扰的影响，内屏蔽层一端接地可降低低频段(50/60Hz)的容性耦合。数字复接接口设备与PCM之间的连接距离应不大于50m。

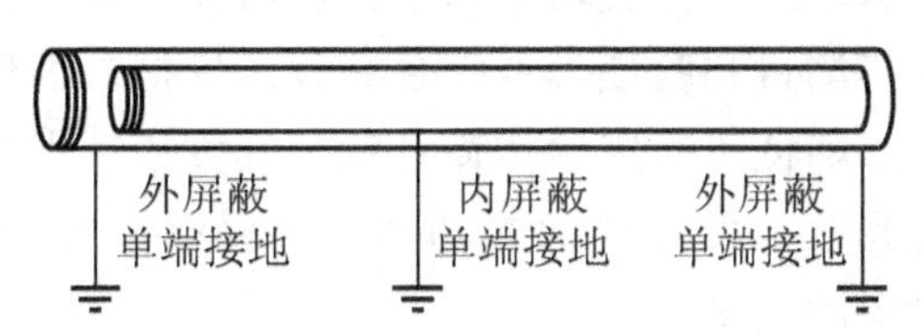

图4.14　电缆屏蔽接地示意图

（4）匹配问题。复用方式下，由于中间环节较多，特别是不同厂家的设备之间要进行配合，相对专用光纤方式，设备之间的匹配问题更突出。64Kbit/s复用方式下的匹配问题，首先是时钟匹配，PCM设备的时钟要和通信接口的发送时钟相匹配；其次阻抗匹配，64Kbit/s通信接口和PCM设备的阻抗要匹配，一般为同向型接口、120Ω平衡；还有48V电平匹配和G.703编码匹配等。

PCM64Kbit/s复用方式主要用于长距离输电线路的保护，节省了光缆及施工费用；复用方式经济性能好，但系统中间环节多，实现复杂；设备投资费用增加一些，但光芯利用率大大提高。

3. SDH2Mbit/s复用方式

1）SDH2Mbit/s复用方式结构

其结构如图4.15所示。

SDH2Mbit/s复用方式是保护装置的光收、发接口利用数字复用技术通过2Mbit/s数据复用接口与PDH/SDH设备及复用通道和对侧保护装置相连。保护装置和PDH/SDH复用设备之间的互连由一个2Mbit/s数据复用接口实现，其采用同步通信方式，通信规约

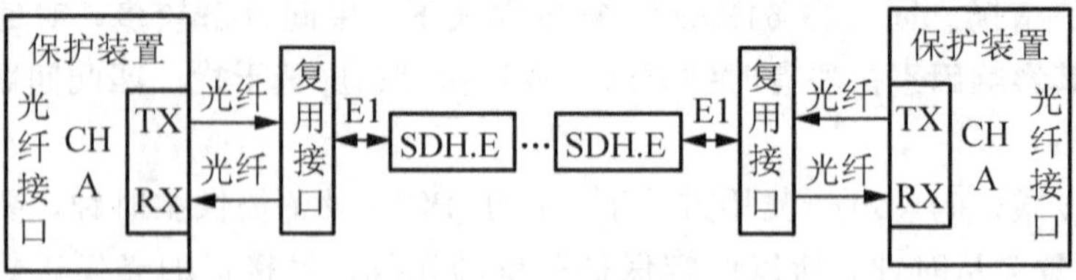

图 4.15　SDH2Mbit/s 复用方式结构

符合 CCITT 标准中的 G.703 码型协议。保护装置将保护数据通过光纤传送给设在通信室中的 2Mbit/s 数据复用接口，然后通过 PDH/SDH 复用设备及复用通道和对侧保护装置相连并交换信息。

2）通信性能影响因素

SDH2Mbit/s 复用方式与 PCM 64Kbit/s 复用方式相似，相对 64Kbit/s 复用方式而言，SDH 2Mbit/s 复用方式减少了 PCM 复用设备，直接和 PDH/SDH 复用设备相连接，提高了通信的可靠性，具有更好的通信性能。

（1）时钟方式。SDH2Mbit/s 复用方式下，根据所连接的复用设备的不同，光收、发接口的数据时钟基准也不同，当复用接口连接 PDH 时，一般把一端保护装置的时钟方式设置为“从时钟”而另一端保护装置的时钟方式设置为“主时钟”；当复用接口连接 SDH 设备时，一般把两端保护装置的时钟方式都设置为“主时钟”。

（2）光功率及通道裕度。与 PCM 64Kbit/s 复用方式类似，在 SDH 2Mbit/s 复用方式下，一般不存在光功率发送不足、接收功率达不到灵敏度或通道裕度不足的问题，但在实际运行期间，还是需要进行测量和验证，特别是光收、发接口的饱和功率要进行检验，防止接收功率达到饱和功率，降低了通道的传输性能。其方法基本与专用光纤方式下的测量方式相同，而且不仅测量光收、发接口的光功率，还要测量 SDH 2Mbit/s 数据复用接口的光功率及电平和复用设备的电平。

（3）抗干扰屏蔽要求。SDH2Mbit/s 数据复用接口到 PDH/SDH 设备之间用电信号传送数据，需防止电磁干扰，一般采用同轴电缆进行连接。由于同轴电缆比双绞线具有更好的电磁屏蔽性能，相对而言，SDH 2Mbit/s 复用方式比 PCM 64Kbit/s 复用方式具有更好的屏蔽性能，直接采用同轴电缆即可满足要求。数字复用接口通过同轴电缆和 PDH/SDH 设备相连接时，数字复用接口与 SDH 的距离不大于 50m。

（4）匹配问题。与 PCM 64Kbit/s 复用方式的匹配问题相类似，对 SDH 2Mbit/s 复用方式也需要不同厂家的设备之间进行配合。SDH 2Mbit/s 复用方式的匹配问题，首先是时钟匹配，PDH/SDH 设备的时钟要和通信接口的发送时钟相匹配；其次阻抗匹配，SDH/PDH 设备和通信接口的电阻要匹配，一般为 75Ω 不平衡；此外还有 48V 电平匹配和 G.703 编码匹配等。

SDH2Mbit/s 复用方式下，保护装置通过 2Mbit/s 复用接口盒直接连接到 PDH/SDH 设备，中间不经过 PCM 复用设备，减少了中间环节和传输时延，而且利用了 SDH 自愈环的高可靠性，提高了整个系统的可靠性；2Mbit/s 速率增加了传输带宽，可以传输更多的保护信息。目前，SDH 2Mbit/s 通道应用方式逐渐增多。

对于进行相量比较的电流差动保护对两端信号的同步性要求较高，且传输速率和传输容量都有较高的要求，对于长距离线路只能采用复用通道传输。目前多数电流差动保护在采样同步问题上，均采用“乒乓技术”进行通道传输延时的自动补偿，但前提是双向传输时延一致；而带自愈功能的复用通道，往往主通道良好，通道时延短，备通道路由可能迂回较多，时延较长。两侧采样数据不同步，造成数据帧的丢弃。因此，在设计时应考虑选用同步原理在一定程度上适用于可变通道的保护。目前各大继电保护厂家都相继研发了双通道的电流差动保护，正常运行时，两个光纤通道的数据被分别存放在缓存区中，两通道数据互为备用，当其中一个通道中断或数据帧丢失时，可实现数据的无缝切换，这成为解决复用通道缺陷最可靠的办法。

4.5.4 光纤保护的发展趋势及应用前景

纵联保护的优势在于能够实现全线速动，而制约全线速动的因素有选相的正确性、启动元件是否足够灵敏以及收发信机延时等；而光纤网络以其优良的传输性能、稳定性及其自适应的保护恢复能力，采用光纤通道继电保护能较好地解决这些问题。

目前，在电力网络通信领域广泛使用的是以电复用为基本工作原理的SDH/SONET同步数字体系，它具有强大的保护恢复能力和固定的时延性能。由于采用电复用来提高传输容量具有一定的局限性，尤其是在高速扩容及复杂拓扑结构的电力网络中渐渐难以满足组网的要求，因此，从目前的电复用方式转向光复用方式将是电力光纤网络的必然发展方向。

现有电力光纤网络光缆主要分为3种：普通非金属光缆、自承式光缆和架空地线复合光缆(OPGW)。OPGW虽然造价较高，但在高电压等级及同杆双回和多回线路使用时，占线路综合造价比例较低，在承载语音等业务的同时兼作继电保护通道，尤其是在高压线路中采用光纤保护与高频保护更为经济，并且具有可靠性高、维护费用低的优点。随着通信技术的发展，光缆价格日趋下降，OPGW在电力光纤网络中将成为主流形式。尽管目前光纤保护在长距离和超高压输电线路上的应用还存在一定的局限性，但是随着我国智能电网建设的逐步深入和光纤网络的逐步完善，光纤保护必将占据线路保护的主导地位。

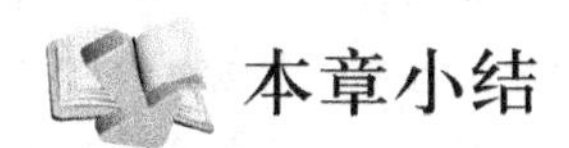

本章小结

首先介绍了纵联保护的基本原理、实现方法及整定原则；其次介绍了高频保护实现的原理、方法及组成高频通道各元件的功能；最后介绍了光纤保护的通道方式及发展趋势。

关键词

纵联保护 Longitudinal Differential Protection; **高频通道** High - Frequency Duct; **光纤保护** Optical Fibre Protection

电力特种光缆

电力特种光缆泛指OPGW(光纤复合地线)、OPPC(光纤复合相线)、MASS(金属自承光缆)、ADSS(全介质自承光缆)、ADL(相/地捆绑光缆)和GWWOP(相/地线缠绕光缆)等几种。目前，在我国应用较多的电力特种光缆主要有ADSS和OPGW。

1. 光纤复合地线——OPGW(Optical Ground Wire)

OPGW又称地线复合光缆、光纤架空地线等，是在电力传输线路的地线中含有供通信用的光纤单元。它具有两种功能：一是作为输电线路的防雷线，对输电导线抗雷闪放电提供屏蔽保护；二是通过复合在地线中的光纤来传输信息。OPGW是架空地线和光缆的复合体，但并不是它们之间的简单相加。

OPGW光缆主要在500kV、220kV、110kV电压等级线路上使用，受线路停电、安全等因素影响，多在新建线路上应用。OPGW的适用特点是：①高压超过110kV的线路，档距较大(一般都在250m以上)；②易于维护，对于线路跨越问题易解决，其机械特性可满足线路大跨越；③OPGW外层为金属铠装，对高压电蚀及降解无影响；④OPGW在施工时必须停电，停电损失较大，所以在新建110kV以上高压线路中应该使用OPGW；⑤在OPGW的性能指标中，短路电流越大，越需要用良导体做铠装，则相应降低了抗拉强度，而在抗拉强度一定的情况下，要提高短路电流容量，只有增大金属截面积，从而导致缆径和缆重增加，这样就对线路杆塔强度提出了安全问题。

常见的OPGW结构主要有三大类，分别是铝管型、铝骨架型和(不锈)钢管型。

2. 光纤复合相线——OPPC(Optical Phase Conductor)

在电网中，有些线路可不设架空地线，但相线是必不可少的。为了满足光纤联网的要求，与OPGW技术相类似，在传统的相线结构中以合适的方法加入光纤，就成为光纤复合相线(OPPC)。虽然它们的结构雷同，但从设计到安装和运行，OPPC与OPGW有原则的区别。

3. 金属自承光缆——MASS(Metal Aerial Self Supporting)

从结构上看，MASS与中心管单层绞线的OPGW相一致，如没有特殊要求，金属绞线通常用镀锌钢线，因此，结构简单，价格低廉。MASS是介于OPGW和ADSS之间的产品。MASS作为自承光缆应用时，主要考虑强度和弧垂以及与相邻导/地线和对地的安全间距。它不必像OPGW要考虑短路电流和热容量，也不需要像OPPC那样要考虑绝缘、载流量和阻抗，更不需要像ADSS要考虑安装点场强，其外层金属绞线的作用仅是容纳和保护光纤。在破断力相近的情况下，虽然MASS比ADSS重，但外直径比中心管ADSS约小1/4，比层绞ADSS约小1/3。在直径相近情况下，ADSS的破断力和允许张力却要比MASS小得多。

4. 全介质自承光缆——ADSS(All Dielectric Self Supporting)

ADSS光缆在220kV、110kV、35kV电压等级输电线路上广泛使用，特别是在已建线路上使用较多。它能满足电力输电线跨度大、垂度大的要求。标准的ADSS设计可达144芯。其特点是：①ADSS内光纤张力理论值为零；②ADSS光缆为全绝缘结构，安装及线路维护时可带电作业，这样可大大减少停电损失；③ADSS的伸缩率在温差很大的范围内可保持不变，而且其在极限温度下，具有稳定的光学特性；④耐电蚀ADSS光缆可减少高压感应电场对光缆的电腐蚀；⑤ADSS光缆直径小、质量轻，可以减少冰和风对光缆的影响，其对杆塔强度的影响也很小；⑥ADSS采用了新型材料及光滑外形设计，使其具有优越的空气动力特性。

ADSS光缆主要由缆芯、加强芳纶纱(或其他合适的材料)和外护套组成。各种各样的ADSS光缆结构可归纳为最主要的中心管型和层绞型2种。

5. 附加型光缆——OPAC

无金属捆绑式架空光缆(AD—Lash)和无金属缠绕式光缆GWWOP(Ground Wire Wrapped Optical Fiber Cable)光缆有时被统称为附加型光缆——OPAC，是在电力线路上建设光纤通信网络的一种既经济又快捷的方式。

它们用自动捆绑机和缠绕机将光缆捆绑和缠绕在地线或相线上，其共同的优点是：光缆重量轻、造价低、安装迅速。在地线或10kV/35kV相线上可不停电安装；共同的缺点是：由于都采用了有机合成材料做外护套，因此，都不能承受线路短路时相线或地线上产生的高温，都有外护套材料老化问题，施工时都需要专用机械，在施工作业性、安全性等方面问题较多，而且其容易受到外界损害，如鸟害、枪击等，因此，在电力系统中都未能得到广泛的应用。但在国际上，这类技术并没有被淘汰或放弃，仍在一定范围内应用。

人类对客观事物的认识在发展，技术在不断进步，材料也在日益更新。作为电力系统通信中最富特色的电力特种光缆技术也在不断发展和完善，新的光缆结构也不断出现在我们的面前；同时人们对特种光缆的需求也趋向多元化、高标准。可以预见，在未来相当长的一段时间内，电力特种光缆将在电力通信网中继续发挥着不可替代的重要作用，图4.16为未来电力光纤三网合一的应用系统。

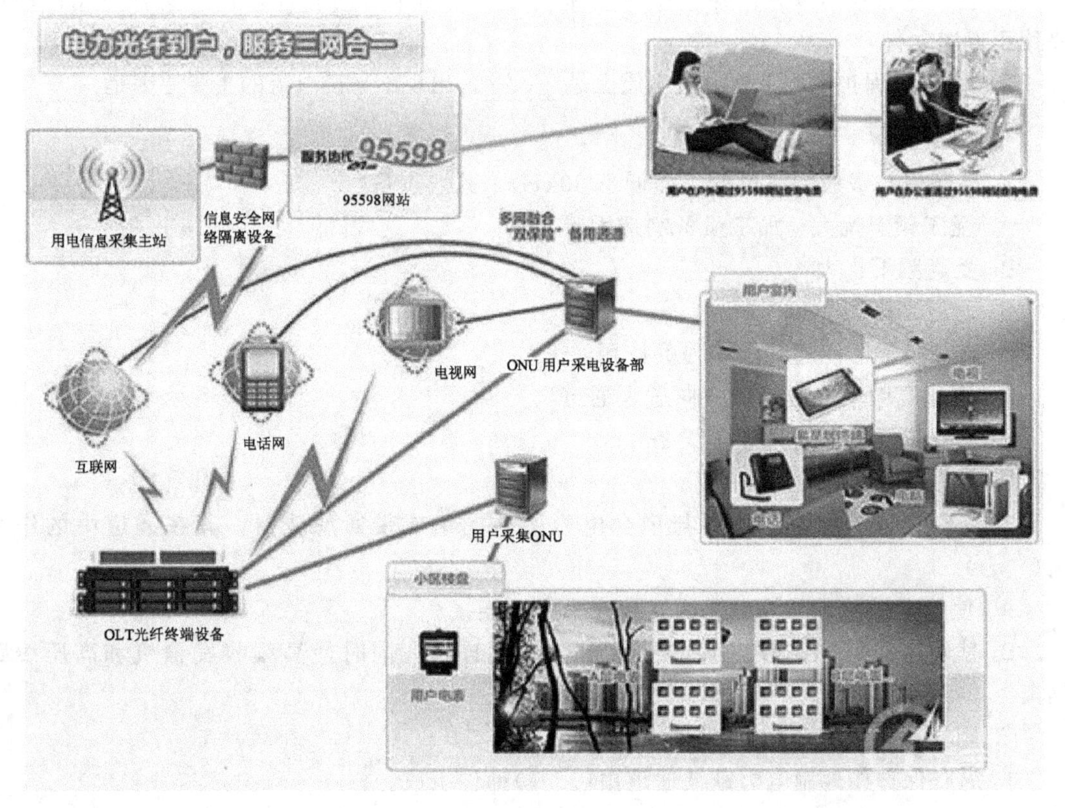

图4.16 电力光纤三网合一系统

资料来源：通信技术，潘莹玉

习　题

4.1　填空题

1. 纵联保护的通道主要有以下几种类型：______、______、______、______。

2. 线路纵联保护载波通道的构成部件包括______、______、______、______、______、______、______、______。

3. 电力载波通道有______、______两种构成方式。

4. 电流启动式闭锁式纵联保护跳闸的必要条件是高定值启动元件动作且正方向元件______，反方向元件______，收到过闭锁信号而后信号又消失。

5. 闭锁式高频方向保护在故障时启动发信，而______时停止发信。其动作跳闸的基本条件是______。

6. 方向高频保护是比较线路两端______，当满足______条件时，方向高频保护动作。

7. 故障时发信的闭锁式方向高频保护______振荡影响，区内故障伴随高频通道破坏，保护______动作。

8. 线路闭锁式纵联保护启动发信方式有______启动、______启动和远方启动。

9. 现代微机式高频方向保护中普遍采用正、反两个方向元件，其中反方向元件动作要比正方向元件______。

10. 纵差动保护的不平衡电流实质上是______，出现不平衡电流的主要原因是______。

4.2　选择题

1. 高频保护载波频率过低，如低于50kHz，其缺点是(　　)。

A. 受工频干扰大，加工设备制造困难

B. 受高频干扰大

C. 通道衰耗大

2. 高频阻波器能起到(　　)的作用。

A. 阻止高频信号由母线方向进入通道

B. 阻止工频信号进入通信设备

C. 限制短路电流水平

3. 高频通道中结合滤波器与耦合电容器共同组成带通滤波器，其在通道中的作用是(　　)。

A. 使输电线路和高频电缆的连接成为匹配连接

B. 使输电线路和高频电缆的连接成为匹配连接，同时使高频收发信机和高压线路隔离

C. 阻止高频电流流到相邻线路上去

4. 纵联保护相地制电力载波通道由(　　)部件组成。

A. 输电线路，高频阻波器，连接滤波器，高频电缆

B. 高频电缆，连接滤波器，耦合电容器，高频阻波器，输电线路

C. 收发信机，高频电缆，连接滤波器，保护间隙，接地刀，耦合电容器，高频阻波

器，输电线路

5. 能切除线路区内任一点故障的主保护是(　　)。

A. 相间距离　　B. 纵联保护　　C. 零序电流保护

6. 闭锁式纵联保护跳闸的必要条件是：高值启动元件启动后，(　　)。

A. 正方向元件动作，反方向元件不动作，没有收到过闭锁信号

B. 正方向元件动作，反方向元件不动作，收到闭锁信号而后信号又消失

C. 正、反方向元件均动作，没有收到过闭锁信号

D. 正方向元件不动作，收到闭锁信号而后信号又消失

7. 高频闭锁方向保护发信机启动后当判断为外部故障时(　　)。

A. 两侧立即停信　　B. 两侧继续发信

C. 正方向一侧发信，反方向一侧停信　　D. 正方向一侧停信，反方向一侧继续发信

8. 纵联保护的通道异常时，其后备保护中的距离、零序电流保护应(　　)。

A. 继续运行　　B. 同时停用　　C. 只允许零序电流保护运行

9. 纵联保护电力载波高频通道用(　　)方式来传送被保护线路两侧的比较信号。

A. 卫星传输　　B. 微波通道　　C. 相-地高频通道　　D. 电话线路。

10. 在运行中的高频通道上进行工作时，(　　)才能进行工作。

A. 相关的高频保护停用

B. 确认耦合电容低压侧接地绝对可靠

C. 结合滤波器二次侧短路并接地

4.3 判断题

1. 所谓相-地制通道，就是利用输电线的某一相作为高频通道加工相。(　　)

2. 高频保护采用相-地制高频通道是利用因为相-地制通道衰耗小。(　　)

3. 耦合电容器对工频电流具有很大的阻抗，可防止工频高压侵入高频收发信机。(　　)

4. 在高频通道中连接滤波器与耦合电容器共同组成带通滤波器，其在通道中的作用是使输电线路和高频电缆的连接成为匹配连接，同时使高频收发信机和高压线路隔离。(　　)

5. 高频保护不反应被保护线路以外的故障，所以不能作为下一段线路的后备保护。(　　)

6. 对于闭锁式高频保护，判断故障为区内故障发跳闸信号的条件为本侧停信元件在动作状态及此时通道无高频信号(即收信元件在不动作状态)。(　　)

7. 对于纵联保护，在被保护范围末端发生金属性故障时，应有足够的灵敏度。(　　)

8. 闭锁式纵联保护跳闸的必要条件是高值启动元件动作，正方向元件动作，反方向元件不动作，收到过闭锁信号而后信号又消失。(　　)

9. 闭锁式纵联保护在系统区外故障时靠近故障点一侧的保护将作用收发信机停信。(　　)

10. 高频距离保护不受线路分布电容的影响。(　　)

4.4 问答题

1. 纵联保护按通道类型可分为几种？

2. 电力载波高频通道有哪几种构成方式，各有什么特点？

3. 继电保护高频通道的工作方式有哪几种？

4. 何谓远方发信？为什么要采用远方发信？

5. 高频闭锁式和允许式保护在发信控制方面有哪些区别(以正、反向故障情况为例说明)？

6. 解释允许式和闭锁式、长期发信和短期发信、相-地加工制和相-相加工制的概念。

7. 为什么说高频闭锁距离保护具有高频保护和距离保护两者的优点？

8. 简述光纤保护的特点。

9. 为什么国产高频保护装置大多采用故障时发闭锁信号的工作方式？

10. 阻波器为什么要装设在隔离开关的线路侧？

第5章　自动重合闸

本章知识结构图

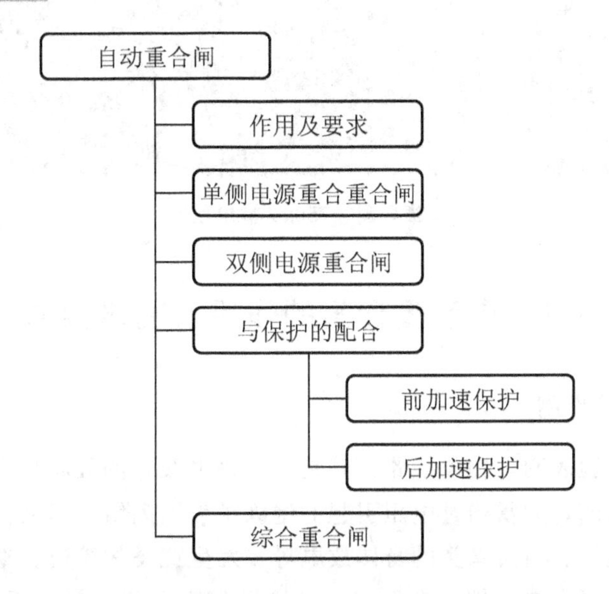

在电力系统故障中，大多数故障是架空线路的故障。运行经验表明，架空线路故障大多是瞬时性的，为了减少对用户的停电时间，目前电力系统广泛采用自动重合闸装置来解决这一问题，该装置如何工作，通过本章学习将予以解答。

本章教学目标与要求

掌握单侧电源输电线路三相一次重合闸的工作原理。
掌握双侧电源线路三相一次重合闸的特点和主要重合方式。
熟悉三相重合闸动作时限的整定。
熟悉自动重合闸前加速保护和后加速保护的动作配合及特点。
熟悉三相、单相重合闸在特高压输电线路中的应用。
了解重合闸与保护的配合和常用故障选相元件。

本章导图　750kV 输电线路

5.1　自动重合闸的作用及基本要求

5.1.1　自动重合闸的作用

电力系统运行经验表明，输电线路尤其是架空输电线路的故障发生率最高，且发生的故障大多是短时存在的，如雷击过电压引起的绝缘子表面闪络、树枝落在导线上引起的短路、大风时的短时碰线、通过鸟类的身体放电等。发生此类故障时，继电保护若能迅速使断路器跳开电源，故障点电弧即可自行熄灭，绝缘强度重新恢复，原来引起故障的树枝、鸟类等也被电弧烧掉而消失。这时若重新合上断路器，往往能恢复供电。因此，常称这类故障为瞬时性故障。此外，输电线路上也可能发生由于倒杆、断线、绝缘子击穿等引起的长时间存在的故障，即永久性故障，这类故障被继电保护切除后，如重新合上断路器，由于故障依然存在，线路还要被继电保护装置切除，因而就不能恢复正常的供电。

统计资料表明，输电线路的瞬时性故障为其故障主要形式，约占总故障次数的80%～90%。因此，对于瞬时性故障，断路器断开后再重合一次就能恢复供电，从而可减少停电时间，提高供电的可靠性。重新合上断路器的工作可由运行人员手动操作进行，但手动操作造成的停电时间太长，用户电动机多数可能已经停止运行。为此，在电力系统中广泛采用了将被切除线路断路器重新自动投入的一种自动装置，即自动重合闸(简称 AR)。

当输电线路发生故障时，在重新合闸前，自动重合闸装置本身并不能判断故障是瞬时性的还是永久性的，因此，在重合之后，若重合于瞬时性故障则重合成功，恢复三相线路的继续供电；若重合于永久性故障则重合不成功，保护再次动作，断路器再次切除故障线路。一段时间内重合成功的次数与总动作次数之比称为重合闸的成功率。根据运行资料统计，输电线路自动重合闸成功率在60%～90%之间。如果在重合之前先判断是瞬时性故障还是永久性故障，实现瞬时性故障时重合而永久性故障时闭锁重合闸，则可大大提高重合闸的成功率。但目前，具有永久性故障识别能力的重合闸装置尚处在理论研究阶段，如何在重合前可靠识别永久性故障依旧是研究难点，距离电力工业现场实用尚需时日。

在输电线路上采用的自动重合闸具有以下作用。

(1) 在输电线路发生瞬时性故障时能迅速恢复供电，从而提高供电的可靠性；对于单侧电源网络的单回线尤为显著。

(2) 对于双侧电源输电线路，可以提高系统并列运行的稳定性，从而提高输送容量。

(3) 可以纠正由于断路器本身机构的问题或继电保护误动作引起的误跳闸。

5.1.2 采用自动重合闸的不利影响

采用自动重合闸后，在带来可观效益的同时，也存在重合于永久性故障时带来的一些不利影响，如下所述。

(1) 电力系统将再次受到短路电流的冲击，对超高压系统还可能降低并列运行的稳定性，可能引起系统振荡。

(2) 严重恶化了断路器的工作条件，在短时间内连续两次切断短路电流。这种情况对于油断路器必须予以考虑，因为第一次跳闸时，由于电弧的作用，已使绝缘介质的绝缘强度降低，在重合后第二次跳闸时，是在绝缘强度已经降低的不利条件下进行的，因此，油断路器在采用了重合闸以后，其遮断容量也要不同程度的降低(一般降低到80%左右)。

对于重合闸的经济效益，应该用无重合闸时，因停电而造成的国民经济损失来衡量。由于重合闸装置本身的投资很低，工作可靠，因此，在电力系统中获得了广泛的应用。

5.1.3 装设重合闸的规定

(1) 在1kV及以上的架空线路或电缆与架空线的混合线路，在具有断路器的条件下，如用电设备允许且无备用电源自动投入时，一般都应装设自动重合闸装置。

(2) 旁路断路器和兼作旁路的母联断路器或分段断路器，应装设自动重合闸装置。

(3) 低压侧不带电源的降压变压器，可装设自动重合闸装置。

(4) 必要时，母线故障可采用母线自动重合闸装置。

5.1.4 对自动重合闸的基本要求

1. 动作迅速

为了尽可能缩短停电对用户造成的损失，要求自动重合闸装置动作时间越短越好。但必须保证在重合前，保护装置复归、故障点去游离后周围介质绝缘强度的恢复、断路器灭弧能力的恢复与传动机构的复归及准备再次动作所需的时间。通常重合闸的动作时间采用0.5～1.5s。

2. 在下列情况下自动重合闸装置不应动作

(1) 由运行人员手动操作或通过遥控装置将断路器断开时，自动重合闸装置不应动作。

(2) 断路器手动合闸于故障线路，而随即被继电保护跳开时，自动重合闸装置不应动作。因为在这种情况下，故障多属于永久性故障，再合一次也不可能成功。

(3) 当断路器处于不正常状态时(如操动机构中使用的气压、液压异常等)。

3. 动作的次数应符合预先的规定

不允许自动重合闸装置任意多次重合，其动作的次数应符合预先的规定。如一次重合闸就只能重合一次，当重合于永久性故障而断路器再次跳闸后，就不应再重合。在任何情况下，例如，装置本身的元件损坏，继电器触点粘住或拒动等，都不应使断路器错误地多次重合到永久性故障上去。因为如果重合闸多次重合于永久性故障，将使系统多次遭受短路冲击，同时还可能损坏断路器，导致断路器爆炸的严重事故。

4. 具有自动复归功能

自动重合闸装置成功动作一次后应能自动复归，为下一次动作做好准备。对于10kV及以下电压的线路，如有人值班时，也可采用手动复归方式。对于雷击机会较多的线路是非常有必要的。

5. 重合闸时间应能整定

重合闸时间应能整定，并有可能在重合闸以前或重合闸以后加速继电保护的动作，以便更好地与继电保护相配合，加速故障地切除。

6. 用不对应原则启动

一般自动重合闸可采用控制开关位置与断路器位置不对应原则启动重合闸装置，即当控制开关在合闸位置而断路器实际上在断开位置的情况下，使重合闸启动，这样就可以保证不论是什么原因使断路器跳闸后，都可以进行一次重合。对于综合自动重合闸，宜采用不对应原则和保护同时启动。

5.1.5 自动重合闸的类型

采用重合闸的目的有两点：其一是保证并列运行系统的稳定性；其二是尽快恢复瞬时故障元件的供电，从而自动恢复整个系统的正常运行。

按照自动重合闸装置作用于断路器的方式可分为以下3种类型。

1. 三相重合闸

三相重合闸是指不论线路上发生的是单相短路还是相间短路，继电保护装置动作后均使断路器三相同时断开，然后重合闸再使用将断路器三相同时投入的方式。目前，一般只允许重合闸动作一次，故称为三相一次自动重合闸装置。

2. 单相重合闸

在220kV及以上超/特高压电力系统中，由于架空线路的线间距离大，相间故障的机会很少，而绝大多数是单相接地故障。因此，在发生单相接地故障时，只把故障相断开，然后再进行单相重合，而未发生故障的两相仍然继续运行，就能够大大提高供电的可靠性和系统并列运行的稳定性。这种重合闸方式称为单相重合闸。如果是永久性故障，单相重合不成功，且系统又不允许非全相长期运行，则重合后，保护动作使三相断路器跳闸不再进行重合。

3. 综合重合闸

综合重合闸是将单相重合闸和三相重合闸综合到一起，当发生单相接地故障时，采用单相重合闸方式工作；当发生相间短路时，采用三相重合闸方式工作。综合考虑这两种重合闸方式的装置称为综合重合闸装置。

根据重合闸控制的断路器所接通或断开的元件不同，可将重合闸分为线路重合闸、变压器重合闸和母线重合闸等。目前在10kV及以上架空线路和电缆与架空线路的混合线路上，广泛采用重合闸装置，只有个别的由于系统条件的限制，不能使用重合闸。例如，断路器遮断容量不足；防止出现非同期情况或者防止在特大型汽轮发电机出口重合于永久性故障时产生更大的扭转力矩而对轴系造成损坏等。鉴于单母线或双母线的变电所在母线故障时会造成全停或部分停电的严重后果，有必要在枢纽变电所装设母线重合闸。根据系统的运行条件，事先安排哪些元件重合、哪些元件不重合、哪些元件在符合一定条件时才重合；如果母线上的线路及变压器都装设有三相重合闸，使用母线重合闸不需要增加设备与回路，只是在母线保护动作时不去闭锁那些预计重合的线路和变压器，实现比较简单。变压器内部故障多数是永久性故障，因而当变压器的瓦斯保护和差动保护动作后不重合，仅当后备保护动作时才启动重合闸。

根据重合闸控制断路器连续合闸次数的不同，可将重合闸分为一次重合闸和多次重合闸。一次重合闸主要用于输电线路，以提高系统的稳定性。多次重合闸一般用于配电网中，亦称重合器，重合器与分段器配合，自动隔离故障区段，是配电自动化的重要组成部分。

对一个具体的线路，究竟使用何种重合闸方式，要结合系统的稳定性分析，选取对系统稳定最有利的重合方式，一般遵循下列原则。

(1) 一般没有特殊要求的单电源线路，宜采用一般的三相重合闸。

(2) 凡是选用简单的三相重合闸能满足要求的线路，都应选用三相重合闸。

(3) 当发生单相接地短路时，如果使用三相重合闸不能满足稳定性要求而出现大面积停电或重要用户停电者，应当选用单相重合闸和综合重合闸。

由北京四方继保自动化公司生产的微机型自动重合闸装置如图5.1所示。

图5.1 微机型自动重合闸装置

5.2 单侧电源输电线路的三相一次自动重合闸

单侧电源线路只有一侧电源供电，不存在非同步合闸问题，自动重合闸装在线路的送电侧。在我国电力系统中，单侧电源网络广泛采用三相一次自动重合闸。当输电线路上不论发生单相接地短路还是相间短路，继电保护装置均将线路三相断路器断开，然后自动重合闸装置启动，经预定延时(一般为0.5～1.5s)发出重合脉冲，将三相断路器同时合上。若故障为瞬时性的，则重合成功，线路继续运行；若故障为永久性的，则继电保护再次将三相断路器断开，不再重合。其工作流程如图5.2所示。

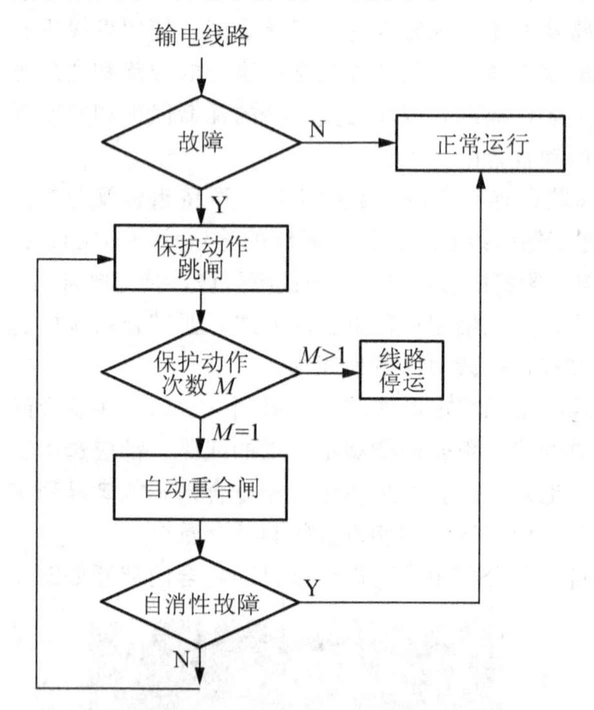

图5.2 单侧电源线路的三相一次重合闸工作流程

单侧电源线路的三相一次自动重合闸由于下列原因，使其实现较为简单。

(1) 不需要考虑电源间同步检查问题。

(2) 三相同时跳开，重合不需要区分故障类别和选择故障相。

(3) 只需要断路器满足允许重合的条件下，经预定的延时，发出一次合闸脉冲。

这种重合闸的实现元件有电磁型、晶体管型、集成电路型及微机型等，它们的工作原理是相同的，只是实现的方法不同。图5.3所示为单侧电源送电线路三相一次重合闸的工作原理框图，其主要由重合闸启动、重合闸时间、一次合闸脉冲、手动跳闸闭锁、手动合闸于故障时保护加速跳闸等元件组成。

重合闸启动：当断路器由继电保护动作跳闸或其他非手动原因而跳闸后，重合闸均应启动。一般使用断路器的辅助常闭触点或者用合闸位置继电器的触点构成，在正常情况下，当断路器由合闸位置变为分闸位置时，立即发出启动指令。

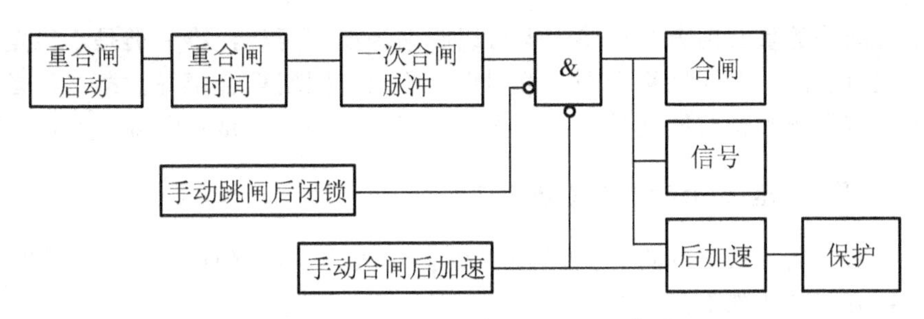

图 5.3　三相一次重合闸工作原理框图

重合闸时间：启动元件发出启动指令后，时间元件开始记时，达到预定的延时后，发出一个短暂的合闸命令。这个延时即重合闸时间，可以对其整定。

一次合闸脉冲：当延时时间到后，它立即发出一个可以合闸的脉冲命令，并且开始记时，准备重合闸的整组复归，复归时间一般为 15～25s。在这个时间内，即使再有重合闸时间元件发出命令，它也不再发出可以合闸的第二次命令。此元件的作用是保证在一次跳闸后有足够的时间合上(对瞬时性故障)和再次跳开(对永久性故障)断路器，而不会出现多次重合。

手动跳闸闭锁：当手动跳开断路器时，也会启动重合闸回路，为消除这种情况造成的不必要合闸，常设置闭锁环节，使其不能形成合闸命令。

重合闸后加速保护跳闸回路：对于永久性故障，在保证选择性的前提下，尽可能地加快故障的再次切除，需要保护与重合闸配合。当手动合闸到带故障地线路上时，保护跳闸，故障一般是因为检修时的保安接地线未拆除、缺陷未修复等永久性故障，不仅不需要重合，而且还要加速保护的再次跳闸。

5.3　双侧电源线路的三相一次自动重合闸

5.3.1　双侧电源线路自动重合闸的特点

在两端均有电源的输电线路采用自动重合闸装置时，除应满足在 5.1 节中提出的各项要求外，还应考虑下述因素。

1. 动作时间的配合问题

当线路上发生故障时，两侧的继电保护可能以不同的时限动作于跳闸，即两侧断路器不同步跳闸。例如，在靠近线路一侧发生短路时，本侧继电保护属于第Ⅰ段动作范围，保护会无延时跳闸；而另一侧则属于第Ⅱ段动作范围，保护带延时跳闸，为了保证故障点电弧的熄灭和绝缘强度的恢复，以使重合闸成功，线路两侧的重合闸必须保证两侧的断路器均已断开后，才能将本侧断路器进行重合。

2. 同期问题

当线路上发生故障两侧断路器跳闸以后，线路两侧电源的电动势之间夹角摆开，有可能失步。后合闸的一侧重合时应考虑两侧电源是否同步以及是否允许非同步合闸的问题。

因此，双电源线路上的重合闸，应根据电网的接线方式和运行情况，在单侧电源重合闸的基础上，采取一些附加措施，以适应新的要求。

双侧电源线路的重合闸方式很多，但可以归纳为如下两类：第一类是不检定同期的重合闸，如快速重合闸、非同期重合闸、解列重合闸及自同期重合闸等。第二类是检定同期重合闸，如检定无压和检定同期的三相一次重合闸及检平行线路有电流的重合闸等。

5.3.2 双侧电源线路自动重合闸的主要方式

近年来，双侧电源线路的重合闸出现了很多新的方式，保证了重合闸具有显著的效果，现将主要方式分述如下。

1. 三相快速自动重合闸

三相快速自动重合闸指的是当输电线路发生故障时，继电保护快速断开两侧断路器后能够快速重合。采用三相快速自动重合闸必须满足以下条件。

(1) 线路两侧装设能够快速切除线路任意一点故障的全线速动保护装置，如纵联保护等。

(2) 线路两侧装设快速动作的断路器，如快速气体断路器。

(3) 两侧断路器重合瞬间所产生的冲击电流对系统和设备的冲击均在安全范围之内。

具备以上条件后，可以保证在故障后到合闸前0.5～0.6s的时间内，两侧电源电势角差不大，系统不会失步；即使是两侧的电势角差较大，但重合周期短，断路器重合后很快拉入同步。显然，三相快速重合闸具有快速重合的特点，能够提高系统并列运行的稳定性和供电的可靠性，所以在220kV以上的线路应用较多。

2. 非同期重合闸

当重合闸的重合速度不够快，或者系统的功角摆开比较快，两侧断路器合闸时系统已经失步，合闸后期待系统自动拉入同步，此时系统中各电力元件将受到冲击电流的影响，当冲击电流在允许值之内时，可采取非同期合闸方式；否则，不允许采取该方式。

3. 解列重合闸

如图5.4所示，在双侧电源的单回线上，当不能采用非同步重合闸时，小电源侧采用双母线联络方式向重要负荷和非重要负荷供电。正常时由系统向小电源侧输送功率，当线路发生故障后，系统侧的保护动作使线路断路器跳闸，小电源侧的保护动作使解列点跳闸，而不跳故障线路的断路器，小电源与系统解列后，其容量应基本上与所带的重要负荷相平衡，保证地区重要负荷的连续供电。在两侧断路器跳闸后，系统侧的重合闸检查线路无电压，在确定对侧已跳闸后进行重合，如重合成功，则由系统恢复对地区非重要负荷的供电，然后，再在解列点处进行同步并列，即可恢复正常运行。如果重合不成功，则系统侧的保护再次动作跳闸，地区的非重要负荷被迫中断供电。

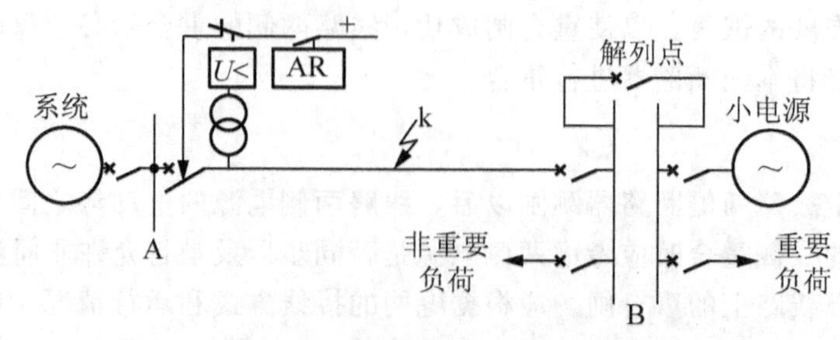

图5.4 单回线路上采用解列重合闸示意图

解列点的选取原则是，尽量使发电厂的容量与其所带的负荷接近平衡，这是该种重合闸发生所必须考虑并加以解决的问题。

4. 自同期重合闸

如图 5.5 所示的水电厂与系统的网络接线，在水电厂如条件许可时，可以采用自同步重合闸。线路上 k 点方式故障后，系统侧的保护使线路断路器跳闸，水电厂侧的保护则动作于跳开发电机的断路器和灭磁开关，而不跳开故障线路的断路器。然后系统侧的重合闸检查线路无电压而重合，如重合成功，则水轮发动机以自同步的方式自动与系统并列，因此称为自同步重合闸。如重合不成功，则系统侧的保护再次动作跳闸，水电厂也被迫停机。

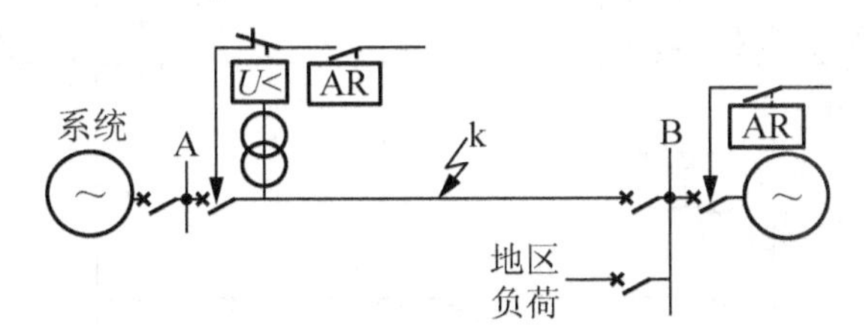

图 5.5　在水电厂采用自同步重合闸示意图

当采用自同步重合闸时，必须考虑对水电厂侧地区负荷供电的影响，因为在自同步重合闸的过程中，如果不采取其他措施，它将被迫全部停电。当水电厂有两台以上的机组时，为了保证对地区负荷的供电，则应考虑使一部分机组与系统解列，继续向地区负荷供电，另一部分机组实行自同步重合闸。

5. 检同期重合闸

当必须满足同期条件才能合闸时，需要使用检同期重合闸。因为检同期比较复杂，根据发电厂出线或输电断面上的输电线电流间的关系，有时候可以简单地检测系统是否同步。检同步重合包括以下几种情况。

(1) 系统联系紧密，保证两侧不会失步。并列运行的发电厂或电力系统之间，在电气上有紧密联系时，由于同时断开所有联系的可能性几乎不存在，因此，当任一条线路断开之后，又进行重合闸时，都不会出现非同步合闸的问题，在这种情况下，可以采用不检查同步的自动重合闸。

(2) 在双回线上检查另外一回线有电流的重合方式。当不能采用非同步合闸时，可采用检测另一回线路是否有电流的重合闸。当另一回线有电流时，表明系统两侧电源保持联系，一般是同步的，因此可以重合。采用这种重合方式的优点是因为电流检定比同步检定简单。如图 5.6 所示。

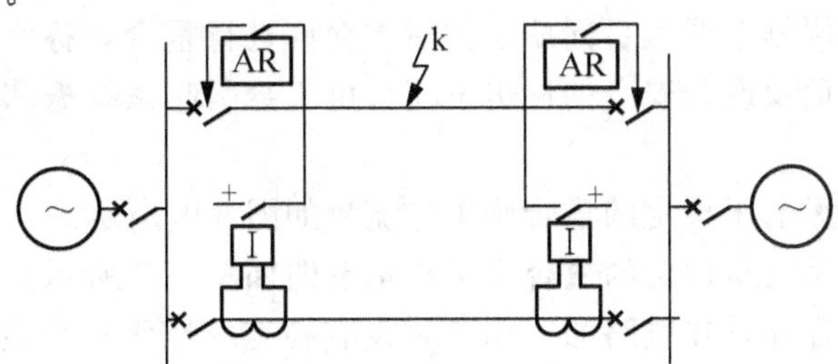

图 5.6　双回线上采用检查另一回线有无电流的重合闸示意图

(3) 必须检定两侧电源同步后才能重合。并列运行的发电厂或电力系统之间，在电气上联系较弱时，当非同步合闸的最大冲击电流超过允许值时(按 $\delta=180°$，所有同步发电机的电势 $E=1.05U_{NG}$ 计算)，则不允许非同步合闸，此时必须检定两侧电源确实同步后，才能进行重合，为此可在线路的一侧采用检查线路无电压，而在另一侧采用检定同步的重合闸，如图 5.7 所示。

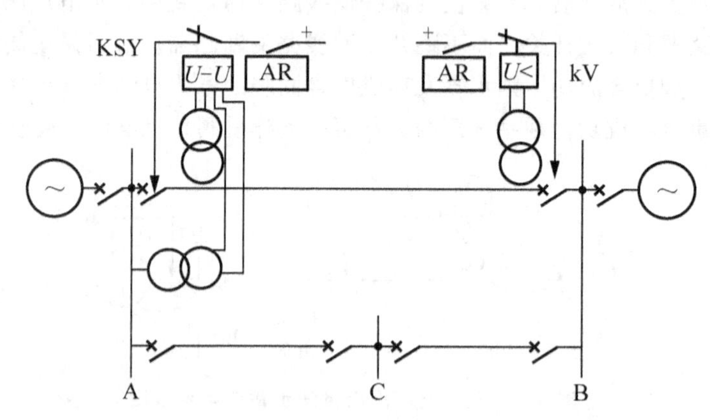

图 5.7 具有同步和无电压检定的重合闸示意图

U−*U*—同步检定继电器；*U*<—无电源检定继电器；*AR*—自动重合闸装置

当上述各种方式的重合闸难于实现，而同步检定重合闸确有一定效果时，如当两个电源与两侧所带负荷各自接近平衡，因而，在单回联络线路上交换的功率较小，或者当线路断开后，每个电源侧都有一定的备用容量可供调节时，则可采用同步检定和无压检定的重合闸。

6. 220～500kV 线路重合闸方式

对 220kV 线路，满足上述有关采用三相重合闸方式的规定时，可装设三相重合闸装置，否则装设综合重合闸装置，330k～500kV 线路一般情况下应装设综合重合闸装置。

5.4 具有同步检定和无电压检定的重合闸

在没有条件或不允许采用三相快速重合闸、非同期重合闸的双电源或弱联系的环并线上，可考虑采用检定无压和检定同期三相自动重合闸。这种重合闸方式的特点是：当线路两侧断路器断开后，其中一侧先检定线路无电压而重合，称为无压侧；另一侧在无压侧重合成功后，检定线路两侧电源满足同期条件后才允许进行重合，称为同步合闸。显然，该重合闸方式不会产生危及设备安全的冲击电流，也不会引起系统振荡，合闸后能很快拉入同步。

具有同步检定和无电压检定的重合闸工作流程如图 5.8 所示。

具有同步检定和无电压检定的重合闸工作示意图如图 5.7 所示。该重合方式除在线路两侧均装设重合闸装置外，在线路的一侧还装设有检定线路无电压的继电器 KV，而在另一侧装设检定同步的继电器 KSY。

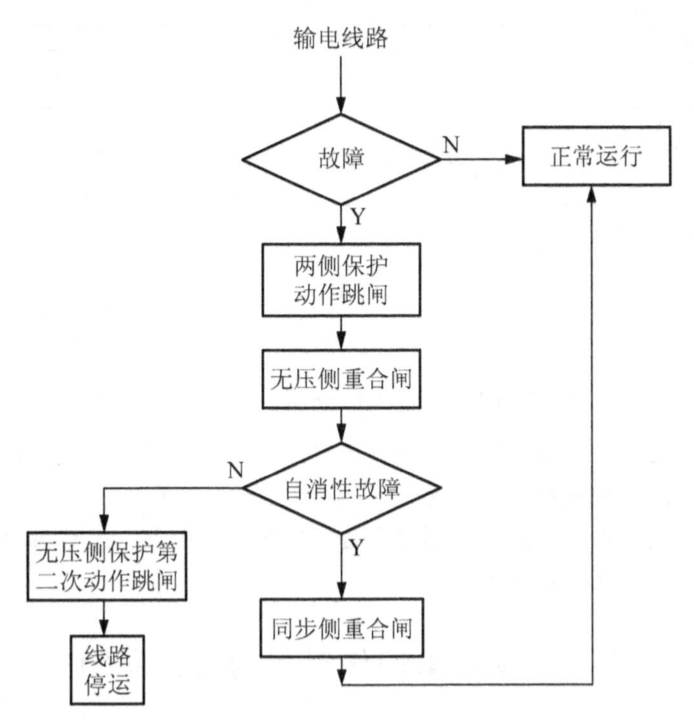

图 5.8　检定无压和检定同期三相一次自动重合闸的工作流程

当线路发生故障，两侧断路器跳闸后，检定线路无电压一侧的重合闸首先动作，使断路器投入。如果重合不成功，则断路器再次跳闸。此时，由于线路另一侧无电压，同步检定继电器不动作，因此，该侧重合闸不启动。如果重合成功，则另一侧在检定同步之后，再投入断路器，线路即恢复正常工作。由此可见，在检定线路无电压一侧的断路器如果重合不成功，就要连续两次切断短路电流，因此，该断路器的工作条件就要比同步检定一侧断路器的工作条件恶劣。为了解决这一问题，通常在每一侧都装设同步检定和无电压检定的继电器，利用连片进行切换，使两侧断路器轮换使用每种检定方式的重合闸，因而使两侧断路器工作的条件接近相同。

在使用检查线路无电压方式的重合闸一侧，当其断路器在正常运行情况下，由于某种原因(如误碰跳闸机构、保护误动等)而跳闸时，由于对侧并未动作，因此，线路上有电压，因而就不能实现重合，这是一个很大的缺陷，为了解决这个问题，通常都是在检定无电压的一侧也同时投入同步检定继电器，两者的触点并联工作。此时如遇有上述情况，则同步检定继电器就能够起作用，当符合同步条件时，即可将误跳闸的断路器重新合上。但是，在使用同步检定的另一侧，其无电压检定是绝对不允许同时投入的。

综合以上分析，这种重合闸方式的配置原则如图 5.9 所示，一侧投入无电压检定和同步检定(两者并联工作)，而另一侧只投入同步检定。两侧的投入方式可以利用其中的切换片定期轮换。

在重合闸中所用的无电压检定继电器就是普通的低电压继电器，其整定值的选择应保证只当对侧断路器确实跳闸后，才允许重合闸动作，根据经验，通常都整定为 0.5 倍额定电压。同步检定继电器采用两组线圈，分别接入同名相的母线侧和线路侧电压，利用电磁感应原理即可简单实现。

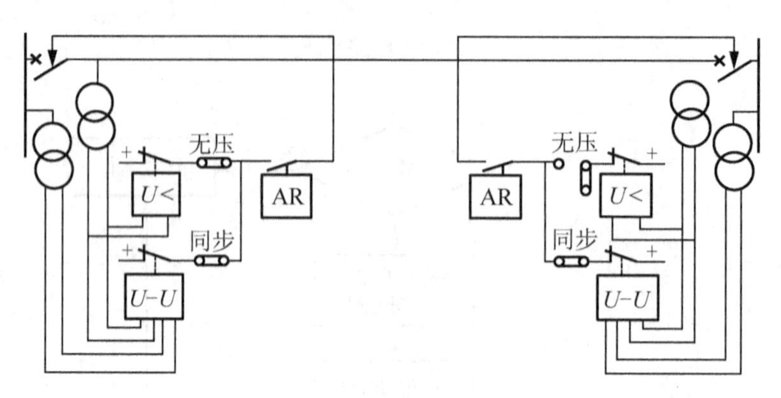

图 5.9 采用同步检定和无电压检定重合闸的配置关系

为了检定线路无电压和检定同步，就需要在断路器断开的情况下，测量线路侧电压的大小和相位，这样就需要在线路侧装设电压互感器或特殊的电压抽取装置，在高压线路上，为了装设重合闸而增设电压互感器是十分不经济的，因此，一般都是利用结合电容器或断路器的电容式套管等来抽取电压。

5.5 重合闸动作时限的选择原则

现在电力系统广泛使用的重合闸都具备永久性故障识别能力，都是经固定时限后自动重合。对于瞬时性故障，必须等待故障点消除、绝缘强度恢复后才有可能重合成功，而这个时间与湿度、风速等有关。对于永久性故障，除考虑上述时间外，还要考虑重合到永久性故障后断路器内部的油压、气压恢复以及绝缘介质绝缘强度的恢复等，保证断路器能够再次切断短路电流。按以上原则确定的最小时间称为最小合闸时间，实际使用的重合闸时间必须大于这个时间，根据重合闸在系统中的主要作用计算确定。

5.5.1 单侧电源线路的三相重合闸

单侧电源线路重合闸的主要作用是尽可能缩短停电时间，重合闸的动作时限原则上应该愈短愈好，应按最小重合闸时间整定。因为电源中断后，电动机的转速急剧下降，电动机被其负荷转矩所制动，当重合闸成功恢复供电后，很多电动机要自启动，断电时间愈长，电动机转速降得愈低，自启动电流愈大，往往又会引起电网内部电压的降低，因而会造成自启动困难或延长了恢复正常工作的时间。

重合闸的最小时间按下述原则确定。

(1) 在断路器跳闸后负荷电动机向故障点反馈电流的时间；故障点的电弧熄灭并使周围介质恢复绝缘强度所需要的时间。

(2) 在断路器跳闸熄弧后，其触头周围绝缘强度的恢复以及灭弧室重新充满油、气需要的时间，同时其操动机构恢复原状准备好再次动作需要的时间。

(3) 如果重合闸是利用继电保护跳闸出口启动，其动作时限还应加上断路器跳闸时间。

根据我国一些电力系统的运行经验，上述时间整定为 0.3～0.4s 似嫌太小，重合时多数瞬时性故障电弧未完全熄灭，以致重合成功率较低，因而采用 0.5～1.5s 左右较为适宜。

5.5.2 双侧电源线路的三相重合闸

其时限除满足以上要求外，还应考虑线路两侧继电保护以不同时限切除故障的可能性。

从最不利的情况出发，每一侧的重合闸都应该以本侧先跳闸而对侧后跳闸来作为考虑整定时间的依据。如图 5.10 所示，设本侧保护(保护 1)的动作时间为 $t_{PD.1}$，断路器的动作时间为 $t_{QF.1}$，对侧保护(保护 2)的动作时间为 $t_{PD.2}$，断路器的动作时间为 $t_{QF.2}$，则在本侧跳闸后，还需要经过($t_{PD.2}+t_{QF.2}-t_{PD.1}-t_{QF.1}$)的时间才能跳闸。再考虑故障点灭弧和周围介质去游离的时间 t_U，则先跳闸一侧重合闸的动作时限应整定为

$$t_{AR}=t_{PD.2}+t_{QF.2}-t_{PD.1}-t_{QF.1}+t_U \tag{5-1}$$

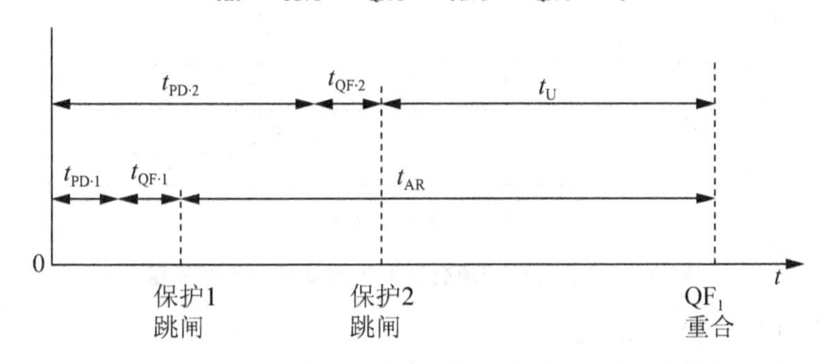

图 5.10 双侧电源线路重合闸动作时限配合示意图

当线路上装设三段式电流或距离保护时，$t_{PD.1}$ 应采用本侧Ⅰ段保护的动作时间，而 $t_{PD.2}$ 一般采用对侧Ⅱ段(或Ⅲ段)保护的动作时间。当线路装设纵联保护时，一般应考虑一端装设快速辅助保护动作(如电流Ⅰ、距离Ⅰ段)时间(约 30ms)，另一侧由纵联保护跳闸(可能慢至 100～120ms)。

5.6 自动重合闸装置与继电保护的配合

在电力系统中，重合闸与继电保护的关系极为密切。为了尽可能利用自动重合闸所提供的条件以加速切除故障，继电保护与之配合时，一般采用重合闸前加速保护和重合闸后加速保护两种方式，根据不同的线路及保护配置加以选用。

5.6.1 自动重合闸前加速保护

重合闸前加速保护一般又简称“前加速”。

在图 5.11 所示的网络接线中，假设每条线路上均装设过电流保护，其动作时限按阶梯形原则配合。因而，在靠近电源端保护 3 处的动作时限最长。为了加速故障的切除，可在保护 3 处采用自动重合闸前加速保护动作方式，即当任一线路发生故障时(如图中的 k_1 点)，第一次都是由保护 3 瞬时动作予以切除，重合以后保护第二次动作切除故障是有选择性的。例如，故障线路 AB 以外(如 k_1 点故障)，则保护 3 的第一次动作是无选择性的，但断路器 QF_3 跳闸后，如果此时的故障是瞬时性的，则在重合闸以后就恢复了供电；如果故障是永久性的，则保护 3 第二次就按有选择性的时限 t_3 动作。为了使无选择性的动作

范围不扩展得太长，一般规定当变压器低压侧短路时，保护 3 不应动作。因此，其启动电流还应按躲过相邻变压器低压侧的短路(如 k_2 点短路)来整定。

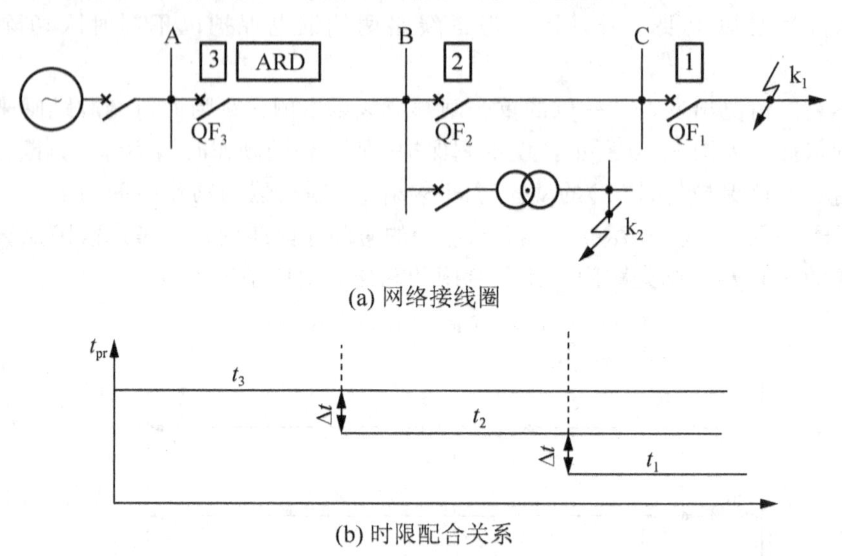

(a) 网络接线圈

(b) 时限配合关系

图 5.11 自动重合闸装置前加速保护动作原理图

采用“前加速”的优点如下。

(1) 能快速切除瞬时性故障。

(2) 可能使瞬时性故障来不及发展成为永久性故障，从而提高重合闸的成功率。

(3) 能保证发电厂和重要变电站的母线电压在 0.6～0.7 倍额定电压以上，从而保证厂用电和重要用户的电能质量。

(4) 使用设备少，只需在靠近电源侧的保护加装一套自动重合闸装置，简单、经济。

采用“前加速”缺点如下。

(1) 断路器工作条件恶劣，动作次数较多。

(2) 重合于永久性故障时，再次切除故障的时间会延长。

(3) 若重合闸装置或 QF_3 拒动，则将扩大停电范围，甚至在最末一级线路上故障时，都会使连接在这条线路上的所有用户停电。

因此，“前加速”方式主要用于 35kV 以下由发电厂或重要变电所引出的直配线路上，以便快速切除故障，保证母线电压。

5.6.2 重合闸后加速保护

重合闸后加速保护一般又简称为“后加速”。

所谓后加速就是当线路第一次故障时，保护有选择性动作，然后进行重合。如果重合于永久性故障，则在断路器合闸后，再加速保护动作，瞬时切除故障，而与第一次动作是否带有时限无关。

采用后加速的优点如下。

(1) 第一次跳闸是有选择性的，不会扩大停电范围，特别是在重要的高压电网中，一般不允许保护无选择性的动作，而后以重合闸来纠正(前加速的方式)。

(2) 保证了永久性故障能瞬时切除，并仍然具有选择性。

(3) 和前加速保护相比，使用中不受网络结构和负荷条件的限制，一般来说是有利而无害的。

采用后加速的缺点如下。

(1) 第一次切除故障可能带时限。

(2) 每个断路器上都需要装设一套重合闸，与前加速相比较为复杂。

利用图 5.3 后加速元件 KCP 所提供的常开触点实现重合闸后加速过电流保护的原理接线如图 5.12 所示。

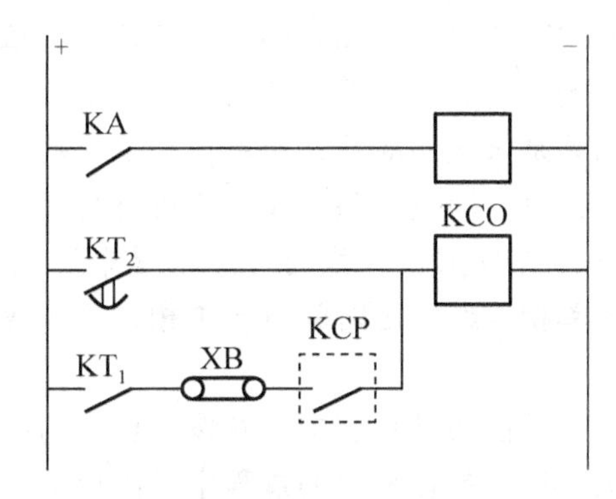

图 5.12　重合闸后加速过电流保护原理接线图

图中 KA 为过电流继电器的触点，当线路发生故障时，它启动时间继电器 KT_1，然后经整定时限后 KT_2 触点闭合，启动出口继电器 KCO 而跳闸。当重合闸启动以后，后加速元件 KCP 的触点将闭合 1s 的时间，如果重合于永久性故障上，则 KA 再次动作，此时即可由时间继电器 KT_1 的瞬时常开触点 KT_1、连片 XB 和 KCP 的触点串联而立即启动 KCO 动作于跳闸，从而实现了重合闸后过电流保护加速动作的要求。

“后加速”的配合方式广泛应用于 35kV 以上的网络及对重要负荷供电的送电线路上。因为在这些线路上一般都装有性能比较完善的保护装置，如三段式电流保护、距离保护等，因此，第一次有选择性的切除故障的时间(瞬时动作或具有 0.3～0.5s 的延时)均为系统运行所允许，而在重合闸以后加速保护的动作(一般是加速保护Ⅱ段的动作，有时也可以加速保护Ⅲ段的动作)，就可以更快地切除永久性故障。

目前现场使用的微机型加速保护装置如图 5.13 所示。

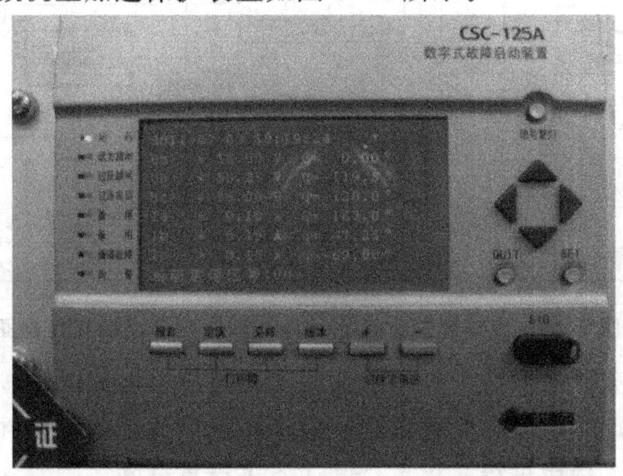

图 5.13　微机型加速保护装置

5.7 单相自动重合闸

以上所讨论的自动重合闸均是三相式的，即不论送电线路上发生单相接地短路还是相间短路，继电保护动作后均使断路器三相断开，然后重合闸再将三相断路器合上。但是运行经验表明，在220～500kV的架空线路上，由于相间绝缘距离大，其绝大部分短路故障都是单相接地短路，在这种情况下，如果只断开故障的一相，而未发生故障的两相仍然继续运行，保证了短时间内系统两侧仍旧是同步的，然后再进行单相重合，就能大大提高供电的可靠性和系统并列运行的稳定性。如果线路发生的是瞬时性故障，则单相重合成功，即恢复三相的正常运行。如果是永久性故障，单相重合不成功，则需要根据系统的具体情况，如不允许长期非全相运行时，即应切除三相并不再进行重合；如需要转入非全相运行时，则应再次切除单相并不再进行重合。目前一般都是采用重合不成功时跳开三相的方式。这种单相短路跳开故障单相，经一定时间重合单相，若不成功再跳开三相的重合方式称为单相自动重合闸。

电网采用单相重合闸时，不仅要求系统中装有按相操作的断路器；而且需要保护装置必须有故障选相元件。其次，进行单相重合的过程中会出现短时间的非全相运行状态，对保护如零序电流保护的动作会产生影响。另外，非全相运行状态下，电网中两健全相提供的潜供电流会影响断开相的故障点熄弧。这些都是应用单相自动重合闸要考虑的问题。

5.7.1 单相自动重合闸与保护的配合关系

通常继电保护装置只判断故障发生在保护区内、区外，决定是否跳闸，而决定跳三相还是跳单相、跳哪一相，是由重合闸内的故障判别元件和故障选相元件来完成的，最后由重合闸操作机构发出跳、合断路器的命令。

图5.14所示为保护装置、选相元件与重合闸回路的配合框图。

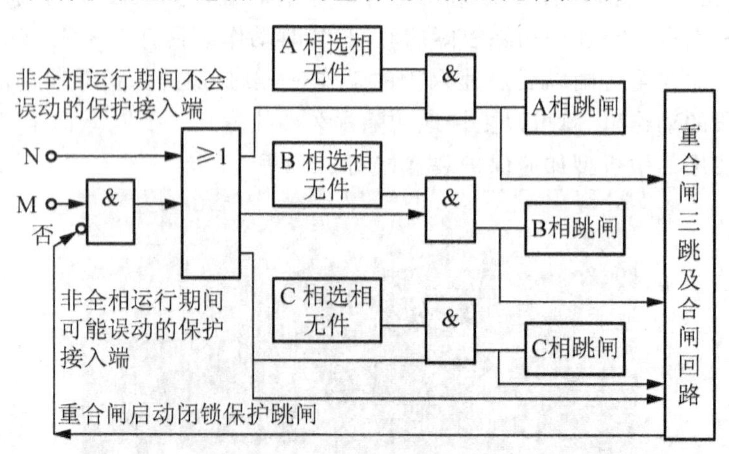

图5.14 保护装置、选相元件与重合闸回路的配合框图

保护装置和选相元件动作后，经与门进行单相跳闸，并同时启动重合闸回路。对于单相接地故障，就进行单相跳闸和单相重合。对于相间短路则在保护和选相元件相配合进行判断之后，跳开三相，然后进行三相重合闸或不进行重合闸。

在单相重合闸过程中，由于出现纵向不对称，因此，将产生负序分量和零序分量，这就可能引起本线路保护以及系统中其他保护的误动作。对于可能误动作的保护，应整定保护的动作时限大于单相非全相运行的时间，以防误动，或在单相重合闸动作时将该保护予以闭锁。为了实现对误动作保护的闭锁，在单相重合闸与继电保护相连接的输入端都设有两个端子，一个端子接入在非全相运行中仍然能继续工作的保护，习惯上称为N端子；另一个端子则接入非全相运行中可能动作的保护，称为M端子。在重合闸启动以后，利用“否”回路即可将接入M端的保护跳闸回路闭锁。当断路器被重合而恢复全相运行时，这些保护也立即恢复工作。

5.7.2 单相自动重合闸的特点

1. 故障选相元件

为实现单相重合闸，首先须有故障选相元件。对选相元件的基本要求如下。

1）选择性

即选相元件与继电保护相配合，只跳开发生故障的一相，而接于另外两相上的选相元件不应动作。

2）灵敏性

在故障相末端发生单相接地短路时，接于该相上的选相元件应保证足够的灵敏性。

根据网络接线和运行的特点，满足以上要求的常用选相元件有如下几种。

(1) 电流选相元件。在每相上装设一个过流电继电器，其启动电流按照大于最大负荷电流的原则进行整定，以保证动作的选择性。这种选相元件适于装设在电源端，且短路电流比较大的情况，它是根据故障相短路电流增大的原理而动作的。

(2) 低电压选相元件。用3个低电压继电器分别接于三相的相电压上，低电压继电器是根据故障相电压降低的原理而动作的。它的启动电压应小于正常运行时以及非全相运行时可能出现的最低电压。这种选相元件一般适于装设在小电源侧或单侧电源线路的受电侧，作为电流选相元件的后备。

(3) 阻抗选相元件。根据故障相测量阻抗降低的原理而动作。采用相地环接地方式的3个阻抗继电器以保证单相接地故障时故障相阻抗继电器测量阻抗与短路点到保护安装地点之间的正序阻抗成正比。阻抗继电器一般采用方向阻抗继电器或四边形阻抗继电器。

(4) 相电流差突变量选相元件。利用故障时电气量发生突变的原理构成，3个相电流突变量继电器所反应的电流分别为

$$\begin{cases} \mathrm{d}i_{ab}=\mathrm{d}i_a-\mathrm{d}i_b \\ \mathrm{d}i_{bc}=\mathrm{d}i_b-\mathrm{d}i_c \\ \mathrm{d}i_{ca}=\mathrm{d}i_c-\mathrm{d}i_a \end{cases} \tag{5-2}$$

在正常运行时以及短路后稳态情况下，每相电流均没变化，因此，3个选相元件均不动作。仅在故障后初一瞬间，故障相电流发生突变，此时对应的故障相的相电流差突变量的选相元件动作。

2. 动作时限的选择

当采用单相重合闸时，其动作时限的选择除应满足三相重合闸时所提出的要求(即大

于故障点灭弧时间及周围介质去游离的时间，大于断路器及其操动机构复归原状准备好再次动作的时间)外，还应考虑下列问题。

(1) 不论是单侧电源还是双侧电源，均应考虑两侧选相元件与继电保护以不同时限切除故障的可能性。

(2) 当故障相线路自两侧切除后，潜供电流对灭弧所产生的影响如图 5.15 所示。

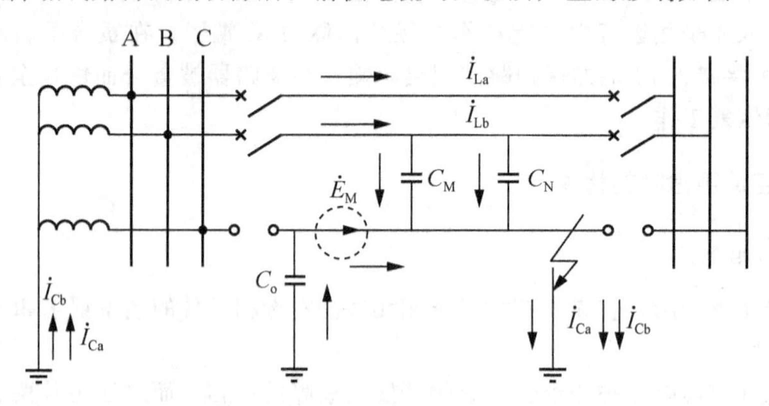

图 5.15 C 相单相接地时，潜供电流的示意图

由于非故障相与断开相之间存在有静电耦合(通过电容)和电磁耦合(通过互感)的联系，因此，虽然短路电流已被切断，但在故障点的弧光通道中，仍然流有如下的耦合感应电流。

(1) 非故障相 A 通过 A、C 相间的电容C_{ac}供给的电流。

(2) 非故障相 B 通过 B、C 相间的电容C_{bc}供给的电流。

(3) 继续运行的两相中，由于流过负荷电流$\dot{I}_{La}$和$\dot{I}_{Lb}$，而在 C 相中产生互感电动势$\dot{E}_M$，此电动势通过故障点和该相对地电容C_o而产生的电流。

这些电流的总和称为潜供电流。由于潜供电流的影响，将使短路时弧光通道的去游离受到严重阻碍，而自动重合闸只有在故障点电弧熄灭且绝缘强度恢复以后才有可能成功，因此，单相重合闸的时间还必须考虑潜供电流的影响。一般来说，线路的电压越高，线路越长，健全相对断开相的耦合作用越明显，则潜供电流就越大。潜供电流的持续时间不仅与其大小有关，而且也与故障电流的大小、故障切除的时间、弧光的长度以及故障点的风速等因素有关。因此，为了正确地整定单相重合闸的时间，国内外许多电力系统都是由实测来确定灭弧时间的，该时间比三相重合闸的时间要长得多。如我国某电力系统中，在220kV 的线路上，根据实测确定保证单相重合闸期间的熄弧时间应在 0.6s 以上。

由以上可知，潜供电流的大小直接决定瞬时性故障电弧的熄灭速度。为了加速故障电弧的熄灭速度，国内通常在线路侧并联电抗器的中性点接入高补偿度的小电抗器以补偿健全相对断开相的电容耦合电流；国外如日本通常在线路侧采用一个高速接地开关，在线路两侧断路器跳闸后，快速接地开关短时接通，快速释放故障点电弧能量，达到快速灭弧的目的。

3. 对单相重合闸的评价

采用单相重合闸的主要优点如下。

(1) 能在绝大多数的故障情况下保证对用户的连续供电，从而提高供电的可靠性；当由单侧电源单回路向重要负荷供电时，对保证不间断供电更有显著的优越性。

(2) 在双侧电源的联络线上采用单相重合闸，可以在故障时大大加强两个系统之间的联系，从而提高系统并列运行的动态稳定性。对于联系比较薄弱的系统，当三相切除并继之以三相重合闸而很难再恢复同步时，采用单相重合闸就能避免两系统解列。

采用单相重合闸的缺点如下。

(1) 需要有按相操作的断路器。

(2) 需要专门的选相元件与继电器保护相配合，再考虑一些特殊要求后，导致重合闸回路接线较为复杂。

(3) 在单相重合闸过程中，由于非全相运行能引起本线路和电网中其他线路的保护误动作，因此，就需要根据实际情况采取措施予以防止。这将使保护的接线、整定计算和调试工作复杂化。

由于单相重合闸具有以上特点，并在实践中证明了它的优越性，因此，已在220～500kV的线路上获得了广泛的应用。对于110kV的电力网，一般不推荐这种重合闸方式，只在由单侧电源向重要负荷供电的某些线路及根据系统运行需要装设单相重合闸的某些重要线路上才考虑使用。

5.8 综合重合闸简介

在采用单相重合闸以后，如果发生各种相间故障时仍然需要切除三相，然后再进行三相重合闸，如重合不成功则再次断开三相而不再进行重合。因此，实际上实现单相重合闸时，也总是把实现三相重合闸的问题结合在一起考虑，故称它为“综合重合闸”。在综合重合闸的接线中，经过转换开关的切换功能能实现综合重合闸、单相重合闸、三相重合闸以及停用重合闸4种运行方式。

在综合重合闸中，除了选相元件以外，还增加了故障类型判别元件。其作用是判断是接地故障还是不接地的相间短路。通常采用零序电流和零序电压作为故障类型判别元件。在发生单相接地短路时，故障类型判别元件动作，解除相间故障三相跳闸回路，由选相元件选出故障相别跳单相；当发生相间接地故障时，故障类型判别动作判为相间故障，同时故障相的选相元件均动作，则由逻辑回路跳三相；而发生相间故障时，故障类型判别元件不动作，保护通过三相跳闸回路跳开三相断路器。

实现综合重合闸回路接线时，应考虑的一些基本原则如下。

(1) 单相接地短路时跳开单相，然后进行单相重合，如重合不成功则跳开三相而不再进行重合。

(2) 各种相间短路时跳开三相，然后进行三相重合。如重合不成功，仍跳开三相，而不再进行重合。

(3) 当选相元件拒绝动作时，应能跳开三相并进行三相重合。

(4) 对于非全相运行中可能误动作的保护，应进行可靠的闭锁，对于在单相接地时可能误动作的相间保护(如距离保护)，应有防止单相接地误跳三相的措施。

(5) 当一相跳开后重合闸拒绝动作时，为防止线路长期出现非全相运行，应将其他两相自动断开。

(6) 任两相的分相跳闸继电器动作后，应联跳第三相，使三相断路器均跳闸。

(7) 无论单相或三相重合闸，在重合不成功之后，均应考虑能加速切除三相，即实现重合闸后加速。

(8) 在非全相运行过程中，如又发生另一相或两相的故障，保护应能有选择性地予以切除，上述故障如发生在单相重合闸的脉冲发出以前，则在故障切除后能进行三相重合。如发生在重合闸脉冲发出以后，则切除三相不再进行重合。

(9) 对用气压或液压传动的断路器，当气压或液压低至不允许实行重合闸时，应将重合闸回路自动闭锁，但如果在重合闸过程中下降到低于允许值时，则应保证重合闸动作的完成。

5.9 750kV 及以上超高压输电线路重合闸的应用

750kV 及以上的特高压交流输电线是我国未来电力系统的骨干线路，是国家的经济命脉。由于其输送容量大，输电距离长，为保证其可靠连续运行，自动重合闸是不可缺少的。但是与 500kV 及以下的超高压输电线不同，由于其分布电容大，在拉/合闸操作、故障和重合闸时都将引起严重的过电压。因此，对于特高压输电线路，设计、应用、整定自动重合闸时首先要研究解决重合闸引起的过电压问题，现分别按三相重合闸和单相重合闸分述如下。

5.9.1 三相重合闸在超高压输电线路上的应用问题

特高压线路由于相间距离大，发生相间故障的概率很低，其故障以单相瞬时性故障为主要形式，各种故障发生概率的典型数据如下：单相接地故障 93%，两相故障 4%，两相接地故障 2%，三相故障为 1%。据俄罗斯电力部门的实际运行统计资料表明：750kV 和 1150kV 线路 98%以上为单相故障。所以对于特高压电网来说，采用单相重合闸技术有利于其在瞬时性故障时快速恢复供电，对保证整个系统的安全稳定运行更为重要。故在特高压输电线上首先考虑采用单相重合闸。但在相间短路时必须实行三相跳闸和三相自动重合。在单相非永久性故障而单相重合闸不成功时(如其他两非故障相的耦合使潜供电流难以消失时)，也可再次进行三相跳闸、三相重合。故三相自动重合闸在特高压输电线路上也必须设置。

在特高压输电线路一端计划性空投时会产生很高的过电压，但因为是计划性操作，在投入之前可采取一系列限制过电压的措施以保证过电压不会超过允许值和允许时间。在故障后三相自动重合时情况将完全不同。在因故障两端三相跳闸时，线路上的大量残余电荷将通过并联电抗器和线路电感释放，因而产生非额定工频频率的谐振电压，三相的这种电压也不一定对称，如果从一端首先三相重合闸时，正好母线工频电压与此自由谐振电压极性相反，将造成很高的不能允许的重合过电压，不但要使绝缘子和断路器等设备损坏，而且重合也难以成功。故必须采取有效措施(如采用合闸电阻等)和正确整定重合闸的时间来降低过电压。

研究表明，在从一端首先实行三相重合时，要引起重合过电压，对端应在此重合闸过电压衰减到一定值时再合。首合端引起的重合过电压约在 0.2s 左右衰减到允许值，因此，后合一端的重合闸时间应该计及对端重合过电压的衰减时间，并考虑到断路器不同期动作等因素，使两端三相重合时间相差应约在 0.2～0.3s 左右。

5.9.2 单相重合闸在特高压输电线路上的应用问题

如上所述，在特高压输电线上三相重合闸如果不采取有效措施和合理整定将引起破坏性的重合过电压，因此，在特高压输电线路上一般都优先考虑单相自动重合闸。然而，研究工作表明，单相故障从两端切除后，断开相上的残余电荷释放产生的自由振荡电压和其他两非故障相对断开相的电容耦合的工频电压将产生一拍频过电压。如果先合断路器一侧的母线工频电压正好与此拍频电压极性相反，将会产生危险的过电压，尤其是当母线电压的正峰值遇到拍频电压的负峰值时更是危险，不但单相重合不能成功，还可能使绝缘子和设备损坏。因此，应该在断路器两触点之间的电压最小时合闸，至少应在拍频电压包络线电压最小时合闸，亦即应监视断开相电压，以确定合闸的时间。这种自适应合闸时间的重合闸和判断永久性故障和瞬时故障的自适应单相重合闸同样重要。研究结合这两种功能于一身的自适应单相自动重合闸对于特高压输电线路的自动重合闸的应用具有重要意义。

由南瑞继保电气公司生产的微机型综合自动化系统如图 5.16 所示。

图 5.16 微机型变电站综合自动化系统

本章小结

介绍了自动重合闸在电力系统中的作用及实现的基本要求，同时对于在电力系统中应用最广泛的具有同步检定和无压检定重合闸方式的工作原理以及其中的特殊问题进行了讨论。对重合闸动作时限的选择原则、重合闸与保护的配合方式及 750kV 系统重合闸的应用也进行了介绍。

自动重合闸 Autoreclosure；**检同期** Synchronisation Check；**综合重合闸** Compromise Poles Autoreclosure

自适应单相重合闸的研究现状及发展趋势

目前，由于电网运行电压的提高，特高压系统中过电压与绝缘成为突出问题，尤其是重合过电压更是成为特高压电网绝缘水平的决定性因素，对重合闸操作也提出新的要求，自适应重合闸在特高压线路上的有效应用显得格外重要；同时为了限制工频过电压，超高压、特高压输电线路通常在线路的送端和受端装设并联电抗补偿，为了提高超高压、特高压远距离输电线路的输电能力和系统稳定性，且对输电通道上的潮流分布具有一定的调节作用，需采用串联电容补偿技术。为此针对目前超、特高压长距离线路的特殊性，在研究单相自适应重合闸的同时，需要考虑到线路上并联电抗器及串联补偿电容的影响。

传统的继电保护是基于工频量的保护，新一代的继电保护是暂态保护，即基于检测故障所产生的高频暂态量的输电线路保护，它是利用故障产生的高频分量来实现的。故障时频率分量丰富的高频信号含有丰富的故障信息，高频分量的产生与线路参数、故障情况等有关，而与系统运行状况、过渡电阻等无关，因此，基于暂态量的保护不受工频现象如系统振荡、过渡电阻等的影响，高频分量的检测和识别较工频分量需要快得多的速度，因而基于暂态量的保护具有快速的特点。充分提取故障时的高频暂态量信息，可以获得更多的故障信息，以便在实现保护动能之外，实现故障测距、选相、自动重合闸等功能。

在自适应重合闸研究中，不仅可利用暂态保护提取的故障高频暂态信息，通过比较各条线路的暂态电流谱能量实现对方向的识别，也可利用小波、数学形态学的方法提取高频暂态分量，并对该信号进行能量谱分析，当区内发生故障时，在一个时间段内能量差别不大。当区外发生故障时，由于母线杂散电容以及结合电容的影响而大量衰减，因此，可通过比较高低频的能量谱对区内外故障做出判断。对于单相自适应重合闸的研究，因为瞬时故障与永久故障情况下，高频暂态信号也呈现很大的差异，将上述提取暂态信号并进行谱能量分析的方案，应用于故障类型的识别也是一个很好的借鉴。

在电力系统中，系统故障通常反应为电压、电流信号的突变，但信号的突变往往不太明显，为了把不太明显的暂态突变特征更加明显地表现出来，常采用傅里叶变换和小波变换对突变量进行积分处理，但是不足之处在于需要保证足够宽度的采集数据窗口，且积分变化结果对于输入信号会带来相移和幅值衰减。数学形态学作为一种非线性的分析方法，且对信号特征的提取完全在时域中进行，信号相位和幅值特性不会变化。数学形态学方法用于信号处理时只取决于待处理信号的局部形状特征，比传统的线性滤波更为有效，在有效地消除信号噪声的同时保留原信号的全局和局部特征。它计算简单，其算法只有加减法和取极值计算，不涉及乘除法，因而可以对信号进行实时处理。因此，在单相自适应重合闸中，数学形态的分析方法也有一定的应用前景。

故障过程中的电弧现象包含了很多丰富的暂态信息，国外专家对基于电弧电压特性的自适应重合闸的研究已经有了很大的成果，但在国内这方面的研究还为数不多。由于电弧变化的复杂性，以及持续时间相对短暂，对它的研究存在很多难点，主要表现为一次电弧持续时间非常短，而且由于在故障初一瞬间，系统中含有大量复杂的暂态信号，相比之下，电弧信号十分微弱，这样就使得在一次电弧阶段，电弧本身固有的一些特性不易在此时的线路电压中体现；与此同时，电弧重燃电压的不断变化以及电弧熄灭时刻的确定成为二次电弧研究的难点之一。因此，故障中出现的电弧，还有很大的研究潜力。

资料来源：电力系统保护与控制，程玲等

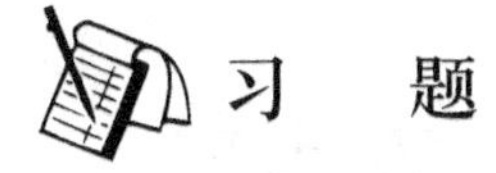

习 题

5.1 判断题

1. 不管任何原因使断路器断开，自动重合闸装置都将动作使断路器合上。 （ ）

2. 对于仅使用三相重合闸的线路而言，潜供电流是不存在的。 （ ）

3. 当线路发生故障时，第一次都是由保护瞬时动作予以切除，重合以后保护第二次动作切除故障是有选择性的，这种方式称为自动重合闸后加速保护。 （ ）

4. 单相重合闸过程中将产生负序分量和零序分量。 （ ）

5. 330k～500kV线路一般情况下应装设三相重合闸装置。 （ ）

6. 断路器合闸后加速与重合闸后加速共用一个加速继电器。 （ ）

7. 对于双侧电源系统，当线路上发生故障跳闸以后，重合闸时还要考虑两侧电源是否同步以及是否允许非同步合闸的问题。 （ ）

8. 当断路器手动合闸于故障，而随即被继电保护跳开时，自动重合闸装置也应动作。 （ ）

9. 当重合于永久性故障时，对超高压系统可能引起系统振荡。 （ ）

10. 综合重合闸兼具单相重合闸和三相重合闸的功能。 （ ）

5.2 问答题

1. 重合闸装置对电力系统有什么不利影响？

2. 怎样考虑重合闸动作时限的选择原则？

3. 何谓重合闸前加速保护？它有哪些优缺点？

4. 何谓重合闸后加速保护？它有哪些优缺点？

5. 单相重合闸中选相元件的作用和类型是什么？目前常用的是哪一种？

6. 为什么在综合重合闸中需要设置故障判别元件？常用的故障判别元件有哪些？对它们有什么基本要求？

第6章　电力变压器的继电保护

本章知识结构图

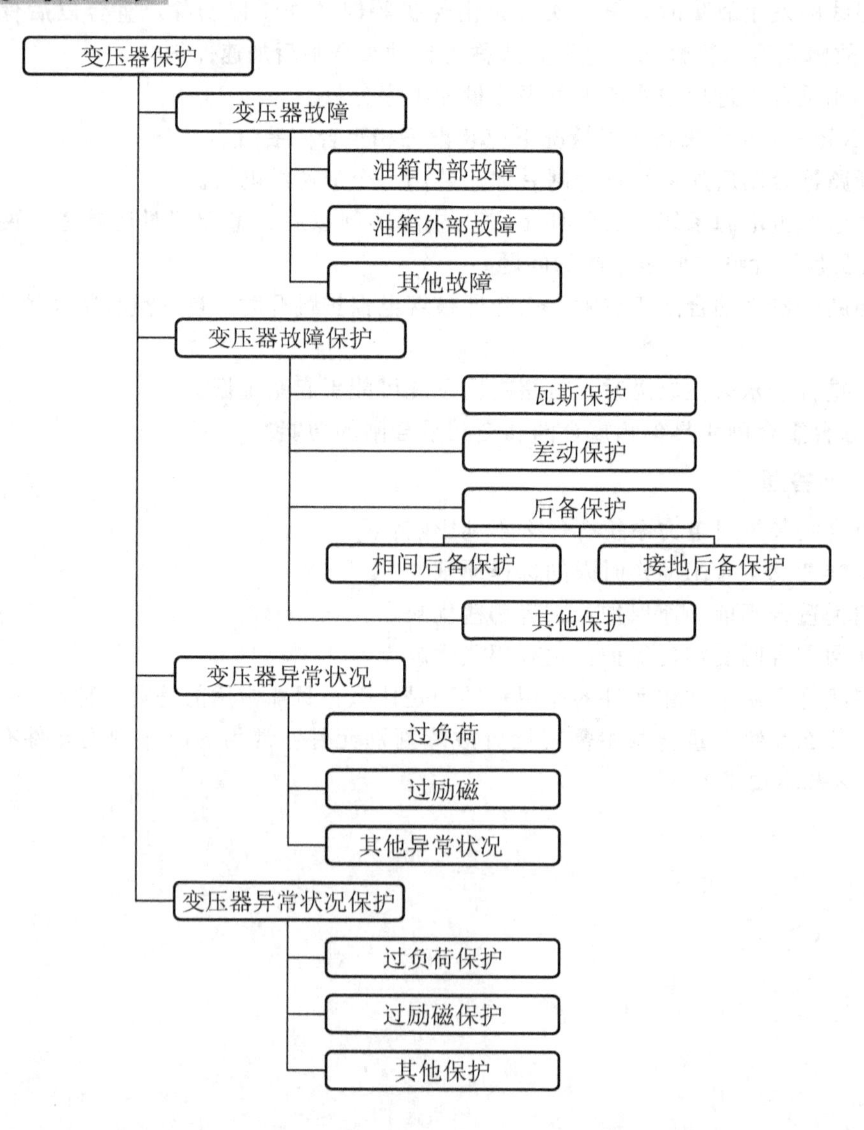

变压器是电力系统中不可缺少的重要电气设备，其故障时将极大地影响系统供电的可靠性。为了保证变压器正常可靠地工作，通常设置多种不同原理的保护，这些保护如何协调工作，通过本章的学习将会予以解答。

本章教学目标与要求

掌握变压器纵差保护的基本原理及整定计算。
掌握变压器纵差保护不平衡电流产生的因素及减小措施。
熟悉变压器励磁涌流产生的机理及鉴别励磁涌流的措施。
熟悉变压器瓦斯保护、相间短路的后备保护及过负荷保护。
了解变压器接地短路的零序电流、电压保护。

本章导图　750kV 分裂变压器实物图

6.1 电力变压器的故障、异常工作状态及其保护方式

在电力系统中广泛使用变压器来升压或降压，是电力系统不可缺少的重要供电设备。它的故障和异常运行将对供电可靠性和系统安全运行带来严重的影响，同时大容量的变压器也是非常贵重的设备。因此，应根据变压器容量等级和重要程度装设性能良好、动作可靠的继电保护装置。

变压器故障可分为油箱内部故障和油箱外部故障两类。油箱内部故障主要是指发生在变压器油箱内包括高压侧或低压侧绕组的相间短路、匝间短路、中性点直接接地系统侧绕组的单相接地短路。变压器油箱内部故障是很危险的，因为故障点的电弧不仅会损坏绕组绝缘与铁芯，而且会使绝缘物质和变压器油剧烈气化，由此可能引起油箱的爆炸。所以，继电保护应尽可能快地切除这些故障。油箱外部故障中最常见的故障主要是变压器绕组引出线和套管上发生的相间短路和接地短路(直接接地系统侧)。

变压器的不正常工作状态主要有：外部相间短路引起的过电流、外部接地短路引起过电流和中性点过电压、过负荷、油箱漏油引起的油面降低或冷却系统故障引起的温度升高。对于大容量变压器，在过电压或低频等异常运行工况下导致变压器过励磁，引起铁芯和其他金属构件过热。变压器处于不正常运行状态时，继电器应根据其严重程度，发出警告信号，使运行人员及时发现并采取相应的措施，以确保变压器的安全。

变压器油箱内部故障时，除了变压器各侧电流、电压变化外，油箱内的油、气、温度等非电量也会发生变化。因此，变压器保护也就分为电量保护和非电量保护两种。非电量保护装设在变压器内部。线路保护中采用的许多保护如过电流保护、纵差动保护等在变压器的电量保护中都有应用，当在配置上有区别。

根据上述故障类型和不正常工作状态，对变压器应装设下列保护。

1. 瓦斯保护

对变压器油箱内部的各种故障及油面的降低，应装设瓦斯保护。对800kVA及以上油浸式变压器和400kVA及以上车间内油浸式变压器，均应装设瓦斯保护。当油箱内故障产生轻微瓦斯或油面下降时，应瞬时动作于信号；当产生大量瓦斯时，应动作于断开变压器各侧断路器。

2. 纵差动保护或电流速断保护

对变压器绕组、套管及引出线上的故障，应根据容量的不同，装设纵联差动保护或电流速断保护。保护瞬时动作，断开变压器各侧的断路器。

(1) 对6.3MVA及以上并列运行的变压器和10MVA单独运行的变压器以及6.3MVA以上厂用变压器应装设纵差动保护。

(2) 对10MVA以下厂用备用变压器和单独运行的变压器，当后备保护动作时间大于0.5s时，应装设电流速断保护。

(3) 对2MVA及以上用电流速断保护灵敏性不符合要求的变压器，应装设纵联差动保护。

(4) 对高压侧电压为330kV及以上的变压器，可装设双重纵联差动保护。

(5) 对于发电机-变压器组，当发电机与变压器之间有断路器时，发电机装设单独的纵联差动保护。当发电机与变压器之间没有断路器时，100MW及以下的发电机与变压器组共用纵联差动保护；100MW以上发电机，除发电机变压器组共用纵联差动保护外，发电机还应单独装设纵联差动保护。对200～300MW的发电机变压器组也可在变压器上增设单独的纵联差动保护，即采用双重快速保护。

3. 外部相间短路时的保护

反应变压器外部相间短路并作瓦斯保护和纵联差动保护(或电流速断保护)后备的过电流保护、低电压启动的过电流保护、复合电压启动的过电流保护、负序电流保护和阻抗保护，保护动作后应带时限动作于跳闸。

(1) 过电流保护宜用于降压变压器，保护装置的整定值应考虑事故状态下可能出现的过负荷电流。

(2) 复合电压启动的过电流保护，宜用于升压变压器、系统联络变压器和过电流保护不满足灵敏性要求的降压变压器。

(3) 负序电流和单相式低电压启动的过电流保护，一般用于63MVA及以上的升压变压器。

(4) 对于升压变压器和系统联络变压器，当采用上述(2)、(3)的保护不能满足灵敏性和选择性要求时，可采用阻抗保护。对500kV系统的联络变压器的高、中压侧均应装设阻抗保护。保护可带两段时限，以较短的时限用于缩小故障影响范围，较长的时限用于断开变压器各侧断路器。

4. 外部接地短路时的保护

对中性点直接接地的电网，由外部接地短路引起过电流时，如变压器中性点接地运行，应装设零序电流保护。零序电流保护通常由两段组成，每段可各带两个时限，并均以较短的时限动作于缩小故障影响范围，以较长的时限断开变压器各侧的断路器。

对自耦变压器和高、中压侧中性点都直接接地的三绕组变压器，当有选择性要求时，应增设零序方向元件。

当电力网中部分变压器中性点接地运行，为防止发生接地时，中性点接地的变压器跳闸后，中性点不接地的变压器(低压侧有电源)仍带接地故障继续运行，应根据具体情况，装设专用的保护装置，如零序过电压保护，中性点装设放电间隙加零序电流保护等。

5. 过负荷保护

对于400kVA及以上的变压器，当数台并列运行或单独运行并作为其他负荷的备用电源时，应根据可能过负荷的情况装设过负荷保护。对自耦变压器和多绕组变压器，保护装置应能反应公共绕组及各侧过负荷的情况。过负荷保护应接于一相电流上，带时限动作于信号。在无经常值班人员的变电站，必要时过负荷保护可动作于跳闸或断开部分负荷。

6. 过励磁保护

现代大型变压器的额定磁密近于饱和磁密，频率降低或电压升高时容易引起变压器过励磁，导致铁芯饱和，励磁电流剧增，铁芯温度上升，严重过热时会使变压器绝缘劣化，寿命降低，最终造成变压器损坏。因此，高压侧为500kV及以上的变压器应装设过励磁保护。在变压器允许的过励磁范围内，保护作用于信号，当过励磁超过允许值时，可动作于跳闸。过励磁保护反应于实际工作磁密和额定工作磁密之比(称过励磁倍数)而动作。

7. 其他保护

对变压器温度及油箱内压力升高或冷却系统故障，应按现行变压器的标准要求，装设可作用于信号或动作于跳闸的装置。

6.2 变压器的纵差动保护

6.2.1 变压器纵差动保护的基本原理

变压器纵差动保护主要用来反应变压器绕组、引出线及套管上的各种短路故障，是变压器的主保护。变压器差动保护是按照循环电流原理构成的，图6.1给出了双绕组和三绕组变压器差动保护原理接线图。

以图6.1所示的双绕组变压器为例进行分析。由于变压器高压侧和低压侧的额定电流不同，因此，为了保证纵差保护的正确工作，就须适当选择两侧电流互感器的变比，使得正常运行和外部故障时，两个电流相等。

正常运行或外部故障时，差动继电器中的电流等于两侧电流互感器的二次电流之差，欲使这种情况下流过继电器的电流基本为零，则应恰当选择两侧电流互感器的变比。

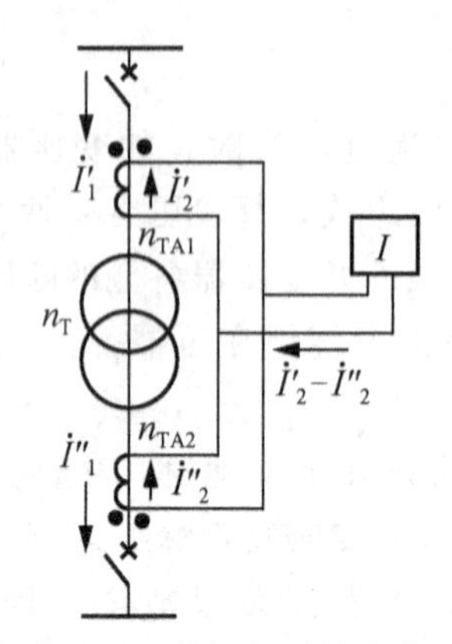

(a) 双绕组变压器正常运行时的电流分布

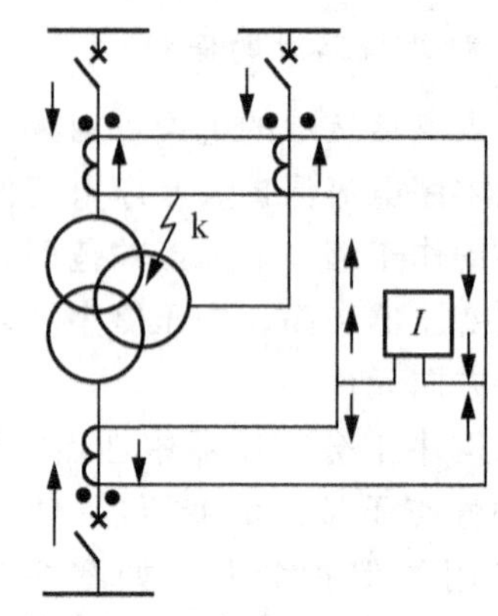

(b) 三绕组变压器内部故障时的电流分布

图 6.1 变压器差动保护原理接线图

因为

$$\dot{I}'_2=\dot{I}''_2=\frac{\dot{I}'_1}{n_{TA1}}=\frac{\dot{I}'_1}{n_{TA2}} \tag{6-1}$$

即

$$\frac{n_{TA2}}{n_{TA1}}=\frac{\dot{I}''_1}{\dot{I}'_1}=n_T \tag{6-2}$$

式中 n_{TA1}——高压侧 TA_1 的变比；

n_{TA2}——高压侧 TA_2 的变比；

n_T——变压器的变比。

若满足上述条件，则当正常运行或外部故障时，流入差动继电器的电流为

$$I_D=\dot{I}'_2-\dot{I}''_2=0 \tag{6-3}$$

当变压器内部故障时，流入差动继电器的电流为

$$\dot{I}_D=\dot{I}'_2+\dot{I}''_2 \tag{6-4}$$

根据纵联差动保护原理可知，变压器正常运行或外部故障时，如果不计电流互感器励磁涌流的影响，则流入差动继电器的电流 $\dot{I}_D=0$；实际上，由于励磁电流的存在以及其他因素的影响，正常运行或外部故障时，流入差动继电器的电流 $\dot{I}_D\neq0$，该电流称为不平衡电流。为了保证动作的选择性，差动继电器的动作电流 I_{set} 应按躲开外部短路时出现的最大不平衡电流来整定，即

$$I_{set}=K_{rel}.I_{unb.max} \tag{6-5}$$

式中 K_{rel}——可靠系数，其值大于 1。

从式(6-5)可见，不平衡电流 $I_{unb.max}$ 愈大，继电器的动作电流也愈大。$I_{unb.max}$ 太大，就会降低内部短路时保护的灵敏度，因此，减小不平衡电流及其对保护的影响，就成为实现变压器差动保护的主要问题。为此，应分析不平衡电流产生的原因，并讨论减少其对保护影响的措施。

6.2.2 不平衡电流产生的原因

1. 稳态情况下的不平衡电流

1) 电流互感器计算变比与实际变比不一致产生的不平衡电流

变压器高、低压两侧电流的大小是不相等的。为要满足正常运行或外部短路时，流入

继电器差回路的电流为零，则应使高、低压侧流入继电器的电流相等，则高、低压侧电流互感器变比的比值应等于变压器的变比。但实际上由于电流互感器在制造上的标准化，往往选出的是与计算变比相接近且较大的标准变比的电流互感器。这样，由于变比的标准化使得其实际变比与计算变比不一致，从而产生不平衡电流。

在表6-1中，以一台容量为31.5MVA、变比为115/10.5的Y、d11变压器为例，列出了由于电流互感器的实际变比与计算变比不等引起的不平衡电流。从表6-1中可见，不平衡电流为0.23A。

表6-1 计算变压器额定运行时差动保护臂中的不平衡电流

电压侧	115kV	10.5kV
额定电流/A	$\frac{35\times10^3}{\sqrt{3}\times118}=158$	$\frac{35\times10^3}{\sqrt{3}\times10.5}=1730$
电流互感器连线方式	Δ	Y
电流互感器计算变化	$\frac{\sqrt{3}\times158}{5}=\frac{273}{5}$	$\frac{1730}{5}$
电流互感器实际变化	300/5=60	2000/5=400
保护臂中电流/A	$\frac{\sqrt{3}\times158}{60}=4.55$	$\frac{1730}{400}=4.32$
不平衡电流/A	4.55-4.32=0.23	

2）变压器各侧电流互感器型号不同产生不平衡电流

由于变压器各侧电压等级和额定电流不同，所以变压器各侧的电流互感器型号必然不同，它们的饱和特性、励磁电流(归算至同一侧)也就不同，将一次侧电流变换到二次侧过程中的传变误差不一致，从而在差动回路中产生较大的不平衡电流。

3）变压器正常运行时由励磁电流引起的不平衡电流

显然，变压器的励磁支路相当于变压器内部故障支路，励磁电流全部流入差动继电器。变压器正常运行时，励磁电流为额定电流的3%～5%。当外部短路时，由于变压器电压降低，此时的励磁电流更小，因此，在整定计算中可以不予考虑。

4）变压器各侧电流相位不同引起的不平衡电流

电力系统中变压器常采用Y、d11接线方式，变压器两侧电流的相位差为30°；如果两侧电流互感器采用相同的接线方式，即使两侧电流二次侧数值相同，也会产生$2I_1\sin15°$的不平衡电流，则将导致纵差保护误动作。因此，必须补偿由于两侧电流相位不同而引起的不平衡电流。

具体方法是将Y、d11接线的变压器Y形接线侧的电流互感器接成Δ形接线，Δ形接线侧的电流互感器接成Y接线，这样可以使两侧电流互感器二次连接臂上的电流I_{AB2}和I_{ab2}相位一致，如图6.2(a)所示。电流相量图如图6.2(b)所示。

按图6.2(a)接线进行相位补偿后，高压侧保护臂中电流比该侧互感器二次侧电流大$\sqrt{3}$倍，为使正常负荷时两侧保护臂中电流接近相等，故高压侧电流互感器变比应增大$\sqrt{3}$倍。

在实际接线中，必须严格注意变压器与两侧电流互感器的极性要求，防止发生差动继电器的电流相互接错，极性接反现象。在变压器的差动保护投入前要做接线检查，在运行后，如果测量不平衡电流值过大不合理，应在变压器带负载时，测量互感器一、二次侧电流相位关系，以判别接线是否正确。

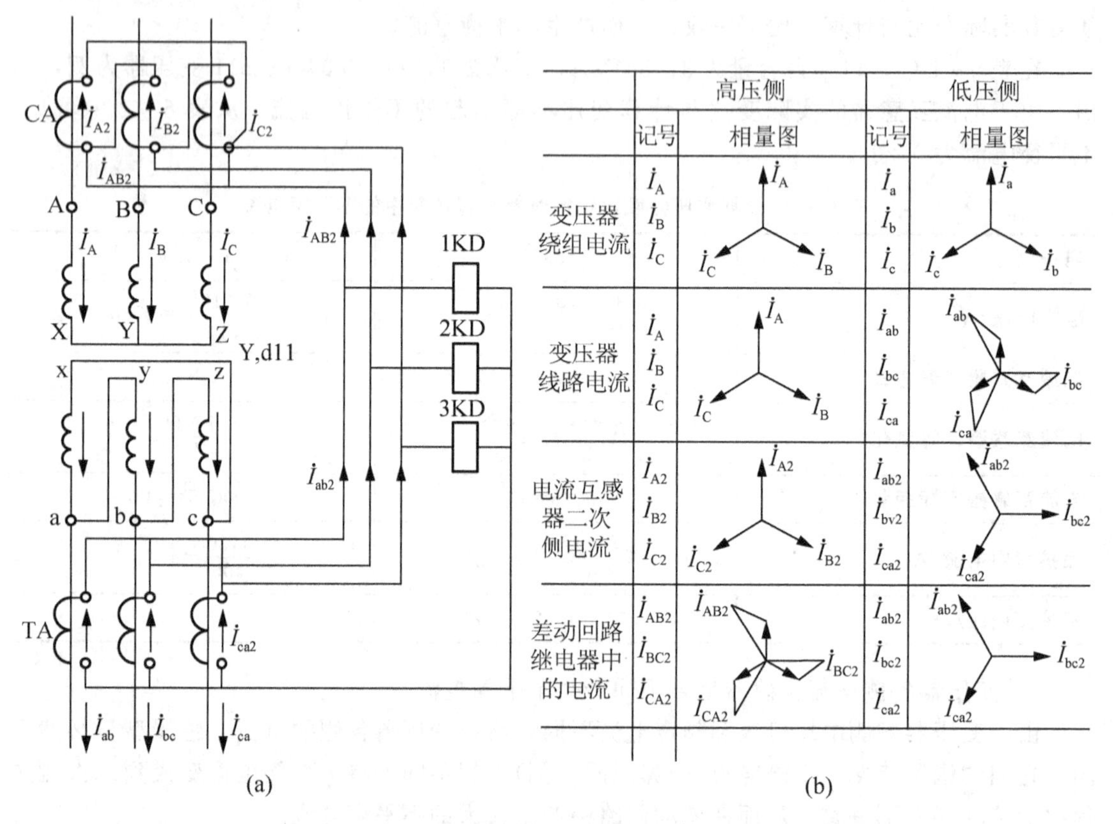

图 6.2　Y、d11 接线的变压器两侧电流互感器的接线及电流相量图

5）变压器带负荷调节分接头产生的不平衡电流

变压器带负荷调节分接头是电力系统中电压调整的一种方法，改变分接头就是改变变压器的变比。在整定计算中，差动保护只能按照某固定一变比整定，选择恰当的平衡线圈减小或消除不平衡电流的影响。当差动保护投入运行后，在调压抽头改变时，一般不可能对差动保护的电流回路重新操作，因此，又会出现新的不平衡电流。不平衡电流的大小与调压范围有关。

2. 暂态情况下的不平衡电流

差动保护是瞬动保护，它是在一次系统短路暂态过程中发出跳闸脉冲的。因此，暂态过程中的不平衡电流对它的影响必须给予考虑。在暂态过程中，一次侧的短路电流含有非周期分量，它对时间的变化率(di/dt)很小，很难变换到二次侧，而主要成分为互感器的励磁电流，从而使铁芯更加饱和。本来按 10%误差曲线选择的电流互感器在外部短路稳态时，已开始处于饱和状态，加上非周期分量的作用后，则铁芯将严重饱和。因而电流互感器的二次电流的误差更大，暂态过程中的不平衡电流也将更大。另外变压器在空载投入或外部切除后电压恢复时，变压器电压骤然上升的暂态过程中，变压器铁芯由于深度饱和将产生很大的暂态励磁涌流，其值最大可达额定电流的 4～8 倍，对差动保护回路不平衡电流的影响更大。

6.2.3 变压器的励磁涌流

变压器差动保护继电器的正确选型、设计和整定，都与变压器励磁电流有关。变压器的励磁电流是只流入变压器接通电源一侧绕组的，对差动保护回路来说，励磁电流的存在就相当于变压器内部故障时的短路电流。因此，它必然给差动保护的正确工作带来影响。

正常情况下，变压器的励磁电流很小，通常只有变压器额定电流的3%～5%或更小，故差动保护回路中的不平衡电流也很小。在外部短路时，由于系统电压下降，励磁电流也将减小，因此，在稳态情况下，励磁电流对差动保护的影响常常可忽略不计。

但是，在电压突然增加的特殊情况下，例如，在空载投入变压器或外部故障切除后恢复供电等情况下，就可能产生很大的励磁电流，其数值可达额定电流的4～8倍。这种暂态过程中出现的变压器励磁电流通常称为励磁涌流。由于励磁涌流的存在，常常导致差动保护误动作，给变压器差动保护的实现带来困难。为此，应讨论变压器励磁涌流产生的原因和它的特点，并从中找到克服励磁涌流对差动保护影响的方法。

对励磁涌流进行分析的主要目的在于探讨励磁涌流的最大值、最小间断角、最小2次谐波分量和非周期分量的大小，从而分析变压器差动保护的动作情况，并研究新型差动保护装置。

产生励磁涌流的原因主要是变压器铁芯的严重饱和励磁阻抗的大幅度降低。励磁涌流的大小和衰减速度与合闸瞬间电压的相位、剩磁的大小、方向、电源和变压器的容量等有关。当电压为最大值时合闸，就不会出现励磁涌流，只有正常励磁电流。而对于三相变压器，无论在任何瞬间合闸，至少有两相会出现程度不等的励磁涌流。

根据实验结果及分析可知，励磁涌流具有以下3个特点。

(1) 励磁涌流很大，其中含有大量的直流分量。

(2) 励磁涌流中含有大量的高次谐波，其中以2次谐波为主，而短路电流中2次谐波成分很小。表6-2中列出了短路电流和励磁涌流中各次谐波分量的比例。

(3) 励磁涌流的波形有间断角，如图6.3所示。

表6-2 变压器内部短路电流和励磁涌流谐波分析结果

谐波分量占基波分量的百分比/%	励磁涌流				短路电流	
	例1	例2	例3	例4	不饱和	饱和
基波	100	100	100	100	100	100
2次谐波	36	30	50	23	9	4
3次谐波	7	6.9	9.4	1.0	4	32
4次谐波	9	6.2	5.4	—	7	9
5次谐波	5	—	—	—	4	2
直流	66	80	62	73	38	0

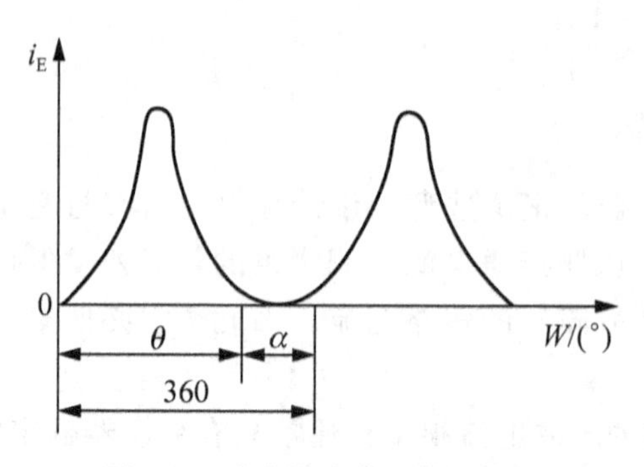

图 6.3 励磁涌流波形的间断角

根据励磁涌流的特点，变压器纵差保护常采用下述措施减小励磁涌流对差动保护的影响。

（1）采用带有速饱和变流器的差动继电器构成差动保护。

（2）利用 2 次谐波制动的差动继电器构成差动保护。

（3）采用鉴别波形间断角的差动继电器构成差动保护。

6.2.4 减小不平衡电流的措施

差动保护回路中的不平衡电流，是影响差动保护可靠性和灵敏度的重要因素，也是研究新型差动继电器成败的关键。针对目前使用的各种差动保护装置，为减小不平衡电流而采用的措施如下。

1. 减小稳态情况下的不平衡电流

1）减小由于电流互感器实际变比与计算变比不一致引起的不平衡电流

电流互感器的实际变比往往不能完全满足刚好等于变压器变比的条件，于是将产生不平衡电流，此时可采用下列方法予以补偿。

（1）采用自耦变流器。在变压器一侧的电流互感器(三绕组变压器需在两侧)的二次侧装设自耦变流器，一般接于电流互感器二次电流较大的一侧，如图 6.4(a)所示，改变自耦变流器的变比，使 $\dot{I}_{2.Y}=\dot{I}'_{2.\Delta}$，从而补偿了不平衡电流。

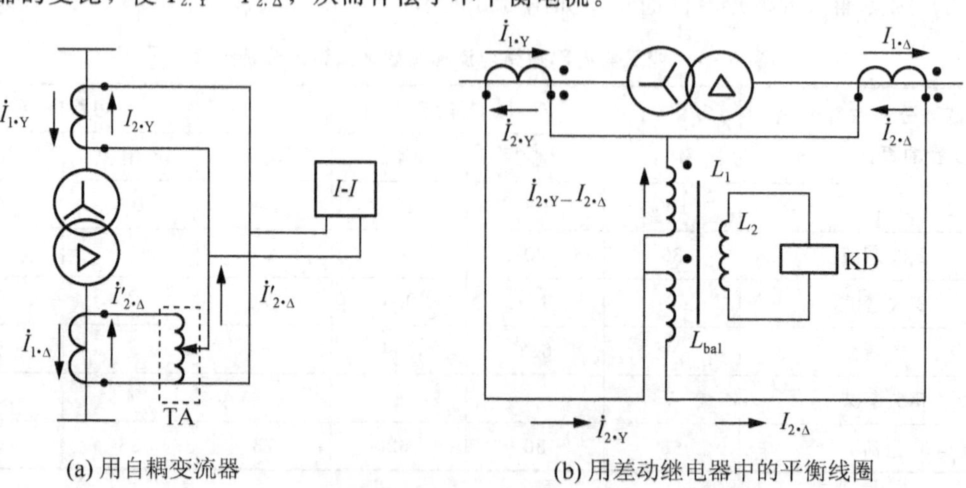

(a) 用自耦变流器　　(b) 用差动继电器中的平衡线圈

图 6.4 不平衡电流的补偿

(2) 利用带速饱和铁芯的差动继电器中的平衡线圈。通常将平衡线圈接于电流互感器二次电流较小的一侧。适当选择平衡线圈的匝数，使 $L_{ba}\dot{I}_{\Delta.2}=L_d(\dot{I}_{2.Y}-\dot{I}_{2.\Delta})$，这样，在正常运行或外部故障时，二次线圈 L_2 中不会产生感应电势，继电器 KD 中没有电流，从而达到了消除不平衡电流影响的目的。实际上，平衡线圈只能按整匝数选择，因此，二次线圈中仍有残余不平衡电流，这在计算保护的动作值时应予以考虑。

2) 减小电流互感器的二次负荷

这实际上相当于减小二次侧的端电压，相应地减少电流互感器的励磁电流。

3) 减小因电流互感器性能不同引起的稳态不平衡电流

差动保护各侧用的电流互感器要尽量选用同型号、同样特性的产品，当通过外部短路电流时，差动保护回路的二次负荷要能满足 10%误差的要求。

4) 减小因 Y、d11 接线两侧相位不一致引起的稳态不平衡电流

变压器差动保护的二次回路中两侧电流的相位必须基本一致，不能出现相位差；否则，差回路中将会由于变压器两侧电流相位不同而产生不平衡电流。为了消除这种不平衡电流，通常采用相位补偿法接线。

其方法是将变压器 Y 形侧的电流互感器接成 Δ 形，将变压器 Δ 形侧的电流互感器接成 Y 形，如图 6.5(a)所示，以补偿 30°的相位差。图中 $\dot{I}_{A1}^{Y}$、I_{B1}^{Y}、I_{C1}^{Y} 为 Y 形侧的一次电流，$\dot{I}_{A1}^{\Delta}$、$\dot{I}_{B1}^{\Delta}$、$\dot{I}_{C1}^{\Delta}$ 为 Δ 形侧的一次电流，其相位关系如图 6.5(b)所示。采用相位补偿接线后，变压器 Y 形侧电流互感器二次回路侧差动臂中的电流分别为 $\dot{I}_{AD}^{Y}=\dot{I}_{A2}^{Y}-\dot{I}_{B2}^{Y}$、$\dot{I}_{BD}^{Y}=\dot{I}_{B2}^{Y}-\dot{I}_{C2}^{Y}$、$\dot{I}_{CD}^{Y}=\dot{I}_{C2}^{Y}-\dot{I}_{A2}^{Y}$，它们刚好与 Δ 形侧电流互感器二次回路中的电流 $\dot{I}_{AD}^{\Delta}=\dot{I}_{A2}^{\Delta}$、$\dot{I}_{BD}^{\Delta}=\dot{I}_{B2}^{\Delta}$、$\dot{I}_{CD}^{\Delta}=\dot{I}_{C2}^{\Delta}$ 同相位，如图 6.5(c)所示。

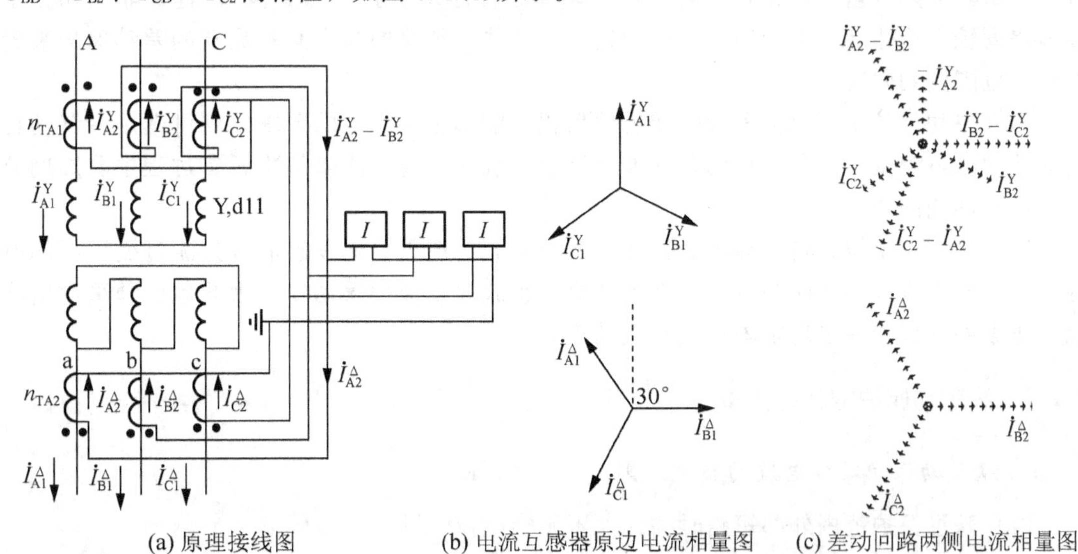

(a) 原理接线图　(b) 电流互感器原边电流相量图　(c) 差动回路两侧电流相量图

图 6.5 Y、d11 接线变压器差动保护接线图和相量图

相位补偿后，两侧流入差动回路中的电流相位相同，即 $\arg\dot{I}_{AD}^{Y}=\arg\dot{I}_{AD}^{\Delta}$、$\arg\dot{I}_{BD}^{Y}=\arg\dot{I}_{BD}^{\Delta}$、$\arg\dot{I}_{CD}^{Y}=\arg\dot{I}_{CD}^{\Delta}$。但是，采用上述接线以后，在电流互感器 Δ 形侧的每个差动臂中，电流又增大为$\sqrt{3}$倍，此时为了保证在正常运行(等于二次额定电流 5A)及外部故障

情况下连接臂中电流相等，故需进行数值补偿，即使Y侧的电流互感器的变比按增大到$\sqrt{3}$倍选择。两侧电流互感器的计算变比如下。

变压器Y形侧按Δ接线时电流互感器的变比为$n_{TA(Y)}=\dfrac{\sqrt{3}I_{TN(Y)}}{5}$。

变压器Δ形侧按Y接线时电流互感器的变比为$n_{TA(\Delta)}=\dfrac{I_{TN(\Delta)}}{5}$。

式中　$I_{TN(Y)}$、$I_{TN(\Delta)}$——变压器Y形、Δ形侧的额定电流。

这样，通过电流互感器的适当连接及变比选择，消除了由于变压器两侧接线方式不同而使电流相位不同所产生的不平衡电流。

2. 减小暂态不平衡电流的影响

1）采用带小气隙的电流互感器

这种电流互感器铁芯的剩磁较小，能够改善电流互感器的暂态特性，从而使变压器各侧电流互感器的工作特性更趋于一致，减小了暂态不平衡电流。

2）采用速饱和变流器以减小暂态过程中非周期分量电流的影响

差动保护用的中间变流器多具有速饱和特性。当变流器输入电流中含有大量非周期分量时，铁芯迅速饱和，因此，变流器的传变特性变得很差。因暂态电流偏于时间轴一侧，从而铁芯中的磁感应强度B也偏于时间轴一侧，B的变化率(dB/dt)很小，非周期分量电流很难传变到二次侧，故可减小不平衡电流中非周期分量对差动保护的影响。

当差动保护回路中采用了速饱和中间变流器后，由于内部故障起始瞬间的短路电流中含有大量非周期分量，因此，差动保护的动作速度减缓(约1～2周波)，直到非周期分量衰减幅度较大后才能正确动作。正因为这样，往往使带速饱和中间变流器的差动保护装置的使用范围受到限制。

如果差动保护采用速饱和中间变流器后仍不能满足灵敏度的要求，则可选用带制动特性的差动继电器或间断角原理的差动继电器等，利用其他方法来解决暂态过程中非周期分量电流的影响问题。

对于大型变压器，励磁涌流的存在对其影响尤为严重。该励磁涌流只流过变压器的电源侧，因而会流入差动回路成为不平衡电流，引起差动保护误动作。为此也必须采取措施以防止纵差动保护在出现励磁涌流时误动作。

6.2.5 纵差动保护的整定计算

1. 纵差动保护动作电流的整定原则

(1) 躲过保护范围外部短路时的最大不平衡电流，即

$$I_{set1}=K_{rel}I_{unb.max} \tag{6-6}$$

$I_{unb.max}$包括电流互感器和变压器变比不完全匹配产生的最大不平衡电流和电流互感器传变误差引起的最大不平衡电流。即

$$I_{unb.max}=(K_{st}.K_{np}\times 10\%+\Delta U+\Delta f)\frac{I_{k.max}}{n_{TA}} \tag{6-7}$$

式中　K_{st}——电流互感器的同型系数，取为1；

K_{np}——非周期分量系数，取为 1.5～2；当采用速饱和变流器时，取 1；

10%——电流互感器容许的最大相对误差；

ΔU——由变压器带负荷调压所引起的相对误差，取电压调整范围的一半；

Δf——由所采用的互感器变比或平衡线圈的匝数与计算值不同时的相对误差，取 0.05。

(2) 躲过电流互感器二次回路断线时引起的差动电流。

变压器某侧电流互感器二次回路断线时，另一侧电流互感器的二次电流全部流入差动继电器中，此时引起保护误动。有的差动保护采用断线识别的辅助措施，在互感器二次回路断线时将差动保护闭锁。若没有断线识别措施，则差动保护的动作电流必须大于正常运行情况下变压器的最大负荷电流，即

$$I_{set2}=K_{rel}I_{L.max} \tag{6-8}$$

当负荷电流不能确定时，可采用变压器的额定电流，可靠系数一般取 1.3。

(3) 躲过变压器的最大励磁涌流，即

$$I_{set3}=K_{rel}K_{u}I_{N} \tag{6-9}$$

式中　K_{rel}——可靠系数，取 1.3～1.5；

I_{N}——变压器的额定电流；

K_{u}——励磁涌流最大倍数(即励磁涌流与变压器额定电流的比值)，一般取 4～8。

由于变压器的励磁涌流很大，实际的纵差保护通常采用其他措施来减少它的影响，一种是通过鉴别励磁涌流和故障电流，出现励磁涌流时将差动保护闭锁，这时在整定计算中就不必考虑励磁涌流的影响，即励磁涌流倍数为零；另一种是采用速饱和变流器减少励磁涌流产生的不平衡电流。

按上面 3 个条件计算纵差保护的动作电流，选取最大值作为保护的整定值，即

$$I_{set}=\max\{I_{set1},\ I_{set2},\ I_{set3}\}$$

所有电流都是折算到电流互感器的二次值。对于 Y、d11 接线的三相变压器，在计算故障电流和负荷电流时，要注意 Y 侧电流互感器的接线方式，通常在 Δ 侧计算较为方便。

2. 纵差动保护动灵敏系数的校验

灵敏系数按下式校验

$$K_{sen}=\frac{I_{k.min}}{I_{set}} \tag{6-10}$$

$I_{k.min}$为各种运行方式下变压器内部故障时，流经差动继电器的最小差动电流，即采用在单侧电源供电时，系统在最小运行方式下，变压器发生短路时的最小短路电流。按要求，灵敏系数一般不小于 2。当不能满足要求时，则需采用具有制动特性的差动继电器。

必须指出，即使灵敏系数校验能满足要求，但对变压器内部的匝间短路、轻微故障等，纵差保护往往不能迅速、灵敏地动作。运行经验表明，在此情况下，常常都是瓦斯保护先动作，然后待故障进一步发展，差动保护才动作。显然，差动保护的整定值越大，对变压器内部故障的反应能力越低。

6.3 变压器的瓦斯保护

6.3.1 瓦斯继电器的工作原理

当油浸式变压器内部故障(包括轻微的匝间短路和绝缘破坏引起的经电弧电阻的接地短路)时，由于故障点电流和电弧的作用，使得变压器油及其他绝缘材料因局部受热而分解产生气体，气体比较轻，因而从油箱流向油枕的上部，反应这种气流与油流而动作的保护称为瓦斯保护。

如果变压器内部发生了严重漏油或轻微短路(如匝数很少的匝间短路、铁芯局部烧损、线圈断线)、绝缘劣化和油面下降等故障时，通常差动保护等其他电量保护均不能动作，而瓦斯保护却能够灵敏动作。因此，瓦斯保护是变压器内部故障最有效的一种主保护。

瓦斯保护主要由瓦斯继电器来实现，它是一种气体继电器，安装在变压器油箱与油枕之间的连接导油管中，如图 6.6 所示。这样，油箱内的气体必须通过瓦斯继电器才能流向油枕。为了使气体能够顺利地进入瓦斯继电器和油枕，变压器安装时应使顶盖沿瓦斯继电器方向与水平面保持 1%～1.5%的升高坡度，通往继电器的导油管具有不小于 2%～4%的升高坡度。

瓦斯继电器的形式较多，包括浮筒式、挡板式、开口与挡板复合式。运行经验表明：浮筒式瓦斯继电器存在防震性差、浮筒密封性要求高等缺陷，保护动作的可靠性低；挡板式仍保留了浮筒式，克服了浮筒渗油的缺点，运行较稳定，可靠性相对提高，但当变压器油面严重下降时，动作速度不快。目前广泛使用的是开口杯挡板式瓦斯继电器，其结构如图 6.7 所示，工作原理如下。

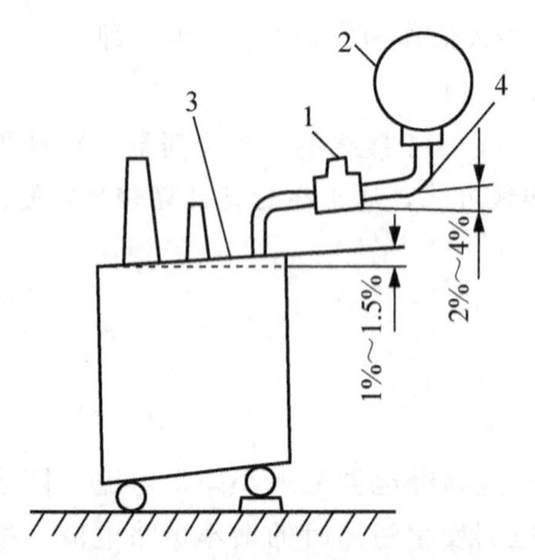

图 6.6 气体继电器安装示意图

1—瓦斯继电器 2—油枕

3—变压器顶盖 4—连接管道

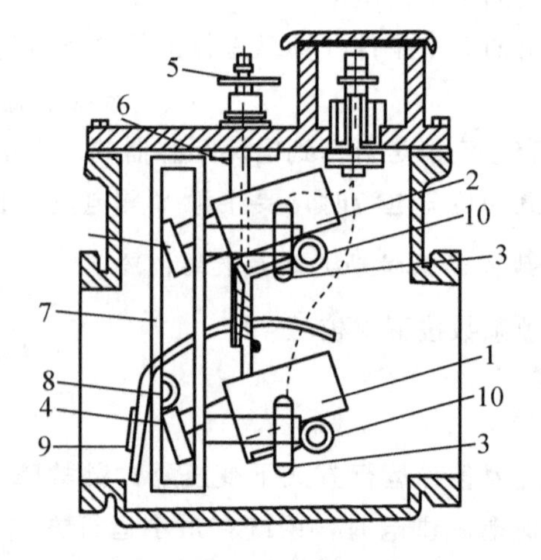

图 6.7 开口杯挡板式气体继电器结构图

1—下开口杯 2—上开口杯 3—干簧触点

4—平衡锤 5—放气阀 6—探针 7—支架

8—挡板 9—进油挡板 10—永久磁铁

正常运行时，上、下开口杯 2 和 1 都浸在油中，开口杯和附件在油内的重力所产生的力矩小于平衡锤 4 所产生的力矩，因此，开口杯向上倾，干簧触点 3 断开。

当变压器内部发生轻微故障时，少量的气体逐渐汇集在继电器的上部，迫使继电器内油面下降，而使开口杯露出油面，此时由于浮力的减小，开口杯和附件在空气中的重力加上油杯内油重所产生的力矩大于平衡锤 4 所产生的力矩，于是上开口杯 2 顺时针方向转动，带动永久磁铁 10 靠近干簧触点 3，使触点闭合，发出“轻瓦斯”保护动作信号。

当变压器油箱内部发生严重故障时，大量气体和油流直接冲击挡板 8，使下开口杯 1 顺时针方向旋转，带动永久磁铁靠近下部干簧的触点 3，使之闭合，发出跳闸脉冲，表示“重瓦斯”保护动作。

当变压器严重漏油而使油面逐渐降低时，首先是上开口杯露出油面，发出报警信号，进而下开口杯露出油面后，继电器动作，发出跳闸脉冲。

6.3.2 瓦斯保护接线

变压器瓦斯保护原理图如图 6.8 所示。

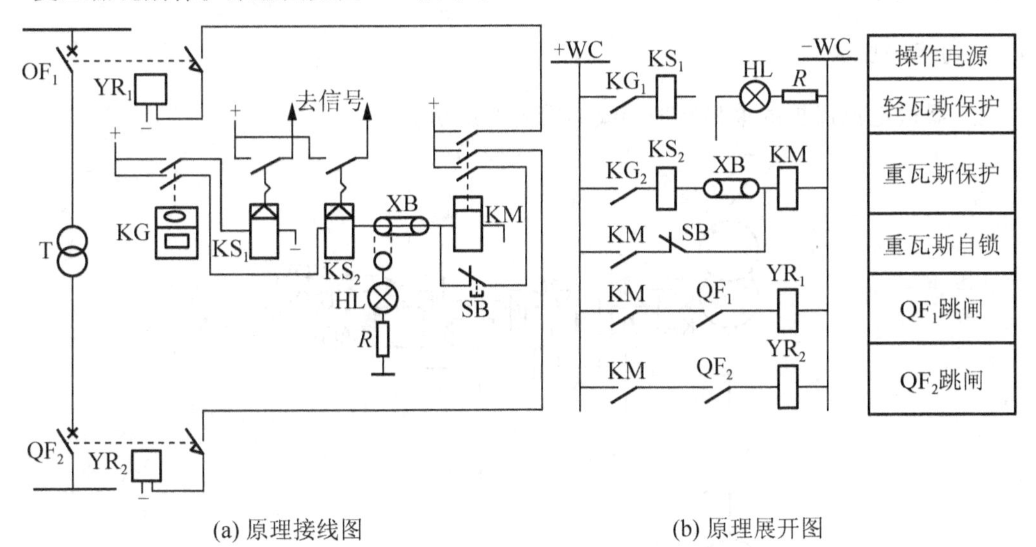

(a) 原理接线图　　(b) 原理展开图

图 6.8　变压器瓦斯保护原理图

瓦斯继电器 KG 的上接点 KG_1 由开口杯控制，闭合后延时经信号继电器 KS_1 发出“轻瓦斯动作”信号。KG 的下接点 KG_2 由挡板控制，动作后经信号继电器 KS_2 启动出口继电器 KM，使变压器各侧断路器 QF_1、QF_2 跳闸。

为防止变压器油箱内严重故障时油速不稳定，出现跳动现象而失灵，出口中间继电器 KM 具有自保持功能，利用 KM 第三对触点进行自锁，如图 6.8(a)所示，以保证断路器可靠跳闸，其中按钮 SB 用于解除自锁，也可用断路器的辅助常开触点实现自动解除自锁。但这种办法只适于出口继电器 KM 距高压配电室的断路器较近的情况，否则连线过长而不经济。为防止瓦斯保护在变压器换油、瓦斯继电器试验、变压器新安装或大修后投入运行之初时误动作，出口回路设有切换片 XB，将 XB 倒向电阻 *R* 侧，可使重瓦斯保护改为只发信号。

瓦斯保护动作后，应从瓦斯器上部排气口收集气体，进行分析。根据气体的数量、颜色、化学成分、可燃性等，判断保护动作的原因和故障的性质。

瓦斯保护能反应油箱内各种故障，且动作迅速、灵敏性高、接线简单。当变压器内部发生严重漏油或匝数很少的匝间故障时，往往纵差动保护与其他保护不能反应，而瓦斯保护却能反应，这也正是纵差保护不能替代瓦斯保护的原因。但瓦斯保护不能反应油箱外的引出线和套管上的故障，故不能作为变压器唯一的主保护，须与纵差动保护配合共同作为变压器的主保护。

6.4　变压器相间短路的后备保护及过负荷保护

为了防止外部短路引起的过电流和作为变压器纵差动保护、瓦斯保护的后备，变压器还应装设后备保护。变压器相间短路的后备保护既是变压器主保护的后备保护，又是相邻母线或线路的后备保护。根据变压器容量的大小、地位及性能和系统短路电流的大小，变压器相间短路的后备保护可采用过电流保护、低电压启动的过电流保护、复合电压启动过电流保护或负序电流保护等。

6.4.1　过电流保护

变压器过电流保护的单相原理接线如图 6.9 所示。

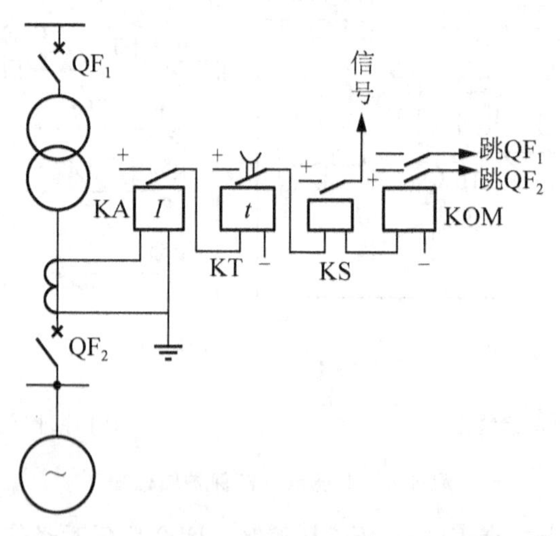

图 6.9　变压器过电流保护单相原理接线图

其工作原理与线路定时限过电流保护相同。保护动作后，跳开变压器两侧的断路器。保护的启动电流按躲过变压器可能出现的最大负荷电流来整定，即

$$I_{set}=\frac{K_{rel}}{K_{re}}I_{L.max} \tag{6-11}$$

式中　K_{rel}——可靠系数，一般取为 1.2～1.3；

K_{re}——返回系数，取为 0.85～0.95；

$I_{L.max}$——变压器可能出现的最大负荷电流。

变压器的最大负荷电流应按下列情况考虑。

(1) 对并联运行的变压器，应考虑切除一台最大容量的变压器后，在其他变压器中出现的过负荷。当各台变压器的容量相同时，可按下式计算

$$I_{L.max}=\frac{n}{n-1}I_N \tag{6-12}$$

式中　n——并联运行变压器的最少台数；

I_N——每台变压器的额定电流。

(2) 对降压变压器，应考虑负荷中电动机自启动时的最大电流，即

$$I_{L.max}=K_{ss}I'_{L.max} \tag{6-13}$$

式中　K_{ss}——综合负荷的自启动系数，其值与负荷性质及用户与电源间的电气距离有关，对 110kV 降压变电站的 6k～10kV 侧，取 1.5～2.5；35kV 侧，取 1.5～2.0；

$I'_{L.max}$——正常工作时的最大负荷电流(一般为变压器的额定电流)。

保护的动作时限及灵敏系数校验与第 2 章的定时限过电流保护相同，这里不再赘述。

按以上条件选择的启动电流，其值一般较大，往往不能满足作为相邻元件后备保护的要求，为此需要采用以下几种提高灵敏性的方法。

6.4.2 低电压启动的过电流保护

低电压启动的过电流保护原理接线如图 6.10 所示。保护的启动元件包括电流继电器和低电压继电器。

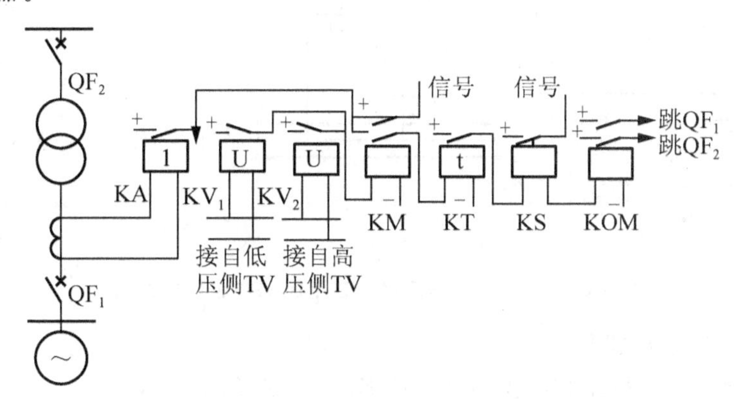

图 6.10　低电压启动的过电流保护原理接线图

电流继电器的动作电流按躲过变压器的额定电流整定，即

$$I_{set}=\frac{K_{rel}}{K_{re}}I_{N.T} \tag{6-14}$$

因而其动作电流比过电流保护的启动电流小，从而提高了保护的灵敏性。

低电压继电器的动作电压 U_{set} 可按躲过正常运行时最低工作电压整定。一般取 $U_{set}=0.7U_{N.T}$($U_{N.T}$为变压器的额定电压)。

电流元件的灵敏系数按第 2 章给出的公式校验，电压元件的灵敏系数按下式校验

$$K_{sen}=\frac{U_{set}}{U_{k.max}} \tag{6-15}$$

式中　$U_{k.max}$——最大运行方式下，灵敏系数校验点短路时，保护安装处的最大电压。

对升压变压器，如低电压继电器只接在一侧电压互感器上，则当另一侧短路时，灵敏度往往不能满足要求。为此，可采用两套低电压继电器分别接在变压器高、低压侧的电压互感器上，并将其触点并联，以提高灵敏度。

为防止电压互感器二次回路断线后保护误动作，设置了中间继电器 KM。当电压互感器二次回路断线时，低电压继电器动作，启动中间继电器，发出电压回路断线信号。

由于这种接线比较复杂，所以近年来多采用复合电压启动的过电流保护和负序电流保护。

6.4.3 复合电压启动的过电流保护

若低电压启动的过电流保护的低电压继电器的灵敏度难以满足要求时，可以采用复合电压启动的过电流保护。其原理接线如图 6.11 所示。

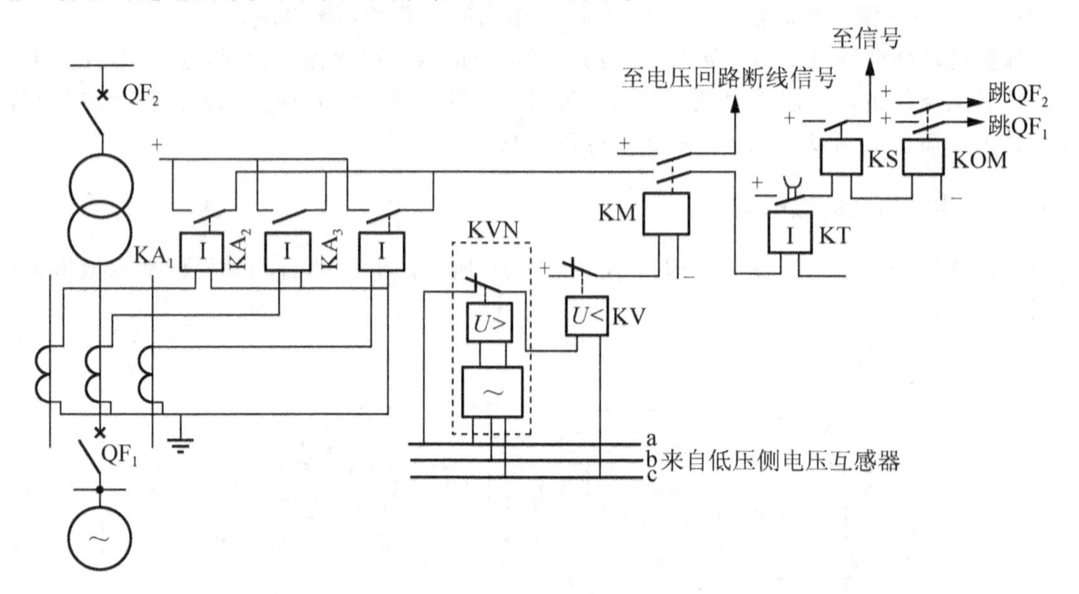

图 6.11 复合电压启动的过电流保护原理接线图

保护由以下 3 部分组成。

(1) 电流元件，由接于相电流的继电器 $KA_1 \sim KA_3$ 组成。

(2) 电压元件，由反应不对称短路的负序电压继电器 KVN(内附有负序电压过滤器)和反应对称短路接于相间电压的低电压继电器 KV 组成。

(3) 时间元件，由时间继电器 KT 构成。

装置动作情况如下。

当发生不对称短路时，故障相电流继电器动作，同时负序电压继电器动作，其常闭触点断开，致使低电压继电器 KV 失压，常闭触点闭合，启动闭锁中间继电器 KM。相电流继电器通过 KM 常开触点启动时间继电器 KT，经整定延时启动信号和出口继电器，将变压器两侧断路器断开。当发生三相对称短路时，由于短路初始瞬间也会出现短时的负序电压，使 KVN 动作，KV 继电器也随之动作，待负序电压消失后，KVN 继电器返回，则 KV 继电器有接于线电压上，由于三相短路时，三相电压均降低，故 KV 继电器仍处于动作状态，此时，保护装置的工作情况就相当于一个低电压启动的过电流保护。

保护装置中电流元件和相间电压元件的整定原则与低电压启动过电流保护相同。负序电压继电器的动作电压 $U_{2.set}$ 按躲开正常运行情况下负序电压滤过器输出的最大不平衡电压整定。据运行经验，取

$$U_{2.set}=(0.06\sim0.12)U_{N.T} \tag{6-16}$$

与低电压启动的过电流保护比较，复合电压启动的过电流保护具有以下优点。

(1) 由于负序电压继电器的整定值较小，对于不对称短路，电压元件的灵敏系数较高。

(2) 由于保护反应负序电压，因此，对于变压器后面发生的不对称短路，电压元件的工作情况与变压器采用的接线方式无关。

(3) 在三相短路时，如果由于瞬间出现负序电压，使继电器 KVN 和 KV 动作，则在负序电压消失后，KV 继电器又接于线电压上，这时，只要 KV 继电器不返回，就可以保证保护装置继续处于动作状态。由于低电压继电器返回系数大于 1，因此，实际上相当于灵敏系数提高了 1.15～1.2 倍。

由于具有上述优点且接线比较简单，因此，复合电压启动的过电流保护已代替了低电压启动的过电流保护，从而得到了广泛应用。

对于大容量的变压器和发电机组。由于其额定电流很大，而在相邻元件末端两相短路时的短路电流可能较小，因此，采用复合电压启动的过电流保护往往不能满足灵敏系数的要求。在这种情况下，应采用负序过电流保护，以提高不对称短路时的灵敏性。

6.4.4 负序过电流保护

变压器负序过电流保护的原理接线图如图 6.12 所示。保护装置由电流继电器 KA_2 和负序电流滤过器 I_2 等组成，反映不对称短路，由电流继电器 KA_1 和电压继电器 KV 组成单相低电压启动的过电流保护，反映三相对称短路。

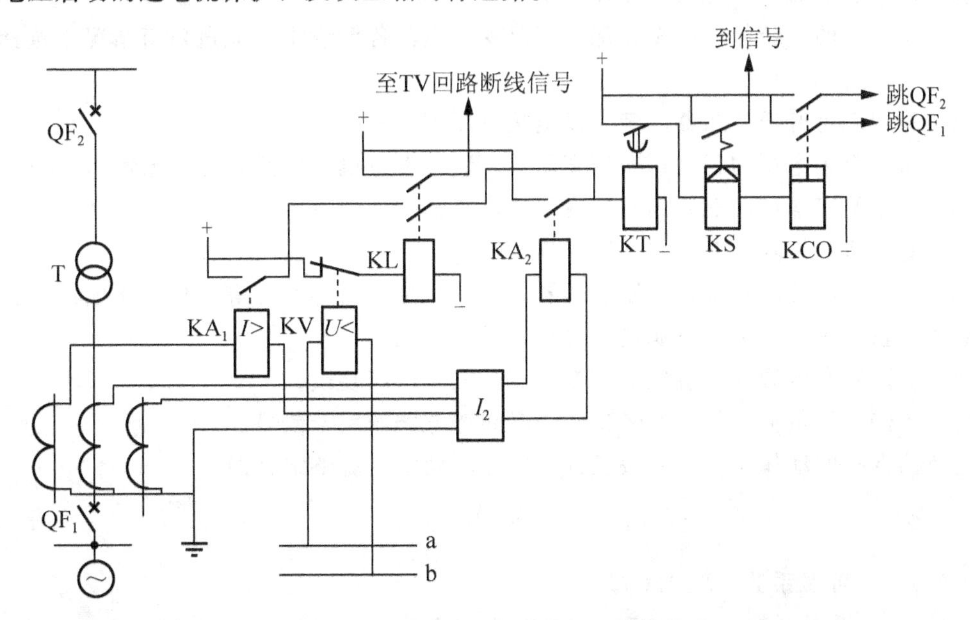

图 6.12 负序电流保护的原理接线图

负序电流保护的动作电流按以下条件选择。

(1) 躲开变压器正常运行时负序电流滤过器出口的最大不平衡电流，其值一般为 $(0.1\sim0.2)I_N$，通常这不是整定保护装置的决定条件。

(2) 躲开线路一相断线时引起的负序电流。

(3) 与相邻元件上的负序电流保护在灵敏度上配合。

由于负序电流保护的整定计算比较复杂，实用上允许根据下列原则进行简化计算。

(1) 当相邻元件后备保护对其末端短路具有足够的灵敏度时，变压器负序电流保护可以不与这些元件后备保护在灵敏度上相配合。

(2) 进行灵敏度配合计算时，允许只考虑主要运行方式。

(3) 在大接地电流系统中，允许只按常见的接地故障进行灵敏度配合，例如，只与相邻线路零序电流保护相配合。

为简化计算，可暂取

$$I_{set.2}=(0.5\sim0.6)I_N \tag{6-17}$$

然后直接校验保护的灵敏度

$$K_{sen}=\frac{I_{k.max.2}}{I_{set.2}}\geqslant 1.2 \tag{6-18}$$

式中 $I_{k.max.2}$——在负序电流最小的运行方式下，远后备保护范围末端不对称短路时，流过保护的最小负序电流。

6.4.5 过负荷保护

变压器的过负荷电流在大多数情况下都是三相对称的，因此，只需装设单相过负荷保护。变压器的过负荷保护反应变压器对称过负荷引起的过电流。保护只用一个电流继电器，接于任一相电流中，经延时动作于信号。

过负荷保护的安装侧，应根据保护能反映变压器各侧绕组可能过负荷情况来选择，具体如下。

(1) 对双绕组升压变压器，装于发电机电压侧。

(2) 对一侧无电源的三绕组升压变压器，装于发电机电压侧和无电源侧。

(3) 对三侧有电源的三绕组升压变压器，三侧均应装设。

(4) 对于双绕组降压变压器，装于高压侧。

(5) 仅一侧电源的三绕组降压变压器，若三侧绕组的容量相等，只装于电源侧；若三侧绕组的容量不等，则装于电源侧及绕组容量较小侧。

(6) 对两侧有电源的三绕组降压变压器，三侧均应装设。

装于各侧的过负荷保护，均经过同一时间继电器作用于信号。

过负荷保护的动作电流，应按躲开变压器的额定电流整定，即

$$I_{set}=\frac{K_{rel}}{K_{re}}I_N \tag{6-19}$$

式中 K_{rel}——可靠系数，取1.05；

K_{re}——返回系数，取0.85。

为了防止过负荷保护在外部短路时误动作，其时限应比变压器的后备保护动作时限大一个 Δt。

6.5 变压器接地短路的后备保护

电力系统中接地故障是最常见的故障形式。接于中性点直接接地系统的变压器，一般要求在变压器上装设接地保护作为变压器主保护和相邻元件接地保护的后备保护。发生接地故障时，变压器中性点将出现零序电流，母线将出现零序电压，变压器的接地后备保护通常都是由反应这些电气量构成的。

大接地电流系统发生单相或两相接地短路时，零序电流的分布和大小与系统中变压器中性点接地的数目和位置有关。通常，对只有一台变压器的升压变电所，变压器都采用中性点直接接地的运行方式。对有若干台变压器并联运行的变电所，则采用一部分变压器中性点接地运行的方式，以保证在各种运行方式下，变压器中性点接地的数目和位置尽量维持不变，从而保证零序保护有稳定的保护范围和足够的灵敏度。

110kV 以上变压器中性点是否接地运行，还与变压器中性点绝缘水平有关。对于 220kV 及以上的大型电力变压器，高压绕组一般都采用分级绝缘，其中性点绝缘有两种类型：一种是绝缘水平很低，例如，500kV 系统的中性点绝缘水平为 38kV，这种变压器，中性点必须直接接地运行，不允许将中性点接地回路断开；另一种则绝缘水平较高，例如，220kV 变压器的中性点绝缘水平为 110kV，其中性点可直接接地，也可在系统中不失去接地点的情况下不接地运行。当系统发生单相接地短路时，不接地运行的变压器，应能够承受加到中性点与地之间的电压。因此，采用这种变压器，可以安排一部分变压器接地运行，另一部分变压器不接地运行，从而可把电力系统中接地故障的短路容量和零序电流水平限制在合理的范围内，同时也是为了接地保护本身的需要。故变压器零序保护的方式就与变压器中性点的绝缘水平和接地方式有关，应分别予以考虑。

6.5.1 中性点直接接地变压器的零序电流保护

这种变压器接地短路的后备保护毫无例外地采用零序电流保护。为了缩小接地故障的影响范围及提高后备保护动作的快速性和可靠性，一般配置两段式零序电流保护，每段还各带两级延时，如图 6.13 所示。

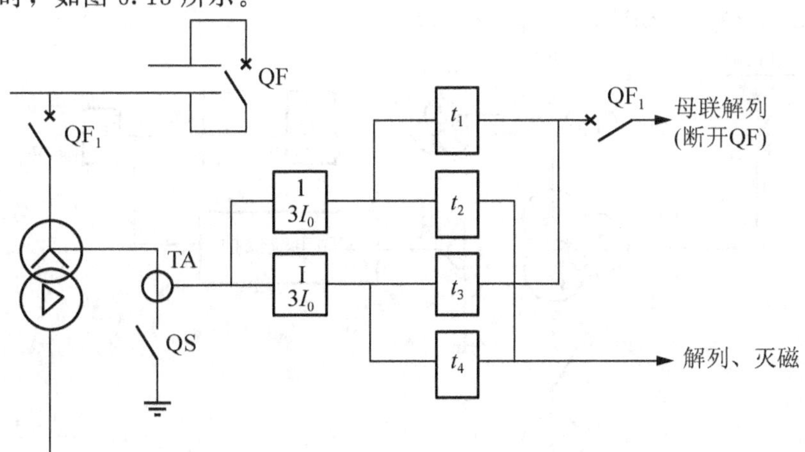

图 6.13 中性点直接接地运行变压器零序电流保护原理接线图

零序电流保护Ⅰ段作为变压器及母线的接地故障后备保护，其动作电流和延时 t_1 应与相邻元件单相接地保护Ⅰ段相配合，通常以较短延时 $t_1=0.5\sim1.0s$ 动作于母线解列，即断开母联断路器或分段断路器，以缩小故障影响范围；以较长的延时 $t_2=t_1+\Delta t$ 有选择地跳开变压器高压侧断路器。由于母线专用保护有时退出运行，而母线及附近发生短路故障时对电力系统影响又比较严重，所以设置零序电流保护Ⅰ段，用以尽快切除母线及其附近的故障。

零序电流保护Ⅱ段作为引出线接地故障的后备保护，其动作电流和延时 t_3 应与相邻元件接地后备段相配合。通常 t_3 应比相邻元件零序保护后备段最大延时大一个 Δt，以断开母联断路器或分段断路器，$t_4=t_3+\Delta t$ 动作于断开变压器高压侧断路器。

为防止变压器与系统并列之前，在变压器高压侧发生单相接地而误将母线联络断路器断开，所以在零序电流保护动作于母线解列的出口回路中串入变压器高压侧断路器辅助常开触点 QF_1。当断路器 QF_1 断开时，QF_1 的辅助常开触点将保护闭锁。

6.5.2 中性点可能接地或不接地运行时变压器的零序电流电压保护

中性点直接接地系统发生接地短路时，零序电流的大小和分布与变压器中性点接地数目和位置有关。为了使零序保护有稳定的保护范围和足够灵敏度，在发电厂和变电所中，将部分变压器中性点接地运行。因此，这些变压器的中性点，有时接地运行，有时不接地运行。

1. 全绝缘变压器

由于变压器绕组各处的绝缘水平相同，因此，在系统发生接地故障时，允许后断开中性点不接地运行的变压器。图 6.14 所示为全绝缘变压器零序保护原理接线图。图中除装设与图 6.13 相同的零序电流保护外，还应装设零序电压保护作为变压器不接地运行时的保护。

零序电压元件的动作电压应按躲过在部分接地的电网中发生接地短路时保护安装处可能出现的最大零序电压整定，一般取 $U_{set.0}=180V$。

由于零序电压保护仅在系统中发生接地短路，且中性点接地的变压器已全部断开后才动作，因此，保护的动作时限 t_5 不需与其他保护的动作时限相配合，为避开电网单相接地短路时暂态过程影响，一般取 $t_5=0.3\sim0.5s$。

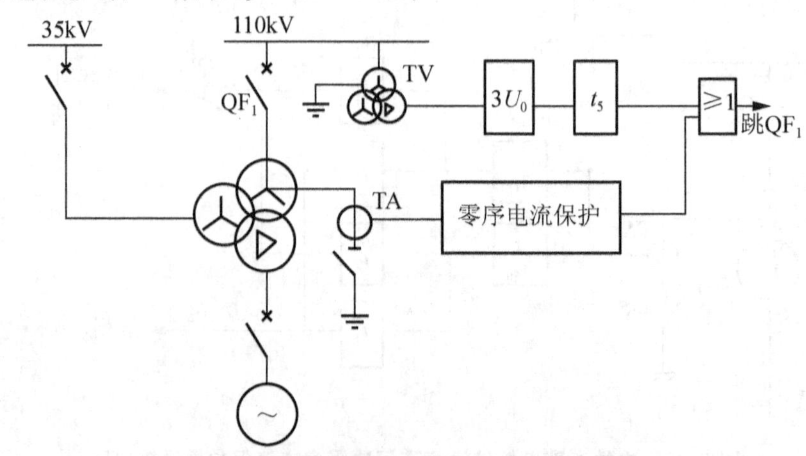

图 6.14 全绝缘变压器零序保护原理接线图

2. 分级绝缘变压器

220kV 及以上电压等级的变压器，为了降低造价，高压绕组采用分级绝缘，中性点绝缘水平较低，在单相接地故障且失去中性点接地时，其绝缘将受到破坏。为此，可在变压器中性点装设放电间隙，如图 6.15 所示。当间隙上的电压超过动作电压时迅速放电，使中性点对地短路，从而保护变压器中性点的绝缘。因放电间隙不能长时间通过电流，故在放电间隙上装设零序电流元件，在检测到间隙放电后迅速切除变压器。另外，放电间隙是一种比较粗糙的设施，气象条件、调整的精细程度以及连续放电的次数都可能会出现拒动作的情况，因此，对于这种接地方式，仍应装设专门的零序电流电压保护，其任务是及时切除变压器，防止间隙长时间放电，并作为放电间隙拒动的后备。

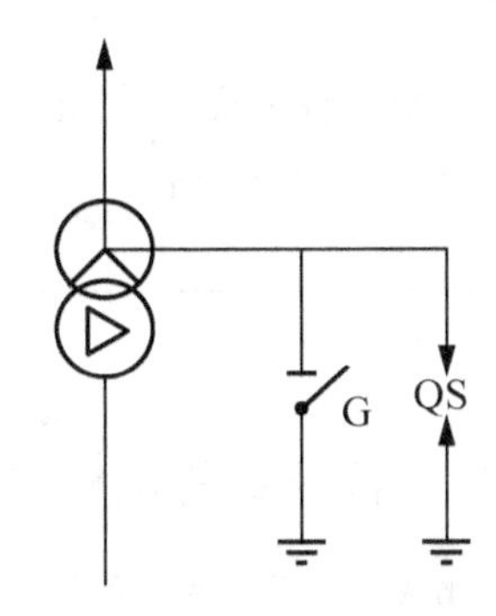

图 6.15 变压器中性点不接地时保护原理接线图

基于多种算法实现的数字式变压器保护装置如图 6.16 所示。

图 6.16 微机型变压器保护装置

本章小结

介绍了变压器在运行过程中可能出现的故障、异常运行状态及其主要保护方式。对变压器的主保护——瓦斯保护、差动保护进行了详细的分析；同时也对变压器的后备保护进行了介绍。

关键词

电力变压器保护 Power Transformer Protection；**瓦斯保护** Gas Protection；**纵差保护** Longitudinal Differential Protection

电力变压器保护的现状与发展

电力变压器保护的正确动作率一直比较低，近几年来虽然逐渐提高，但仍然不能与线路保护的性能相比拟，其原因是变压器保护在原理上存在着客观的缺陷。

1. 差动保护及其在变压器、输电线路上的应用

差动保护是基于KCL定律的，其在电路理论被表述为流入某一节点或者闭合曲面的电流必然与流出这一节点和闭合曲面的电流相等。这一原理适用于所有线性集中参数的元件，如芯片、变压器同侧的绕组、发电机的绕组等。但是对于输电线路和变压器在应用的时候必须考虑其分布参数特性以及铁芯的非线性特性。对于输电线路而言，长线电容效应使得存在对地和相间电容电流，对于变压器非线性铁芯使得在某些状态下(饱和)励磁电流不能忽略，这些都给差动保护的应用带来了许多问题。

对于输电线路差动保护，由于对地电容参数(近似)已知，可以通过输电线路的电压计算(估算)对地或相间电容电流，从而使得KCL仍然近似成立，因此，电流差动保护在输电线路上的应用取得了一定的成功，现在越来越被现场运行人员所接受，它可以通过抬高定值，进行电容电流补偿等方法应用于长距离输电线路。

对于电力变压器，如果能进行分侧的绕组差动(一般情况下称为分侧差动，对自耦变压器可能是分侧零序差动)，则差动原理可以很好地保护匝地以及相间故障，但是由于匝间故障对于差动保护为纵向故障，KCL仍然成立，所以分侧差动不能够保护匝间故障。但是，由于在现有的电力变压器尤其是220kV和110kV的变压器上安装绕组CT几乎是不可能的，因此，分侧差动并不是被广泛应用的差动保护原理。现在应用最为广泛的差动保护原理是带比率制动特性的电流纵差保护。

在变压器正常运行时，由于励磁电流很小，变压器纵差保护近似满足KCL，纵差保护是能够正确区分变压器正常运行(外部故障)和内部故障这两个状态的。但是，不幸的是，变压器除了这两个状态之外，还有一个状态是铁芯饱和，若由于电压升高或频率降低造成变压器铁芯工作点下降，危害变压器的安全，则现有的过激磁保护会跳闸切除变压器。但是，更为不幸的是，对于变压器还有一种饱和，它不是稳态的，而是暂态的，且不危害变压器安全的铁芯饱和，若这种情况下切除变压器，将不利于电力系统的稳定和供电的可靠性。

几代变压器保护工作者，都在和变压器铁芯的这种暂态的饱和进行较量，较量的结果就是各种各样的励磁涌流识别算法。

2. 励磁涌流识别算法及其局限性

所有变压器的纵差保护都配有励磁涌流识别(闭锁)判据。现在广为采用的包括二次谐波制动、间断角原理、波形对称原理、波形相关原理等。还有包罗万象的新方法，具有代表性的：基于小波变换的原理、基于数学形态学的原理、基于模糊理论的原理、基于支持向量机的原理、基于神经网络和人工智能的原理等。

将这些原理梳理一下，其本质和出发点都是基于励磁涌流时差动电流的波形与故障电流的波形不一样来判断的，通过比较波形来判断是否发生了涌流。应该承认，这种思路是简单和正确的，但有一个关键的问题就是如何选择特征，即用什么特征来判断是涌流。一个有经验的工程师说，用眼睛就能看。但是对于产品开发者来说呢，这样是不行的，必须提取各种数值上的明显的特征，如二次谐波的大小、间断角的大小等。但是，二次谐波是不是励磁涌流的充要条件呢？显然不是，流入励磁回路的衰减直流分量也可以分解出二次谐波，励磁涌流时二次谐波含量也可能不高。那么就需要一个阈值，但如何确定这个阈值呢？很难确定，因为不同的国家都有自己的一套方法，加之变压器的结构不同，铁芯工作点不同，就造成这个值的不同。经过了这么多年的研究和经验，现在国内的观点就是二次谐波含量作为励磁涌流的识别判据，而这不可能从根本上杜绝空投时的误动和故障时的拒动。

那么，其他原理能否解决这个问题呢？答案是否定的。因为上面所列的所有原理都是利用波形的特征，所以都不可避免地导致一些情况的误动和拒动。

难道励磁涌流的识别就没有办法了吗？通过分析以上原理的局限性可知，之所以这样，都是因为所选取的特征不合适，励磁涌流、铁芯饱和最本质的特征是工作点进入饱和区。

3. 基于磁通的励磁涌流识别方法

工作点进入饱和区，在等效电路中表现为励磁阻抗的变化(变小)，能否利用励磁阻抗来识别励磁涌流呢？显然是可以的，现在南自750系列的保护中就已经采用了这种磁通制动的保护原理，磁通制动是一种统称，其实质就是通过引入电压量、励磁阻抗，并通过励磁阻抗在铁芯饱和时数值变小来识别励磁涌流。显然，这个方法不存在整定不明确的问题，励磁涌流出现时，阻抗交替变化。外部故障和内部故障时，阻抗都是平稳值，励磁涌流的特征明显，应该有很好的应用前景。

由于变电站二次回路中电压回路是最不稳定的，很容易受到各种干扰而发生问题，PT断线等故障也经常发生，作为快速跳闸的主保护，若发生PT断线，其后果不堪设想，即使PT未发生故障，但是由于各种干扰产生一定的角度或者幅值的误差，也可能导致误判。另外，220kV、110kV变压器大多带有三角形绕组，装在线路上的CT无法测量绕组电流，主要是三角形侧的环流未知，必然对基于磁通的励磁涌流识别原理的应用带来很多的实际问题。

因此，基于磁通的励磁涌流识别方法现在是继电保护的研究热点。

4. 变压器主保护面临的问题

显然，上面提到的可靠性问题是变压器主保护面临的最大的也是最主要的问题，主要表现在，励磁涌流的误动问题以及空投内部故障的延时动作问题。

另外，内部小匝间故障的保护问题也是困扰变压器保护的一个很大的问题，变压器不同于输电线路，一旦小匝间故障发展成严重故障，可能导致绕组和铁芯烧毁，最严重的情况可能导致返厂重新掉芯。

另一个问题就是主保护原理的双重化问题，即虽然现有的变压器都配有两套保护，但是普遍的情况是这两套保护都是电流差动保护，唯一不同的是一套保护的励磁涌流采用二次谐波制动识别，另一套保护的励磁涌流采用间断角或者其他原理，从以上的分析可知，这实质上并不是两套不同原理的主保护，因此，主保护存在着较大的隐患。而现在又确实是没有什么新的成熟的原理可用。

5. 可能的解决途径

(1) 研究开发不同于差动保护的新原理，如最近流行的基于变压器T型等效电路的保护新原理，这一方面已经有了很好的成果。

(2) 继续钻研，深入分析铁芯饱和的特征，提取励磁涌流在波形上的充要特征，开发高性能的励磁涌流识别方法。

(3) 考虑改变运行方式和CT、PT配置方式，考虑EPT、ECT的特性，开发下一代的保护新原理。

(4) 充分重视并考虑新的传感和检测技术，提高瓦斯保护等非电气量保护的性能，充分发挥其作用。

资料来源：电力系统保护与控制，康秋兰

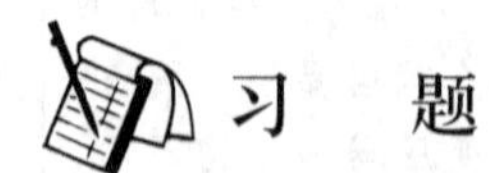

习　题

6.1 填空题

1. 变压器故障主要类型有：各相绕组之间发生的______，单相绕组部分线匝之间发生的______，单相绕组或引出线通过外壳发生的______故障等。

2. 变压器励磁涌流的特点有______、包含有大量的高次谐波，并以______为主、______。

3. 当Y、d11变压器采用非微机型差动保护时，电流互感器在变压器Y侧应接成______，在变压器Δ侧应接成______，以达到______的目的。

4. 变压器短路故障的后备保护，主要是作为______及______的后备保护。

5. 对于三相电力变压器，无论在任何瞬间合闸，至少有______相会出现程度不等的______。

6. 变压器瓦斯保护，轻瓦斯作用于______；重瓦斯作用于______。

7. 中性点接地或不接地运行变压器的接地保护由______和______组成。

8. 对变压器绕组故障，差动保护的灵敏度______瓦斯保护。

9. 大型变压器有过励磁保护，能反应系统______和______两种异常运行状态。

10. 在变压器纵差保护整定计算中，引入同型系数是考虑两侧电流互感器的______对它们______的影响。

6.2 选择题

1. 变压器的纵差动保护(　　)。

A. 能够反应变压器的所有故障

B. 只能反应变压器的相间故障和接地故障

C. 不能反应变压器的轻微匝间故障

2. 变压器差动保护防止穿越性故障情况下误动的主要措施是(　　)。

A. 比率制动　　B. 二次谐波　　C. 间断角闭锁

3. 双绕组变压器空载合闸的励磁涌流的特点有(　　)。

A. 变压器两侧电流相位一致

B. 变压器两侧电流相位无直接联系

C. 仅在变压器一侧有电流

4. 变压器励磁涌流包含有大量的高次谐波，并以(　　)谐波成分为最大。

A. 2次　　　　B. 3次　　　　C. 5次

5. 空载变压器突然合闸时，可能产生的最大励磁涌流的值与短路电流相比______。

A. 前者远小于后者　　B. 前者远大于后者　　C. 可以比拟

6. 变压器差动保护防止励磁涌流影响的措施有(　　)。

A. 鉴别短路电流和励磁涌流波形的区别，要求间断角为60°～65°

B. 加装电压元件

C. 各侧均接入制动绕组

7. 为躲过励磁涌流，变压器差动保护采用二次谐波制动，(　　)。

A. 二次谐波制动比越大，躲过励磁涌流的能力越强

B. 二次谐波制动比越大，躲过励磁涌流的能力越弱

C. 差动保护躲励磁涌流的能力，只与二次谐波电流的大小有关

8. 鉴别波形间断角的差动保护，是根据变压器(　　)波形特点为原理的保护。

A. 负荷电流　　　　B. 外部短路电流　　　　C. 励磁涌流

9. 运行中的变压器保护，当现场进行(　　)，重瓦斯保护应由“跳闸”位置改为“信号”位置运行。

A. 变压器中性点不接地运行时

B. 进行注油和滤油时

C. 变压器轻瓦斯保护动作后

10. 变压器中性点间隙接地保护包括(　　)。

A. 间隙过电流保护

B. 零序电压保护

C. 间隙过电流保护与零序电压保护，且其接点并联出口

6.3 判断题

1. 变压器气体继电器要求变压器顶盖沿气体继电器方向与水平面具有1%～1.5%的升高坡度。(　　)

2. 励磁流涌可达变压器额定电流的6～8倍。(　　)

3. 在变压器中性点直接接地系统中，当发生单相接地故障时，将在变压器中性点产生很大的零序电压。(　　)

4. 变压器采用比率制动式差动继电器主要是为了躲励磁流涌和提高灵敏度。(　　)

5. 设置变压器差动速断元件的主要原因是防止区内故障电流互感器饱和产生高次谐波致使差动保护拒动或延缓动作。(　　)

6. 变压器油箱内部各种短路故障的主保护是差动保护。(　　)

7. 变压器瓦斯保护与纵差保护范围相同，二者互为备用。(　　)

8. 当变压器中性点采用经过间隙接地的运行方式时，变压器接地保护应采用零序电

流保护与零序电压保护并联的方式。 ( )

9. 变压器励磁涌流中含有大量的高次谐波，其中以3次谐波为主。 ( )

10. 变压器瓦斯保护是防御变压器油箱内各种短路故障和油面降低的保护。 ( )

6.4 问答题

1. 电力变压器的不正常工作状态和可能发生的故障有哪些？一般应装设哪些保护？
2. 变压器差动保护在稳态情况下的不平衡电流产生的原因是什么？
3. 变压器差动保护在暂态情况下的不平衡电流产生的原因是什么？
4. 变压器励磁涌流具有哪些特点？目前差动保护中防止励磁涌流影响的方法有哪些？
5. 变压器纵差保护主要反应何种故障，瓦斯保护主要反应何种故障和异常？
6. 为什么差动保护不能代替瓦斯保护？

第7章　发电机的继电保护

本章知识结构图

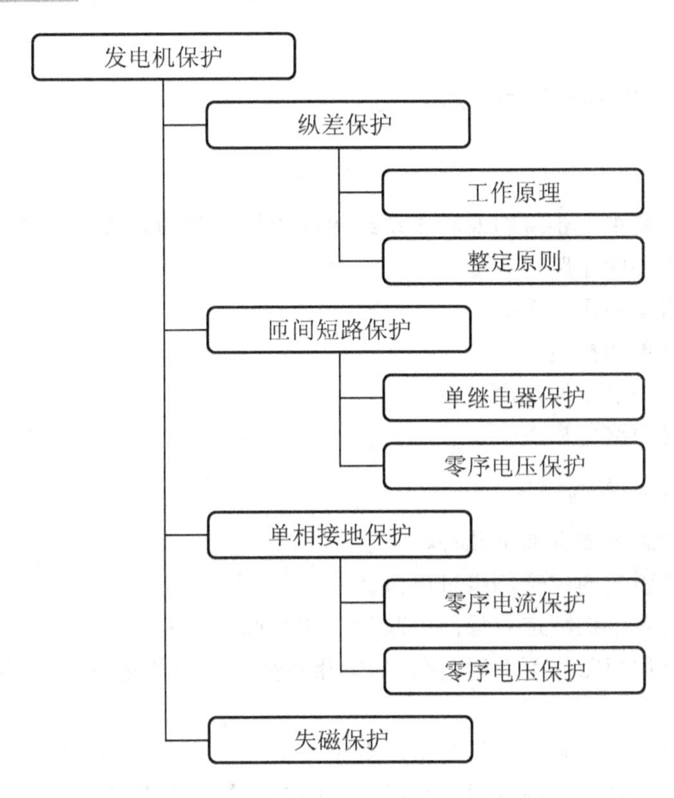

发电机是电力系统的心脏，它的安全运行对保证电力系统的可靠运行和电能质量起着至关重要的作用，同时发电机本身也是十分贵重的电气设备，因此，应对其装设反应各种不同故障和不正常运行状态的继电保护装置，这些装置如何协调工作，通过本章的学习将会得到解答。

本章教学目标与要求

掌握发电机纵差保护的工作原理。
熟悉纵差保护的整定原则。
掌握匝间及单相保护的原理及实现方法。
熟悉发电机的故障类型及不正常状态的特征。
了解失磁保护的作用及实现方法。
了解发电机-变压器组保护构成的特点及配置。

7.1 发电机的故障类型、不正常运行状态及其保护方式

发电机是电力系统中重要的设备。保证发电机的安全和防止其本身遭受损害对电力系统的稳定运行、对负荷的不间断供电起着决定性作用。发电机在运行过程中要承受短路电流和过电压的冲击，同时发电机本身又是一个旋转的机械设备，它在运行过程中还要承受原动机械力矩的作用和轴承摩擦力的作用。因此，发电机在运行过程中出现故障及不正常运行情况就不可避免。

7.1.1 发电机的故障和异常运行状态

1. 发电机的内部故障

内部故障主要是由定子绕组及转子绕组绝缘损坏引起的，常见的故障有如下几种。

(1) 定子绕组相间短路。

(2) 定子绕组单相匝间短路。

(3) 定子绕组单相接地。

(4) 转子绕组一点接地或两点接地。

(5) 转子励磁回路电流消失。

2. 发电机的不正常运行状态

不正常运行状态主要有如下几种。

(1) 外部短路引起的定子绕组过电流。

(2) 负荷超过发电机额定容量而引起的三相对称过负荷。

(3) 外部不对称短路或不对称负荷(如单相负荷，非全相运行等)而引起的发电机负序过电流和过负荷。

(4) 突然甩负荷而引起的定子绕组过电压。

(5) 励磁回路故障或强励时间过长而引起的转子绕组过负荷。

(6) 汽轮机主汽门突然关闭而引起的发电机逆功率运行等。

7.1.2 大型发电机组的特点及对继电保护的要求

随着电力工业的飞跃发展、大机组的陆续投运，与中小型机组相比，大机组在设计、结构及运行方面有许多特点，相应地对继电保护提出了新的要求，具体表现为如下几方面。

(1) 大容量机组的体积不随容量成比例增大，即有效材料利用率高。但却直接影响了机组的惯性常数，使其明显降低，使发电易于失步，因此很有必要装设失步保护；其次，发电机热容量与铜损、铁损之比明显下降，使定子绕组及转子表面过负荷能力降低，为了确保大型发电机组在安全运行条件下充分发挥过负荷的能力，应装设具有反时限特性的过负荷保护及过电流保护。

(2) 电机参数 X_k、X'_k、X''_k 增大，其后果如下。

① 短路电流水平下降，要求装设更灵敏的保护。

② 定子回路时常数 τ 显著增大，定子非周期分量电流衰减缓慢，使继电保护用的电流互感器的工作特性严重恶化，同时也加重了不对称短路时转子表层的附加发热，使负序保护进一步复杂化。

③ 发电机平均异步力矩大为降低，因此失磁异步运行时滑差大，从系统吸收感性无功多，允许异步运行时的负载小、时间短，所以大型机组更需要性能完善的失磁保护。

④ 由于 X_k 增大，发电机由满载突然甩负荷引起的过电压就较严重。

(3) 大型机组采用水内冷、氢内冷等复杂的冷却方式，故障几率增加。

(4) 单机容量增大，汽轮机组轴向长度与直径之比明显增大，从而使机组振荡加剧，匝间绝缘磨损加快，有时可能引起冷却系统故障。因此，应当用灵敏的匝间短路保护和漏水保护(对水内冷机组)。

(5) 大型水轮机组的转速低、直径大、气隙不均匀，将引起机组振荡加剧，因此要装气隙不均保护。若定子绕组并联分支多且有中性点，应设计新的反应匝间短路的横差保护。

(6) 大型机组励磁系统复杂，故障几率也增多，发电机过电压、失磁的可能性加大，若采用自并励励磁系统，还需考虑后备保护灵敏度的问题。

综上所述，并考虑到大型机组造价高、结构复杂，一旦发生故障，其检修难度大、时间长、造成经济损失大，因此，要求大型机组的继电保护进一步完善化，即不但要提高原有保护的性能，还要探索多功能、新原理的故障预测装置，用计算机技术使保护与安全监测和综合自动化控制更好地结合。

7.1.3 发电机保护装设的原则

针对以上故障及不正常运行状态，一般发电机应装设以下继电保护装置。

(1) 对 1MW 以上发电机的定子绕组及其引出线的相间短路，应装设纵差保护装置。

(2) 对直接连于母线的发电机定子绕组单相接地故障，当单相接地故障电流(不考虑消弧线圈的补偿作用)大于表 7-1 规定的允许值时，应装设有选择性的接地保护装置。

表 7-1 发电机定子绕组单相接地故障电流允许值

<table>
<tr><th>发电机额定电压/kV</th><th colspan="2">发电机额定功率/MW</th><th>接地电容电流允许值/A</th></tr>
<tr><td>6.3</td><td colspan="2">≤50</td><td>4</td></tr>
<tr><td rowspan="2">10.5</td><td>汽轮发电机</td><td>50～100</td><td rowspan="2">3</td></tr>
<tr><td>水轮发电机</td><td>10～100</td></tr>
<tr><td rowspan="2">13.8～15.75</td><td>汽轮发电机</td><td>125～200</td><td rowspan="2">2*</td></tr>
<tr><td>水轮发电机</td><td>40～225</td></tr>
<tr><td>18～20</td><td colspan="2">300～600</td><td>1</td></tr>
</table>

*对氢冷发电机为 2.5

对于发电机-变压器组，对容量在 100MW 以下的发电机，应装设保护区不小于定子绕组串联匝数 90%的定子接地保护；对容量在 100MW 及以上的发电机，应装设保护区为 100%的定子接地保护，保护带时限动作于信号，必要时动作于切机。

(3) 对于发电机定子绕组的匝间短路，当定子绕组星形连接、每相有并联分支且中性点侧有分支引出端时，应装设横差保护；对 200MW 及以上的发电机，有条件时可装设双重化横差保护。

(4) 对于发电机外部短路引起的过电流，可采用下列保护方式。

① 负序过电流及单元件低电压启动的过电流保护，一般用于 50MW 及以上的发电机。

② 复合电压(包括负序电压及线电压)启动的过电流保护，一般用于 1MW 及以上的发电机。

③ 过电流保护用于 1MW 以下的小型发电机保护。

④ 带电流记忆的低压过电流保护用于自并励发电机。

⑤ 对于由不对称负荷或外部不对称短路所引起的负序过电流，一般在 50MW 及以上的发电机上装设负序过电流保护。

⑥ 对于由对称负荷引起的发电机定子绕组过电流，应装设接于一相电流的过负荷保护。

⑦ 对于水轮发电机定子绕组过电压，应装设带延时的过电压保护。

⑧ 对于发电机励磁回路的一点接地故障，对 1MW 及以下的小型发电机可装设定期检测装置；对 1MW 以上的发电机应装设专用的励磁回路一点接地保护。

⑨ 对于发电机励磁消失故障，在发电机不允许失磁运行时，应在自动灭磁开关断开时连锁断开发电机的断路器；对采用半导体励磁以及 100MW 及以上采用电机励磁的发电机，应增设直接反应发电机失磁时电气参数变化的专用失磁保护。

⑩ 对于转子回路的过负荷，在 100MW 及以上并且采用半导体励磁系统的发电机上，应装设转子过负荷保护。

⑪ 对于汽轮发电机主汽门突然关闭而出现的发电机变电动机运行的异常运行方式，为防止损坏汽轮机，对 200MW 及以上的大容量汽轮发电机宜装设逆功率保护；对于燃气轮发电机应装设逆功率保护。

⑫ 对于 300MW 及以上的发电机，应装设过励磁保护。

⑬ 其他保护：如当电力系统振荡影响机组安全运行时，在 300MW 机组上，宜装设失步保护；当汽轮机低频运行会造成机械振动，叶片损伤，对汽轮机危害极大时，可装设低频保护；当水冷发电机断水时，可装设断水保护等。

为了快速消除发电机内部的故障，在保护动作于发电机断路器跳闸的同时，还必须动作于自动灭磁开关，断开发电机机励磁回路，使定子绕组中不再感应出电动势，继续供短路电流。

7.2 发电机的纵差动保护

发电机纵差保护是发电机定子绕组及其引出线相间短路的主保护，因此，它应能快速切断内部所发生的故障，同时在正常运行及外部故障时，又应能保证动作的选择性和工作的可靠性。在保护范围内发生相间短路时，应瞬间断开发电机断路器和自动灭磁开关。

7.2.1 工作原理

这种保护是利用比较发电机中性点侧和引出线侧电流幅值和相位的原理构成的，因此在发电机中性点侧和引出线侧装设特性和变比完全相同的电流互感器来实现纵差动保护。两组电流互感器之间为纵差动保护的范围。电流互感器二次绕组按照循环电流法接线，即如果两组电流互感器一次侧的极性分别以中性点侧和母线侧为正极性，则二次侧同极性相连接。差动继电器与两侧电流互感器的二次绕组并联。保护的单相原理接线如图 7.1 所示。

发电机内部故障时，如图 7.1(a)中的 k1 点短路，两侧电流互感器的一、二次侧电流如图所示，差动继电器中的电流为$\dot{I}_{KD}=\dot{I}'_2+\dot{I}''$。当$\dot{I}_{KD}$大于继电器的整定电流时，继电器动作。在正常运行或保护区外故障时，流过继电器的电流为两侧电流之差($\dot{I}_{KD}=\dot{I}'_2-\dot{I}''$)，如图 7.1(b)所示(短路点 k2)。在循环电流回路两臂引线阻抗相同、两侧电流互感器特性完全一致和铁芯剩磁一样的理想情况下，两侧二次电流相等($\dot{I}'_2=\dot{I}''$)，流过继电器的电流为零。但实际上差动继电器中流过不大的电流，此电流称为不平衡电流。

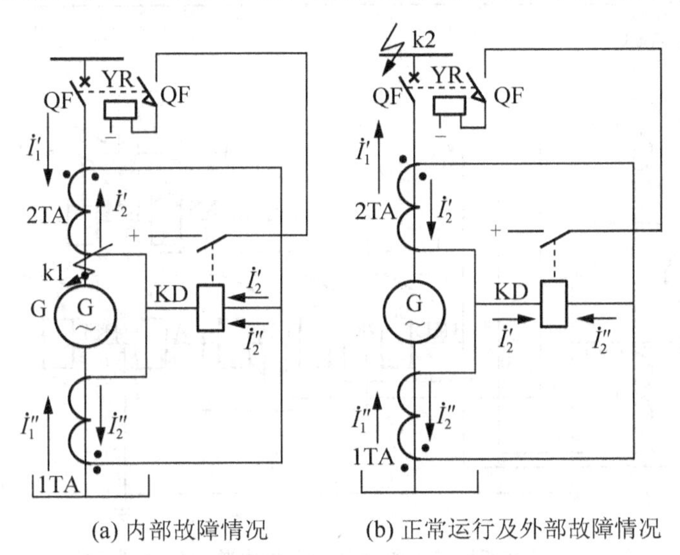

(a) 内部故障情况　　(b) 正常运行及外部故障情况

图 7.1　发电机纵差保护单相原理图

纵差保护在原理上不反应负荷电流和外部短路电流，只反应发电机两侧电流互感器之间保护区内的故障电流，因此，纵差保护在时限上不必与其他时限配合，可以瞬时动作于跳闸。

7.2.2　整定原则

1）在正常运行情况下，电流互感器二次回路断线时保护不应误动

如图 7.1 所示，假设流过电流互感器 2TA 的二次引线发生了断线，则电流$\dot{I}'_2$被迫变为零，此时，在差动继电器中将流过$\dot{I}''_2$电流，当发电机在额定容量运行时，此电流即为发电机额定电流变换到二次侧的电流，用 I_{NG}/K_{TA}表示。在这种情况下，为防止差动保护误动，应整定保护装置的启动电流大于发电机的额定电流，引入可靠系数后，则保护装置和继电器的整定电流分别为

$$\begin{aligned}I_{set}&=K_{rel}I_{NG}\\I_{set.r}&=K_{rel}I_{NG}/K_{TA}\end{aligned}\tag{7-1}$$

式中　K_{TA}——电流互感器变比。

这样整定之后，在正常运行情况下，任一相电流互感器二次回路断线时，保护将不会误动作。但如果在断线后又发生了外部短路，则继电器回路中要流过短路电流，保护仍然要误动。为防止这种情况的发生，在差动保护中，一般装设断线监视装置，当断线后，它动作发出信号，运行人员接到信号后即应将差动保护退出工作。

断线监视继电器的整定电流按躲开正常运行时的不平衡电流整定，原则上越灵敏越好。根据经验，一般选择为

$$I_{set.r}=0.2I_{NG}/K_{TA} \tag{7-2}$$

为了防止断线监视装置在外部故障时由于不平衡电流的影响而误发信号，取其动作时限大于发电机后备保护的时限。

具有断线监视装置的发电机纵差保护原理接线图如图 7.2 所示。

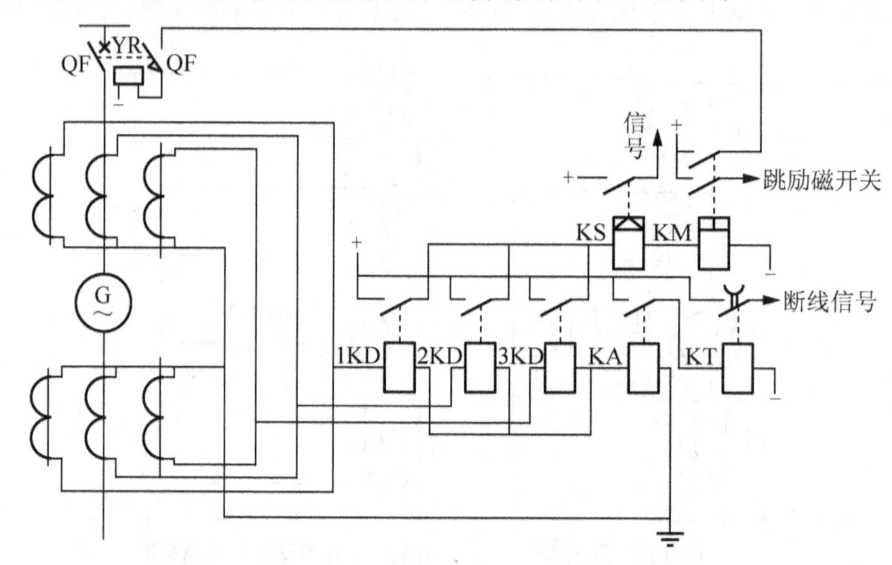

图 7.2　具有断线监视装置的发电机纵差保护原理接线图

保护装置采用三相式接线(1KD～3KD 为差动继电器)，在差动回路的中线上接有断线监视继电器器 KA，当任一相电流互感器回路断线时，它都能动作，经过延时发出信号。

为了使差动保护的范围能包括发电机引出线(或电缆)在内，因此所使用的电流互感器应装设在靠近断路器的位置。

2) 躲过外部故障时的最大不平衡电流

整定电流为

$$I_{set.r}=K_{rel}I_{unb.max} \tag{7-3}$$

考虑非周期分量的影响，并将稳态不平衡电流计算式 $I_{unb}=0.1K_{st}I_{k.max}/K_{TA}$ 代入式(7-3)得

$$I_{set.r}=0.1K_{rel}K_{np}K_{st}I_{k.max}/K_{TA} \tag{7-4}$$

式中　K_{rel}——可靠系数，取 1.3；

　　K_{np}——非周期分量系数，当采用具有速饱和铁芯的差动继电器时，取 1；

K_{st}——电流互感器同型系数，当型号相同时取0.5。

对于汽轮机组，其出口处发生三相短路的最大短路电流约为$I_{k.max} \approx 8I_{NG}$，代入式(7-4)中，则差动继电器的整定电流为

$$I_{set.r}=(0.5 \sim 0.6)I_{NG}/K_{TA} \tag{7-5}$$

对于水轮机组，由于电抗X''_k的数值比汽轮机组大，其出口处发生三相短路时的最大短路电流约为$I_{k.max} \approx 5I_{NG}$，则差动继电器中的整定电流为

$$I_{set.r}=(0.3 \sim 0.4)I_{NG}/K_{TA} \tag{7-6}$$

对于内冷的大容量发电机组，其电抗数值也较上述汽轮机组为大，因此，差动继电器的启动电流较汽轮机组小。

综上可见，按躲过不平衡电流的条件整定的差动保护，其启动值远小于按躲过电流互感器二次回路断线时的整定值，因此，保护的灵敏性就高。但这样整定后，在正常运行情况下发生电流互感器二次回路断线时，在负荷电流的作用下，差动保护可能误动，就这点来看，可靠性较差。

当差动保护的定值小于额定电流时，可不装设电流互感器二次回路断线监视装置。运行经验表明，只要重视对差动保护回路的维护与检查，如采取防震措施，以防接线端子松脱，检修时测量差动回路的阻抗，并与以前的值比较等，在实际运行中发生该类故障的几率还是很小的。

3）灵敏度校验

保护装置灵敏度校验按下式计算

$$K_{sen}=\frac{I_{k.min}}{I_{set}} \tag{7-7}$$

$I_{k.min}$为发电机内部故障时流过保护装置的最小短路电流，实际上应考虑下面两种情况。

(1) 发电机与系统并列运行以前，在其出线端发生两相短路，此时差动回路中只有发电机供给的短路电流$\dot{I}''_1$，而$\dot{I}'_1=0$。

(2) 发电机采用自同期并列时(此时发电机先不加励磁，电动势$E \approx 0$)，在系统最小运行方式下，发电机出线端发生两相短路，此时，差动回路只有系统供给的短路电流$\dot{I}'_1$，而$\dot{I}'=0$。

对灵敏系数的要求一般不小于2。

应该指出，上述灵敏系数的校验，都是以发电机出口处发生两相短路为依据的，此时短路电流较大，一般都能够满足灵敏系数的要求。但当内部发生轻微的故障，例如，经绝缘材料的过渡电阻短路时，短路电流的数值往往较小，差动保护不能启动，此时只有等故障进一步发展以后，保护方能动作，而这时可能已对发电机造成更大的危害。因此，尽量减小保护装置的启动电流，以提高差动保护对内部故障的反应能力还是很有意义的，发电机的纵差动保护可以无延时地切除保护范围内的各种故障，同时又不反应发电机的过负荷和系统振荡，且灵敏系数一般较高。因此，纵差动保护毫无例外地用作容量在1MW以上发电机的主保护。

7.3 发电机定子绕组匝间短路保护

7.3.1 装设匝间短路保护的必要性

由于发电机纵差保护不反应定子绕组一相匝间短路，因此，发电机定子绕组一相匝间短路后，如不能及时进行处理，则可能发展成相间故障，造成发电机严重损坏。因此，在发电机上(尤其是大型发电机)应装设定子匝间短路保护。以往对于双星形接线而且中性点侧引出6个端子的发电机，通常装设单元件式横联差动保护(简称横差保护)。但是，对于一些大型机组，出于技术上和经济上的考虑，发电机中性点侧常常只引出3个端子，更大的机组甚至只引出一个中性点，这就不可能装设常用的单元件式横差保护。在这种情况下，便出现了以下观点。

(1) 定子绕组匝间绝缘强度高于对地绝缘强度，因此绝缘破坏引起的故障首先应该是定子单相接地，随后才发展为匝间或相间短路，现在已有无死区的100%定子接地保护，因此可以不装匝间短路保护。

这种观点有一定的根据，但也确有首先发生匝间短路而后再发展为接地故障或相间短路的实例。考察匝间短路的发生过程，首先是看匝间绝缘，由于定子线棒变形或受振动而发生机械磨损，以及污染腐蚀、长期的受热和老化都会使匝间绝缘逐步劣化，这就构成了匝间短路的内因，不能肯定匝间绝缘的劣化一定晚于对地绝缘。更重要的是，外来冲击电压的袭击，给定子匝间绝缘造成极大威胁，因为冲击电压波沿定子绕组的分布是不均匀的，波头愈陡，分布愈不均匀，一个波头为3ns的冲击波，在绕组的第一个匝间可能承受全部冲击电压的25%，因此由机端进入的冲击波，完全可能首先在定子绕组的始端发生匝间短路。鉴于此，大型机组往往在机端装设三相对地电容器和磁吹避雷器，即使如此，也不能认为再也没有发生匝间短路的可能和完全不必装设匝间短路保护了。

(2) 另一种观点认为，大型机组的定子同槽上下层线棒同属一相的很少，因此，即使上下层绝缘破坏也主要是相间短路，既然装设单元式横差保护有困难，就不再装设匝间短路保护。

实际上这是一种错觉，多极的水轮发电机，很多情况下定子同槽上下层线棒同相的已超过一半，大型汽轮发电机，极数也不一定再是2，现以运行中的60万kW两极汽轮发电机为例，其定子总槽数为42，同槽上下层同相的槽数为18(均为同相但不同分支的)，约占总槽数的42.86%，完全有发生匝间短路的可能。在实际中因未装设匝间短路保护以致在发生匝间短路时严重损坏发电机的例子是有的。

总之，随着单机容量的增大，发电机定子绕组的并联分支数将增多，不考虑定子匝间短路及其保护是不合理的。

7.3.2 单继电器横差保护

在大容量发电机组中，由于额定电流很大，其每相都做成两个及其以上绕组的并联，如图7.3所示。

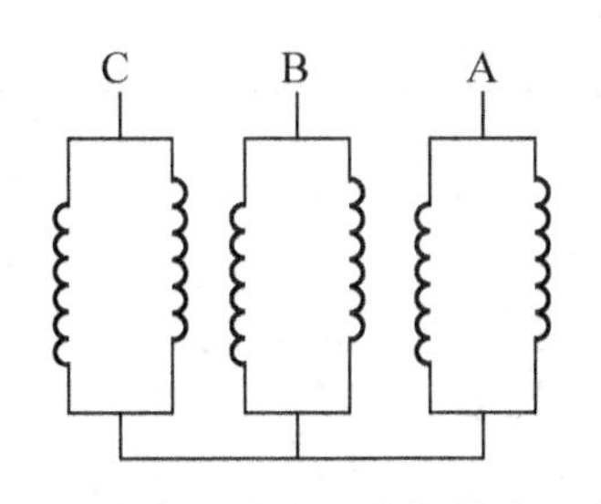

图 7.3 大容量发电机内部接线示意图

在正常情况下，两个绕组中的电势相等，各供一半的负荷电流。当任一各绕组中发生匝间短路时，两个绕组中的电动势就不再相等，因而会由于出现电动势差而产生一个均衡电流，在两个绕组中环流。因此，利用反应两个支路电流之差的原理，即可实现对发电机定子绕组匝间短路的保护，此即横差保护，现对原理分述如下。

如图 7.4(a)所示，当某一绕组内发生匝间短路时，由于故障支路与非故障支路的电动势不相等，因此，有一个环流产生，这时在差动回路中将有电流，当此电流大于继电器的整定电流时，保护动作。短路匝数 α 越多，则环流越大，而当 α 较少时，保护就不动作。因此，保护是有死区的。

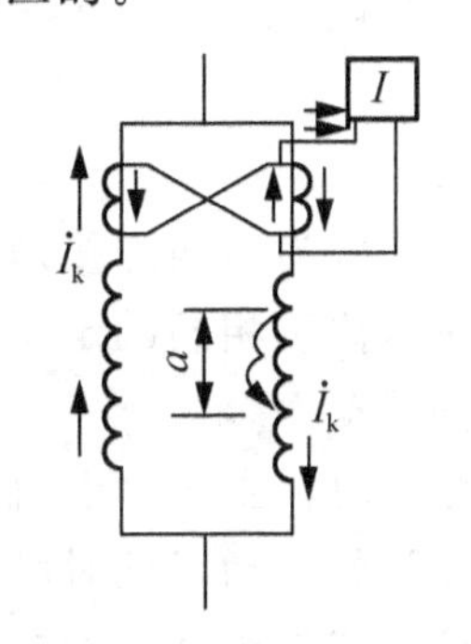

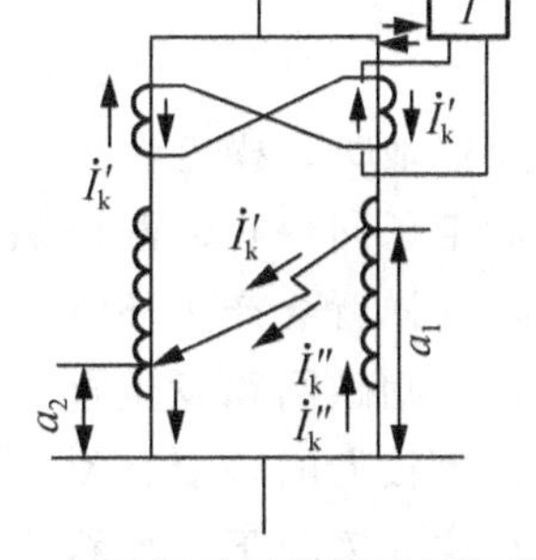

(a) 在某一绕组内部匝间短路　　(b) 在同相不同绕组匝间短路

图 7.4 发电机定子绕组匝间短路的电流分布

如图 7.4(b)所示，在同相的两个分支间发生匝间短路，当 $\alpha_1 \neq \alpha_2$ 时，由于两个分支存在电势差，将分别出现两个环流 I'_k 和 I''_k，流入继电器内的电流为 $I_r = 3I''_k/K_{TA}$。若这种短路发生在等位点上(即 $\alpha_1 = \alpha_2$)时，将不会有环流。因此，$\alpha_1 = \alpha_2$ 或 $\alpha_1 \approx \alpha_2$ 时，保护也出现死区。

根据定子绕组匝间短路的特点，横差保护有两种接线方式。一种是比较每相两个分支绕组的电流之差，这种方式每相需装设两个差接的电流互感器，三相共需 6 个电流互感器和 3 个继电器。由于这种方式接线复杂，且流过继电器的不平衡电流较大，故实际中很少采用。另一种接线方式是在两组星形接线的中性点连线上装设一个电流互感器，将一组星形接线绕组的三相电流之和与另一组星形接线绕组的三相电流之和进行比较。这种方式由于只用一个电流互感器，不存在两个电流互感器的误差不同所引起的不平衡电流问题，因而启动电流小，灵敏度高，加上接线简单，故目前广泛采用。单继电器式横差保护原理接线图如图 7.5 所示。

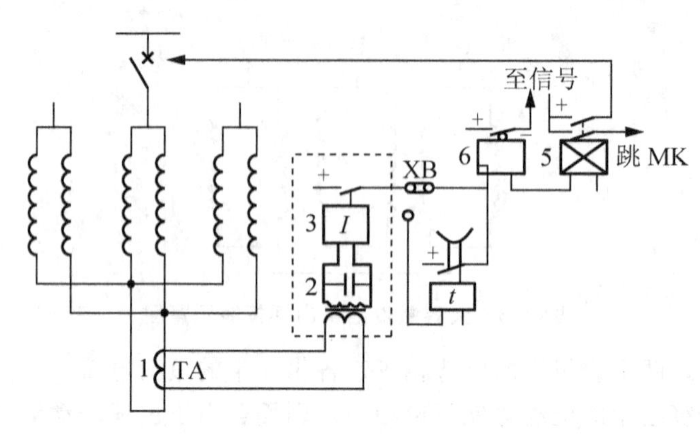

图 7.5　单继电器式横差保护原理接线图

按这种接线方式，当发电机出现 3 次谐波电动势(用 E_3 表示)时，由于三相都是同相位的，因此，如果任一支路的 E_3 与其他支路的不相等时，都会在两组星形中性点的连线上出现 3 次谐波的环流，并通过互感器反应到保护中去，这是所不希望的，为此采用了 3 次谐波过滤器 2，以滤掉 3 次谐波的不平衡电流，提高灵敏度。

保护装置的整定电流，根据运行经验，通常取发电机定子绕组额定电流的 20%～30%，即

$$I_{set}=(0.2\sim0.3)I_{NG} \tag{7-8}$$

当转子回路两点接地时，横差保护可能误动。这是因为当两点接地后，转子磁极的磁通平衡遭到破坏，而定子同一相的两个绕组并不是完全位于相同的定子槽中，因而其感应的电动势就不相等，这样就会产生环流，使差动保护误动。

运行经验表明，当励磁回路发生永久性的两点接地时，由于发电机励磁电动势的畸变而引起空气隙磁通发生较大的畸变，发电机将产生异常的振动，此时励磁回路两点接地保护应动作于跳闸。在这种情况下，虽然按照横差保护的工作原理来看它不应该动作，但由于发电机已有必要切除，因此，横差保护动作与跳闸也是允许的。基于上述考虑，目前已不采用励磁回路两点接地保护动作时闭锁横差保护的措施。为了防止在励磁回路中发生偶然性的瞬间两点接地时引起横差保护误动，因此，当励磁回路发生一点接地后，在投入两点接地保护的同时，也应将横差保护切换至带 0.5～1s 的延时动作于跳闸。

在图 7.5 中，当励磁回路未发生接地故障时，切换片 XB 接通直接启动出口继电器 5 的回路，而当励磁回路发生一点接地后，则切换到启动时间继电器 4 的回路，此时需经延时后才动作于跳闸，即满足了以上所提出的要求。按以上原理构成的横差保护，也能反映定子绕组上可能出现的故障。

7.3.3　定子绕组零序电压原理的匝间短路保护

图 7.6 所示为由负序功率闭锁的纵向零序电压匝间短路保护的原理示意图。图中 PT 一次侧中性点必须与发电机中性点直接相连，而不能再直接接地，正因为 TVN1 的一次侧中性点不接地，因此，其一次绕组必须采用全绝缘，且不能被用来测量相电压，故图 7.6 中的 TVN1 是零序电压匝间短路保护专用电压互感器。开口三角绕组安装了具有 3 次谐波过滤器的高灵敏性过电压继电器。

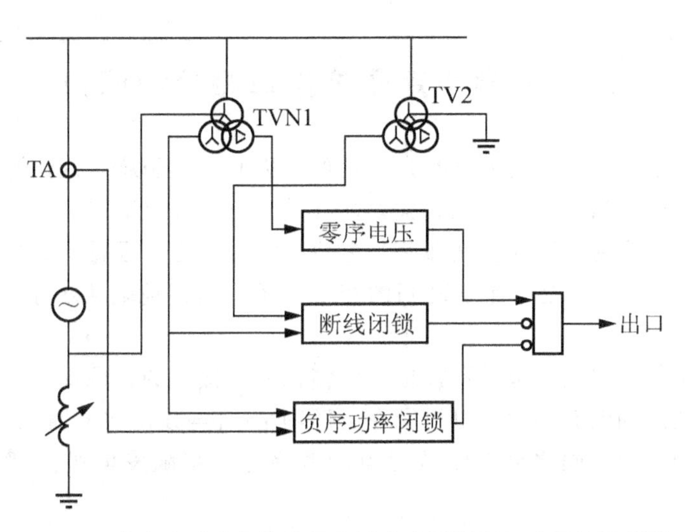

图 7.6　由负序功率闭锁的纵向零序电压匝间短路保护原理图

当发电机正常运行和外部相间短路时，TVN1 辅助二次绕组没有输出电压，即 $3U_0=0$。

当发电机内部或外部发生单相接地故障时，虽然一次系统出现了零序电压，即一次侧三相对地电压不再平衡，中性点电位升高为 U_0，但由于 TVN1 一次侧中性点不接地，所以即使中性点的电位升高，但三相电压仍然对称，故开口三角绕组输出电压为 0V。

只有当发电机内部发生匝间短路或发生对中性点不对称的各种相间短路时，TVN1 一次对中性点的电压不再平衡，开口三角绕组才有电压输出，从而使零序匝间短路保护正常动作。

为了防止低定值零序电压匝间短路保护在外部短路时误动，设有负序功率方向闭锁元件。因为 3 次谐波不平衡，电压随外部短路电流增大而增大，为提高匝间短路保护的灵敏性，就必须考虑闭锁措施。采用负序功率闭锁是一成熟的措施，因为发电机内部相间短路以及定子绕组分支开焊，负序源位于发电机内部，它所产生的负序功率一定由发电机流出。而当系统发生各种不对称运行或不对称故障时，负序功率由系统流入发电机，这是一个明确的特征量，利用它和零序电压构成匝间短路是十分可取的。

为防止 TVN1 一次熔断器熔断而引起保护误动，还必须设有电压闭锁装置，如图 7.6 所示。

保护的零序动作电压由正常运行负荷工况下的零序不平衡电压 $U_{0\cdot unb}$ 决定，$U_{0\cdot unb}$ 中的成分主要是 3 次谐波电压，为此，在零序电压继电器中采用过滤比高的 3 次谐波滤波器和阻波器。一般负荷工况下的基波零序不平衡电压(二次值)为百分之几伏，所以 $U_{0.set}$ 整定为 1V 左右。外部短路时，$U_{0.unb}$ 急剧增长，但由于有负序功率方向元件闭锁，故不会引起误动。

上述有闭锁的零序电压匝间短路保护，国内机组整定为 1V 左右；国外进口机组无负序功率方向元件闭锁的保护一般整定为 3V 左右，整定值越高死区就越大。

可以看出，该保护由零序电压、功率方向和电压断线闭锁 3 部分组成，装值比较复杂，灵敏性也不太高，因此适于在不装设单元件横差保护的情况下采用。

值得指出的是，一次中性点与发电机中性点的连线如发生绝缘对地击穿，就形成发电机定子绕组单相接地故障，如果定子接地保护动作于跳闸，这无疑就扩大了故障范围。

7.4 发电机定子绕组单相接地保护

根据安全的要求，发电机的外壳都是接地的，因此，定子绕组因绝缘破坏而引起的单相接地故障比较普遍。当接地电流比较大，能在故障点引起电弧时，将使绕组的绝缘和定子铁芯烧坏，并且也容易发展成相间短路，造成更大的危害。根据运行经验，当接地电容电流大于等于5A时，应装设动作于跳闸的接地保护；当接地电流小于5A时，一般装设作用于信号的接地保护。

现代的发电机，其中性点都是不接地或经消弧线圈接地的，因此，当发电机内部单相接地时，流经接地点的电流仍为发电机所在电压网络(即与发电机有直接电联系的各元件)对地电容电流之和，而不同之处在于故障点的零序电压将随发电机内部接地点的位置而改变。

7.4.1 利用零序电流构成的定子接地保护

对直接连接在母线上的发电机，当发电机电压网络的接地电容电流大于表7-1的允许值时，不论该网络是否装有消弧线圈，均应装设动作于跳闸的接地保护。当接地电容电流小于允许值时，则装设作用于信号的接地保护。

在实现接地保护时，应做到当一次侧的接地电流(即零序电流)大于允许值时即动作于跳闸，因此，就对保护所用的零序电流互感器提出了很高的要求。一方面是正常运行时，在三相对称负荷电流(常达数千安培)的作用下，在二次侧的不平衡输出应该很小；另一方面是接地故障时，在很小的零序电流作用下，在二次侧应有足够大的功率输出，以使保护装置能够动作。

目前我国采用的是用优质高导磁率硅钢片做成的零序电流互感器，其磁化曲线起始部分的导磁率很高，因而在很小的一次电流作用下，就具有较高的励磁阻抗和二次输出功率，能满足保护灵敏性的要求，而结构并不复杂。随着静态继电器的广泛使用，这一问题将能得到更好的解决。

接于零序电流互感器上的发电机零序电流保护，其整定值的选择原则如下。

(1) 躲过外部单相接地时，发电机本身的电容电流以及由于零序电流互感器一次侧三相导线排列不对称，而在二次侧引起的不平衡电流。

(2) 保护装置的一次动作电流应小于表7-1规定的允许值。

(3) 为防止外部相间短路产生的不平衡电流引起接地保护误动作，应在相间保护动作时将接地保护闭锁。

(4) 保护装置一般带有1～2s的时限，以躲过外部单相接地瞬间，发电机暂态电容电流(其数值远较稳态时的$3\omega C_{0G}U_{\varphi}$)的影响。因为，如果不带时限，则保护装置的启动电流就必须按照大于发电机的暂态电容电流来整定。

(5) 当发电机定子绕组的中性点附近接地时，由于接地电流很小，保护将不能启动，因此零序电流保护不可避免地存在一定的死区。为了减小死区的范围，就应该在满足发电机外部接地时动作选择性的前提下，尽量降低保护的启动电流。

7.4.2 利用零序电压构成的定子接地保护

一般来说，大、中型发电机在电力系统中大都采用发电机变压器组的接线方式，在这种情况下，发电机电压网络中，只有发电机本身、连接发电机与变压器的电缆以及变压器对地电容(分别以 C_{0G}、C_{0X}、C_{0T} 表示)，其分布如图 7.7 所示。当发电机单相接地后，接地电容电流一般小于允许值。对于大容量的发电机变压器组，若接地后的电容电流大于允许值，则可在发电机电压网络中装设消弧线圈予以补偿。由于上述 3 项电容电流的数值基本上不受系统运行方式变化的影响，因此，装设消弧线圈后，可以将接地电流补偿到很小的数值。在上述两种情况下，均可装设作用于信号的接地保护。

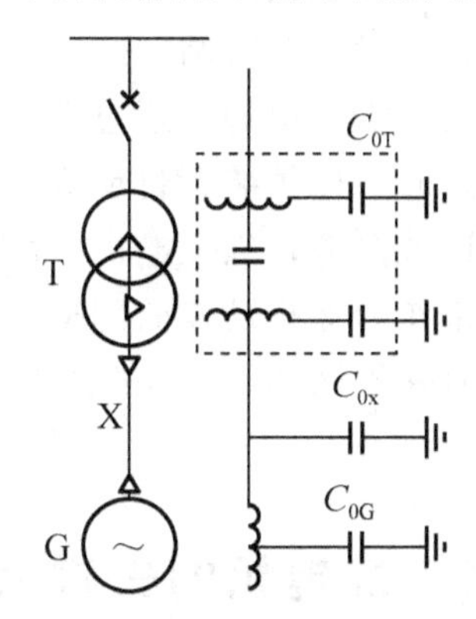

图 7.7 发电机电压系统的对地电容分布图

发电机在正常运行时，发电机相电压中含有 3 次谐波，因此，在机端电压互感器接成开口三角形的一侧也有 3 次谐波电压输出，此外，当变压器高压侧发生接地故障时，由于变压器高、低压绕组之间有电容存在，因此，在发电机机端会产生零序电压。为了保证动作的选择性，保护装置的整定值应躲过正常运行时的不平衡电压(包括 3 次谐波电压)，以及变压器高压侧接地时在发电机机端产生的零序电压。根据运行经验，继电器的启动电压一般整定为 15～30V 左右。

按以上条件的整定保护，由于整定值较高，因此，当中性点附近发生接地时，保护装置不能动作，因而出现死区。为了减小死区，可采取如下措施来降低启动电压。

(1) 加装 3 次谐波带阻过滤器。

(2) 对于高压侧中性点直接接地电网，利用保护装置的延时来躲过高压侧的接地故障。

(3) 在高压侧中性点非直接接地电网中，利用高压侧的零序电压将发电机接地保护闭锁或利用它对保护实现制动。

采取以上措施后，零序电压保护范围虽然有所提高，但在中性点附近接地时仍然有一定的死区。

由以上可见，利用零序电流和零序电压构成的接地保护，对定子绕组都不能达到100%的保护范围。对于大容量的机组而言，由于振动较大而产生的机械损伤或发生漏水(指水内冷的发电机)等原因，都可能使靠近中性点附近的绕组发生接地故障。如果这种故障不能及时发现，则一种可能是进一步发展成匝间或相间短路；另一种可能是如果又在其他地方发生接地，则形成两点接地短路。这两种结果都会造成发电机严重损坏，因此，对大型发电机组，特别是定子绕组用水内冷的机组，应装设能反应100%定子绕组的接地保护。

目前，100%定子接地保护装置一般由两部分组成，第一部分是零序电压保护，如上述它能保护定子绕组的85%以上，第二部分保护则用来消除零序电压保护不能保护的死区。为提高可靠性，两部分的保护区应相互重叠。构成第二部分保护的方案主要有如下几种。

(1) 发电机中性点加固定的工频偏移电压，其值为额定相电压的10%～15%。当发电机定子绕组接地时，利用此偏移电压来加大故障点的电流(其值限制在10～25A左右)，接地保护即反应于这个电流而动作，使发电机跳闸。

(2) 附加直流或低频(20Hz或50Hz)电源，通过发电机端的电压互感器将其电流注入发电机定子绕组，当定子绕组接地时，保护装置将反应于此注入电流的增大而动作。

(3) 利用发电机固有的3次谐波电势，以发电机中性点侧和机端侧3次谐波电压比值的变化，或比值和方向的变化，来作为保护动作的判据。

以上方案中，有些本身就具有保护区达100%的性能，此时可利用零序电压作为后备，以进一步提高可靠性。

7.5 发电机的失磁保护

7.5.1 发电机失磁运行的后果

发电机失磁是指发电机的励磁突然全部或部分消失。引起失磁的主要原因：转子绕组故障、励磁机故障、自动灭磁开关误跳闸、半导体励磁系统中某些元件损坏或回路发生故障以及误操作等。

当发电机完全失去励磁时，励磁电流将逐渐衰减至零。由于发电机的感应电动势 E_d 随着励磁电流的减小而减小，因此，其电磁转矩也将小于原动机的转矩，因而引起转子加速，使发电机的功角 δ 增大。当 δ 超过静态稳定极限角时，发电机与系统失步。发电机失磁后将从电力系统中吸收感性无功功率，供给转子励磁电流，在定子绕组中感应出电动势。在发电机超过同步转速后，转子回路中将感应出频率为(f_G-f_S)(其中 f_G 为对应发电机转速的频率，f_s 为系统频率)的电流，此电流产生异步制动转矩。当异步转矩与原动机转矩达到新的平衡时，即进入稳定的异步运行。

当发电机进入异步运行时，将对电力系统和发电机产生以下影响。

(1) 需要从电力系统中吸取大量的无功功率以建立发电机的磁场。所需无功功率的大小主要取决于发电机的参数及实际运行时的转差率。汽轮发电机与水轮发电机相比，前者的同步电抗较大，所需无功功率较小。假设失磁前发电机向系统送出无功功率 Q_1，而在失磁后从系统吸收无功功率 Q_2，则系统中将出现(Q_1+Q_2)的无功功率缺额。失磁前带的有功功率愈大，失磁后转差就愈大，所吸收的无功功率就愈大，因此，在重负荷下失磁进入异步运行后，如不采取措施，发电机将因过电流使定子过热。

(2) 由于从电力系统中吸收无功功率将引起电力系统电压的下降，如果电力系统的容量较小或无功功率储备不足，则可能使失磁发电机的机端电压、升压变压器高压侧母线电压或其他邻近设备的电压低于允许值，从而破坏了负荷与各电源间的稳定运行，甚至可能因电压崩溃而使系统瓦解。

（3）失磁后发电机的转速超过同步转速，因此，在转子及励磁回路中将产生频率为(f_G-f_S)的交流电流，即差频电流。差频电流在转子回路中产生的损耗如果超出允许值，将使转子过热。特别是直接冷却的大型机组，其热容量的裕度相对较低，转子更易过热。而流过转子表层的差频电流，还可能使转子本体与槽楔、护环的接触面上发生严重的局部过热。

（4）对于直接冷却的大型发电机组，其平均异步转矩的最大值较小，惯性常数也相对较低，转子在纵轴和横轴方向呈现较明显的不对称，使得在重负荷下失磁后，这种发电机的转矩、有功功率要发生周期性摆动。在这种情况下，将有很大的电磁转矩周期性地作用在发电机轴系上，并通过定子传到机座上，引起机组振动，直接威胁着机组的安全。

（5）低励磁或失磁运行时，定子端部漏磁增加，将使端部和边段铁芯过热。实际上，这一情况通常是限制发电机失磁异步运行能力的主要条件。

由于汽轮发电机异步功率比较大，调速也比较灵敏，因此当超速运行后，调速器立即关小汽门，使汽轮机的输出功率与发电机的异步功率很快达到平衡，在转差率小于0.5%的情况下即可稳定运行。故汽轮发电机在很小转差下异步运行一段时间原则上是完全允许的。此时，是否需要并允许异步运行，则主要取决于电力系统的具体情况。如当电力系统的有功功率供给比较紧张，同时一台发电机失磁后，系统能够供给它所需要的无功功率，并能保证电力系统的电压水平时，则失磁后就应该继续运行；反之，若系统没有能力供给失磁后发电机所需要的无功功率，并且系统中有功功率有足够的储备，则失磁后就不应该继续运行。

对水轮发电机而言，考虑到：其异步功率较小，必须在较大的转差下(一般达到1%～2%)运行，才能发出较大的功率；由于水轮机的调速器不够灵敏，时滞较大，甚至可能在功率尚未达到平衡以前就大大超速，从而使发电机与系统解列；其同步电抗小，如果异步运行，则需要从电力系统吸收大量的无功功率；其纵轴和横轴很不对称，异步运行时，机组振动较大等，因此水轮发电机一般不允许在失磁后继续运行。

在发电机上，尤其是在大型发电机上应装设失磁保护，以便及时发现失磁故障，并采取必要的措施，如发出信号、自动减负荷、动作于跳闸等，以保证发电机和系统的安全。

7.5.2 发电机失磁保护的辅助判据

以静稳定边界或异步边界作为判据的失磁阻抗继电器能够鉴别正常运行与失磁故障。但是，在发电机外部短路、系统振荡、长线路充电、自同期并列及电压回路断线等，失磁继电器可能误动作。因此，必须利用其他特征量作为辅助判据。增设辅助元件，才能保证保护的选择性。在失磁保护中，常用的辅助判据和闭锁措施如下。

（1）当发电机失磁时，励磁电压下降。在外部短路、系统振荡过程中，励磁直流电压不会下降，反而因为强行励磁作用而上升。但是，在系统系统振荡、外部短路的过程中，励磁回路会出现交变分量电压，它叠加于直流电压之上，使励磁回路电压有时过零。此外，在失磁后的异步运行过程中，励磁回路还会产生较大的感应电压。由此可见，励磁电压是一个多变的参数，通常把它的变化作为失磁保护的辅助判据。

(2) 发生失磁故障时，三相定子回路的电压、电流是对称的，没有负序分量。在短路或短路引起的振荡过程中，总会短时或整个过程中出现负序分量。因此，可以利用负序分量作为辅助判据，防止失磁保护在短路或短路伴随振荡的过程中误动。

(3) 系统振荡过程中，机端测量阻抗的轨迹只可能短时穿过失磁继电器的动作区，而不会长时间停留在动作区。因此，失磁保护带有延时可以躲过振荡的影响。

自同期过程是失磁的逆过程。当合上出口断路器后，机端测量阻抗的端点位于异步阻抗边界以内，无论采用哪种整定条件，都使失磁继电器误动作。随着转差的下降及同步转矩的增长，逐步退出动作区，最后进入复平面的第一象限，继电器返回。自同期属于正常操作过程，因而，可以采取在自同期过程中把失磁保护装置解除的办法来防止它误动作。

电压回路断线时，加于继电器上的电压大小和相位发生变化，可能引起失磁保护误动作。由于电压回路断线后三相电压失去平衡，利用这一特点构成断相闭锁元件，对失磁保护闭锁。

7.5.3 发电机失磁保护的构成方式

失磁保护应能正确反应发电机的失磁故障，而在发电机外部故障、系统振荡、发电机自同步并列及发电机低励磁(同步)运行时均不误动。根据发电机容量和励磁方式的不同，失磁保护的方式有以下两种。

(1) 对于容量在100MW以下的带直流励磁机的水轮发电机和不允许失磁运行的汽轮发电机，一般是利用转子回路励磁开关的辅助触点连锁跳开发电机的断路器。这种失磁保护只能反应由于励磁开关跳开所引起的失磁，因此，是不完善的。

(2) 对于容量在100MW以上的发电机和采用半导体励磁的发电机，一般采用根据发电机失磁后定子回路参数变化的特点构成失磁保护。

失磁保护可以根据多种原理来构成，详细内容可参考有关资料。

7.6 发电机-变压器组继电保护的特点及配置

7.6.1 发电机-变压器组继电保护的特点

随着电力系统的发展，发电机-变压器组单元接线方式在电力系统中获得了广泛应用。

由于发电机-变压器组相当于一个工作元件，所以，前面介绍的发电机、变压器的某些保护可以共用，例如，共用差动保护、过电流保护及过负荷保护等。

下面介绍发电机-变压器组的差动保护及后备保护的特点。

1. *差动保护的特点*

根据发电机-变压器组的接线和容量不同，其差动保护的配置方式如图7.8所示。

(1) 对于100MW及以下，一般只装设一套差动保护，如图7.8(a)所示。对于100MW以上的发电机-变压器组，采用一套差动保护对发电机内部故障不能满足灵敏性要求时，发电机应加装一套差动保护，如图7.8(b)所示。

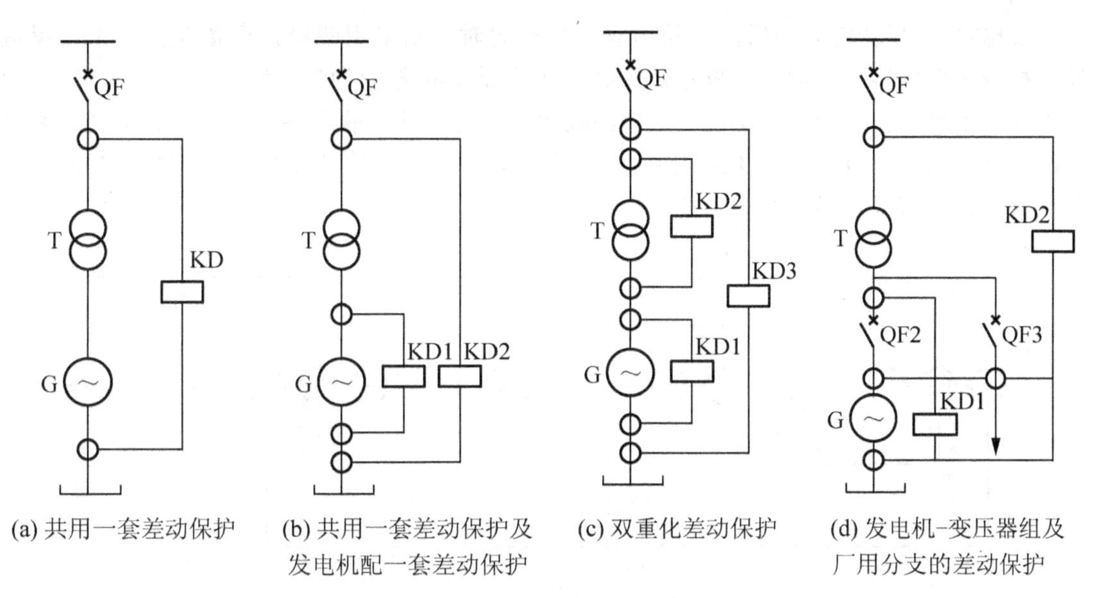

图 7.8 发电机-变压器组差动保护配置方式

(2) 对于 200MW 及以上的汽轮发电机，为了提高保护的速动性，在发电机端还宜增设复合电流速断保护，或在变压器上增设单独的差动保护，即采用双重快速保护方式。

(3) 对于高压侧电压为 330kV 及以上的变压器，可装设双重差动保护，如图 7.8(c) 所示。

(4) 当发电机-变压器组之间有分支线时，分支线应包括在差动保护范围内，如图 7.8(d) 所示。

2. 后备保护的特点

发电机-变压器组一般装设共用的后备保护。当实现远后备保护会使保护接线复杂化时，可缩短对相邻线路后备保护的范围，但在相邻母线上三相短路时应有足够灵敏度。

对于采用双重化快速保护的大型发电机一变压器组，其高压侧可装设一套后备保护，如图 7.9 所示。图中全阻抗保护用于消除变压器高压侧电流互感器与断路器之间的死区和作为母线保护的后备。动作阻抗按母线短路时保证能可靠动作整定(即灵敏系数≥1.25)，以延时躲过振荡，一般动作时间可取 0.5～1s。

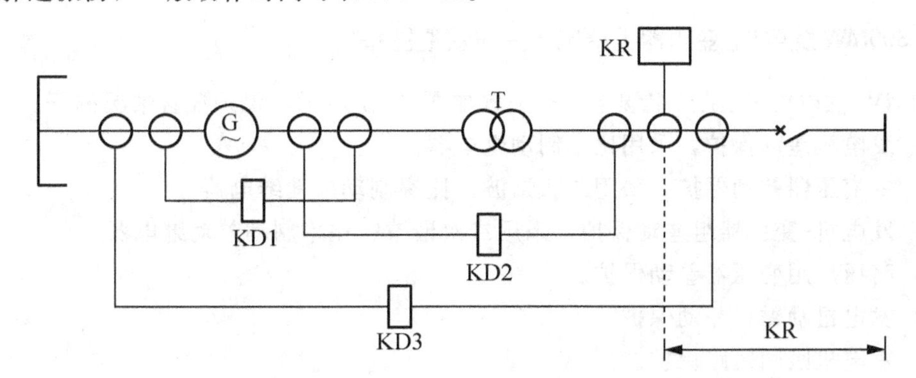

图 7.9 采用双重化快速保护的发电机-变压器组后备保护配置图

发电机-变压器组差动保护未采用双重化配置时，则采用两段式后备保护。Ⅰ段反应发电机端和变压器内部的短路故障，按躲过高压母线短路故障的条件整定，瞬时或经一短延时动作于跳闸。Ⅱ段按高压母线上短路故障时能可靠动作的条件整定，延时不超过发电机的允许时间。Ⅰ、Ⅱ段后备保护范围如图7.10所示。Ⅰ段可用电流速断保护。Ⅱ段用全阻抗保护，也可采用两段式全阻抗保护。

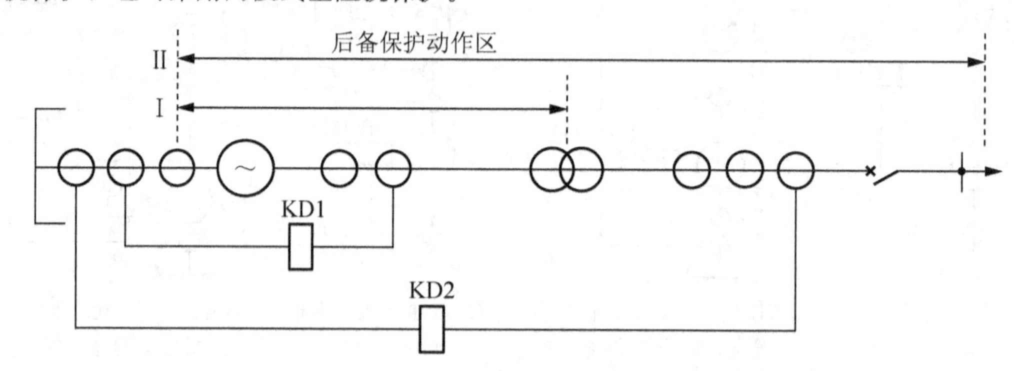

图7.10 未采用双重化快速保护的发电机-变压器组后备保护配置图

7.6.2 大容量机组保护的配置

大容量机组在考虑继电保护的总体配置时，应最大限度地保证机组安全，缩小故障范围，避免不必要的突然停机。对异常工况要能自动处理，并要避免保护的误动和拒动。总之，要求继电保护在总体配置上尽量完善、合理。

（1）设置双重快速保护。考虑到机组安全及满足电力系统稳定性的要求，对大机组的故障要求快速准确地切除。当在变压器高压侧发生短路时，通常要求切除故障的时间小于0.1s。考虑到断路器动作的延时，要求保护装置的动作时间小于40ms。因此对大容量机组要求快速保护双重化。

（2）后备保护。大型发电机-变压器组的高压侧往往接到220kV及以上电压等级的母线上，超高压的线路往往配有完善的保护。因此，不要求在发电机-变压器组上装设可保护到相邻线路末端的后备保护，只要求保护到相邻线路的首端，即作为相邻母线的后备即可。

7.6.3 300MW发电机-变压器组继电保护配置框图举例

300MW发电机-变压器组继电保护配置如图7.11所示，保护配置情况如下。

（1）发电机差动保护，采用比率制动继电器。

（2）主变压器差动保护，采用二次谐波、比率制动差动继电器。

（3）发电机-变压器组差动保护，采用二次谐波、比率制动差动继电器。

（4）高压厂用变压器差动保护。

（5）发电机励磁机差动保护。

（6）发电机匝间短路保护。

（7）发电机逆功率保护。

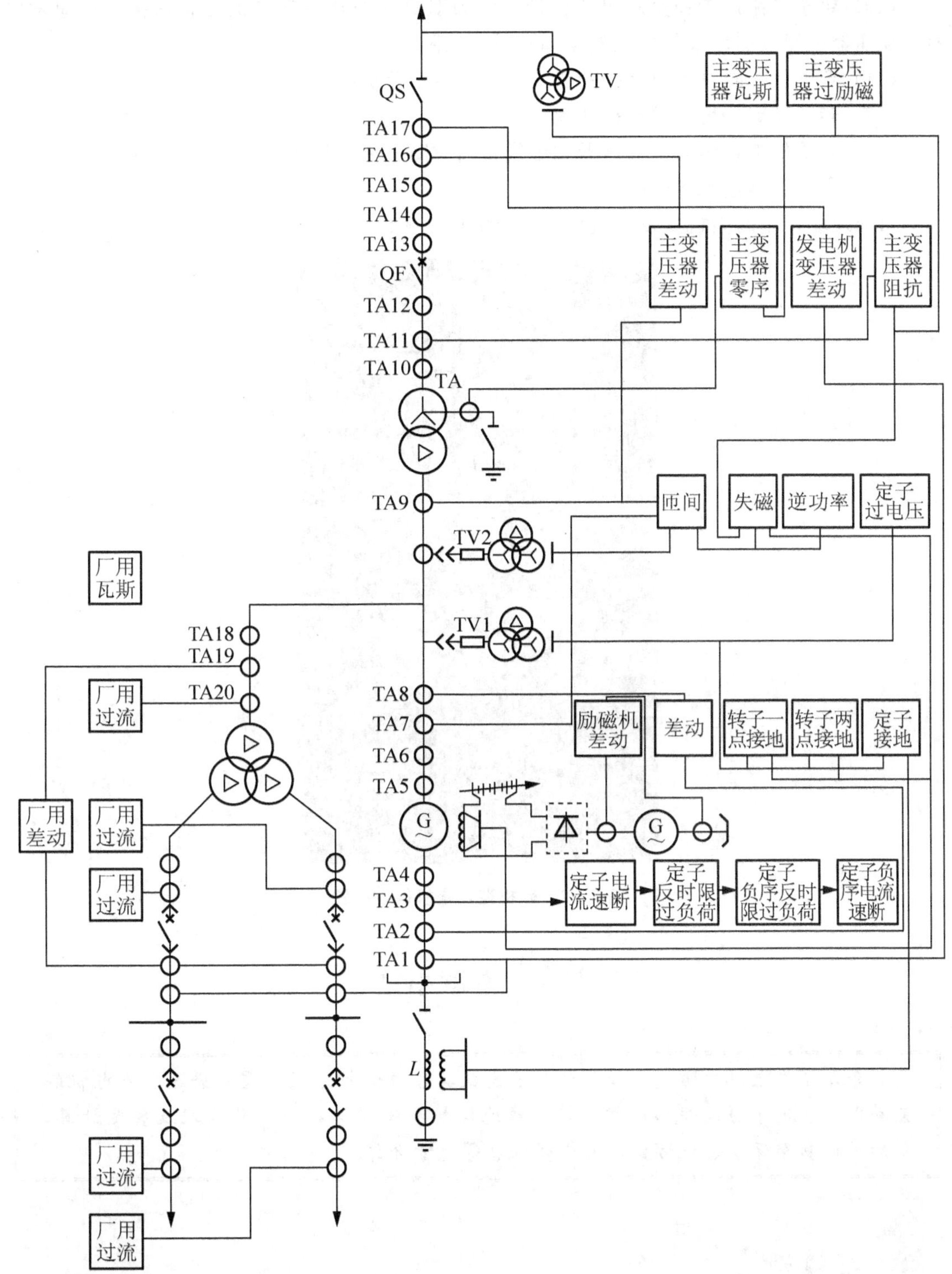

图 7.11 300MW 发电机-变压器组继电保护配置框图

（8）发电机失磁保护。

（9）发电机定子接地保护。

（10）定子电流保护和负序电流保护，作为双重化快速主保护的后备保护，反应发电机、变压器绕组及引出线的相间故障和不对称故障。

（11）定子反时限过负荷保护和负序反时限过负荷保护。

（12）转子一点接地、两点接地保护。

（13）阻抗保护，作为主变压器和母线相间故障的后备保护。

（14）主变压器过励磁保护。

目前现场使用的微机型发电机保护装置如图 7.12 所示。

图 7.12　微机型发电机保护装置

本章小结

介绍了发电机故障、不正常运行状态及其各种保护方式，重点讲述了发电机纵差动保护、定子匝间短路保护、单相接地保护和失磁保护的工作原理及整定计算，最后对逆功率保护、低频保护及失步保护等也予介绍。

关键词

发电机保护 Generator Protection; **纵差保护** Longitudinal Differential Protection; **匝间短路** Turn－To－Turn Short ; **失磁保护** Excitation－Loss Protection

21世纪新材料在大型发电机制造技术中的应用

1. 导磁材料

1900年硅钢片出现后，它一直是制造电机的主要磁性材料，特别是20世纪50年代后冷轧硅钢片的发展，使用于大型汽轮发电机的冷轧硅钢片1特斯拉时损耗可以达到0.5W/kg左右。但以往追求的是均匀的大晶粒的微结构，20世纪90年代却朝着纳米微晶方向发展。例如，晶粒取向的Fe－3%Si硅钢片通过室温下局部加压，随后进行高温退火处理，形成纳米级的微晶。理论计算表明，矫顽力将显著减少，初始磁导率将迅速增长。纳米微晶磁性材料是20世纪90年代发展起来的新型磁性材料，其理论、工艺及应用范围及发展尚在探索研究中，是否适用于大型汽轮发电机主机上，尚有待分析。

稀土永磁材料的最大磁能积(BH)max和室温内高矫顽力jHC是其他类型优秀磁体的5～10倍。磁能积高，说明在产生同样磁场效果的情况下，可以把磁体做得更小，在要求磁体很薄且能保持一定磁化水平的情况下，需要使用高矫顽力的磁体。上海制造300MW、600MW汽轮发电机的付励磁机都是用稀土钴永磁钢的，这部分设计结构性能都比国外设计的机组好。21世纪稀土永磁材料还将更有效地应用在1000MW及以上容量的汽轮发电机励磁系统部分。钕铁硼Nd－Fe－B(BH)max最高，实用的Nd－Fe－B(BH)max可达40MGOe以上，被称为第三代的永磁体材料，成本便宜，在全世界推广使用Nd－Fe－B，其缺点是居里点Tc只有312℃，比SmCo5的Tc为747℃以及Sm2Co17的Tc为920℃低得多，此外，磁体的耐腐蚀性也差，我国稀土材料储藏量最多，上海及全国许多单位研究改进稀土永磁材料的性能，21世纪将会有更大发展并在电机等各方面广泛应用。

2. 绝缘材料

大型汽轮发电机容量越大电压越高，对定子线棒主绝缘要求越高。国外各大公司制造发电机都有自己的绝缘系统，定子线棒主绝缘很薄但耐压水平却很高。21世纪初期我们制造大型汽轮发电机定子线棒就需要用粘结强度好的少胶粉云母带包扎经无溶剂浸渍(VPI)制造。电网用电峰谷之差很大，要求发电机定子、转子绕组绝缘都经过1万次冷热循环试验验证。空气、氢冷表面冷却汽轮发电机对绝缘的导热性能还要求有大幅度提高，这就需要改进云母带材料组成的漆等的导热性能。

近年来，国外对环氧树脂与氢酸脂共固化反应过程进行了许多研究工作，应用氢酸脂改进或固化环氧树脂成的复合材料的湿热性能及介电性能比原环氧树脂有了很大提高，已广泛应用与电子、电气、航空航天领域中，将有在大型发电机中应用的可能性。

总之，绝缘材料及绝缘工艺的改进是21世纪汽轮发电机发展的一个方向。

材料来源：电机制造技术，马成

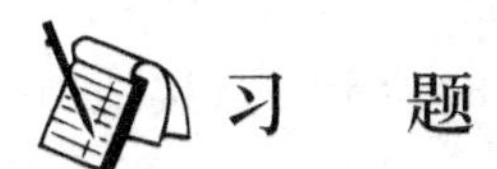

习　题

7.1　填空题

1. 发电机的横差保护是用来反映______故障的。

2. 对于发电机-变压器组，对容量在100MW以下的发电机，应装设保护区不小于定子绕组串联匝数90%的______。

3. 发电机纵差保护的作用是保护定子绕组及其引出线______故障的。

4. 利用3次谐波电压和______的组合，可构成100%的定子绕组接地保护。

5. 对于发电机定子绕组的相间短路，要求容量在1MW以上的发电机，应装设______。

6. 相对于中、小型机组，大型发电机组参数的变化将对继电保护“四性”中的______性不利。

7. 发电机正常运行时的3次谐波电压，机端量总是______中性点量。

8. 发电机定子绕组匝间短路时，将出现______向负序电压，并产生相应的负序电流。

9. 发电机的失磁保护可通过______躲过振荡的影响。

10. 发电机失磁后发电机的转速______同步转速，在转子及励磁回路中将产生一个差频电流。

7.2 选择题

1. 逆功率保护是为了防止(　　)。

A. 发电机免遭损坏　B. 电动机免遭损坏　C. 汽轮机免遭损坏　D. 励磁机免遭损坏

2. 为防止失磁保护误动，应加装闭锁元件，闭锁元件采用(　　)。

A. 定子电压　B. 定子电流　C. 转子电压　D. 转子电流

3. 零序电压的发电机匝间保护，要加装方向元件是为了保护(　　)时保护不误动作。

A. 定子绕组接地故障　B. 定子绕组相间故障

C. 外部不对称故障　D. 外部对称故障

4. 能反映发电机定子绕组开焊故障的保护是(　　)。

A. 纵差保护　B. 单继电器式横差保护

C. 零序电流保护　D. 零序电压保护

5. 发电机纵差保护的作用是(　　)。

A. 切除定子绕组相间短路故障　B. 切除定子绕组匝间短路故障

C. 切除定子绕组接地短路故障　D. 切除定子绕组一相断线故障

6. 对于大型发电机，反映转子表层过热的主保护是(　　)。

A. 低电压启动的过电流保护　B. 复合电压启动的过电流保护

C. 负序电流保护　D. 阻抗保护

7. 定子绕组中性点不接地的发电机，当发电机出口侧A相接地时，发电机中性点的电压为(　　)。

A. 相电压　B. 零　C. $\sqrt{3}$倍相电压　D. $1/\sqrt{3}$倍相电压

8. 失磁保护装置中，转子电压闭锁元件一般整定为空载励磁电压的(　　)。

A. 75%　B. 80%　C. 85%　D. 90%

9. 发电机单继电器式横差保护为防止励磁回路一点接地后发生瞬时性第二点接地引起保护误动作，采取的措施是(　　)。

A. 接入TA　B. 接入TV　C. 接入KT　D. 接入KOF

10. 发电机失磁后，将出现(　　)。

A. 向系统输出无功　B. 从系统中吸收无功

C. 从系统中吸收有功　D. 从系统中吸收有功和无功

7.3 判断题

1. 发电机纵差保护不反映定子绕组一相匝间短路。　(　　)

2. 调相机在不同的运行方式下，既能发出无功功率，也能吸收无功功率。（　）

3. 对于中、小型汽轮发电机，一般都不装设过电压保护。（　）

4. 发电机励磁回路发生接地故障时，将会使发电机转子磁通发生较大的偏移，从而烧毁发电机转子。（　）

5. 发电机转子一点接地保护动作后，一般作用于全停。（　）

6. 发电机逆功率保护主要保护汽轮机。（　）

7. 对容量在100MW及以上的发电机，应装设保护区为100%的定子接地保护。（　）

8. 发电机中性点处发生单相接地时，机端的零序电压为零。（　）

9. 发电机定子单相绕组在中性点发生接地短路时，机端3次谐波电压大于中性点3次谐波电压。（　）

10. 发电机低频主要用于保护汽轮机，防止汽轮机叶片断裂事故。（　）

7.4 问答题

1. 发电机常用的内部短路主保护有哪些？哪些判据可反应定子匝间故障？

2. 大型发电机组有哪些特点？对继电保护及其配置有哪些要求？

3. 发电机转子两点接地有什么危害？

4. 发电机的正序阻抗与负序阻抗是否相等，为什么？

5. 定子单相接地保护和定子匝间短路保护均采用基波零序电压$3U_0$，这两种$3U_0$电压有何不同？

6. 大容量发电机为什么要采用100%定子接地保护？

7. 定子接地保护装置为了减小死区，可采取哪些措施？

8. 输电线路、发电机、变压器的纵差保护有何异同？

9. 当发电机进入异步运行时，将对电力系统和发电机产生哪些影响？

10. 发电机失磁对系统和发电机本身有什么影响？汽轮发电机允许失磁运行的条件是什么？

11. 为什么说限制汽轮发电机低频运行的决定因素是汽轮机而不是发电机？

12. 简述负序电流对发电机和变压器的影响有何不同。

13. 发电机的完全差动保护为何不反应匝间短路故障，变压器差动保护能反应吗？

14. 发电机纵差动保护和横差动保护的范围如何，能否相互代替？

15. 大型水轮发电机与大型汽轮发电机在继电保护配置上有哪些不同？

16. 为什么水轮发电机需要装设过电压保护？

17. 发电机在运行中为什么会发生失磁？失磁对发电机和电力系统有哪些影响？对于失磁发电机什么时候才造成危害，为什么？

18. 发电机为什么要装设定子绕组单相接地保护？

19. 如何判别发电机失磁，如何防止失磁保护在非失磁工况下的误动作，为什么？

20. 发电机-变压器组保护有哪些特点？

第8章 母线保护

本章知识结构图

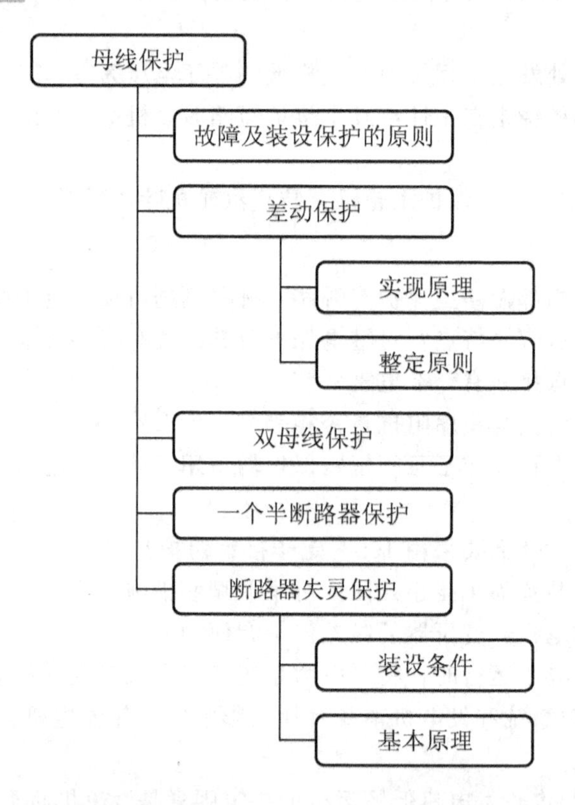

母线是发电厂和变电所的重要组成部分，在母线上连接着发电厂和变电所的发电机、变压器、输电线路、配电线路和调相设备等，母线工作的可靠性将直接影响发电厂和变电所工作的可靠性。为了保证其正常工作，通常装设差动保护装置等。这些装置如何工作，通过本章学习之后将予以解答。

本章教学目标与要求

掌握母线装设保护的原则。
掌握母线差动保护的原理。
熟悉母线保护的特殊问题及对策。
了解 3/2 接线母线保护的原理。
了解断路器失灵保护的工作原理。

本章导图 某750kV变电站配电装置图

8.1 母线的故障及装设保护的原则

母线是电力系统汇集和分配电能的重要元件，母线发生故障，会导致连接在母线上的所有元件停电。若是枢纽变电所母线发生故障，甚至会破坏整个系统的稳定，使事故进一步扩大，后果极为严重。

运行经验表明，母线故障绝大多数是单相接地短路和由其引起的相间短路。母线短路故障的类型比例与输电线路不同，在输电线路的短路故障中，单相接地故障约占故障总数的80%以上。而在母线故障中，大部分故障是由于绝缘子对地放电所引起的，母线故障开始阶段大多表现为单相接地故障，而随着短路电弧的移动，故障往往发展为两相或三相接地短路。

造成母线短路的主要原因如下。

(1) 母线绝缘子、断路器套管以及电压、电流互感器的套管和支持绝缘子的闪络或损坏。

(2) 运行人员的错误操作，如带地线错误合闸或带负荷拉开隔离开关产生电弧等。

尽管母线故障的几率比线路要少，并且通过提高运行维护水平和设备质量、采用防误操作闭锁装置，可以大大减小母线故障的次数。但是，由于母线在电力系统中所处的重要地位，利用母线保护来减小故障所造成的影响仍是十分必要的。

由于低压电网中发电厂或变电所母线大多采用单母线或分段母线，与系统的电气距离较远，母线故障不致对系统稳定和供电可靠性带来影响，所以通常可不装设专用的母线保护，而是利用供电元件(发电机、变压器或有电源的线路等)的后备保护来切除母线故障。

如图8.1所示的采用单母线接线的发电厂，若接于母线的线路对侧没有电源，此时母线上的故障就可以利用发电机的过电流保护使发电机的断路器跳闸而予以切除。

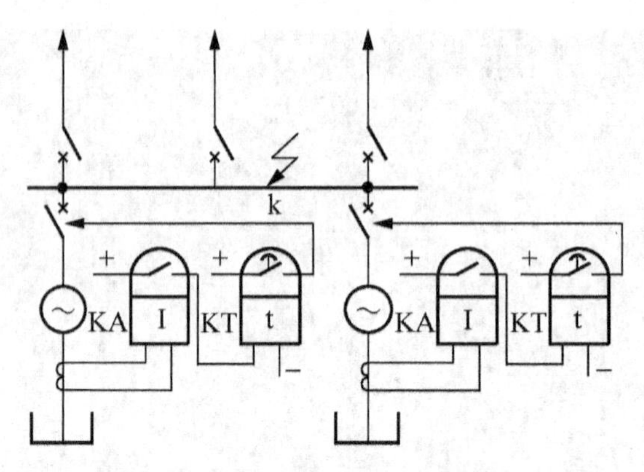

图 8.1 利用发电机的过电流保护切除母线故障

如图 8.2 所示的降压变电所，其低压侧的母线正常时分开运行，若接于低压侧母线上的线路为馈电线路，则低压母线上的故障就可以由相应变压器的过电流保护使变压器的断路器跳闸予以切除。

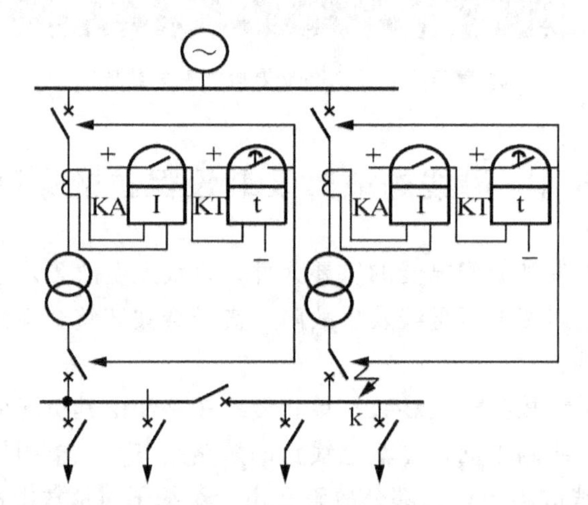

图 8.2 利用变压器的过电流保护切除低压母线故障

如图 8.3 所示的双侧电源网络(或环形网络)，当变电所 B 母线上 k 点短路时，则可以由保护 1 和 2 的第Ⅱ段动作予以切除。

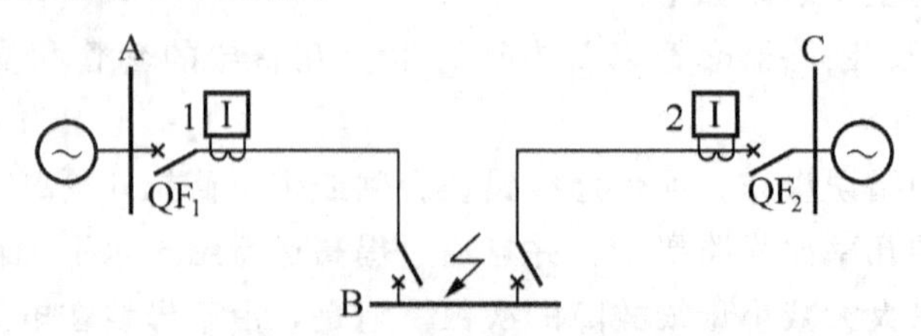

图 8.3 在双侧电源网络上利用电源侧的保护切除母线故障

如图 8.4 所示的单侧电源辐射形网络，当母线 C 上 k 点发生故障时，可以利用送电线路电源侧的保护 2 的第Ⅱ段或第Ⅲ段(当没有装设第Ⅱ段时)动作切除故障。这类保护方式简单、经济，但切除故障时间较长，不能有选择性地切除故障母线(如分段单母线或双母线)，特别是对于高压电网不能满足系统稳定和运行上的要求。

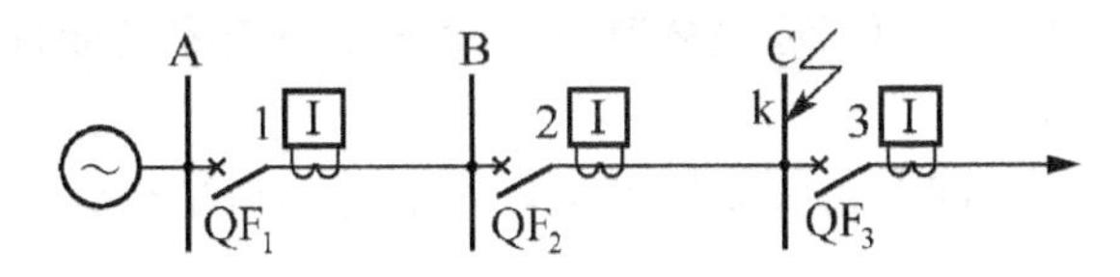

图 8.4 利用送电线路电源侧的保护切除母线故障

因此，根据有关规程规定，下列情况应装设专用的母线保护。

(1) 为保证系统稳定，当母线上发生故障时必须快速切除。如 110kV 及以上的单母线，重要发电厂的 35kV 母线或高压侧为 110kV 及以上的重要降压变电所的 35kV 母线，按照装设全线速动保护的要求必须快速切除母线上的故障时，应装设专用的母线保护。

(2) 在某些较简单或较低电压的网络中，有时没有提出稳定的要求，这时应根据母线发生故障时，主要发电厂用电母线上残余电压的数值来判断。当残余电压小于(0.5～0.6)U_N 时，为了保证厂用电及其他重要用户的供电质量，应考虑装设母线专用保护。

(3) 110kV 及以上的双母线和分段单母线上，装设专用的母线保护，可以有选择性地切除任一组(或段)母线上所发生的故障，而另一组无故障的母线仍能继续运行，保证了供电的可靠性。

(4) 对于固定连接的母线和元件由双断路器连接母线时，应考虑装设专用母线保护。

(5) 当发电厂或变电所送电线路的断路器，其切断容量是按电抗器后短路选择时，则在电抗器前发生短路时保护不能切除，这时应尽量装设母线保护，来切除部分或全部供电元件，以减少短路容量。

对母线保护的基本要求是：必须快速、有选择地切除故障母线；应能可靠、方便地适应母线运行方式的变化；保护装置应十分可靠并具有足够的灵敏度；接线尽量简化。母线保护的接线方式，对于中性点直接接地系统，为反应相间短路和单相接地短路，应采用三相式接线；对于中性点非直接接地系统，只需反应相间短路，可采用两相式接线。近年来在母线上装设了自动重合闸装置，由于母线上的很多故障是暂时性的，所以装设母线重合闸对提高供电的可靠性起到了良好的作用。

8.2 母线差动保护的基本原理

为满足速动性和选择性的要求，母线保护都是按差动原理构成的。实现母线差动保护所必须考虑的问题是在母线上一般连接着较多的电气元件(如线路、变压器、发电机等)，所以就不能像发电机的差动保护那样，只用简单的接线加以实现。但不管母线上元件有多少，实现差动保护的基本原则仍是适用的。

(1) 在正常运行及母线范围以外故障时，在母线上所有连接元件中，流入的电流和流出的电流相等，或表示为$\sum I=0$；当母线上发生故障时，所有与电源连接的元件都向故障点供给短路电流，而在供电给负荷的连接元件中电流等于零，因此，$\sum I=I_k$(短路点的总电流)。

(2) 从每个连接元件中电流的相位来看，在正常运行和外部故障时，至少有一个元件中的电流相位和其余元件中的电流相位是相反的。具体来说，就是电流流入的元件和电流流出的元件中电流相位相反。而当母线故障时，除电流等于零的元件以外，其他元件中的电流几乎是同相位的。

根据上述原则可构成不同的母线差动保护，本节主要讨论母线的电流差动保护方式。

8.2.1 完全电流差动母线保护

完全电流差动母线保护的原理接线如图8.5所示，在母线的所有连接元件上装设具有相同变比和特性的电流互感器。因为在一次侧电流总和为零时，母线保护用电流互感器TA必须具有相同的变比K_{TA}，才能保证二次侧的电流总和也为零。所有TA的二次侧在母线侧的端子连接在一起，另一侧的端子也连接在一起，然后接入差动继电器。这样差动继电器中的电流$\dot{I}_d$即为各个母线连接元件二次电流的相量和。

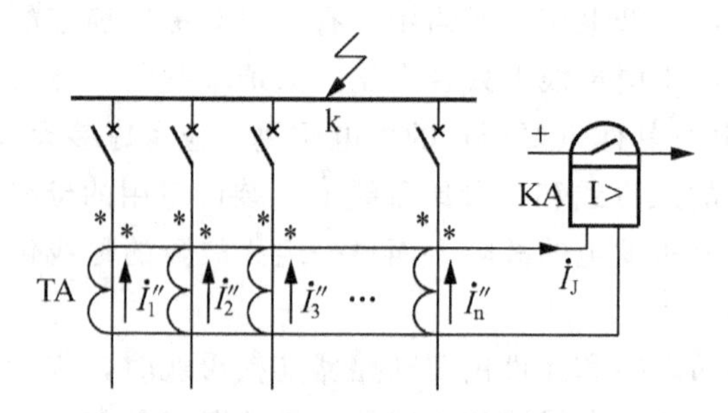

图8.5 完全电流差动母线保护的原理接线图

在正常运行及外部故障时，流入继电器的是由于各电流互感器的特性不同而引起的不平衡电流$\dot{I}_{unb}$；当母线上(如图中的k点)发生故障时，所有与电源连接的元件都向k点提供短路电流，于是流入差动继电器中的电流为

$$\dot{I}_d=\sum_{i=1}^{n}\dot{I}_i''=\frac{1}{K_{TA}}\sum_{i=1}^{n}\dot{I}_i'=\frac{1}{K_{TA}}\dot{I}_k \tag{8-1}$$

$\dot{I}_k$即为短路点的全部短路电流，此电流足够使差动继电器动作而驱动出口继电器，从而使所有连接元件的断路器跳闸。

差动继电器的动作电流应按如下条件考虑，并选择其中较大的一个。

(1) 躲开外部故障时所产生的最大不平衡电流，当所有电流互感器均按10%误差曲线选择，且差动继电器采用具有速饱和铁芯的继电器时，其动作电流可按下式计算

$$I_{set\cdot d}=K_{rel}I_{k\cdot max}/K_{TA} \tag{8-2}$$

式中 K_{rel}——可靠系数，取1.3；

$I_{k\cdot max}$——在母线范围外任一连接元件上短路时，流过TA一次侧的最大短路电流；

K_{TA}——母线保护用电流互感器的变比。

(2) 由于母线差动保护电流回路中连接的元件较多，接线复杂，所以电流互感器二次侧断线的几率比较大。为了防止在正常运行情况下，任一电流互感器二次侧断线引起保护装置的错误动作，动作电流应大于任一连接元件中最大的负荷电流$I_{L\cdot max}$，即

$$I_{set\cdot d}=K_{rel}I_{L\cdot max}/K_{TA} \tag{8-3}$$

当保护范围内部故障时，应采用下式校验灵敏系数

$$K_{sen}=\frac{I_{k\cdot min}}{I_{set\cdot d}}\geqslant 2 \tag{8-4}$$

$I_{k\cdot min}$应采用实际运行中可能出现的连接元件最少时，在母线上发生故障的最小短路电流的二次值。

完全电流差动保护方式原理比较简单，灵敏度高，选择性好，通常适用于单母线或双母线经常只有一组母线运行的情况。因为电流互感器二次侧在其装设地点附近是固定的，不能任意切换，所以不能用于双母线系统。

8.2.2 电流比相式母线保护

完全电流差动母线保护的动作电流必须躲过外部短路时的最大不平衡电流，当不平衡电流很大时，保护的灵敏系数可能不能满足要求。这里介绍一种仅比较电流相位关系的电流比相式母线保护。

电流比相式母线保护的基本原理是根据母线在内部故障和外部故障时各连接元件电流相位的变化来实现的。假设母线上只有两个连接元件，如图 8.6 所示。当母线正常运行和外部短路时(如 k_1点)，按规定的电流正方向来看，$\dot{I}_1$和$\dot{I}_2$大小相等、相位相差 180°；而当母线短路时(如 k_2点)，$\dot{I}_1$和$\dot{I}_2$都流向母线，在理想情况下两者相位相同。因此，可以利用电流相位的不同来判断母线是否短路。因为只比较相位而不管电流的大小，所以无须使所有的电流互感器变化相同。

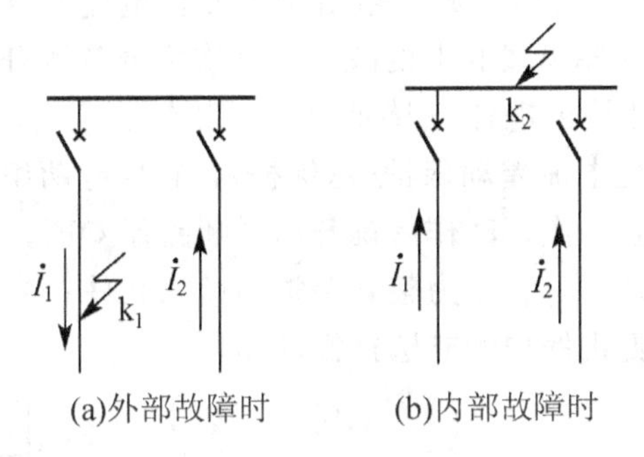

图 8.6 母线内部故障和外部故障时的电流分布

电流比相式母线保护原理框图如图 8.7 所示，由电压形成回路、切换装置、比相积分回路、脉冲展宽回路和出口回路构成，其中切换装置是用于双母线时切换保护二次回路的。

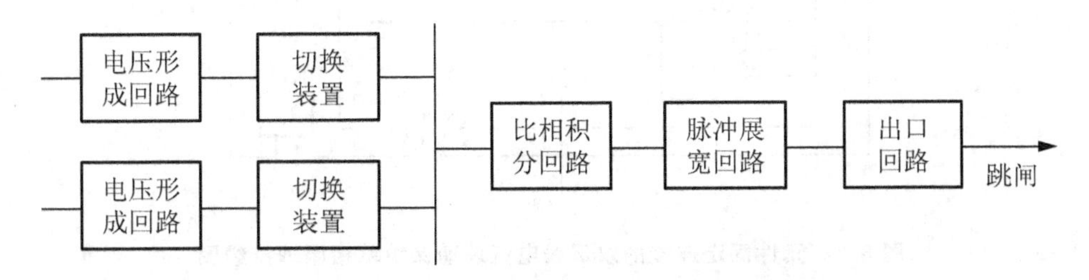

图 8.7 电流比相式母线保护原理框图

这种保护由于利用相位比较，有以下优点。

(1) 动作条件与幅值无关，因此，不要求各电流互感器变化相同。

(2) 灵敏性较高，因为该保护不受不平衡电流的影响。但是，当母线短路且有电流流出时保护要拒动，因此，对于一个半断路器接线的母线和多角形母线将不能使用。

8.3 双母线的差动保护

对于双母线，经常是以一组母线运行的方式工作。在母线上发生故障后，将造成全部停电，需要把所连接的元件倒换至另一组母线上才能恢复供电，这是一个很大的缺点。因此，对于发电厂和重要变电所的高压母线，大多采用双母线同时运行(即母线联络断路器经常投入)，每组母线上连接约1/2的供电和受电元件。这样当任一组母线上出现故障时，只需切除故障母线，而另一组母线上的连接元件仍可继续运行，所以大大提高了供电的可靠性。对于这种同时运行的双母线，要求母线保护应能判断母线故障，并具有选择故障母线的能力。

8.3.1 元件固定连接的双母线电流差动保护

元件固定连接的双母线电流差动保护单相原理接线如图8.8所示，整套保护由3组差动保护组成，每组由启动元件和选择元件构成。第一组由选择元件电流互感器 TA_1、TA_2、TA_5和差动继电器 KD_1组成，用以选择母线Ⅰ上的故障，动作后准备跳开母线Ⅰ上所有连接元件的断路器 QF_1、QF_2；第二组由选择元件电流互感器 TA_3、TA_4、TA_6和差动继电器 KD_2组成，用以选择母线Ⅱ上的故障，动作后准备跳开母线Ⅱ上所有连接元件的断路器 QF_3、QF_4。第三组是由电流互感器 TA_1、TA_2、TA_3、TA_4、TA_5、TA_6和差动继电器 KD_3组成的一个完全电流差动保护(总保护)，它反应两组母线上的故障，当任一组母线上发生故障时，它都会动作，动作后跳开母联断路器 QF_5；而当母线外部故障时，它不会动作；在正常运行方式下，它作为整套保护的启动元件；当固定接线方式被破坏以及保护范围外部故障时，可防止保护的非选择性动作。

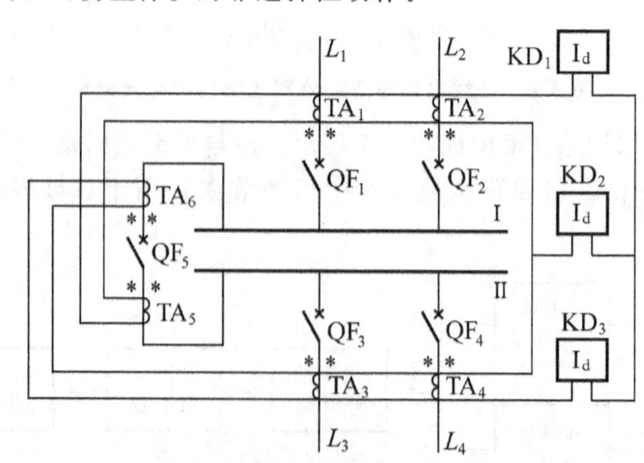

图8.8 元件固定连接的双母线电流差动保护单相原理接线图

保护的动作情况说明如下。

在元件固定连接方式下，当正常运行及母线外部发生图8.9中所示的k点故障时，流经差动继电器 KD_1、KD_2和 KD_3的电流均为不平衡电流，其值小于保护的整定值，保护不会动作。

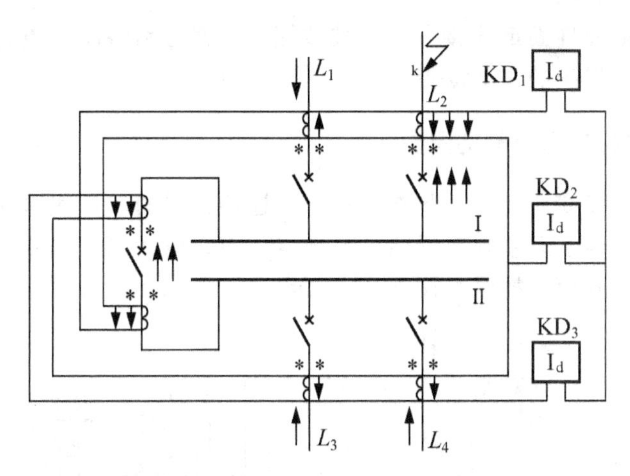

图 8.9　元件固定连接方式下运行母线外部故障时的电流分布

当任一组母线如母线Ⅰ短路时，如图 8.10 所示。由电流的分布情况可知，差动继电器 KD_1 和 KD_3 中流入全部故障电流，而 KD_2 中为不平衡电流，所以 KD_1 和 KD_3 启动。KD_3 动作后，使母联断路器 QF_5 跳闸，KD_1 动作后可使断路器 QF_1 和 QF_2 跳闸，并发出相应的信号。这样就把发生故障的母线Ⅰ从电力系统中切除了，而没有故障的母线Ⅱ仍可继续运行。同理可分析出当母线Ⅱ上某点短路时，只有 KD_2 和 KD_3 动作，使断路器 QF_3、QF_4 和 QF_5 跳闸切除故障母线。

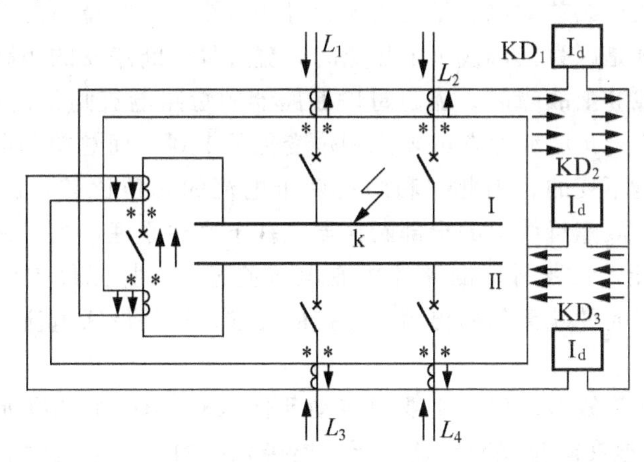

图 8.10　元件固定连接方式下运行母线Ⅰ故障时的电流分布

元件固定连接方式被破坏时，保护装置的动作情况将发生变化。如将母线Ⅰ上的 L_2 切换到母线Ⅱ上工作时(图中未画出切换开关)，由于差动保护的二次回路不能随着切换，所以按原有接线工作的两母线的差动保护都不能正确反映母线上实际连接元件的故障电流，因此在差动继电器 KD_1 和 KD_2 中将出现差电流。在这种情况下，当母线外部故障时，差动继电器 KD_3 中仍通过不平衡电流，所以不动作。当任一组母线故障时，3 个差动继电器都通过故障电流，使所有断路器都跳闸，将两组母线都切除，造成保护的非选择性动作。

综上所述，当双母线按照元件固定连接方式运行时，保护装置可以保证有选择性地只切除发生故障的一组母线，而另一组母线仍可继续运行；当元件固定连接方式被破坏时，任一母线上的故障都将导致切除两组母线，使保护失去选择性。所以，从保护的角度来看，若希望尽量保证元件固定连接方式不被破坏，这就必然限制了电力系统调度运行的灵活性，这是这种母线保护的主要缺点。

8.3.2 母联电流比相式母线差动保护

母联电流比相式母线差动保护是在元件固定连接方式的双母线电流差动保护的基础上改进的，它基本上克服了后者缺乏灵活性的缺点，使之更适用于作双母线元件连接方式常常改变的母线保护。其原理接线如图 8.11 所示。

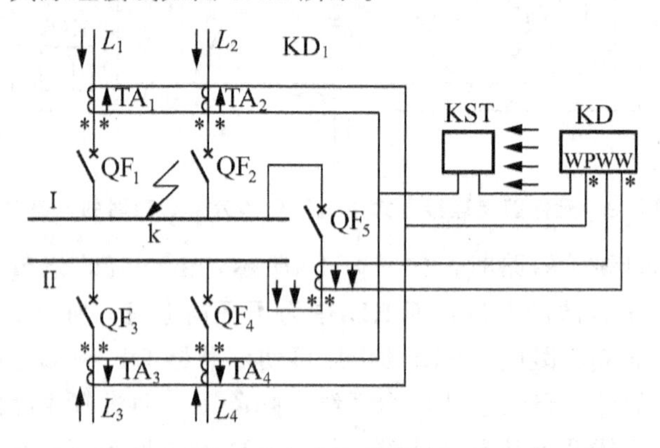

图 8.11 母联电流比相式母线差动保护原理接线图

母联电流比相式母线差动保护是利用比较母联断路器中电流与总差动电流的相位来选择出故障母线的。这是因为当母线Ⅰ上故障时，流过母联断路器的短路电流是由母线Ⅱ流向母线Ⅰ，而当母线Ⅱ上故障时，流过母联断路器的短路电流则是由母线Ⅰ流向母线Ⅱ。在这两种故障情况下，母联断路器的电流相位变化了 180°，而总差动电流是反应母线故障的总电流，其相位是不变的。因此，利用这两个电流的相位比较，就可以选择出故障母线，并切除选择出的故障母线上的全部断路器。基于这种原理，当母线上故障时，不管母线上的元件如何连接，只要母联断路器中有电流流过，选择元件 KD 就能正确工作，所以，对母线上的连接元件就无须提出固定连接的要求。这是母联电流比相式母线差动保护的主要优点。

母联电流比相式母线差动保护主要由启动元件 KST 和一个选择元件（也称比相元件）KD 组成。启动元件接在除母联断路器外所有连接元件的二次电流之和（即总差动电流）的回路中，它的作用是区分两组母线的内部和外部短路故障。只有在母线发生短路时，启动元件动作后整组母线保护才得以启动。选择元件 KD 是一个电流相位比较继电器，它有两个线圈：一个线圈 WP 接入除母联断路器之外的其他连接元件的二次电流之和（即总差动电流）回路中，以反应总差动电流$\dot{I}_d$；另一个线圈 WW 则接在母联断路器的电流互感器的二次侧，以反应母联电流$\dot{I}_b$。在正常运行或母线外部短路时，流入启动元件 KST 的电流仅为不平衡电流，KST 不启动，整套保护也不会错误动作。

母线短路时如图 8.11 所示，流过 KST 和 WP 的总差动电流$\dot{I}_d$方向不变，且总是由 WP 的极性端流入，KST 启动。若母线Ⅰ短路，母联电流$\dot{I}_b$由 KD 中的工作线圈 WW 极性端流入，与流入 WP 的$\dot{I}_d$相同；若母线Ⅱ短路，且固定连接方式遭到破坏，$\dot{I}_b$则由 WW

非极性端流入，恰好与流入 WP 的$\dot{I}_d$相反。所以，比相元件 KD 可用于选择故障母线。

母联电流比相式母线差动保护具有运行方式灵活、接线简单等优点，在 35～220kV 的双母线上得到了广泛的应用。其主要缺点是：正常运行时母联断路器必须投入运行；保护的动作电流受外部短路时最大不平衡电流的影响；在母联断路器和母联电流互感器之间发生短路时，将会出现死区，需要靠线路对侧后备保护来切除故障。

8.3.3 双母线保护的其他方法

对于双母线同时运行的母线保护，除上述保护方法外，还可以采用以下的方法来实现母线保护。

1. 带比率制动特性的电流差动母线保护的应用

作为 220kV 及以上同时运行的双母线的保护，可以利用 8.3.2 节介绍的带比率制动特性的差动继电器作为选择元件，每组母线装一套，用以选择故障母线。启动元件根据需要可以是带制动特性或不带制动特性的差动继电器。由于动作速度快，当两组母线相继短路时，保护能相继切除两组母线上所有连接元件。而在母线外部短路时，无论线路电流互感器是否饱和，保护都不会错误动作。

为了保证母线上的元件连接方式改变时保护动作的选择性，需对交流电流回路进行切换，即在辅助变流器 UA 二次侧，通过隔离开关的辅助接点 QS 切换到相应的选择元件回路上，如图 8.12 所示。此外，还需对二次直流回路(如断路器跳闸回路)进行切换。

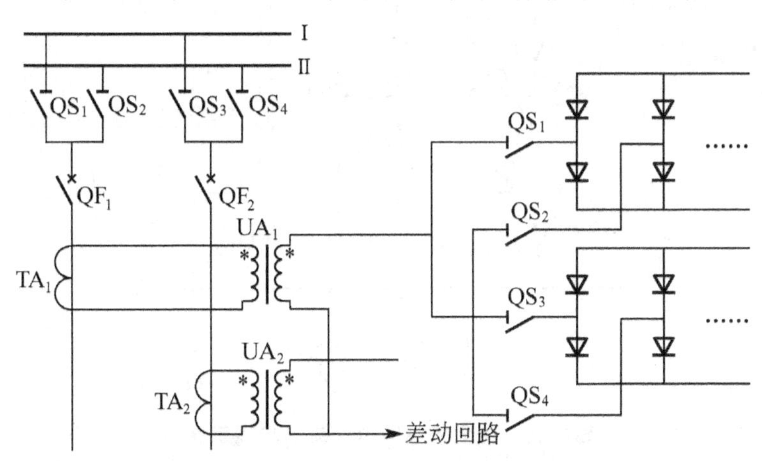

图 8.12 交流电流回路的自动切换

2. 电流比相式母线保护的应用

8.2 节所介绍的电流比相式母线保护用于同时运行的双母线时，也可以选择故障母线。但需在每组母线上各装设一套电流比相式母线保护，并通过二次回路的自动换接，使其保护适应一次系统连接方式的变化，从而保证动作的选择性。

此外，为保证母线倒闸过程中选择元件不错误动作，需设能反映所有连接元件电流之和或其他原理构成的启动元件，如图 8.11 中的差动继电器 KST。

8.4 一个半断路器接线的母线保护

一个半断路器接线的母线是指每两个连接元件通过3个断路器连接到两组母线上。这种接线方式的母线除具有供电高度可靠、运行调度灵活、倒闸操作方便等优点外，还具有当母线短路时不影响对连接元件的继续供电，以及当母线短路且断路器失灵时停电范围可减到最小的优点。所以，对于500kV变电站和220kV重要发电厂及枢纽变电站推荐采用此种接线方式的母线。

一个半断路器接线的母线短路时的特点和要求如下。

(1) 对系统稳定性影响大，为此要求母线保护必须快速动作。

(2) 因系统容量大，外部短路时电流互感器易饱和，要求保护具有良好的躲避不平衡电流的能力。

(3) 在一组母线短路时，如图8.13所示，若母线Ⅰ上k_1点发生短路，断路器QF_9处于断开状态；当线路L_2侧无电源或电源容量较小时，流向短路点的电流为$\dot{I}_k$和$\dot{I}_b$，此时通过QF_4的电流$\dot{I}_b$自母线流出。要求保护能可靠动作。在这种情况下，电流相位比较式母线保护将不能反应母线故障。

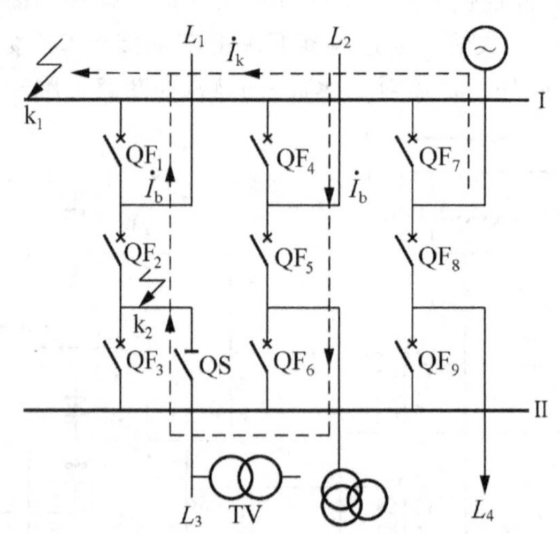

图8.13 母线故障时电流流出母线示意图

对于单母线或双母线保护，通常把安全性放在重要位置。因为正常运行或外部短路时，如果母线保护错误动作将造成变电站部分或全部停电。而对于一个半断路器接线的母线来说，母线保护错误动作并不影响各连接元件连续运行，只是改变了它们的潮流分布。但是，如果区内短路时母线保护拒动，则故障母线将由各连接元件对侧的后备保护延时切除，这将严重影响系统的稳定性。因此，对于一个半断路器接线的母线保护，要求它的可信赖性(不拒动)比安全性(不误动)更高。为了提高保护的可信赖性，通常采用保护双重化，即采用工作原理不同的两套母线保护；每套保护应分别接在电流互感器不同的二次绕组上；应有独立的直流电源；它们的出口继电器触点应分别接通断路器两个独立的跳闸线圈等。

一个半断路器接线的母线，靠近母线侧的断路器都通过一个隔离开关与母线连接(图中未画出)。所以，这种母线相当于两组单母线，不存在连接元件由一组母线切换到另一组母线的情况。这样可以简化保护的接线，只需在每组母线上装设如前所述的电流差动母线保护，就能够有效地切除故障母线。

当有一条线路停用，如图 8.13 中 L_3线路侧开关 QS(其他元件未画出)断开时，线路保护均停用。若在该范围内的短引线上发生故障，如 k_2点，将无保护切除故障。为此，需设置短引线纵联差动保护，仅在 QS 断开时投入该保护，以快速切除故障。

根据一个半断路器母线短路时的特点和对母线保护的要求，通常都采用带比率制动式电流差动母线保护。

8.5 断路器失灵保护简介

所谓断路器失灵保护是指当故障线路的继电保护动作发出跳闸信号后、断路器拒绝动作时，能够以较短的时限切除同一发电厂或变电所内其他有关的断路器，将停电范围限制到最小的一种后备保护，也称后备接线。例如，在图 8.14 所示的图中，线路 L_1上发生短路，断路器 QF_1拒动，若由 L_2和 L_3的远后备保护动作跳开 QF_6、QF_7，将故障切除。虽然满足了选择性的要求，但延长了故障切除时间、扩大了停电范围甚至破坏系统稳定，这对于重要的高压电网来说是不允许的。因此，需要采用断路器失灵保护，以较短的时限动作于跳开 QF_2、QF_3和 QF_5，将故障切除。

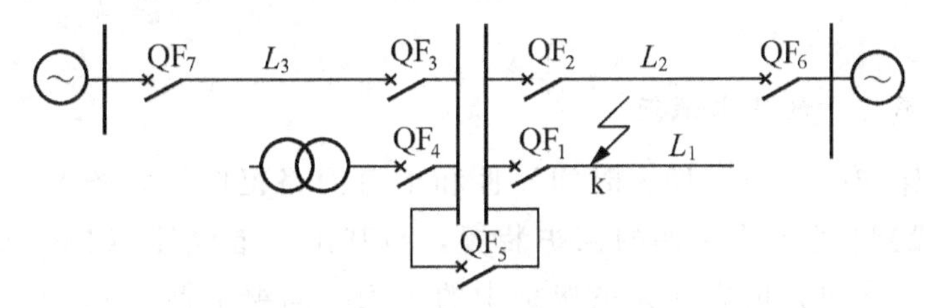

图 8.14 断路器失灵保护说明图

产生断路器失灵故障的原因是多方面的，如断路器跳闸线圈断线，断路器的操作机构失灵等。高压电网的断路器和保护装置，都应具有一定的后备保护，以便在断路器或保护装置失灵时，仍能有效切除故障。对于重要的 220kV 及以上的主干线路，针对保护拒动通常装设两套独立的主保护(即保护双重化)；针对断路器拒动即断路器失灵，则专门装设断路器失灵保护。

1. 装设断路器失灵保护的条件

由于断路器失灵保护是在系统故障的同时断路器失灵的双重故障情况下的保护，所以允许适当降低对它的要求，即仅要最终能切除故障即可。装设断路器失灵保护的条件如下。

(1) 线路保护采用近后备方式并当线路故障后，断路器有可能发生拒动时，应装设断路器失灵保护，因为此时只有依靠断路器失灵保护才能将故障切除。

(2) 线路保护采用远后备方式并当线路故障后，断路器确有可能发生拒动，如由其他线路或变压器的后备保护来切除故障将扩大停电范围，并引起严重后果时，应装设断路器失灵保护。因为它能只切除与故障线路位于同一组(或同一段)母线上的有关断路器，将停电范围限制到最小。

(3) 如断路器与电流互感器之间发生故障，不能由该回路主保护切除，而由其他断路器和变压器后备保护切除又将扩大停电范围并引起严重后果时，应装设断路器失灵保护。

(4) 相邻元件保护的远后备保护灵敏度不够时应装设断路器失灵保护。

(5) 对分相操作的断路器，允许只按单相接地故障来校验其灵敏度时，应装设断路器失灵保护。

(6) 根据变电所的重要性和装设断路器失灵保护作用的大小来决定装设断路器失灵保护。例如，对于多母线 220kV 及以上的变电所，当失灵保护能缩小断路器拒动引起的停电范围时，就应装设断路器失灵保护。

2. 对断路器失灵保护的要求

(1) 失灵保护的误动和母线保护误动一样，影响范围广，必须有较高的可靠性(安全性)，即不应发生错误动作。

(2) 失灵保护首先动作于母联断路器和分段断路器，此后相邻元件保护已能以相继动作切除故障时，失灵保护仅动作于母联断路器和分段断路器。

(3) 在保证不误动的前提下，应以较短延时、有选择性地切除有关断路器。

(4) 失灵保护的故障鉴别元件和跳闸闭锁元件，应对断路器所在线路或设备末端故障有足够的灵敏度。

3. 断路器失灵保护的基本原理

断路器失灵保护由启动元件、时间元件和出口回路组成，如图 8.15 所示。所有连接到一组(或一段)母线上的元件的保护装置，当其出口继电器(如 KCO_1、KCO_2)动作跳开本身断路器的同时，也启动失灵保护中的公用时间继电器 KT。此时，时间继电器的延时应大于故障线路的断路器跳闸时间及保护装置返回时间之和，因此，并不妨碍正常地切除故障。如果故障线路的断路器拒动时，例如，k 点短路，KCO_1 动作后 QF_1 拒动，则时间继电器动作，启动失灵保护的出口继电器 KCO_3，使连接到该组母线上的所有其他有电源的断路器(如 QF_2、QF_3)跳闸，从而切除了 k 点的故障，起到了 QF_1 拒动

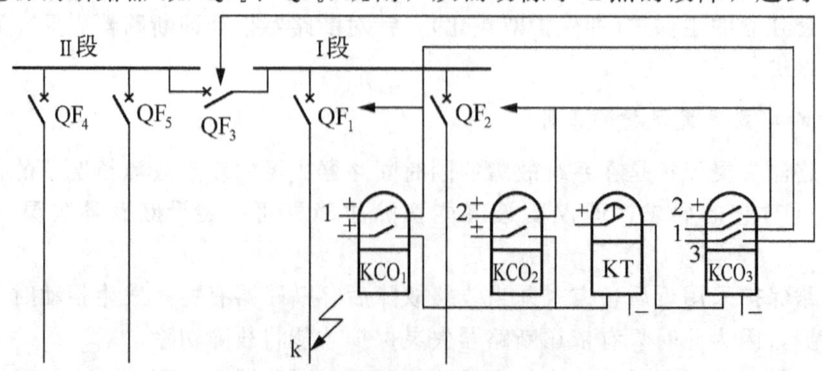

图 8.15　断路器失灵保护构成原理

时的后备作用。

由于断路器失灵保护要动作于跳开一组母线上的所有断路器，而且在保护的接线上将所有断路器的操作回路都连接在一起，因此，应注意提高失灵保护动作的可靠性，以防止误动而造成严重的事故。为提高断路器失灵保护动作的可靠性，要求启动元件必须同时具备以下两个条件才能启动。

(1) 故障元件的保护出口继电器如图 8.15 中的 KCO_1 或 KCO_2 动作后不返回。

(2) 在故障保护元件的保护范围内短路依然存在，即失灵判别元件启动。

当母线上连接元件较多时，失灵判别元件可采用检查母线电压的低电压继电器，以确定故障仍未切除，其动作电压按最大运行方式下线路末端短路时保护应有足够的灵敏性来整定。当母线上连接元件较少时，可采用检查故障电流的电流继电器，作为判别拒动断路器之用，其动作电流在满足灵敏性的情况下，应尽可能大于负荷电流。

由于断路器失灵保护的时间元件是在保护动作之后才开始计时，所以延时 t 只要按躲过断路器的跳闸时间与保护的返回时间之和来整定即可，通常取 0.3～0.5s。当采用单母线分段或双母线时，延时可分两段：第一段以短时限动作于分段断路器或母联断路器，第二段再经一时限动作跳开有电源的出线断路器。

为进一步提高保护工作的安全性，应采用负序、零序和低电压元件作为闭锁元件，通过与门构成断路器失灵保护的跳闸出口回路。

8.6 母线保护的特殊问题及其对策

目前，在国内较常采用的母线差动保护有中阻抗母线差动保护和数字式母线差动保护以及双母线运行方式，并且在 110kV 及以上电压等级的电网中广泛应用，具有较高的稳定性和可靠性。由于母线的连接元件较多，在发生近端区外故障时，故障支路电流可能非常大，使其电流互感器极易饱和。本节主要介绍电流互感器抗饱和及母线运行方式的切换、保护的自动适应等母线保护的特殊问题。

8.6.1 母线运行方式的切换及保护的自动适应

在各种接线方式中，以双母线接线运行最为复杂。随着运行方式的变化，母线上各种连接元件在运行中需要经常在两条母线上切换。因此，希望母线保护能自动适应系统运行方式的变化，免去人工干预及由此引起的人为错误操作。

1. 可以利用隔离开关辅助触点来判断母线运行方式

在集成电路型母线保护中，通常采用引入隔离开关辅助触点来判断母线运行的方法。为防止隔离开关辅助触点引入环节发生错误，有些母线保护采用引入每副隔离开关的常开触点和常闭触点，以两对触点的组合来判别隔离开关的状态。但这种方法常会因为隔离开关的辅助触点不可靠(如接触不良、触点粘连或触点抖动等)而导致出错，所以在实际工程中并不真正有效。当辅助触点出错时，会导致母线保护拒动或因保护失去选择性而扩大故障切除范围。

2. 采用将隔离开关辅助触点和电流识别相结合的方法

数字式母线保护具有强大的计算、自检及逻辑处理能力，所以数字式母线保护可以充分利用这些优势，采用将隔离开关辅助触点和电流识别两种方法相结合，且更加先进、有效的运行方式的自适应方法。具体实现方法是：将运行于母线上的所有连接单元的隔离开关辅助触点引入保护装置，实时计算保护装置所采集的各连接元件负荷电流瞬时值，根据运行方式识别判据，来校验隔离开关辅助触点的正确性。校验确定它们无误后，形成各个单元的“运行方式字”，运行方式字反映了母线各连接元件与母线的连接情况。若校验发现有误，保护装置则自动纠正错误。数字式母线保护的这种自动适应运行方式的方法能更有效地减轻运行人员的负担，提高母线保护动作的正确率。

8.6.2 电流互感器的饱和问题及母线保护常用的对策

电流互感器的饱和，对于普遍以差动保护作为主保护的母线而言是极为不利的，它可能会导致母线差动保护错误动作。因此，母线保护必须要考虑防止 TA 饱和错误动作的措施，在母线区外故障 TA 饱和时能可靠闭锁差动保护。同时，在发生区外故障转换为区内故障时，能保证差动保护快速开放、正确动作。

1. 中阻抗母线差动保护抗 TA 饱和的措施

中阻抗母线差动保护利用 TA 饱和时励磁阻抗降低的特点来防止差动保护错误动作。由于保护装置本身差动回路电流继电器的阻抗一般为几百欧，此时 TA 饱和造成的不平衡电流大部分被饱和 TA 的励磁阻抗分流，流入差动回路的电流很少，再加上中阻抗母线差动保护带有制动特性，可以使外部故障引起 TA 饱和时保护不误动。而对于内部故障 TA 饱和的情况，则利用差动保护的快速性在 TA 饱和前即动作跳闸，因此不会出现拒动的现象。

2. 数字式母线差动保护抗 TA 饱和的措施

目前数字式母线差动保护主要为低阻抗母线差动保护，影响其动作正确性的关键就是 TA 饱和问题。数字式母线差动保护抗 TA 饱和的基本对策主要基于以下几种原理。

1）具有制动特性的母线差动保护

具有制动特性的母线差动保护在 TA 饱和不是非常严重时，比率制动特性可以保证母线差动保护不错误动作。但当 TA 进入深度饱和，此方法仍不能避免保护误动时，需要采用其他专门的抗 TA 饱和的方法。

2）利用 TA 线性区进行母线差动保护

当 TA 进入饱和后，在每个周波内的一次电流过零点附近存在不饱和段。TA 线性区母线差动保护就是利用 TA 的这一特性，在 TA 每个周波退出饱和的线性区内，投入差动保护。由于此种原理的保护实质上是避开了 TA 饱和区，所以能对母线故障作出正确的判定。为保证 TA 线性区母线差动保护能正确动作，必须要实时检测每个周波 TA 饱和与退出饱和的时刻。但是由于 TA 饱和时的电流波形复杂，如何正确判断 TA 饱和和退出饱和的时刻，判别出 TA 的线性转变区是实现此方法的关键点和难点。

3）TA 饱和的同步识别法

当母线区外故障时，无论故障电流有多大，TA 在故障的最初瞬间(1/4 周波内)都不会饱和，在饱和之前差电流很小，母线差动电流元件不会误动作。若以母线电压构成差动保护的启动元件，在故障发生时则可以瞬时动作，两者的动作有一段时间差。当母线区内故障时，差电流增大和母线电压降低同时发生。TA 饱和的同步识别法就是利用这一特点，区分母线的区内、区外故障，在判别出母线区外故障 TA 饱和时则闭锁母线差动保护。考虑到系统可能会发生区外转区内的母线转换性故障，因而 TA 饱和的闭锁应该是周期性的。

4）通过比较差动电流变化率来鉴别 TA 饱和

TA 饱和后，二次侧电流波形出现缺损，在饱和点附近二次电流的变化率突增。而当母线区内故障时，由于各条线路的电流都流入母线，差电流基本上按照正弦规律变化，不会出现区外故障 TA 饱和条件下差电流突变较大的情况。所以可以利用差电流的这一特点进行 TA 饱和的检测。TA 进入饱和需要时间，而在 TA 进入饱和后，在每个周波一次电流过零点附近都存在一个不饱和时段，在此时段内 TA 仍可不畸变地转变一次电流，此时差电流变化率很小。利用这一特点也可构成 TA 饱和的检测元件。在短路初瞬时和 TA 饱和后每个周波内的不饱和时段，饱和检测元件都能够可靠地闭锁保护。

5）利用波形对称原理

TA 饱和后，二次侧电流波形发生严重畸变，一周波内波形的对称性被破坏，采用分析波形对称性的方法可以判定 TA 是否饱和。判别对称性的方法有很多种，最基本的一种方法是判别电流相隔半周波的导数的模值是否相等。

6）利用谐波制动原理

当发生区外故障 TA 饱和时，差电流的波形实际是饱和 TA 励磁支路的电流波形。当 TA 发生轻度饱和时，故障支路的二次电流出现波形缺损现象，差电流中包含有大量的高次谐波。随着 TA 饱和深度的加深，二次电流波形缺损的程度也随之加剧。但内部故障时差电流的波形接近工频电流，谐波含量少。谐波制动原理就是利用 TA 饱和时差电流波形畸变的特点，根据差电流中谐波分量的波形特征检测 TA 是否发生饱和。这种方法有利于当发生保护区外转区内故障时，根据故障电流中存在谐波分量减少的情况而迅速开放差动保护判据。

目前现场使用的微机型母线保护装置如图 8.16 所示。

图 8.16　微机型母线保护装置

本章小结

介绍了母线的故障及各种保护方式，重点介绍了母线的差动保护原理、整定原则，同时介绍了断路器的失灵保护、母线保护的特殊问题及解决对策。

关键词

母线故障 Busbar Fault；**断路器失灵保护** Breaker Failure Protection；**母线保护** Busbar Protection；**双母线保护** Double Busbar Protection

阅读材料

我国1000kV特高压示范工程变压器保护配置

我国第一条特高压线路晋东南(长治)-南阳-荆门特高压交流1000kV试验示范工程于2009年1月投入运行。线路全长约645km，单回路架设。

3站均为3/2断路器接线，晋东南和荆门变电站采用额定容量为1000MVA/1000MVA/334MVA的特高压变压器，额定电压为$1050/\sqrt{3}$kV/$525/\sqrt{3}\pm5\%$kV/110kV，南阳为开关站。由于特高压变压器的特殊结构，其主变压器的差动保护对调压变压器(以下简称“调压变”)中的调压绕组和补偿绕组的匝间故障灵敏度不足，因此，增加了调压变差动保护和补偿变差动保护。

1. 特高压变压器结构

特高压变压器中大多数采用中压绕组线端调压方式，线端调压方式下绝缘技术难度非常高，调压开关研发难度大，因而特高压变压器采用中性点无励磁调压方式(带附加电压补偿)。中性点调压不同于线端调压，是变磁通调压方式，在调压过程中，不仅中压端电压发生变化，且低压绕组电压也将随磁通的变化而发生波动。由于低压端接有无功补偿装置，电压的波动将使无功控制更为复杂。因此，设置一组补偿绕组来补偿调压过程中低压绕组的电压波动。为此，特高压变压器增加了调压变部分。特高压变压器的结构由主体和调压变压器两部分独立组成。主体部分采用不带调压的自耦变压器，调压变压器与主体部分通过硬铜母线连接，低压侧采用三角形接法。调压变压器内包括无励磁分接开关、调压绕组和补偿绕组，其中无励磁分接开关和调压绕组实现中性点无励磁调压功能，补偿绕组实现低压绕组附加电压补偿功能。调压变压器的励磁线圈与自耦变压器的低压线圈并联。补偿变压器(以下简称“补偿变”)的励磁线圈与调压线圈并联，补偿线圈与主体(自耦变压器)的低压线圈串联。特高压变压器采用此结构，不仅方便变压器的运输，而且使得主铁芯磁路相对简单，变压器本体绝缘结构简化，在运行中如果调压装置发生故障，更易检修和更换。

2. 特高压变压器主保护

特高压变压器主体采用的是不带调压的单相自耦变压器，故其差动保护配置与500kV变压器的差动保护配置大致相同。根据“晋东南-南阳-荆门1000kV特高压交流试验示范工程二次系统技术条件(第2版)”和“特高压交流试验示范工程二次系统设备第一次设计联络会纪要”的要求，特高压变压器电量主保护采用电流差动保护，包括主体大差保护(稳态差动保护和突变量差动保护)和Y侧分侧差动保护、调压变及补偿变差动保护。

主变压器主体差动保护不设置零序差动保护和分相差动保护，采用一套定值以适应调压补偿变压器不同分接头位置及调压补偿变压器退出时的运行工况。对于调压变和补偿变匝间短路故障，主体差动保护灵敏度不够，需要由调压变及补偿变的保护动作切除故障。因此，配置了调压变和补偿变配差动保护，不配置差速断保护。

南瑞继保和国电南自差动保护采用的TA完全相同，保护原理都采用常规的二次谐波比率制动，只是动作方程不同。

根据该1000kV特高压交流试验示范工程二次系统技术条件(第2版)的要求，所有电流互感器均按正极性接入保护装置，需要反极性接入的电流由装置内部软件实现。

3. 特高压变压器后备保护

变压器主体保护采用主备一体保护装置，调压变和补偿变保护，只配差动保护，不配置后备保护。各侧后备保护简化配置，正方向指向本侧母线。高中压侧后备保护配置了阻抗保护、零序过流保护、过流保护、过励磁保护，低压侧后备保护配置过流保护，公共绕组配置零序过流保护，采用自产零序电流。零序过流保护除低压侧外都增加了零序反时限过流保护。1000kV、500kV、110kV及公共绕组都装设过负荷保护。

4. 非电量保护

特高压变压器主体和调压变都按相配置非电量保护。根据特高压变压器的结构设计，调压变没有绕温和冷却器全停等非电量保护。"启动通风"功能不在主体保护中实现，由主变压器本体实现。特高压变压器主体和调压变内部的重瓦斯、压力释放、油温、绕组温度以及冷却系统故障等，通过出口切换连片实现"报警"和"跳闸"。变压器非电量保护接入冷却器全停及温度闭锁的开入信号，跳闸逻辑由非电量保护实现。变压器冷却器全停瞬时动作于"信号"，并具备2段延时(配2个独立时间继电器)，经油温闭锁20min跳闸跳变压器各侧断路器，不经油温闭锁60min出口跳变压器相关断路器。非电量保护跳闸不启动1000kV及500kV失灵保护。

1000kV分裂变压器实物图如图8.17所示。

图8.17 1000kV分裂变压器实物图

资料来源：山西电力，宋述勇等

习　题

8.1　填空题

1. 对于中性点直接接地系统，为反应相间和接地短路，母线保护的接线方式需采用______接线。

2. 母线差动保护利用______特性，有效防止区外短路因电流互感器严重饱和造成的保护错误动作。

3. 双母线同时运行时，当任一组母线故障时，母线差动保护动作而母联断路器拒动时，需由______或______保护来切除。

4. 3/2 断路器接线的母线，应装设______母差保护，但不设______元件。

5. 母线差动保护启动元件的整定值，应能避开外部故障的______电流。

6. 当母线内部故障有电流流出时，应减小差动元件的______，以确保内部故障时母线保护正确动作。

7. 在电流相位比较式母线差动保护装置中，一般利用______继电器作为启动元件，利用______继电器作为选择元件。

8. 电流比相式母线保护的基本原理是比较各连接元件______的不同来区别母线内部或外部短路的。

9. 对于单母线或双母线保护，通常把______放在重要位置。

10. 母联电流相位比较式母线保护是比较______与______电流相位的母线保护。

8.2　选择题

1. 双母线接线形式的变电站，当母线断路器断开运行时，如一条母线发生故障，对于母联电流相位比较式母差保护会(　　)。

A. 仅选择元件动作　　B. 仅差动元件动作

C. 选择元件动作和差动元件均动作　　D. 选择元件动作和差动元件均不动作

2. 在母差保护中，中间变流器的误差要求，应比主电流互感器严格，一般要求误差电流不超过最大区外故障电流的(　　)。

A. 2%　　B. 3%　　C. 4%　　D. 5%

3. 双母线运行倒闸过程中，会出现同一断路器的两个隔离开关同时闭合的情况，如果此时母线Ⅰ发生故障，母线保护应(　　)。

A. 切除两条母线　　B. 切除母线Ⅰ　　C. 切除母线Ⅱ　　D. 两条母线均不切除

4. 需要加电压闭锁的母差保护，电压闭锁环节应加在(　　)。

A. 母差各出口回路　B. 母差总出口　　C. 母联出口　　D. 母差启动回路

5. 母线充电保护是(　　)。

A. 母线故障的后备保护

B. 利用母联或分段断路器给另一条母线充电的保护

C. 母线保护的主保护

D. 利用母线上任一断路器给母线充电的保护

6. 具有比率制动特性的电流差动保护又称(　　)式母差保护。

A. 低阻抗　　B. 中阻抗　　C. 高阻抗　　D. 特高阻抗

7. 双母线差动保护的复合电压闭锁元件还要求闭锁每一断路器失灵保护，这一做法的原因是(　　)。

A. 失灵保护选择性不好

B. 防止断路器失灵保护错误动作

C. 失灵保护原理不完善

D. 失灵保护必须采用复合电压闭锁元件来选择母线

8. 中阻抗型母线差动保护在母线内部故障时，保护装置整组动作时间不大于(　　)。

A. 5ms　　B. 10ms　　C. 15ms　　D. 20ms

9. 全电流比较原理的母差保护某一出线电流互感器零相断线后，保护的动作行为是(　　)。

A. 区内故障不动作，区外故障可能动作

B. 区内故障动作，区外故障可能动作

C. 区内故障不动作，区外故障不动作

D. 区内故障动作，区外故障不动作

10. 对于双母线接线方式的变电站，当某一连接元件发生故障且断路器拒动时，失灵保护动作应先跳开(　　)。

A. 母联断路器

B. 故障断路器所在母线上的所有断路器

C. 故障元件其他断路器

D. 所有断路器

8.3 判断题

1. 母差保护与失灵保护共用出口回路时，闭锁元件的灵敏系数应按失灵保护的要求整定。(　　)

2. 母线的充电保护是指母线故障的后备保护。(　　)

3. 双母线差动保护按要求在每一单元出口回路加装低电压闭锁。(　　)

4. 母差保护采用电压闭锁元件，能够防止误碰出口继电器而造成保护误动。(　　)

5. 断路器失灵保护的延时必须和其他保护的时限配合。(　　)

6. 为保证安全，母差保护装置中各元件的电流互感器二次侧应分别接地。(　　)

7. 母线倒闸操作时，电流相位比较式母线差动保护退出运行。(　　)

8. 中阻抗母差保护主要是靠谐波比率制动来防止电流互感器饱和后保护错误动作。(　　)

9. 完全差动母线保护不适用于双母线场合。(　　)

10. 母联电流相位比较式保护，母联断路器因故断开，任一组母线故障时，该保护将误动。(　　)

8.4 问答题

1. 试述双母线电流差动保护的主要优缺点。

2. 试述电流比相式母线保护的投退顺序。
3. 母线倒闸时，电流比相式母差保护应如何操作？
4. 什么叫断路器失灵保护？
5. 断路器失灵保护由哪几个部分构成？启动失灵保护应具备哪些条件？
6. 试述母联电流比相式母线差动保护的工作原理。
7. 在母线电流差动保护中，为什么要采用电压闭锁元件？怎样闭锁？
8. 何谓保护双重化？
9. 对于双母线的母线保护选择故障母线有哪些方法？
10. 对于一个半断路器接线的母线保护，为什么要求它的可信赖性比安全性更高？

第9章　微机继电保护

本章知识结构图

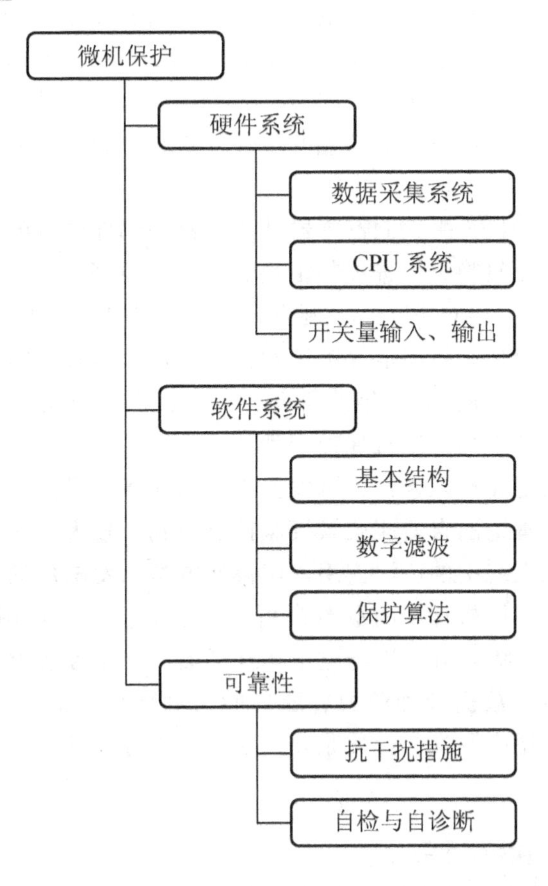

随着计算机软硬件技术、网络通信技术、自动控制技术及光电子技术日新月异的发展，微机保护的应用、研究和发展已经在电力系统中取得了巨大的成功，并产生了显著的经济效益。微机保护的硬件如何协调工作、软件算法如何实现等问题，通过本章学习之后将予以解答。

本章教学目标与要求

掌握微机保护的硬件组成及软件实现方法。
熟悉提高微机保护可靠性的措施。
熟悉微机保护的应用及故障处理方法。

9.1 概　　述

9.1.1 计算机在继电保护领域中的应用和发展概况

随着电力系统的飞速发展，人们对继电保护提出了更高的要求，计算机科学技术与控制技术的发展，也为继电保护技术提供了条件。经过近40年的发展，电力系统继电保护已从电磁型、整流型、晶体管型、集成电路型发展到微机型继电保护。20世纪60年代末期已提出用计算机构成保护装置的倡议。到了20世纪70年代末期，出现了一批功能足够强的微型计算机，价格也大幅度降低。因而，无论在技术上还是在经济上，已具备用一台微型计算机来完成一个电气设备保护功能的条件，自此掀起了新一代的继电保护——微机保护的研究热潮。

微机保护是指将微型机、微控制器等器件作为核心部件构成的继电保护。国内在微机保护方面的研究工作起步较晚，但进展却很快。1984年上半年，华北电力学院(现华北电力大学)研制的第一套以6809(CPU)为基础的距离保护样机投入试运行。1984年底在华中工学院召开了我国第一次计算机继电保护学术会议，这标志着我国计算机保护的开发开始进入了重要的发展阶段。经过10多年的研究、应用、推广与实践，现在新投入使用的高中压等级继电保护设备几乎均为微机保护产品。

自从微型机引入继电保护以来，微机保护在利用故障分量方面得到了长足的进步，另一方面，结合了自适应理论的自适应式微机保护也得到了较大发展。同时，计算机通信和网络技术的发展及其在系统中的广泛应用，使得变电站和发电厂的集成控制、综合自动化更易实现。未来几年内，微机保护将朝着高可靠性、简便性、通用性、灵活性和网络化、智能化、模块化等方向发展，并可以与电子式互感器、光学互感器实现连接。同时，充分利用计算机的计算速度、数据处理能力、通信能力和硬件集成度不断提高等各方面的优势，结合模糊理论、自适应原理、行波原理、小波技术等，设计出性能更优良及维护工作量更少的微机保护设备。

9.1.2 微机继电保护装置的特点

微机保护的硬件是一台计算机，各种复杂的功能是由相应的程序来实现的。计算机在程序的指挥下，有综合分析和判断能力。因此，微机保护装置可以实现常规保护难以办到的自动纠错，自动地识别和排除干扰，防止由于干扰而造成错误动作。此外，微机继电保护装置有自诊断能力，能够自动检测出计算机本身硬件的异常部分，配合多重化可以有效地防止拒动。

微机保护的特性主要由程序决定，所以不同原理的保护可以采用通用的硬件，只要改变程序就可改变保护的特性和功能，可灵活地适应电力系统运行方式的变化。

由于采用微机构成保护，使原有形式的继电保护装置中存在的技术问题，可以找到新的解决方法。例如，对距离保护如何区分振荡和短路、如何识别变压器差动保护励磁涌流和内部故障等问题，都提供了一些新的原理和解决办法。

1. 调试维护方便

在微机保护应用之前，整流型或晶体管型继电保护装置的调试工作量很大，原因是这类保护装置都是布线逻辑的，保护的每一种功能都由相应的硬件器件和连线来实现。为确认保护装置完好，就需要将所具备的各种功能都通过模拟试验来校核一遍。微机保护则不同，它的硬件是一台计算机，各种复杂的功能是由相应的软件来实现。换言之，它是用一个只会做几种单调的、简单操作(如读数、写数及简单的运算)的硬件，配以软件，把许多简单操作组合来完成各种复杂功能。因此只要用几个简单的操作就可以检验它的硬件是否完好，或者说如果微机硬件有故障，将会立即表现出来。如果硬件完好，对于已成熟的软件，只要程序和设计时一样(易检查)，就必然会达到设计的要求，用不着逐台做各种模拟试验来检验每一种功能是否正确。实际上如果经检查，程序和设计时的完全一样，就相当于布线逻辑的保护装置的各种功能已被检查完毕。微机保护装置具有很强的自诊断功能，对硬件各部分和程序(包括功能、逻辑等)不断地进行自动检测，一旦发现异常就会发出警报。通常只要通上电源后没有警报，就可确认装置是完好的。

所以对微机保护装置可以说几乎不用调试，从而可大大减轻运行维护的工作量。

2. 可靠性高

计算机在程序指挥下，有极强的综合分析和判断能力，因而它可以实现常规保护很难办到的自动纠错，即自动地识别和排除干扰，防止由于干扰而造成错误动作。另外，它有自诊断能力，能够自动检测出本身硬件的异常部分，配合多重化可以有效地防止拒动，因此，可靠性很高。目前，国内设计与制造的微机保护均按照国际标准的电磁兼容试验(Electro Maganetic Compatibility，EMC)来考核，进一步保证了装置的可靠性。

3. 易于获得附加功能

应用微型机后，如果配置一个打印机，或者其他显示设备，或通过网络连接到后台计算机监控系统，可以在电力系统发生故障后提供多种信息。例如，保护动作时间和各部分的动作顺序记录，故障类型和差别及故障前后电压和电流的波形记录等。对于线路保护，还可以提供故障点的位置(测距)，这将有助于运行部门对事故的分析和处理。

4. 灵活性大

由于微机保护的特性主要由软件决定，因此，只要替换改变软件就可以改变保护的特性和功能，且软件可实现自适应性，依靠运行状态自动改变整定值和特性，从而可灵活地适应电力系统运行方式的变化。

5. 保护性能得到很好改善

由于微型机的应用，使很多原有形式的继电保护中存在的技术问题可以找到新的解决办法。例如，对接地距离保护的允许过渡电阻的能力；距离保护如何区分振荡和短路；大型变压器差动保护如何识别励磁涌流和内部故障等问题都已提出了许多新的原理和解决办法。可以说，只要找出正常与故障特征的区别方案，微机保护基本上都能予以实现。

6. 简便化、网络化

微机保护装置本身消耗功率低，降低了对电流、电压互感器的要求，而正在研究的数字式电流、电压互感器更易于实现与微机保护的接口。同时，微机保护具有完善的网络通信能力，可适应无人或少人值守的自动化变电站。

另外，微机保护具有实时时钟，能记录故障信息；具有录波测距功能，便于事故分析；人机界面实用、方便，特别是采用多功能中文显示后，更易推广。

9.2 微机保护的硬件构成原理

9.2.1 微机保护的硬件组成

1. 数据采集系统DAS(或模拟量输入系统)

数据采集系统包括电压形成、模拟滤波(ALF)、采样保持(S/H)、多路转换(MPX)以及模拟转换(A/D)等功能块，完成将模拟输入量准确地转换为微型机所需的数字量的功能。

2. 微型机主系统(CPU)

微型机主系统包括微处理器(MPU)、只读存储器(ROM)或闪存内存单元(FLASH)、随机存取存储器(RAM)、定时器、并行接口以及串行接口等。微型机执行存放在只读存储器中的程序，将数据采集系统输入至RAM区的原始数据进行分析处理，完成各种继电保护的功能。

3. 开关量(或数字量)输入/输出系统

开关量输入/输出系统由微型机若干个并行接口适配器、光电隔离器件及有接点的中间继电器等组成，以完成各种保护的出口跳闸、信号报警、外部接点输入及人机对话、通信等功能。

4. 通信接口

在纵联保护中，与线路对端保护交换各种信息；或于中调联络中，将保护各种信息传送到中调；或接受中调的查询及远方修改定值。它由输入/输出串行接口芯片构成。

5. 电源

微机保护对电源要求较高，通常采用逆变电源，即将直流逆变成交流，再把交流整流为微机系统所需的直流电压。它把变电所的强电系统的直流电源与微机的弱电系统电源完全隔离。逆变后的直流电源具有极强的抗干扰能力，对来自变电所中因断路器跳合闸等原因产生的强干扰可以完全消除。

微机保护装置均按模块化设计，及对于成套的微机保护、各种线路和元件的保护，都由上述5个部分模块化电路组成。不同的是软件系统及硬件模块化的组合与数量不同，不同的保护用不同的软件实现，不同的使用场合按不同的模块化组合方式构成。这样成套的微机保护装置，为设计、运行、维护及调试人员都带来了方便。

图9.1为一种典型的微机保护硬件结构示意框图。

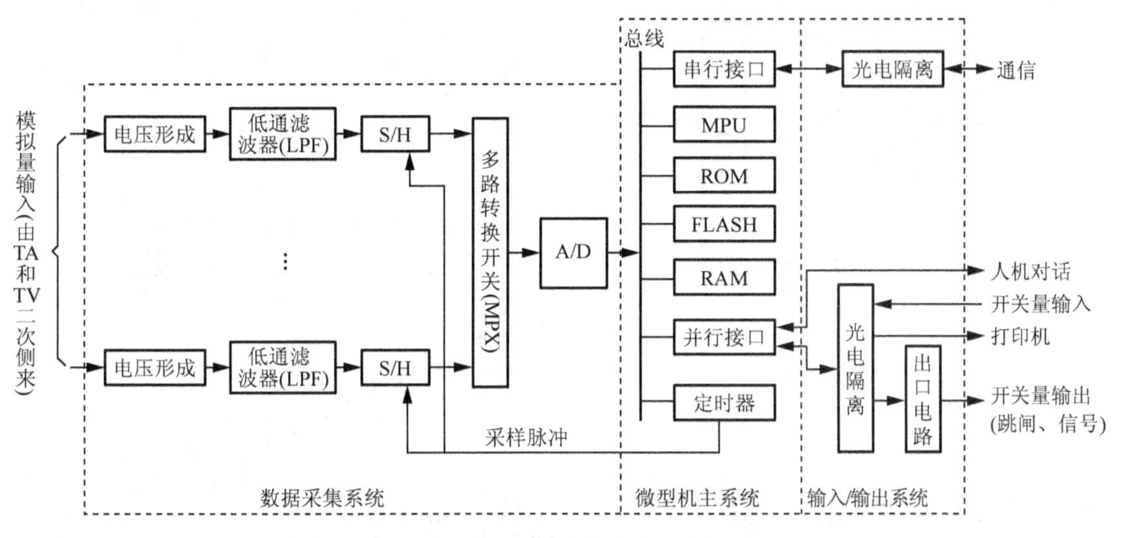

图 9.1 微机保护硬件结构示意框图

9.2.2 数据采集系统

1. 电压形成回路

微机保护要从被保护的电力线路或设备的电流互感器、电压互感器或其他变压器上取得信息，但这些互感器的二次数值、输入范围对典型的微机保护电路却不适用，需要降低和变换。在微机保护中，通常根据模数转换器输入范围的要求，将输入信号变换为±5V或±10V范围内的电压信号。因此，一般采用中间变换器来实现以上的变换。交流电压信号可以采用小型中间变压器；而将交流电流信号变换为成比例的电压信号，可以采用电抗变换器或电流变换器。电抗变换器具有阻止直流、放大高频分量的作用，当一次存在非正弦电流时，其二次电压波形将发生严重的畸变，这是人们所不希望的。其优点是线性范围较大，铁芯不易饱和，有移相作用。另外，其抑制非周期分量的作用在某些应用中也可能成为优点。电流变换器的优点是，只要铁芯不饱和，则其二次电流及并联电阻上的二次电压的波形可基本保持与一次电流波形相同且同相，即它的传变信号可使原信息不失真。传变信号不失真这点对微机保护是很重要的，因为只有在这种条件下进行精确的运算或定量的分析才是有意义的。至于移相、提取某一分量等，在微机保护中，根据实际需要可以容易地通过软件来实现。但电流中间变换器在非周期分量的作用下容易饱和，线性度较差，动态范围也较小，这在设计和使用中应予以注意。

2. 采样保持电路和模拟低通滤波器

1）采样基本原理

采样保持(Sample/Hold)电路，其作用是在一个极短的时间内测量模拟输入量在该时刻的瞬时值，并在模数转换器进行转换的期间内保持其输出不变。S/H 电路的工作原理可用图 9.2(a)来说明，它由一个电子模拟开关 AS、保持电容器 C_h 以及两个阻抗变换器组成。模拟开关 AS 受逻辑输入端的电平控制，该逻辑输入就是采样脉冲信号。

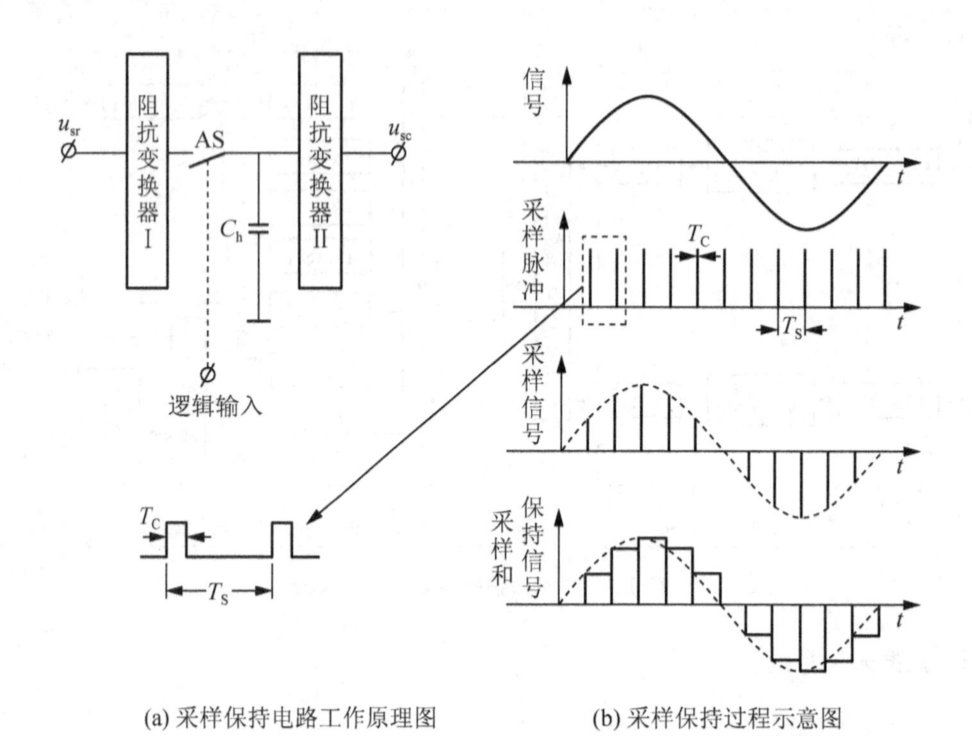

(a) 采样保持电路工作原理图　　(b) 采样保持过程示意图

图 9.2　采样保持电路工作原理图及其采样保持过程示意图

在输入为高电平时 AS 闭合，此时电路处于采样状态。电容 C_h迅速充电或放电到 u_{sr}在采样时刻的电压值。电子模拟开关 AS 每隔 T_S闭合一次，将输入信号接通，实现一次采样。如果开关每次闭合的时间为 T_C，则输出将是一串重复周期为 T_S、宽度为 T_C的脉冲，而脉冲的幅度则重复着 T_C时间内的信号幅度。AS 闭合时间应满足使 C_h有足够的充电或放电时间即采样时间，显然希望采样时间越短越好。而应用阻抗变换器 I 的目的是它在输入端呈现高阻抗，对输入回路的影响很小；而输出阻抗很低，使充放电回路的时间常数很小，保证 C_h上的电压能迅速跟踪到在采样时刻的瞬时值 u_{sr}。

电子模拟开关 AS 打开时，电容器 C_h上保持住 AS 打开瞬间的电压，电路处于保持状态。为了提高保持能力，电路中应用了另一个阻抗变换器Ⅱ，它在 C_h侧呈现高阻抗，使 C_h对应的充放电回路的时间常数很大，而输出阻抗(u_{sc}侧)很低，以增强带负载能力。阻抗变换器 I 和Ⅱ可由运算放大器构成。

采样保持的过程如图 9.2(b)所示。图 9.2(b)中，T_C称为采样脉冲宽度，T_S称为采样间隔(或称采样周期)。等间隔的采样脉冲由微型机控制内部的定时器产生，如图 9.2(b)中的“采样脉冲”，用于对“信号”进行定时采样，从而得到反映输入信号在采样时刻的信息，即图 9.2(b)中的“采样信号”。随后，在一定时间内保持采样信号处于不变的状态，如图 9.2(b)中的“采样和保持信号”，因此，在保持阶段，在任何时刻进行模数转换，其转换的结果都反映了采样时刻的信息。

2）对采样保持电路的要求

高质量的采样保持电路应满足以下几点。

(1) 电容 C_h上的电压按一定的精度跟踪上 u_{sr}所需的最小采样宽度 T_C(或称为截获时间)。对快速变化的信号采样时，要求 T_C尽量短，以便可用很窄的采样脉冲，这样才能更准确地反映某一时刻的 u_{sr} 值。

(2) 保持时间更长。通常用下降率 $\frac{\Delta u}{T_S - T_C}$ 来表示保持能力。

(3) 模拟开关的动作延时、闭合电阻和开断时的漏电流要小。

3) 采样频率的选择

采样间隔 T_S 的倒数称为采样频率 f_S。采样频率的选择是微机保护硬件设计中的一个关键问题，为此要综合考虑很多因素，并要从中作出权衡。采样频率越高，要求 CPU 的运行速度越高。因为微机保护是一个实时系统，数据采集系统以采样频率不断地向微型机输入数据，微型机必须要来得及在两个相邻采样间隔时间 T_S 内处理完对每一组采样值所必须做的各种操作和运算，否则 CPU 跟不上实时节拍而无法工作。相反，采样频率过低，将不能真实地反映采样信号的情况。由采样(香农)定理可以证明，如果被采样信号中所含最高频率成分的频率为 f_{max}，则采样频率 f_S 必须大于 f_{max} 的 2 倍(即 $f_S > 2f_{max}$)，否则将造成频率混叠。

下面仅从概念上说明采样频率过低造成频率混叠的原因。设被采样信号 $\chi(t)$ 中含有的最高频率为 f_{max}，现将 $\chi(t)$ 中这一成分 $\chi f_{max}(t)$ 单独画在图 9.3(a)中。从图 9.3(b)可以看出，当 $f_S = f_{max}$ 时，采样所看到的是直流成分；而从 9.3(c)看出，当 f_S 略小于 f_{max} 时，采样所得到的是一个差拍低频信号。也就是说，一个高于 $f_S/2$ 的频率成分在采样后将被错误地认为是一低频信号，或称高频信号“混叠”到了低频段。显然，在满足香农定理 $f_S > 2f_{max}$ 后，将不会出现这种混叠现象。

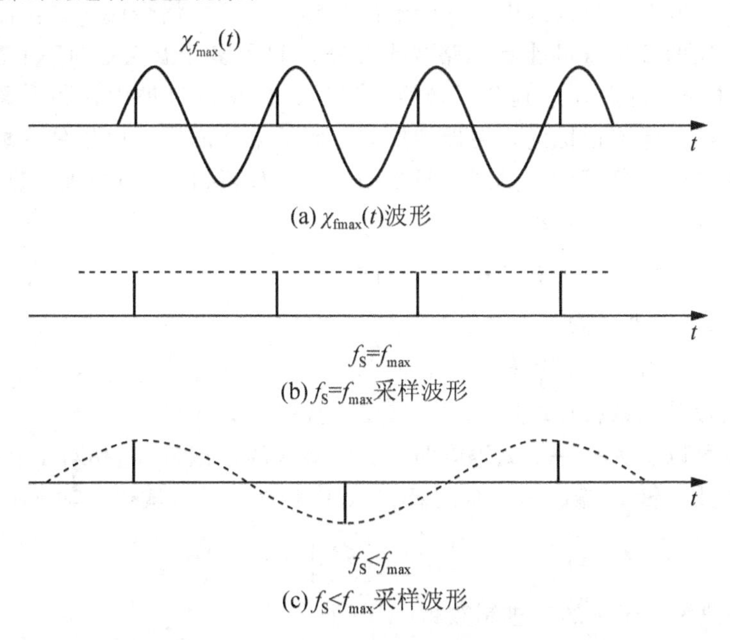

图 9.3 频率混叠示意图

4) 模拟低通滤波器的应用

对微机保护来说，在故障出现的瞬间，电压、电流中含有相当高的频率分量(如 2kHz 以上)，为防止混叠，f_S 将不得不用得很高，从而对硬件速度提出过高的要求。但实际上，目前大多数的微机保护原理都是反映工频量的，在这种情况下，可以在采样前用一个低通模拟滤波器(LPF)将高频分量滤掉，这样就可以降低 f_S，从而降低对硬件提出的要求。由于数字滤波器有许多优点，因而通常并不要求图 9.1 中的模拟低通滤波器滤掉所有的高频分量，而仅用它滤掉 $f_S/2$ 以上的分量，以消除频率混叠，防止高频分量混叠到工频附近来。低于 $f_S/2$ 的其他暂态频率分量，可以通过数字滤波器来滤除。实际上，电流互感器、电压互感器对高频分量已有相当大的抑制作用，因而不必对抗混叠的模拟低通滤波器的频率特性提出很严格的要求。例如，不一定要求很陡的过渡带，也不一定要求阻带有理想的衰耗特性，否则高阶的模拟滤波器将带来较长的过渡过程，影响保护的快速动作。最简单的模拟低通滤波器(RC 低通滤波器)如图 9.4 所示。

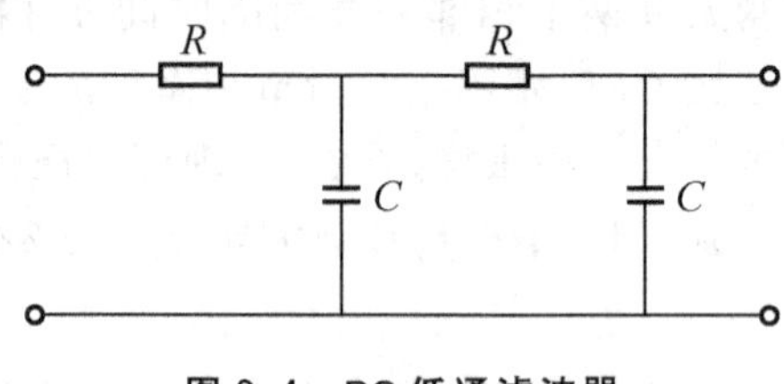

图 9.4 RC 低通滤波器

采用低通滤波器消除频率混叠问题后，采样频率的选择在很大程度上取决于保护的原理和算法的要求，同时还要考虑硬件的速度问题。

3. 多路转换开关

多路转换开关又称多路转换器，它是将多个采样/保持后的信号逐一与 A/D 芯片接通的控制电路。它一般有多个输入端、一个输出端和几个控制信号端。在实际的数据采集系统中，被模数转换的模拟量可能是几路或十几路，利用多路开关(MUX)轮流切换各被测量与 A/D 转换电路的通路，达到分时转换的目的。在微机保护中，各个通道的模拟电压是在同一瞬间采样并保持记忆的，在保持期间各路被采样的模拟电压依次取出并进行模数转换，但微机所得到的仍可认为是同一时刻的信息(忽略保持期间的极小衰减)，这样按保护算法由微机计算得出正确结果。

4. 模数转换器(A/D 转换器，或简称 ADC)

1) 模数转换的一般原理

由于计算机只能对数字量进行运算，而电力系统中的电流、电压信号均为模拟量，因此，必须采用模拟转换器将连续的模拟量转变为离散的数字量。

模数转换器可以认为是一个编码电路。它将输入的模拟量 U_{sr} 相对于模拟参考量 U_R 经编码电路转换成数字量 D 输出。一个理想的 A/D 转换器，其输出与输入的关系式为

$$D=\left[\frac{U_{sr}}{U_R}\right] \tag{9-1}$$

式中 D——一般为小于 1 的二进制数；

U_{sr}——输入信号；

U_R——参考电压，也反映了模拟量的最大输入值。

对于单极性的模拟量，小数点在最高位前，即要求输入 U_{sr} 必须小于 U_R。D 可表示为

$$D=B_1\times 2^{-1}+B_2\times 2^{-2}+\cdots+B_n\times 2^{-n} \tag{9-2}$$

B_1 为其最高位，B_n 为最低位。$B_1\sim B_n$ 均为二进制码，其值为“1”或“0”。因而，

式(9－1)又可写为

$$U_{sr} \approx U_R(B_1 \times 2^{-1} + B_2 \times 2^{-2} + \cdots + B_n \times 2^{-n}) \qquad (9-3)$$

式(9－3)即为 A/D 转换器中，将模拟信号进行量化的表示式。

由于编码电路的位数总是有限的，如式(9－3)中有 n 位，而实际的模拟量公式 U_{sr}/U_R 却可能为任意值，因而对连续的模拟量用有限长位数的二进制数表示时，不可避免地要舍去比最低位(LSB)更小的数，从而引入一定的误差。因而模数转换编码的位数越多，即数值分得越细，所引入的量化误差就越小，或称分辨率就越高。

模数转换器有 V/F 型、计数器式、双积分、逐次逼近方式等多种工作方式，这里仅以逐次逼近方式为例，介绍 A/D 模数转换器的工作原理。

2）数模转换器(D/A 转换器，或简称 DAC)

由于逐次逼近式模数转换器一般要用到数模转换器。数模转换器的作用是将数字量 D 经解码电路变成模拟电压或电流输出。数字量是用代码按数位的权组合起来表示的，每一位代码都有一定的权，即代表一个具体数值。因此，为了将数字量转换成模拟量，必须先将每一位代码按其权的值转换成相应的模拟量，然后将代表各位的模拟量相加，即可得到与被转换数字量相当的模拟量，即完成了数模转换。

图 9.5 为一个 4 位数模转换器的原理图。

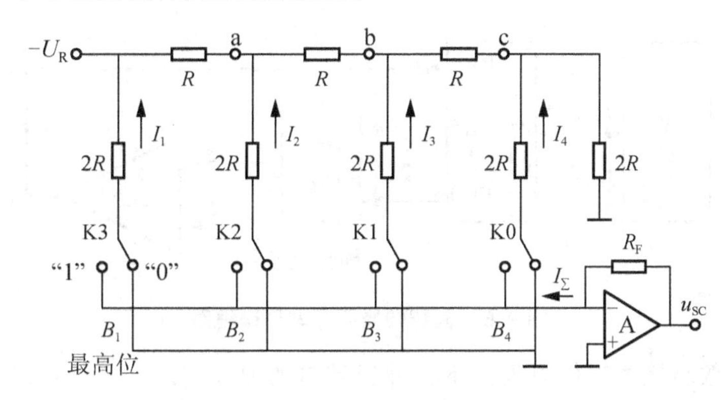

图 9.5　4 位数模转换器原理图

图 9.5 中，电子开关 K0～K3 分别输入 4 位数字量 B_4～B_1。在某一位为“0”时，其对应开关合向右侧，即接地。而为“1”时，开关合向左侧，即接至运算放大器 A 的反相输入端(虚地)。流向运算放大器反相的总电流 I_Σ 反映了 4 位输入数字量的大小，它经过带负反馈电阻 R_F 的运算放大器，变换成电压 u_{sc} 输出。由于运算放大器 A 的“＋”端接参考地，所以其负端为“虚地”，这样运算放大器 A 的反相输入端的电位实际上也是地电位，因此，不论图 9.5 中各开关合向哪一侧，对图 9.5 中电阻网络的电流分配都是没有影响的。在图 9.5 中，电阻网络有一个特点，从 $-U_R$、a、b、c 4 点分别向右看，网络的等值阻抗都是 R，因而 a 点电位必定是 $1/2U_R$，b 点电位则为 $1/4U_R$，c 点电位为 $1/8U_R$。

与此相应，图 9.5 中各电流分别为

$$I_1 = U_R/2R，I_2 = 1/2I_1，I_3 = 1/4I_1，I_4 = 1/8I_1$$

各电流之间的相对关系正是二进制数每一位之间的权的关系，因而，总电流 I_Σ 必然正比于数字量 D。式(9－2)已给出

$$D = B_1 \times 2^{-1} + B_2 \times 2^{-2} + \cdots + B_n \times 2^{-n}$$

由图 9.5 得

$$I_{\Sigma}=B_1I_1+B_2I_2+B_3I_3+B_4I_4=\frac{U_R}{R}(B_1\times2^{-1}+B_2\times2^{-2}+B_4\times2^{-4})=\frac{U_R}{R}D$$

而输出电压为

$$u_{sc}=I_{\Sigma}R_F=\frac{U_RR_F}{R}D \tag{9-4}$$

可见，输出模拟电压正比于控制输入的数字量 D，比例常数为$\frac{U_RR_F}{R}$。

图 9.5 所示的数模转换器电路通常被集成在一块芯片上。由于采用激光技术，集成电阻值可以做得相当精确，因而数模转换器的精度主要取决于参考电压或称基准电压 U_R 的精度和纹波情况。

3）逐次逼近法模数转换器的基本原理

模数转换器绝大多数是应用逐次逼近法的原理来实现的，逐次逼近法是指数码设定方式是从最高位到低位逐次设定每位的数码是“1”或“0”，并逐位将所设定的数码转换为基准电压与待转换的电压相比较，从而确定各位数码应该是“1”还是“0”。图 9.6 所示为一个应用微型机控制一片 16 位 D/A 转换器和一个比较器，实现模数转换的基本原理框图。

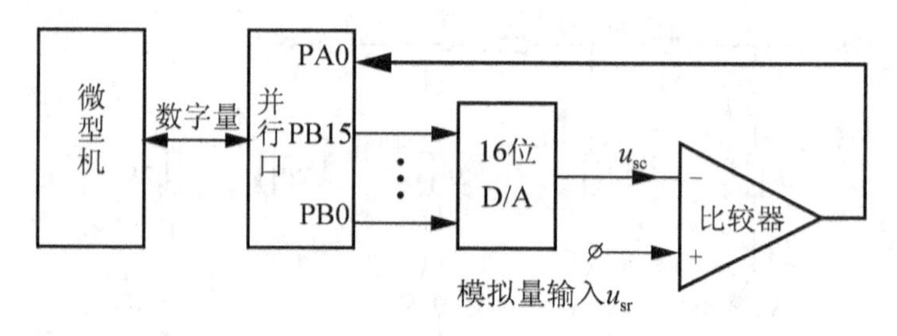

图 9.6 模数转换器基本原理框图

图 9.6 的模数转换器工作原理如下：并行接口的 B 口 PB0～PB15 用作数字输出，由 CPU 通过该口往 16 位 D/A 转换器试探性地送数。每送一个数，CPU 通过读取并行口的 PA0 的状态（“1”或“0”）来试探试送的 16 位数相对于模拟输入量是偏大还是偏小。如果偏大，即 D/A 转换器的输出 u_{sc}大于待转换的模拟输入电压，则比较器输出“0”，否则为“1”。如此通过软件不断地修正送往 D/A 转换器的 16 位二进制数，直到找到最相近的值即为转换结果。

9.2.3 CPU 主系统

微机保护的 CPU 主系统包括中央处理器(CPU)、只读存储器 EPROM、电擦除可编程只读存储器 EEPROM、随机存取存储器 RAM、定时器等。

CPU 主要执行控制及运算功能。

EPROM 主要存储编写好的程序，包括监控、继电保护功能程序等。

EEPROM 可存放保护定值，保护定值的设定或修改可通过面板上的小键盘来实现。

RAM 是采样数据及运算过程中数据的暂存器。

定时器用来记数、产生采样脉冲和实时钟等。

而CPU主系统中的小键盘、液晶显示器和打印机等常用设备用于实现人机对话。

9.2.4 开关量输入/出电路

1. 开关量输出电路

在微机保护装置中设有开关量输出(DO，简称开出)电路，用于驱动各种继电器。例如，跳闸出口继电器、重合闸出口继电器、装置故障告警继电器等。开关量输出电路主要包括保护的跳闸出口、本地和中央信号及通信接口、打印机接口，一般都采用并行接口的输出口来控制有接点继电器的方法，但为提高抗干扰能力，最好经过一级光电隔离。设置多少路开关量应根据具体的保护装置考虑。一般情况下，对输电线路保护装置，设置6～16路开关量即可满足要求；对发电机变压器组保护、母线保护装置，开关量输入/输出电路数量比线路保护要多。具体情况应按要求设计。

开关量电路可分为两类：一类是开出电源受告警，启动继电器的接点闭锁开出量；另一类是开出电源不受闭锁的开出量。图9.7是一个开出量输出电路原理图，并行口B的输出口线驱动两路开出量电路。PB.7经过与非门后和PB.6组合，再经过7400与非门电路控制光电隔离芯片的输入，光电隔离的输出驱动三极管，开出电源24V经告警继电器的常闭接点AXJ、光电隔离、三极管驱动出口继电器CKJ1。24V电源经启动继电器的接点QDJ控制，增加了开出电路的可靠性。

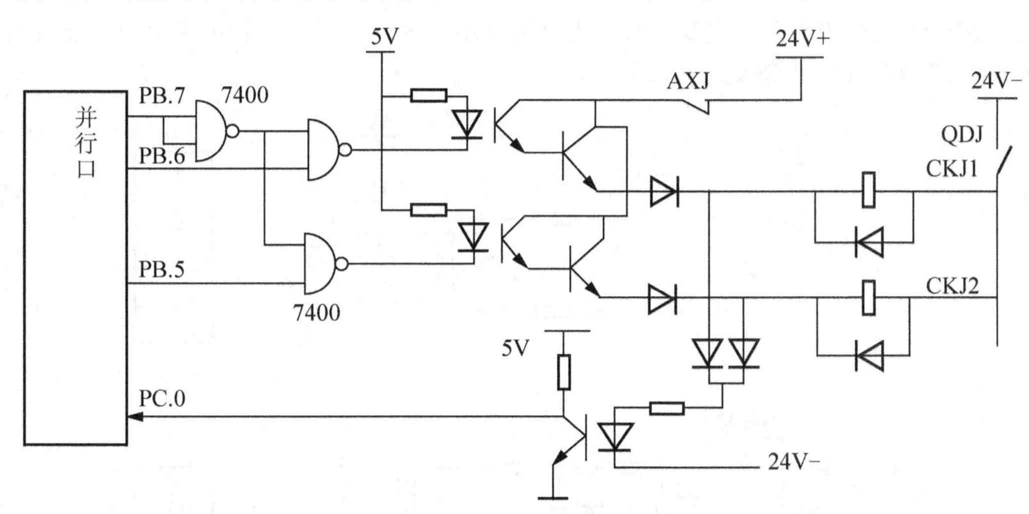

图9.7　开关量输出电路图

正常运行时，由软件通过并行口发出闭锁开出电路的命令(即PB.7=1、PB.6=0、PB.5=0)，从而使光电隔离不导通，出口继电器均不动作。

当线路发生故障后，启动继电器动作，QDJ的接点闭合。经计算，如故障位于保护区内，则发出跳闸命令(即PB.7=0、PB.6=1)，从而使光电隔离导通，三极管导通，24V电源经告警继电器的常闭接点、三极管、隔离二极管使出口继电器CKJ1动作。软件检查断路器跳闸成功后应收回跳闸命令。

在微机保护装置正常运行时，软件每隔一段时间对开出量电路进行一次检查。检查的方法是：通过并行口发出动作命令(即PB.7=0、PB.6=1)，然后从并行口的输入线读取状态。当该位为低电平时，说明开出电路正确，否则说明开出电路有断路情况，报告开出电路故障。如检查正确，则再发出闭锁命令(即 PB.7=1、PB.6=0)，然后从并行口的输入线读取状态，当该位为高电平时，说明开出电路正确，否则说明开出电路有短路情况，报告开出电路故障。

2. 开关量输入电路

微机保护装置中一般应设置几路开关量输入电路。开关量输入(DI，简称开入)主要用于识别运行方式、运行条件等，以便控制程序的流程。所谓开关量输入电路主要是将外部一些开关接点引入微机保护的电路，通常这些外部接点不能直接引入微机保护装置，而必须经过光电隔离芯片引入。开关量输入电路包括断路器和隔离开关的辅助触点或跳合闸位置继电器接点输入，外部装置闭锁重合闸触点输入，轻瓦斯和重瓦斯继电器接点输入，及装置上连接片位置输入等回路。

对微机保护装置的开关量输入，即接点状态(接通或断开)的输入可以分成以下两类。

(1) 安装在装置面板上的接点。这类接点主要是指键盘接点及切换装置工作方式用的转换开关等。

(2) 从装置外部经端子排引入装置的接点。如需要由运行人员不打开装置外盖而在运行中切换的各种压板、转换开关以及其他保护装置和操作继电器的接点等。

图 9.8(a)的开关量输入电路的工作原理是：当外部接点接通时，光电隔离导通，其集电极输出低电位；当外部接点断开时，光电隔离不导通，其集电极输出高电位，读并行口该位的状态，即可知外部接点的状态。

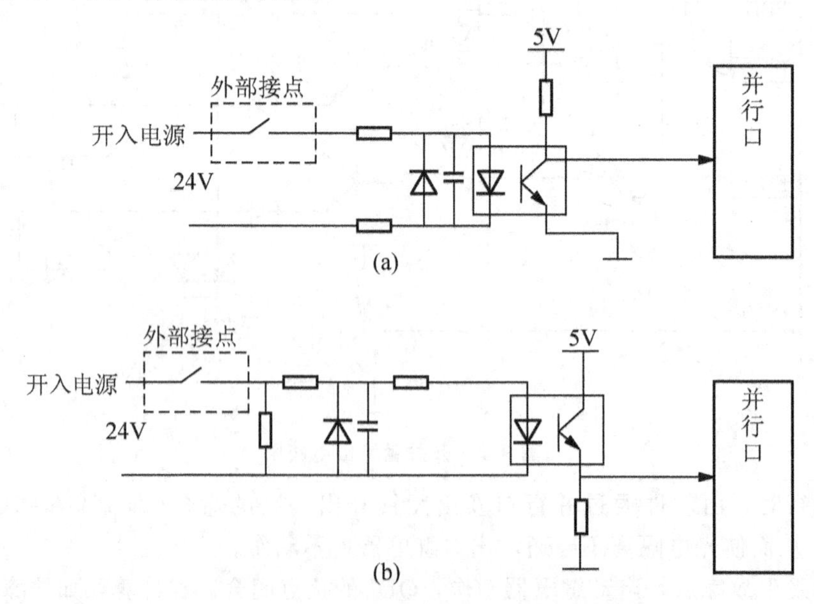

图 9.8 开关量输入电路

图 9.8(b)的开关量输入电路的工作原理是：当外部接点接通时，光电隔离导通，其发射极输出高电位；当外部接点断开时，光电隔离不导通，其发射极输出低电位，读并行口该位的状态，也可知外部接点的状态。

9.3 微机保护装置的软件

9.3.1 微机保护软件的基本结构和配置

微机保护的硬件分为人机接口和保护两大部分，与之相对应的软件分为接口软件和保护软件两大部分。

1. 接口软件的配置

接口软件指的是人机接口部分的软件，其程序包括监控程序与运行程序。执行哪一部分程序由接口面板的工作方式或显示器上显示的菜单选择来决定。调试方式下执行监控程序，运行方式下执行运行程序。

监控程序为键盘命令处理程序，是接口插件(或电路)及各CPU保护插件(或采样电路)进行调节和整定而设置的程序。

运行程序包括主程序和定时中断服务程序。主程序的作用是巡检(各CPU保护插件)、键盘扫描和处理、故障信息的排列和打印。定时中断服务程序包括软件时钟程序、以硬件时钟控制并同步各CPU插件的软时钟、检测各CPU插件启动元件是否动作的检测启动程序。软件时钟是每经1.66ms产生一次定时中断，在中断服务程序中软件计数器加1，当软件计数器加到600时，秒计数加1。

2. 保护软件的配置

保护CPU插件的软件配置包括主程序和两个中断服务程序。主程序有3个基本模块：除湿化和自检循环模块、保护逻辑判断模块及跳闸处理模块。通常把保护逻辑判断和跳闸处理总称为故障处理模块。前后两个模块在不同的保护装置中基本相同，而保护逻辑判断模块会随不同的保护装置而不同。

中断服务程序有定时采样中断服务程序和串行口通信中断服务程序。在不同的保护装置中，采样算法也不相同。采样算法的不同或因保护装置的特殊要求，会使采样中断服务程序部分不尽相同。不同保护的通信规约不同，也会造成程序的很大差异。

3. 中断服务程序

绝大多数工程计算机的应用软件都采用了中断技术，特别是实时性要求较强的系统，更离不开中断的工作方式。继电保护系统是一种对时间要求很高的实时系统，一方面要求实时地采集各种输入信号，随时跟踪系统运行工况；另一方面，在电力系统短路时，应快速判别短路的位置或区域，尽快切除短路故障。实时系统对具有苛刻时间条件的活动及外来信息要求以足够快的速度进行处理，并在一定的时间内做出响应。

保护要对外来事件做出及时反应，就要求保护中断自己正在执行的程序，而转去执行服务来自外来事件的操作任务和程序；另外，系统的各种操作的优先等级是不同的，高一级的优先操作应先得到处理，而将低一级的操作任务中断。

对保护装置而言，电力系统状态是保护最关心的外部事件，必须每时每刻掌握保护对象的系统状态。这就要求保护定时采样系统状态。常采用定时器中断方式(较高级别的中断)，每经过1.66ms中断原程序的运行，转去执行采样计算的服务程序。采样结束后，通过存储器中的特定存储单元将采样计算结果送给原程序，然后再去执行被中断了的程序，这就是定时采样中断服务程序。

保护装置应随时接受工作人员利用人机对话方式进行的干预(即改变保护装置的工作状态、查询系统运行参数、调试保护装置)保护工作。

对保护的高层次干预是系统机与保护的通信要求，这种通信要求常用主从式串行口通信实现。当主机对保护装置有通信要求时，或者接口 CPU 对保护 CPU 提出巡检要求时，保护串行通信口提出中断请求，在中断响应时，转去执行串行口通信的中断服务程序。

9.3.2 数字滤波

在微机保护中，滤波是一个必要的环节，它用于滤去各种不必要的谐波，前面提到的模拟低通滤波器的作用主要是滤掉 $f_S/2$ 以上的高频分量，以防止混叠现象产生。而数字滤波器的用途是滤去各种特定次数的谐波，特别是接近工频的谐波。数字滤波器不同于模拟滤波器，它不是纯硬件构成的滤波器，而是由软件编程去实现，改变算法或某些系数即可改变滤波性能。数字滤波器与模拟滤波器相比具有如下优点。

(1) 数字滤波器不需增加硬设备，所以系统可靠性高，不存在阻抗匹配问题。

(2) 使用灵活、方便，可根据需要选择不同的滤波方法，或改变滤波器的参数。

(3) 数字滤波器是靠软件来实现的，没有物理器件，所以不存在特性差异。

(4) 数字滤波器不存在由于元件老化及温度变化对滤波性能的影响。

(5) 精度高。

数字滤波器框图如图 9.9 所示。

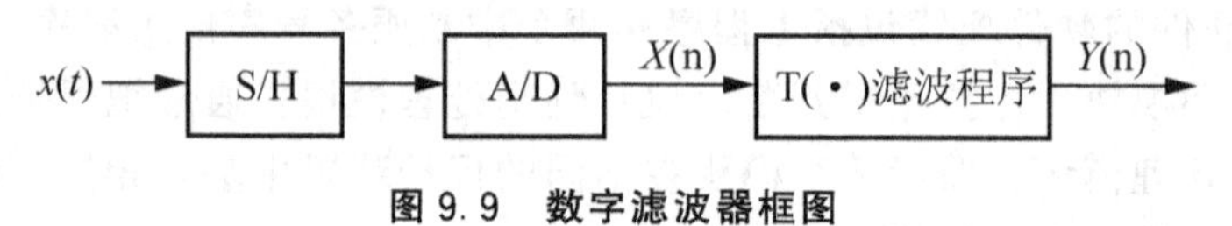

图 9.9 数字滤波器框图

9.3.3 微机保护算法

微机保护是用数学运算方法实现故障量的测量、分析和判断，而运算的基础是若干个离散的、量化了的数字采样序列。所以微机保护的一个基本问题就是寻找适当的离散运算方法，使运算结果的精确度满足工程要求。微机保护装置根据模数转换器提供的输入电气量的采样数据进行分析、运算和判断，以实现各种继电保护功能。

微机保护的算法有很多种，主要考虑的是计算的精度和速度。速度又包括两个方面：一是算法所要求的采样点数(或称数据窗长度)；二是算法的运算工作量。精度与速度经常是矛盾的，如精度高，则要利用更多的采样点，这就增加了计算工作量，降低了计算速度。因此，有的快速保护选择的采样点数较少，而后备保护不要求很高的计算速度，但对计算精度的要求提高了，选择的采样点数就较多。

这里介绍几种常用的算法：半周绝对值积分算法、正弦函数算法和解微分方程算法。

1. 半周绝对值积分算法

半周绝对值积分算法的依据是一个正弦量在任意半个周期内绝对值的积分为一个常数 S(即正比于信号的有效值)。

$$S = \int_{0}^{\frac{T}{2}} U_m \,|\sin(\omega t + a)|\, \mathrm{d}t = \int_{0}^{\frac{T}{2}} U_m \sin\omega t \,\mathrm{d}t$$
$$= -\frac{U_m}{\omega}\cos\omega t \,\Big|_0^{T/2} = \frac{2\sqrt{2}}{\omega}U \tag{9-5}$$

从而可求出幅值

$$U = \frac{S}{2\sqrt{2}}\omega$$

半周绝对值积分法有一定的滤除高频分量的能力，因为叠加在基频成分上的幅度不大的高频分量，在积分中其对称的正负部分相互抵消，因此剩余的未被抵消的部分占的比重减小，但它不能抑制直流分量。这种算法适用于要求不高的电流、电压保护，因为它运算量极小，可用非常简单的硬件实现。另外，它所需要的数据仅为半个周期，即数据长度为 10ms。

2. 正弦函数算法

若被采样的电压、电流信号都是纯正弦特性，即不含有非周期分量，也不含有高频分量，就可以利用正弦函数的特性，从若干个采样值中计算出电压、电流的幅值、相位及功率和测试阻抗的量值。

正弦量的算法基于提供给算法的原始数据为纯正弦量的理想采样值。下面以电流为例，可以表示为

$$i(nT_S) = \sqrt{2}I\sin(\omega nT_S + \alpha_{0I}) \tag{9-6}$$

式中　ω——角频率；

α_{0I}——$n=0$ 时的电流相角；

I——电流有效值；

T_S——采样间隔。

实际上故障后电流、电压都含有各种暂态分量，而且数据采集系统还会引入各种误差，所以这一类算法要获得精确的结果，必须和数字滤波器配合使用。

常用算法：三采样值积算法、导数算法、两点乘积算法等。

3. 解微分方程算法

解微分方程算法是目前在距离保护中应用最多的一种方法。对于一般的输电线路，在短路情况下，线路分布电容产生的影响主要表现为高频分量。如果采用低通滤波器将高频分量滤除掉，就相当于可以忽略被保护输电线分布电容的影响，故障点到安装处的线路段可用一个电阻和电感串联电路来表示，即将输电线路等效为 RL 串联模型。这样，在短路时，下列方程成立

$$u(t) = R_1 i(t) + L_1\frac{\mathrm{d}i(t)}{\mathrm{d}t} \tag{9-7}$$

式中　R_1、L_1——故障点至保护安装处线路段的正序电阻和电感；

$u(t)$、$i(t)$——保护安装处的电压、电流。

对于相间短路，应采用 u_Δ 和 i_Δ，如 AB 相间短路时，取 u_{ab}、$i_a - i_b$。对于单相接地短

路，取相电压及相电流加零序补偿电流，以A相接地为例，式(9-7)将改写成

$$u_a=R_1(i_a+K_r\times 3i_0)+L_1\frac{d(i_a+K_x\times 3i_0)}{dt}$$
$$K_r=\frac{r_0-r_1}{3r_1}、K_x=\frac{L_0-L_1}{3L_1} \quad (9-8)$$

式中 K_r、K_x——电阻及电感分量的零序补偿系数；

r_0、r_1、L_0、L_1——输电线每千米的零序、正序电阻和电感。

式(9-8)中的u、i都是可以测量和计算的，R_1和L_1是待解的未知数，其求解方法有差分法和积分法两种。

解微分方程算法所依据的微分方程式(9-8)忽略了输电线分布电容，由此带来的误差，通过一个低通滤波器预先滤除电流和电压中的高频分量就可以基本消除。因为分布电容只有对高频分量才是不可忽略的。解微分方程算法不受电网频率的影响，它要求的采样频率应远大于功频，否则将导致较大误差，这是因为积分和求导是用采样值来近似计算的。

常用的其他算法还有傅立叶算法、递推最小二乘算法等。

9.4 提高微机保护可靠性的措施

以微机实现的保护装置同常规继电保护的基本要求是相同的：选择性、快速性、灵敏性和可靠性。可靠性包括两个方面：不误动和不拒动。

9.4.1 干扰和干扰源

干扰信号产生于干扰源。干扰来自于微机保护装置外部的称外干扰源，来自于微机保护装置内部的称内干扰源。外干扰是来自于与系统结构无关的外环境(如雷电、开关操作等)产生的干扰；而内部干扰是来自于系统内部的问题(如系统结构、元器件布局不合理、生产工艺不完善等)产生的干扰。干扰的形成包括干扰源、传播途径和被干扰对象3个基本要素。若想解决干扰问题，必须围绕这3个基本要素：抑制干扰源、阻断干扰传播途径及提高设备自身抗干扰能力。

1. 干扰的分类

根据干扰作用方式的差异，一般将干扰分为共模干扰形式和差模干扰形式。

共模干扰(又称共模噪声、地感应噪声、纵向噪声、不对称噪声)是指干扰源引起回路对地电位发生变化产生的干扰。它不但可能造成设备运行异常，甚至可能由于信号回路和地之间电压过高而导致设备损坏。因此，必须十分注意共模干扰的抑制和消除。

图9.10中，I_S为信号电流，I_N为噪声电流，可见信号电流在两线间形成回路。而噪声电流在信号线与地线之间传输，由噪声源经两条传输线通过地回路产生噪声电压U_N，从而改变了地电位，对有用信号造成干扰。消除共模干扰的方法主要有：浮空隔离技术、双层屏蔽技术、系统一点接地、采用隔离变压器及采用光电耦合等方法。

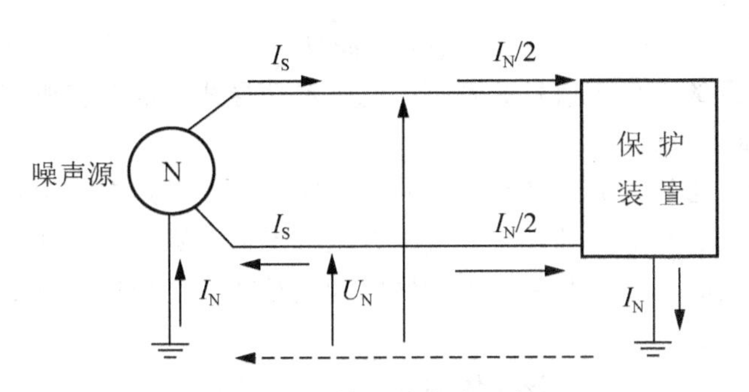

图 9.10 共模干扰电路示意图

差模干扰(又称差模噪声、线间感应噪声、常模噪声、对称噪声)是指存在于信号回路之间且与正常信号相串联的一种干扰。这种干扰对微机保护的威胁一般不大，因为各模拟量输入回路首先要经过一个防止频率混叠的模拟低通滤波器，它能很好地吸收差模浪涌，同时数字滤波器能有效地抑制差模对计算结果的影响。如图 9.11 所示，I_S为信号电流，I_N为噪声电流。可见，噪声电流与信号电流同时在两条信号线之间传输。差模干扰一般是由长线传输的互感耦合或线间分布电容耦合产生的。

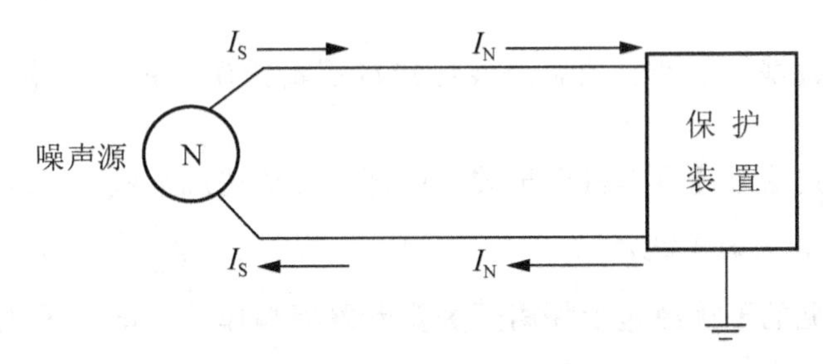

图 9.11 差模干扰电路示意图

2. 干扰的传播途径和耦合方式

电磁干扰的传播途径有两种：一种是通过金属导体以及电感、电容、变压器或电抗器等的传导。其特点是这些载体在传导电磁干扰信号的同时也消耗干扰源的能量。另一种途径是以电磁波的形式在空间中的辐射干扰。其特点是干扰源对外辐射能量具有一定的方向性，并且辐射的能量随着距离的增加而逐渐减弱。这两种传播途径在传播过程中可以相互转换。

干扰的耦合方式主要有以下 4 种方式。

1) 静电耦合方式

静电耦合方式又称电容耦合方式，是指电位变化在干扰源与受扰对象之间引起的静电感应。微机保护装置的电路元件之间、导线之间、导线与元件之间都存在着分布电容。如果一个导体上的电压发生变化通过分布电容使另一个导体上的电位发生变化，则会造成另一导体信号的干扰，从而影响装置的正常工作。这种形式的干扰会随着对地电阻和干扰源的频率的增加而增强。若想抑制这种干扰，可降低对地电阻或减少线间分布电容。

2) 互感耦合方式

互感耦合方式又称电磁感应耦合方式。当两回路之间存在互感时，任意一个电路中通过交变的电流时，都会通过磁通交链影响到另一个电路，从而形成干扰信号。干扰电压为

$$U_N = j\omega M I_N$$

可见，干扰电压的大小与信号的频率、电流和两导线间的互感成正比。

3）公共阻抗耦合方式

当两个或几个电路的电流流经同一公共阻抗时，一个电路在该阻抗上的压降会影响到另一个电路。为防止公共阻抗耦合，应使耦合阻抗趋近于零，这样通过耦合阻抗产生的干扰电压将趋于零。此时，接收回路与干扰回路即使存在电气连接，也不会产生干扰。

4）辐射耦合方式

当高频电流流过导体时，在该导体的周围便会产生电力线和磁力线。由于电流的变化频率较快，从而形成一种在空间传播的高频电磁波。处于电磁波辐射范围内的导体就会感应电势。电磁场辐射干扰是一种无规则的干扰。这种干扰可以非常容易地通过电源线传播到系统中。此外当信号传输线(输入线、输出线、控制线等)较长时，它们发射和接收电磁波的能力变强，这称为天线效应。因此，微机保护装置的内、外引线应尽量短。

3. 干扰对微机保护装置的影响

(1) 干扰可使数据采集系统造成数据出错，从而造成计算结果的错误，最终导致保护的不正确动作。

(2) 干扰侵入数据、地址、控制总线可造成逻辑错误，程序“跑飞”，引起装置拒动或误动。

(3) 严重的干扰信号侵入微机保护装置内部，可能造成某些元件的损坏。

4. 电力系统中常见的干扰源

电力系统中常见的干扰源包括隔离开关及断路器操作、雷电、无线电波和静电。这些干扰源通常产生脉冲干扰和瞬变干扰。

9.4.2 微机保护装置的硬件抗干扰措施

对于来自外部的干扰信号，主要是采取防止干扰进入保护装置的措施，而对于装置内部产生的干扰信号，主要是采取减少或消除的措施。

近年来，在微机保护装置的硬件设计方面，为提高装置的可靠性，在芯片选择、印刷电路板制作、焊接组装、总线形式、屏柜结构等方面采取了许多提高可靠性的措施。就硬件抗干扰措施来说，可主要归纳为隔离、屏蔽和接地3项措施。

1. 微机保护屏采取的抗干扰措施

在《电力系统继电保护及安全自动装置反事故措施要点》中，有关微机保护屏抗干扰措施，主要有以下几点要求。

(1) 保护屏必须有接地端子，并用截面不小于4mm²的多股铜导线与接地网直接连通微机保护屏间应用截面不小于100mm²的专用接地铜排首尾相连，然后在接地网的一点经铜排与控制室的接地网相连。

(2) 引到微机保护装置的交流和直流电缆线，应先经过抗干扰电容，然后再进入保护屏内。抗干扰电容的一端直接与电缆引入端连接，另一端并接后与保护屏接地端子可靠加接。

(3) 引入微机保护装置的电流、电压和信号角点线，应采用屏蔽电缆，屏蔽层在开关场与控制室同时接地。

(4) 经控制室令相小母线(N600)连通的几组电压互感器二次回路，只应在控制室将N600一点接地，各电压互感器二次侧中性点在开关场的接地点应断开。为保证可靠接地，电压互感器的中性点不允许接有可能断开的断路器或接触器。

2. 接地处理

在微机保护装置中有多种地线。一般在微机保护装置中有下列几种地线。

(1) 数字地。也称逻辑地线，这是指微机系统工作电源的地线，在模数转换芯片中该引脚以DGND表示。例如，微机系统工作在5V电源下，5V电源的地即为数字地。

(2) 模拟地。这是指微机保护装置的数据采集系统中模拟信号的公共端。在实现模数转换的芯片上该引脚以AGNG表示。模拟地和数字地应在一点以可能最短的连接可靠连接。

(3) 屏蔽地。指将保护装置外壳以及电流、电压变换器的屏蔽层接地，以防止外部电磁场干扰以及输入回路串入的干扰。

(4) 电源地。微机保护装置中一般有多级直流电压，分别供不同的电路。一般有5V电源，供微机系统使用；±15V(或±12V)电源，供数据采集系统使用；第一组24V电源，供微机保护装置中的开关量输出驱动的各类继电器使用；第二组24V电源，供外部开关量输入使用。这些电源均采用不共地的方式。数据采集系统的电源地应和模拟地连在一起。

(5) 机壳地。在微机保护装置的机箱上设有一个接地端子。屏蔽地应与这个端子连接，最后通过这个端子与保护屏上的接地端连接，最终与变电站的接地网相连。

此外，信号地是指通过把装置中的两点或多点接地点用低阻抗的导体连在一起，为内部微机电路提供一个电位基准。功率地是将微机保护电源回路串入的以及低通滤波器回路耦合进的各种干扰信号滤除。微机保护装置通常由多个插件组成，各插件板应遵循一点接地的原则。由于芯片集成度的提高和功能的加强，在每个插件上又可能包括多种功能模块。例如，在一个保护功能插件上包括了单片机系统、数据采集系统、开关量输入系统和开关量输出系统，各个系统采用的电压也不尽相同。在电源线和地线的布置上可采用的方案有：采用多层板技术，将电源、地线布置在不同印刷板层；当同一印刷电路板上有多个不同功能模块时，可将同一功能模块的元件集中在一起一点接地；电源线、地线走向应与信号线走向一致，有助于增强抗噪声的能力。

电源线和地线的宽度应使它能通过3倍于印刷板上的电流。地线宽度应不小于3mm，地线宽度的增加可降低地线电阻，减小地线压降产生的噪声干扰。在可能的条件下，地线应布置成环状或网状。

为了有效地抑制共模干扰，装置内部的零电位应全部悬浮，即不与机壳连接。并且尽量提高零电位与机壳之间的绝缘强度和减少分布电容。为此，可将印刷板周围都用零线或5V线封闭起来，以减少板上电路元件与机壳之间的耦合。

3. 屏蔽措施

隔离和屏蔽技术是防止外部电磁干扰进入装置内部的有效措施。屏蔽是指用屏蔽体把通过空间电场、磁场耦合的干扰部分隔离开，割断其空间传播的途径，即阻隔来自空间电磁场的辐射干扰。良好的屏蔽和接地紧密相连，可大大降低噪声耦合，取得较好的抗干扰效果。根据干扰的耦合通道性质，屏蔽可分为电场屏蔽、磁场屏蔽和电磁屏蔽。

在微机保护装置中采用的屏蔽措施有如下几种。

(1) 保护小间屏蔽。微机保护的出现使保护下放于开关场成为可能。为减少开关场的强电磁场对微机保护装置的干扰，可将微机保护装置安装在保护小间内，这个保护小间构成了一个屏蔽体。保护小间屏蔽有两种方案：全密封式和网孔式，为加强屏蔽效果，可采用双层屏蔽措施。

(2) 保护柜屏蔽。将保护装置安装于密封的保护柜内，保护柜安装于开关场。为保证保护装置正常工作，柜内设有温度调节系统。此时，保护柜起到了屏蔽作用。

(3) 机箱屏蔽。连成一体的保护机箱可起到一定屏蔽作用。

(4) 模拟变换器的原副边设有屏蔽层。

(5) 印刷板内的布线屏蔽。

4. 隔离措施

隔离实质是一种切断电磁干扰传播途径的抗干扰措施，在电路上把干扰源与受干扰的部分从电气上完全隔开。通常将保护装置中与外界相连的导线、电源线等经过隔离后再连入装置，这种方法能有效抑制共模干扰。

在微机保护装置中采用的隔离措施主要有如下几种。

(1) 光电隔离。光电隔离主要是采用了光电耦合器件。采用光电隔离器件后，输入、输出电路完全没有电的联系。因此，输入电路与输出电路可采用完全不同的工作电压。在微机保护中采用光电隔离的电路主要有：VFC 式数据采集系统的光电隔离、开关量输入电路的光电隔离、开关量输出电路的光电隔离及驱动打印机电路的光电隔离等。

(2) 变压器隔离。

(3) 继电器隔离。继电器的线圈与接点之间没有电气的联系，因此，继电器线圈、接点之间是相互隔离的。这也是微机保护装置的最终跳闸出口仍然采用有触点的继电器的原因。在微机保护装置的硬件设计上，对驱动跳闸的开关量输出非常重视，为保证其可靠性，通常加有告警继电器或总闭锁继电器的触点控制，实际上就是继电器隔离措施。

5. 滤波与退耦

抑制差模干扰的主要措施是采用滤波和退耦电路。在数据采集系统中，电压、电流变换器的二次信号通常要经过模拟低通滤波器和运算放大器后才进入采样/保持电路。模拟低通滤波器采用一阶或两阶 RC 低通滤波器。低通滤波器的设置除了要满足采样定理的要求外，它还兼有抗干扰的作用。另外，为防止直流系统引入的干扰，通常在直流电源的入口接有滤波元件。

由于微机保护装置工作于高频率的数字信号环境下，信号电平的转换过程中会产生很大的尖峰冲击电流，并在传输线和电源内阻上产生较大的压降，形成严重的干扰。为抑制这种干扰，一种方法是在布线上采取措施，尽量使杂散电容降到最小；另一种方法是设法降低电源内阻。但常用的方法是在每个集成电路芯片的电源线与地线之间接入去耦电容。去耦电容一方面提供和吸收该集成电路开关瞬间的充放电能量，另一方面旁路掉该元件的高频噪声。对微机保护装置，其值一般在 0.1～0.01μF 范围内均可。

此外，还应在每个插件的供电电源入口接入两个抗干扰电容。容量较大的电容主要是抗低频干扰，而容量小的电容主要是抗高频干扰。

6. 硬件设计采用容错设计

目前，微机保护中的容错设计主要是硬件结构的冗余设计，包括以下几个方面。

(1) 完全双重化的保护配置方案。在220kV及以上的高压、超高压输电线路上，配置两套完全独立的微机保护装置，要求主保护的原理不同，以相互补充。两套保护的出口应分别作用于高压断路器的不同跳闸线圈。对500kV变压器，大容量发电机-变压器组也提出了主保护双重化的配置方案。

(2) 在微机保护装置内部实现部分插件的双重化或热备用。在有些厂家的保护装置中，输电线路的保护装置配置了两块VFC插件(大多数为一块VFC插件)，有些配置了两个逆变稳压电源。

(3) 部分元件采用了三取二表决方案。在WXB-11系列微机保护装置中，为防止突变量启动元件故障造成误动，采用了三取二表决法。即当高频保护、距离保护、零序保护3种保护的启动元件中，至少有两种保护的启动元件动作，才将出口跳闸回路的负电源开放。

7. 出口跳闸回路的多重闭锁措施

在保护装置的跳闸出口回路设计的闭锁措施有如下3种。

(1) 采用双线驱动命令编码方式。

(2) 出口电源受告警继电器和启动元件三选二闭锁。

(3) 5V驱动电路与24V驱动电路之间有光电隔离措施。

9.4.3 微机保护装置的软件抗干扰措施

电力系统经常处于正常运行状况下，保护装置是不应该动作的。但由于自然和人为的原因，可能导致故障。一旦发生故障，继电保护装置应迅速、有选择性地将故障设备从系统中切除。对于常规保护装置，它在不动作状态时除了测量元件在监视系统状态外，其逻辑部分处于待命状态的情况下。逻辑电路是否存在隐患是无法知道的，只有在定期的检验中才能发现。由于存在隐患而未被发现和排除，故障时即可造成保护的误动或拒动。微机保护的出现，使得实时在线自检成为可能。利用软件实时检测微机保护装置的硬件电路各部分。一旦发现故障，立即闭锁出口跳闸回路，同时发出故障告警信号。因此，微机保护装置的可靠性较常规保护有了很大的提高。

1. 自动检测

1) EPROM芯片的检测

EPROM是紫外线擦除的可编程只读存储器芯片。其芯片内存放着微机保护的程序和参数。实际上就是一些0和1的二进制代码，某位或某几位一旦发生变化，将会导致十分严重的后果。为此，应对EPROM中的内容进行检查。发现错误立即闭锁保护，并给出告警信号。检查的方法目前有以下3种。

一是补奇校验法。这种方法是事先求得一个校验字节(或字)并固化于EPROM的某个地址单元，运行过程中将EPROM的全部字节(或字)内容按位进行“异或”运算，当其结果各位全为1时，说明程序内容正确；否则为错误。

二是循环冗余码校验法。这种方法是对程序代码的每一字节的每一位逐个进行校验。根据该位为“0”或为“1”，改变一个寄存器中的内容。将全部程序代码校验后，在该寄存器中产生的数据为“CRC码”。在程序完成后，将此代码写入EPROM的最末地址单元。用户在执行这个命令时，将校验的结果和原代码存于EPROM中的“CRC码”。将两者进行比较，若不一致，则说明程序代码有变化。此种校验方法误码检出率相当高，但耗时较长。

三是求和校验法。这是一种最简便的校验方法。将程序代码从第一字(或字节)逐个相加，直到程序的最末一个字(或字节)。相加的和数保留16位，溢出内容丢掉。将程序完成时的求和结果存于EPROM的最后地址单元。运行时重新按求和校验方法，将求和结果与原存于EPROM中的内容比较，若不一致，说明程序发生代码变化或EPROM错误。

2）SRAM芯片的检测

SRAM为静态随机存储器芯片，用于存放微机保护中的采样数据、中间结果、各种标志、各种报告等内容。在微机保护装置正常工作时，SRAM的每个单元应能正确读写。因此，应对SRAM进行读写正确性的检查。这不仅可检查出RAM芯片的损坏，还可发现地址、数据线的错误。例如，两条地址线或数据线的粘连。检查的方法是选择一定的数据模式进行读写正角性检查。一般是用4个内型数据检查，即00H、0FFH、0AAH、55H。将数据写入某个RAM单元，然后再从RAM单元读出，比较读出的内容是否与刚才写入的内容一致，若不一致，则说明RAM出错。在微机保护装置刚上电的全面自检中，可对所有RAM单元检查一遍。在运行过程中对RAM进行自检时，应注意检查是必须保护RAM单元的内容，否则会由于读写检查破坏有用数据，产生不良后果。

3）EEPROM芯片的检测

EEPROM是电擦除、电改写的只读存储器芯片，用于存放微机保护的定值。对其检查的方法与对EPROM的求和尾数校验法相同。

4）开关量输出电路的检测

开关量输出电路的自检功能应当设置在最高优先级的中断服务程序中，或者先屏蔽中断再检测，否则，如在CPU发生检测驱动信号后被中断打断，就可能无法及时收回检测信号，从而导致继电器误吸合。检查的方法是送出驱动命令，读自检反馈端的电位状态；送出闭锁命令，读自检反馈端的电位状态；无论是驱动命令或闭锁命令，如果自检反馈的状态不正确，说明开关量输出电路有故障。

5）开关量输入通道的检测

对开关量输入通道的检测主要是监视各开关量是否发生变位。由于保护动作(如启动重合闸的开入量)或运行人员的操作(投退保护压板)时，会发生开关量输入的变化。所以，有开入变位不一定是开入回路有故障。因此，软件只是监视这种变化，发生变化时给出提示信息，不告警。

6）CPU的工作状态检测

在多CPU(或多单片机)系统中，一般是采用相互检测的方法。例如，在有一个管理单片机和N个保护功能单片机时，它们之间必然要通过串行口通信。因此，可用一个通信编码实现相互联系，一旦这种联系中断，说明单片机故障，或通信故障。

2. 数据采集系统的检测

这部分的检测对象主要是采样保持器、模拟量多路开关、模数转换器和电流、电压回路。在对输入采样值的抗干扰纠错时，常利用各模拟量之间存在的规律进行自动检测。如果某一个通道损坏，将破坏这种规律而被检测到。例如，零序电流和零序电压通道。根据对称分量法，可由A、B、C三相电压求出零序电压，由A、B、C三相电流求出零序电流。然后分别与零序电压采样通道和零序电流采样通道的数据进行比较，可检查数据采集通道的故障，或电压互感器二次、电流互感器二次的不对称故障。

$$i_{ak}+i_{bk}+i_{bk}-3i_{0k}\geqslant I_{DZ}$$

$$u_{ak}+u_{bk}+u_{bk}-3u_{0k}\geqslant U_{DZ}$$

式中　I_{DZ}、U_{DZ}——电流、电压检查的门槛值。

为防止偶然的干扰造成数据满足该条件，一般是连续一段时间满足上式，即判为出错。

3. 其他软件抗干扰措施

1）设置上电标志

微机保护装置中的单片机均设有RESET引脚，即复位引脚。当装置上电时，通过复位电路在该引脚上产生规定的复位信号后，装置进入复位状态，软件从复位中断向量地址单元取指令，程序开始运行。进入复位状态的方式除上面提到的上电复位还有软件复位(执行复位指令)和手动复位。手动复位是指装置已经上电，操作人员按下装置的复位按键进入复位状态的情况。我们把上电复位称为“冷启动”，把手动复位称为“热启动”。冷启动时需进行全面初始化。而热启动则不需要全面初始化，只需部分初始化。为区别两种情况，可设置上电标志。

2）指令冗余技术

在单字节指令和三字节指令的后面插入两条空操作(NOP)指令。可保证其后的指令不被拆散。由于干扰造成程序“出格”时，可能使取指令的第一个数据变为操作数，而不是指令代码。由于空操作指令的存在，避免了把操作数当作指令执行，从而可使程序正确运行。对重要的指令重复执行。例如，影响程序执行顺序的指令，如RET、RETI、LJMP等指令。

3）软件陷阱技术

软件陷阱就是用引导指令强行使“飞掉”的程序进入复位地址，使程序能从开始执行。例如，在EPROM的非程序区设置软件陷阱。在EPROM的空白区为FFH，对于8031单片机，这是一条数据传送指令：MOV R7，A。因此，若程序“跑飞”进入非程序区将执行这一指令，改变R7的内容，甚至造成“死机”。设置软件陷阱可防止这种情况。对于MCS-96系列的单片机，FFH是一条软件复位指令：RST。该指令刚好使程序从2080H的地址开始执行。

单片机一般可响应多个中断请求，但用户往往只使用了少部分的中断源。在未使用的中断向量地址单元设置软件陷阱，使系统复位。一旦干扰使未设置的中断得到响应，可执行软件复位或利用单片机的软件“看门狗”使系统复位。

4）软件“看门狗”技术

在有些多单片机内部设有监视定时器。监视定时器的作用就是当干扰造成程序“出格”时使系统恢复正常运行。监视定时器按一定频率进行计数，当其溢出时产生中断，在中断中可安排软件复位命令，使程序恢复正常运行。在编制软件时，可在程序的主要部位安排对监视定时器的清零指令，且应保证程序正常运行时监视定时器不会溢出。一旦程序“出格”，必然不会按正常的顺序执行，当然，也无法使监视定时器清零。这样，经一段延时，监视定时器溢出，产生中断，使程序从开始执行。

5）密码和逻辑顺序校验

对微机保护装置来说，出口跳闸回路无疑是最重要的部分。因此，在硬件和软件的设计中都十分重视其可靠性。除了在硬件上对跳闸出口电路设计了多重闭锁措施外，在软件上也设计了增加其可靠性的许多措施，主要是：跳闸出口命令采用编码逻辑，而不是简单的清零或置1。在故障处理的各个逻辑功能块设置相应的标志，在判为区内故障后，发出跳闸命令前，逐一校验这些标志是否正确，只有全部正确才能发出跳闸命令。

6）采用软件滤波技术

在微机保护装置中，可采用一些软件的手段消除或减少干扰对保护装置的影响。例如，根据分析相邻两次采样值的最大差别不超过Δx，说明采样值受到干扰，应去掉本次采样值。对开关量的采集，为防止干扰造成的误判，可采用连续多次的判别法。此外，根据软件的功能和要求，在不影响保护的性能指标的前提下，可采用中位值滤波法、算术平均滤波法、递推平均滤波法等，这些方法都具有消除或减弱干扰的作用。

9.5 微机保护的应用

9.5.1 电力变压器的微机保护

电力变压器的微机保护配置与常规保护的配置基本相同，但由于微机保护软件的特点，一般微机保护的配置较齐全、灵活。下面分别介绍高压、中压变电站主变压器的保护配置。

1. 中压变电站主变压器的保护配置

1）主保护

（1）比率制动式差动保护。由于中压变电站主变压器的容量不大，通常采用二次谐波闭锁原理的比率制动式差动保护。

（2）差动速断保护。

（3）本体主保护。包括本体重瓦斯、有载调压重瓦斯和压力释放。

2）后备保护

主变压器后备保护均按侧配置，各侧后备保护之间、各侧后备保护与主保护之间软硬件均相互独立。

（1）中性点不接地系统变压器后备保护的配置。

① 三段复合电压闭锁方向过流保护。Ⅰ段动作跳本侧分段断路器，Ⅱ段动作跳本侧断路器，Ⅲ段动作跳三侧断路器。

② 三段过负荷保护。Ⅰ段发信，Ⅱ段启动风冷，Ⅲ段闭锁有载调压。

③ 冷控失电，主变压器过温报警。

④ TV 断线报警或闭锁保护。

(2) 中性点直接接地系统变压器后备保护的配置。

对于高压侧中性点接地的变压器，除上述保护外还应考虑设置接地保护。

① 中性点直接接地运行，配置两段式零序过电流保护。

② 中性点可能接地或不接地运行，配置一段两时限零序无流闭锁、零序过电压保护。

③ 中性点经放电间隙接地运行，配置一段两时限间隙零序过电流保护。

对于双绕组变压器，后备保护只配置一套，装于降压变压器的高压侧(或升压变的低压侧)；对于三绕组变压器，后备保护配置两套：一套装于高压侧作为变压器本身的后备保护；另一套装于中压或低压的电源侧，并只作为相邻元件的近后备保护，而不作为变压器本身的后备保护。因为一般变压器均装有瓦斯保护和一套主保护，一套高压侧(即主电源侧)的后备保护。

2. 高压、超高压变电站主变压器的保护配置

1) 主保护

(1) 比率制动式差动保护。除采用 2 次谐波闭锁原理外，还可以采用波形鉴别闭锁原理或对称识别原理克服励磁涌流误动。

(2) 差动速断保护。

(3) 工频变化量比率差动保护。

(4) 本体主保护。包括本体重瓦斯、有载调压重瓦斯和压力释放。

2) 后备保护

高压侧后备保护可按下列方式配置。

(1) 相间阻抗保护，方向阻抗元件带 3%的偏移度。

(2) 两段零序方向过电流保护。

(3) 反时限过激磁保护。

(4) 过负荷报警。

中压侧后备保护高压侧。低压侧后备保护设二时限过流保护及零序过压保护。

3. WBH－100 微机型变压器成套保护装置

WBH－100 微机型变压器成套保护装置，适用于 500kV 及以下各种电压等级的变压器，也可作为 500kV 及以下各种电压等级的电抗器的保护。

1) 装置的特点

(1) 采用分层多 CPU 并行运行的系统结构，各模块系统相关性少，单元管理机不参与保护动作行为。

(2) 软件硬件模块化设计，适应各种配置要求。

(3) 人机界面采用液晶显示，十进制定值在线整定，实时运行参数幅值相位显示。

(4) 每个 CPU 由单独的开关电源供电。

(5) 故障报告及实时运行参数汉字化打印。

(6) 支持变电站综合自动化监控系统，提供通信接口，满足无人值班的要求。

(7) 完备的软件硬件自检功能，独立的“看门狗”电路，具有较强的抗干扰能力。

(8) 自检功能。能检测各种硬件故障，并有信号触电输出。

(9) 实时参数显示功能。在线监视电流、电压有效值及相位。

(10) 手动实验功能。通过按键传动保护，检查二次回路接线的正确性。

(11) 调试功能。外接 PC 机，提供调试软件，操作更方便。

(12) 录波功能。

(13) 可接收 GPS 卫星校时系统信号。

2) 保护系统与监控系统的通信

(1) 主要功能。

① 保护动作报告管理功能。

② 保护动作信息查阅功能。

③ 保护定值查看、修改及打印功能。

④ 监视保护运行状况。

⑤ 接收对时信号，完成时钟校对。

(2) 通信方式。

① 保护装置单元管理机为一体化工控机时，采用网络(PC 网卡)或串口通信(RS-422 或 RS-485)。

② 保护装置单元管理机为通信管理接口插件时，采用网络(LON 网)或串口通信(RS-422 或 RS-485)。

图 9.12 为目前现场使用的微机型变压器保护屏。

图 9.12 微机型变压器保护屏

9.5.2 母线的微机保护

母线保护与变压器保护均属于元件保护，所以主保护都采用比率差动保护。为防止电流回路断线引起差动保护误动，也采用复合电压闭锁整套保护装置，这是元件差动保护的共同特点。而母线保护的特别之处在于母线是各路电流的汇流处，当发生区外故障时，故障单元的 TA 流过连接在母线上各元件的总故障电流，使得该 TA 严重饱和，由此产生的差动不平衡电流比变压器、发电机等差动保护的区外故障不平衡差流大很多。因此，有效克服区外故障的不平衡差流防止母线差动保护误动，是提高母线保护性能的关键。

WMH－800 型微机母线保护装置可用于 500kV 以下各种主接线形式的母线，作为发电厂、变电站母线的成套保护装置。它以 32 位 TMS320C32DSP 芯片为核心，CPU 板采用 6 层印制板，模拟量转换采用高精度 16 位模数转换器，机箱采用国际标准机箱，接插件可靠性高，接插灵活。

1. 装置的特点

(1) 采用比率制动特性的差动保护原理，设置大差及各段母线小差，大差作为母线区内故障的判别元件，小差作为故障母线的选择元件。

(2) 自适应能力强。适应母线的各种运行方式，倒闸过程自动识别，不需退出保护，通过方式识别程序完成各种运行方式的自动识别及各段母线小差计算，出口回路的动态切换。

(3) 有完善的抗 TA 饱和措施，保证母线外部故障 TA 饱和时装置不误动，而发生区内故障或故障由区外转至区内时，保护可靠动作。

(4) 对 TA 变比无特殊要求，允许母线上各连接元件 TA 变比不一致，任意 TA 变比均可由用户现场设置。

(5) 采用瞬时值电流差动算法，保护动作速度快，可靠性高，抗干扰能力强。

(6) 采用独立于差动保护计算机系统的复合电压元件作为差动保护的闭锁措施，确保装置的可靠运行。

(7) 采样速度为每周 24 点。

(8) 对电流、电压及开关量输入实时检测，具有多次区内故障记录功能及事件报告记录功能，为现场分析和处理问题提供必要的依据。

(9) 调试维护简便，具有零漂自动校准功能，所有继电器都可通过人机接口进行检查。

(10) 系统容量大。

2. 装置的功能

1) 装置保护配置

(1) 比率制动特性的分相瞬时值电流差动保护。

(2) 复合电压闭锁。

(3) 母联(分段)充电保护。

(4) 母联过电流保护(可选)。

(5) 母联非全相保护(可选)。

(6) 母联失灵及死区保护。

(7) 断路器失灵保护(可选)。

(8) TA 断线闭锁及告警。

(9) TA 断线告警。

2）装置的辅助功能

（1）运行方式自动识别。

（2）TA 饱和鉴别。

（3）定值的整定及任意 TA 变比的设置。

（4）交流电流及电压的实时检测及显示。

（5）开关量输入的实时检测。

（6）故障报告的显示及打印。

（7）事件报告的显示及打印。

（8）具有与发电厂、变电站自动化系统通信接口功能。

（9）完备的自检功能。

9.5.3 发电机的微机保护

发电机是一种结构复杂的电力主设备，因此，发电机的故障类型有很多：定子故障的保护、转子故障的保护、危及轴系统及电力系统的保护。

1．发电机保护的设置

1）定子故障的保护

（1）定子绕组故障的保护有相间短路保护，绕组匝间短路保护，多分支绕组中一分支开焊的保护，定子一点接地保护。

（2）可能危及定子绕组的保护有定子过电流保护，定子过电压保护，定子铁芯过励磁保护，局部过热的保护等。

2）转子故障的保护

（1）转子回路故障的保护有一点接地保护，匝间短路保护，转子表面过热保护，励磁系统故障保护等。

（2）可能危及转子系统的保护有转子回路过电流保护，非全相运行保护，断路器断口闪络保护。

3）危及轴系统及电力系统的保护

危及轴系统及电力系统的保护有发电机失磁保护，逆功率保护，失步保护，轴系扭振保护，频率异常保护，误合闸保护等。

在常规保护中，上述各种故障的保护都有一定的技术基础，但随着机组容量的增大，对继电保护的要求不断提高。因此，在采用微型计算机技术后，会尽可能利用计算机技术的优越条件，实现更先进的保护原理，使保护性能、指标得到比较显著的提高。

2．WFB－800 微机型发电机-变压器组成套保护装置

WFB－801 装置集成了一台发电机的全部电气量保护，WFB－802 装置集成了一台主变压器的全部电气量保护，WFB－803 装置集成了一台高压厂用变压器和励磁变(励磁机)的全部电气量保护，WFB－804 装置集成了一台主变压器及高压厂用变压器的全部非电气量保护。能满足大型发电机-变压器组双套主保护、双套后备保护、沸点两类保护完全独立的配置要求。另外该系列保护也能直接与电厂综合自动化系统连接。下面介绍其功能特点。

（1）硬件。采用 32 位高性能 DSP 处理器、32 位逻辑处理器及 16 位高速 AD，强弱电彻底分离，具有高度自检功能，保证硬件的高可靠性。

（2）自检功能。数据采集回路，数字回路及输出回路的完善自检，可自检到出口继电器线圈。

（3）电磁兼容。插拔双连接器强弱电完全分离技术，整体背板式后插拔结构，减少插件转接次数，抗干扰能力强，维护方便。

（4）元器件损坏不会造成保护误动和拒动。采用3个CPU并行智能处理技术，一个CPU负责通信，两个保护CPU与逻辑出口，避免元器件损坏引起误动，双主双备的配置避免元器件损坏引起拒动。

（5）配置方式。不同的保护装置针对不同的被保护设备，组屏灵活，检修方便。

（6）管理功能。通过专用PC机管理软件，可实现对装置的所有操作，方便调试及故障分析。

（7）通信功能。信息和报文可上传，录波数据与COMTRADE格式兼容，通信接口兼容性，开放性强，支持IEC60870－5－103通信规约。

（8）跳闸方式在线修改。每套保护动作的跳闸方式可以自己整定，无须再修改保护二次回路接线，跳闸触电可直接接入断路器跳闸回路。

（9）人机界面。彩色大屏幕，图形化中文菜单显示，也可以通过PC机进行操作。

（10）提供录波功能和完善的波形分析软件。

（11）事件记录。保护动作报告，开关量变位，自检结果，定值改动，录波数据均有记录，可实时打印及召唤打印。

图9.13为目前现场使用的微机型保护装置。

图9.13 微机型保护装置

9.6 电力系统继电保护故障处理方法及实例

9.6.1 电力继电保护故障的原因

引起继电保护故障的原因有很多，例如，原理不成熟，制造上的缺陷，设计不合理，定值、安装调试及运行维护不良等。当继电保护或二次设备出现问题后，有时很难判断故障的原因，只有找到事故发生的根源，才能有针对性地消除。下面介绍几种故障原因类型。

(1) 保护定值方面的原因。包括定值计算错误、定值整定错误和定值的自动漂移。

(2) 保护装置元器件的损坏。在集成电路保护中的元件损坏可能会引起逻辑错误或出口跳闸，在计算机保护中的元件损坏会使CPU自动关机，迫使保护退出。

(3) 保护二次回路绝缘能力降低。二次回路的电缆用途广泛，部分设备的环境条件较差，易引起绝缘的损坏；再如不易检查的接地点。

(4) 保护接线的错误。保护接线的错误可导致保护误动和拒动。

(5) 保护的抗干扰性能较差。运行经验表明集成电路保护及微机保护的抗干扰性能与电磁型、整流型的保护相比较差。而在系统运行中，如操作干扰、冲击负荷干扰、变压器励磁涌流干扰、直流回路接地干扰、系统或设备故障干扰等非常普遍，所以要解决这些问题必须采取行之有效的办法。

(6) 人为故障。工作措施不得力，对设备了解程度不够，违章行为等都会造成保护故障。

(7) 工作电源的不正常。

(8) TV、TA及二次回路的不正常。运行中TV、TA及二次回路上的故障主要是短路和开路，由于二次电压、电流回路上的故障而导致的严重后果是保护的误动或拒动等。

(9) 保护性能变差。包括装置的功能存在缺陷及特性存在缺陷。

9.6.2 电力系统继电保护故障查找处理方法

在实际工作中，应根据电力继电保护事故的现象，确定事故的种类，从而解决问题。常用的事故处理方法有利用故障现状进行查找，故障逆序检查法，故障顺序检查法及整组试验法。

电气运行人员或继电保护工作者要全面掌握事故处理的技巧，除了具有牢固的专业基础知识、熟练的一次系统设备及相应的运行技术外，还应熟悉继电保护检验规程、检验条例和调试方法，清楚各类保护的事故处理的方法。

1. 分立元件事故处理方法

分立元件与集成电路或微机保护相比，具有直观、元件参数及原理容易理解的特点。由分立元件构成的保护装置中，各元件的工作特性、工作状况都可以用试验的方法进行检查。所以分立元件的保护发生故障后，现场工作人员能够直接找出故障元件并进行更换。

2. 微机保护事故处理方法

微机保护与一般保护的不同在于工作方式的不同，计算机保护是通过执行逻辑计算程序来完成工作的。

目前运行单位在现场对微机保护装置的事故处理时能够进行的工作是更换插件或更换芯片。微机保护常出现的故障及处理方法如下。

(1) 显示功能不正常。检查判别驱动显示器的芯片是否损坏，确认损坏后更换。

(2) 输入信号数值不正确。检查测量通道元件是否损坏，确认损坏后更换。

（3）温度特性不能满足。当环境温度升高，保护性能变换时，应更换温度性能好的芯片或采取限温措施。

9.6.3 电力系统继电保护的反事故措施

1. 提高继电保护设计的质量

工程项目设计质量审查十分重要，设计中出现错误如果不能及时查处，很难保证工程的质量。此外，在以往的继电保护故障中，二次回路故障的比例较大，所以二次回路设计的检查更为重要。

2. 做好继电保护的调试工作

做好保护的新安装调试及大修、小修期间的定检调试，从而减少事故，这是设备以良好的状态投入系统运行的关键。要把好调试关，应做好如下 3 方面的工作：编制现场检验规程、明确调试和相继解决存在的遗留问题。

3. 严格验收继电保护工程

新安装保护装置的交接验收包括检查相关的技术资料是否齐全，检查仪器及备品备件的完好性，检查"反措"条款的执行，核对继电保护的定值，检查高频保护的通道完好性及检查带负荷后的相量。

继电保护装置定检的验收包括检查继电保护的特性完好性，检查继电保护的定值正确性，检查高频保护的通道完好性，检查带负荷后的相量正确性。

4. 做好继电保护日常运行管理工作

继电保护的运行管理工作与调试定检等工作一样，目的都是提高继电保护的正确动作率。这就要求在日常运行管理中做到以下几个方面：提高继电保护专业队伍的素质，提高运行值班人员的水平，提高查找故障的力度，明确各监督单位的分工。

9.6.4 微机保护装置故障查找实例

1. 某变电所线路微机保护误发信号的故障处理

1）故障现状

某变电所运行的 WXB－11 型微机线路保护在运行中有过几次故障，甚至出现过通道的参数数值过高，导致保护误发信号的问题，此处只介绍 M 通道参数过高这一问题。

2）故障分析

（1）保护 TV、TA 的输入值检查。线路保护出现故障后，已将该保护退出运行，但交流电流、电压的输入并未断开。用电压表及钳形电流表测量 TV、TA 的输入值，结果表明 TV、TA 的输入正常，三相对称性良好，相位关系正确，由此可判断微机测到的 M 路通道参数过高的原因是采样回路发生了问题。

（2）保护采样回路的检查。断开保护电源，退出压频转换插件，对压频转换插件 VFC 进行了外观检查，未发现故障点，更换了故障通道的光耦元件 6N137 后整机的工作恢复正常。

3）故障处理的总结

通过故障处理可以看到，微机保护存在着元件特性变坏或元件损坏的问题。因此，在处理事故时，一方面要充分利用微机所提供的信息进行分析、检查与对比，找出与故障有关的线索；另一方面要借助常规的检测手段来确定故障有关的根源。

2. 微机保护单相故障误选三相的故障处理

1）故障现状

某220kV甲乙线A相发生瞬时接地故障，甲侧高频保护动作，A相单相跳闸，重合成功。乙侧高频保护及零序Ⅰ段保护动作，该线路投单相重合闸，本应单跳单重，却直跳三相，断路器未重合。

2）事故分析

检查发现，保护误跳三相的原因是CSL－101保护相箱中的一颗螺丝太长，碰到电流回路，使A相电流有近一半流经C相保护线圈，保护误认为A、C相故障，所以在单相故障时误跳三相。

3）故障处理

(1) 厂家在生产过程中选用元器件时应规范化，吸取类似事故的教训，防止重复发生，威胁系统安全。

(2) 加强保护投运前的检查工作，便于及时发现隐患。

3. 软件芯片差错造成电网大面积停电的故障处理

1）事故现状

某电网500kV WL1、WL2双回输电线的两侧甲电厂、乙变电所断路器跳闸，原因是FWK安全稳定控制系统错误动作。

2）事故分析

某单位对FWK上位机SWJ控制策略表程序进行了修改，由于修改人员疏忽，修改使用的软件版本不是现场调试完成的最终版本，使得原已取消了的对时功能又被恢复。正式投运前已发现FWK在对时时可能会引起上下通信短暂错乱，从而导致上位机反映运行状态出错，在某种巧合的条件下会引起错误动作。

3）事故处理

(1) 应立即将变电所FWK的上位机软件更换为原来已取消对时功能的芯片，并将上位机的定值恢复到原来值，再修改FWK上位机软件。

(2) 根据事故出现的问题，下一步在上位机内软件增加状态量变化确认措施。如对单元处理机上送的失步，短路故障事故信号加低压确认，双回线运行时不解列等判别条件，提高上位机判断异常状态的可靠性。

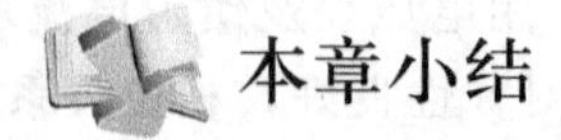

本章小结

主要介绍了微机保护的组成原理、软硬件实现方法以及常见的算法；同时介绍了抗干扰的实现措施；结合现场实际情况介绍了微机保护的应用及故障处理的方法。

关键词

微机保护 Microprocessor Based Protection；**数字采集系统** Data Acquisition System；**数字滤波器** Digital Filter；**算法** Algorithms

阅读材料

现代微机保护技术发展的需求

微机保护经过40多年的应用、研究和发展，已经在电力系统中取得了巨大的成功。近年来，随着现代电力系统的不断发展，对微机保护技术提出了许多新的课题和挑战，主要表现为以下4点。

1. 提升保护性能的需求

随着特高压输电线路和直流输电在国内的建设、大容量紧凑型输电技术的应用、分布式发电、智能电网的建设及电子或光电式互感器的投入运行都对微机保护技术的发展提出了新的课题，它们对保护运行的可靠性、抗干扰能力、快速性、灵敏性、保护的构成方式、保护电子行为的改进、保护装置的高速通信能力及保护新原理的研究等方面均提出更高的要求。

2. 继电保护用户的需求

微机保护在现场的普遍应用已经为现场继电保护人员带来了无可比拟的优越性，不仅保护的正确动作率大大提高，而且由于调试的方便性使调试工作量大大减少，从而缩短了调试时间。然而，实现装置内部100%的实时状态监视和自检，特别是加强对装置内部薄弱部位的监视以及实现装置的全自动化测试，不仅是继电保护装置安全稳定运行的要求，更是现场继电保护工作者不断追求的目标。

保护动作行为及过程的透明化和智能化分析，有助于继电保护工作人员和运行人员正确地分析故障原因，缩短事故处理时间，彻底消除保护装置原因不明的不正确动作行为，提高保护装置的正确动作率。

3. 科学化管理的需求

随着电力系统规模的迅速扩大，现场运行的保护装置数量在不断增加，因此，对保护管理水平及运行维护成本提出了新的要求，保护设备的定值、调试及运行状况的实时监测和信息化管理成为提高保护装置运行管理水平的必然趋势。

4. 持续发展的需求

微机保护新原理、新算法的研究与应用，是微机保护具有生命力及其不断发展的保证。模糊判断原理、自适应原理、综合优化原理已在微机保护中获得很好的应用。如模糊控制原理在线路距离保护中对于系统发生振荡时内部故障的快速识别，变压器中励磁涌流的综合判别，差动保护中基于高速采样的TA饱和波形判别等，都取得了大大优于常规保护的判别效果。

随着单片机运算速度的提高，存储容量的增加，高精度A/D的应用及采样频率的提高，使先进的智能保护原理及快速暂态保护的应用成为可能。

资料来源：电力设备，杨奇逊等

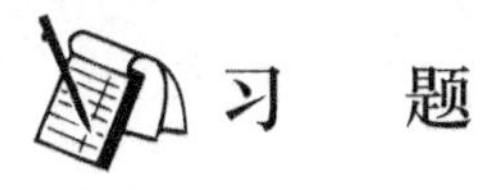

习　题

9.1　填空题

1. 微机保护的硬件一般包括______、______、______3个主要部分。

2. 微机保护的算法分为______算法和______算法两大类。

3. 评价算法优劣的主要标准是______和______。

4. 微机保护装置的干扰分为______和______两种。

5. 在微机保护中最常用、最重要的硬件抗干扰措施主要有______、______、______、______等。

6. 在微机保护中最常用、最重要的软件抗干扰措施主要有______、______等。

7. 容错机是指______，其基本原理是______。

8. 微机保护中的阻抗元件多采用______，其优点是______。

9. 微机保护中输入信号的电平变换作用是使输入信号与微机模入通道电平______，同时实现装置内部的______。

10. 传统保护中的过滤器靠______实现，而微机保护中的过滤器靠______来实现。

9.2 判断题

1. 微机保护的调试周期比常规保护的调试周期长。 ( )
2. 微机保护只是实现方式与常规保护不同，不能从根本上改善保护的性能。 ( )
3. 微机保护中采样频率越高越好。 ( )
4. 微机保护中采样保持器的保持电容越大越好。 ( )
5. 在微机保护中，过渡电阻对不同安装地点的保护，其影响是不同的。 ( )
6. 在微机保护中，多重化和容错技术是一样的。 ( )
7. 微机保护的基本算法是构成保护的数学模型。 ( )
8. 不同原理的微机保护，其软件各不相同，但硬件基本相同。 ( )
9. VFC 模数转换器的优点是线性特性好，所以在微机保护中得到了广泛应用。 ( )
10. 到目前为止，微机型发电机、变压器保护的基本原理仍引用的是传统保护的原理。 ( )

9.3 问答题

1. 与传统保护相比，微机保护有哪些优点和缺点？
2. 在微机保护中为什么要采用采样保持器？采样频率应如何选取？
3. 电压形成回路的作用是什么？对电流—电压变换器应如何选型？
4. 什么是数字滤波器？与模拟滤波器相比，数字滤波器有哪些优点？
5. 输入给微处理机的继电保护信号为什么要进行预处理？
6. 为防止频率混叠现象，若计及 10 次谐波，采样频率的最小值应为多少？
7. 提高微机保护可靠性的常见措施有哪些？
8. 简述光电隔离器件的作用。

附录1　常用文字符号

附表1-1　设备、元件文字符号

序号	元件名称	文字符号	序号	元件名称	文字符号
1	发电机	G	28	信号回路电源小母线	WS
2	电动机	M	29	控制回路电源小母线	WC
3	电压器	T	30	闪光电源小母线	WF
4	电抗器	L	31	复位与掉牌小母线	WR，WP
5	电流互感器，消弧绕组	TA	32	预报信号小母线	WFS
6	电压互感器	TV	33	合闸绕组	YO
7	零序电流互感器	TAN	34	跳闸绕组	YR
8	电抗互换器(电抗变压器)	UX	35	继电器	K
9	电流变换器(中间交流器)	UA	36	电流继电器	KA
10	电压变换器	UV	37	零序电流继电器	KAZ
11	整流器	U	38	负序电流继电器	KAN
12	晶体管(二极管，三极管)	V	39	正序电流继电器	KAP
13	断路器	QF	40	电压继电器	KV
14	隔离开关	QS	41	零序电压继电器	KVZ
15	负荷开关	QL	42	负序电压继电器	KVN
16	灭磁开关	SD	43	电源监视继电器	KVS
17	熔断器	FU	44	绝缘监视继电器	KVI
18	避雷器	F	45	中间继电器	KM
19	连接片(切换片)	XB	46	信号继电器	KS
20	指示灯(光字牌)	HL	47	功率方向继电器	KW
21	红灯	HR	48	阻抗继电器	KR
22	绿灯	HG	49	差动继电器	KD
23	电铃	HA	50	极化继电器	KP
24	蜂鸣器	HA	51	时间继电器，温度继电器	KT
25	控制开关	SA	52	干簧继电器	KRD
26	按钮开关	SB	53	热继电器	KH
27	导线、母线、线路	W、WB、WL	54	频率器	KF

续表

序号	元件名称	文字符号	序号	元件名称	文字符号
55	冲击继电器	KSH	67	自动重合闸装置	AAR
56	启动继电器	KST	68	重合闸继电器	KRC
57	出口继电器	KCO	69	重合闸后加速继电器	KCP
58	切换继电器	KCW	70	停信继电器	KSS
59	闭锁继电器	KL	71	收信继电器	KSR
60	重动继电器	KCE	72	气继电器体	KG
61	合闸位置继电器	KCC	73	失磁继电器	KLM
62	跳闸位置继电器	KCT	74	固定继电器	KCX
63	防跳继电器	KFJ	75	匝间短路保护继电器	KZB
64	零序功率方向继电器	KWD	76	接地继电器	KE
65	负序功率方向继电器	KWH	77	检查同频元件	TJJ
66	加速继电器	KAC	78	合闸接触器	KO

附表 1-2 物理量下标文字符号

文字符号	中文名称	文字符号	中文名称
exs	励磁涌流	op	动作
φ	额相	set	整定
N	额定	sen	灵敏
In	输入	unf	非故障
out	输出	unb	不平衡
max	最大	unc	非全相
min	最小	ac	精确
Loa 或 L	负荷	m	励磁
sat	饱和	err	误差
re	返回	p	保护
A，B，C	三相(一次侧)	d	差动
a，b，c	三相(二次侧)	np	非周期
qb	速断	s	系统或延时
res	制动	a	有功
rel	可靠	r	无功
f	故障	W	接线或工作
[0]	故障前瞬间	k	短路

续表

文字符号	中文名称	文字符号	中文名称
TR	热脱扣器	0	中性线或零序
$\sum$	总和	rem	残余
con	接线		

附表 1-3　常用系数

K_{re}——返回系数	K_{TV}——电压互感器电压变比
K_{rel}——可靠系数	K_{st}——同型系数
K_{b}——分支系数	K_{np}——非周期分量系数
$K_{s.min}$——最小灵敏系数	Δf_{s}——整定匝数相对误差系数
K_{SS}——自启动系数	K_{err}——10%误差系数
K_{TA}——电流互感器电流变比	K_{co}——配合系数
K_{res}——制动系数	K_{con}——接线系数

附录 2　短路保护的最小灵敏系数

保护分类	保护类型	组成元件	灵敏系数	备　注
主保护	带方向和不带方向的电流保护或电压保护	电流元件和电压元件	1.3～1.5	200km 以上线路不小于 1.3；50～200km 线路不小于 1.4；50km 以下线路不小于 1.5 对 110kV 及以上线路，整定时间不超过 1.5s
		零序或负序方向元件	2.0	
	距离保护	启动元件：负序和零序增量或负序分量元件	4	距离保护第段动作区末端故障灵敏系数大于 2
		启动元件：电流和阻抗元件	1.5	线路末端短路电流应为阻抗元件精确工作电流 2 倍以上。200km 以上线路不小于 1.3；50～200km 线路不小于 1.4；50km 以下线路不小于 1.5。整定时间不小于 1.5s
		距离元件	1.3～1.5	
	平行线路的横连差动方向保护和电流平衡保护	电流和电压启动元件	2.0	分子表示线路两侧均未断开前，其中一侧保护按线路中点短路计算的灵敏系数
			1.5	
		零序方向元件	4.0	分母表示一侧断开后，另一侧保护按对侧短路计算的灵敏系数
			2.5	
	高频方向保护	跳闸回路中的方向元件	3.0	
		跳闸回路中的电流和电压元件	2.0	
		跳闸回路中的阻抗元件	1.5	个别情况下灵敏系数可为 1.3
	高频相差保护	跳闸回路中的电流和电压元件	2.0	
		跳闸回路中的阻抗元件	1.5	
	发电机、变压器、线路和电动机的纵联差动保护	差电流元件	2.0	
	母线的完全电流差动保护	差电流元件	2.0	
	母线的不完全电流差动保护	差电流元件	1.5	
	发电机、变压器、线路和电动机的电流速断保护	电流元件	2.0	按保护安装处短路计算

续表

保护分类	保护类型	组成元件	灵敏系数	备　注
后备保护	远后备保护	电流电压及阻抗元件	1.2	按相邻电力设备和线路末端短路计算（短路电流应为阻抗元件精确工作电流2倍以上）
		零序或负序方向元件	1.54	
	近后备保护	电流电压及阻抗元件	1.3～1.5	按线路末端短路计算
		负序或零序方向元件	2.0	
辅助保护	电流速断保护		＞1.2	按正常运行方式下保护安装处短路计算

注：(1) 主保护的灵敏系数除表中注出者外，均按保护区末端计算。

(2) 保护装置如反应故障时增长的量，灵敏系数为金属短路计算值与保护整定值之比；如反应故障时减少的量，则为保护整定值与金属性短路计算值之比。

(3) 各种类型保护中接于全电流和全电压的方向元件，灵敏系数不作规定。

(4) 本表末包括的其他类型保护装置，灵敏系数另作规定。

附录3 《继电保护和电网安全自动装置现场工作保安规定》

1. 总则

1.1 为防止三误事故，凡是在现场接触到运行的继电保护、安全自动装置及其二次回路的生产运行维护、科研试验、安装调试或其他(如仪表等)人员，除必须遵守《电业安全工作规程》外，还必须遵守本规定。

1.2 上述有关人员必须熟悉本规定的有关规定，应结合《电业安全工作规程》一并进行定期学习和考试。

各级管理部门的领导及有关人员应熟悉本规定，并监督本规定的贯彻执行。

1.3 现场工作至少应有两人参加。工作负责人必须由经领导批准的专业人员担任。工作负责人对工作前的准备，现场工作的安全、质量、进度和工作结束后的交接负全部责任。外单位参加工作的人员，不得担任工作负责人。

1.4 在现场工作过程中，凡遇到异常(如直流系统接地等)或断路器跳闸时，不论与本身工作是否有关，应立即停止工作，保持现状，待找出原因或确定与本工作无关后，方可继续工作。上述异常若为从事现场继电保护工作人员造成，应立即通知运行人员，以便有效处理。

2. 现场工作前的准备

2.1 现场工作前必须做好充分准备，其内容包括以下几方面。

2.1.1 了解工作地点一、二次设备运行情况，本工作与运行设备有无直接联系(如自投、连切等)，与其他班组有无需要相互配合的工作。

2.1.2 拟定工作重点项目及准备解决的缺陷和薄弱环节。

2.1.3 工作人员明确分工并熟悉图纸与检验规程等有关资料。

2.1.4 应具备与实际状况一致的图纸、上次检验的纪录、最新整定通知单、检验规程、合格的仪器仪表、备品备件、工具和连接导线等。

2.2 对一些重要设备，特别是复杂保护装置或有联跳回路的保护装置，如母线保护，断路器失灵保护等的现场校验工作，应编制经技术负责人审批的试验方案和由工作负责人填写，并经技术负责人审批的继电保护安全措施票(见附表3.1)。

3. 现场工作

3.1 工作负责人应查对运行人员所做的安全措施是否符合要求，在工作屏的正、背面有运行人员设置“在此工作”的标志。

如进行工作的屏仍有运行设备，则必须有明确标志，以与检修设备分开。相邻的运行屏前、后应有“运行中”的明显标志(如红布幔、遮拦等)。工作人员在工作前应看清设备名称与位置，严防走错位置。

3.2　运行中的设备，如断路器、隔离开关的操作，发电机、调相机、电动机的开停，其电流、电压的调整及音响、光字牌的复归，均应由运行值班人员进行。“跳闸连片”（即投退保护装置)只能由运行值班人员负责操作。在保护工作结束，恢复运行前要用高内阻的电压表检验连片的任一端对地都不带使断路器跳闸的电源等。

3.3　在一次设备运行而停部分保护进行工作时，应特别注意断开不经连接片的跳、合闸线圈及与运行设备安全有关的连线。

3.4　在检验继电保护及二次回路时，凡与其他运行设备二次回路相连的连接片和接线应有明显标记，并按安全措施票仔细地将有关回路断开或短路，做好纪录。

3.5　在运行中的二次回路上工作时，必须由一个人操作，另一个人监护。监护人由技术经验水平较高者担任。

3.6　不允许在运行的保护屏上钻孔。尽量避免在运行的保护屏附近进行钻孔或进行任何有震动的工作，如要进行，则必须采取妥善措施，以防止运行的保护误动作。

3.7　在继电保护屏间的过道上搬运或安放试验设备时，要注意与运行设备保持一定距离，防止误碰造成误动。

3.8　在现场要带电工作时，必须站在绝缘垫上，戴线手套，使用带绝缘把手的工具(其外露导电部分不得过长，否则应包扎绝缘带)，以保护人身安全。同时将邻近的带电部分和导体用绝缘器材隔离，防止造成短路或接地。

3.9　在清扫运行中的设备和二次回路时，应认真仔细，并使用绝缘工具(毛刷、吹风设备等)，特别注意防止震动，防止误碰。

3.10　在进行试验接线前，应了解试验电源的容量和接线方式。配备适当的熔丝，特别要防止总电源熔丝越级熔断。试验用隔离开关必须带罩，禁止从运行设备上直接取得试验电源。在进行试验接线工作完毕后，必须经第二人检查，方可通电。

3.11　交流二次电压回路通电时，必须可靠断开至电压互感器二次侧的回路，防止反充电。

3.12　在电流互感器二次回路进行短路接线时，应用短路片或导线压接短路。

运行中的电流互感器短路后，仍应有可靠的接地点，对短路后失去接地点的接线应有临时接地线，但在一个回路中禁止有两个接地点。

3.13　现场工作应按图纸进行，严禁凭记忆作为工作的依据。

如发现图纸与实际接线不符时，应查线核对，若有问题，应查明原因，并按正确接线修改更正，然后记录修改理由和日期。

3.14　修改二次回路接线时，事先必须经过审核，拆动接线前先要与原图核对，接线修改后要与新图核对，并及时修改底图，修改运行人员及有关各级继电保护人员用的图纸。修改后的图纸应及时报送所直接管辖调度的继电保护机构。

保护装置二次线变动获改进时，严防寄生回路存在，没用的线应拆除。

在变动直流二次回路后，应进行相应的传动试验。必要时还应模拟各种故障进行整组试验。

3.15　保护装置进行整组试验时，不宜用将继电器触电短接的办法进行。传动或整组试验后不得再在二次回路上进行任何工作，否则应作相应的实验。

3.16 带方向性的保护和差动保护新投入运行时，或变动一次设备、改动交流二次回路后，均应用负荷电流和工作电压来检验其电流、电压回路接线的正确性，并用拉合直流电源来检查接线中有无异常。

3.17 保护装置调试的定值，必须根据最新整定值通知单规定，先核对通知单与实际设备是否相符(包括互感器的接线、变比)及有无审核人签字。根据电话通知整定时，应在正式的运行记录簿上作电话记录，并在收到整定通知单后，将试验报告与通知单逐条核对。

3.18 所有交流继电器的最后定值试验必须在保护屏的端子排上通电进行。开始试验时，应先做原定值试验，如发现与上次试验结果相差较大或与预期结果不符等任何细小疑问时，应慎重对待，查找原因，在未得出正确结论前，不得草率处理。

3.19 在导引电缆及与其直接相连的设备上进行工作时，应按在带电设备上工作的要求做好安全措施后，方能进行工作。

3.20 在运行中的高频通道上进行工作时，应确认耦合电容器低压侧接地绝对可靠后，才能进行工作。

3.21 对电子仪表的接地方式应特别注意，以免烧坏仪表和保护装置中的插件。

3.22 在新型的集成电路保护装置上进行工作时，要有防止静电感应的措施，以免损坏设备。

4. 现场工作结束

4.1 现场工作结束前，工作负责人应会同工作人员检查试验记录有无漏试项目，整定值是否与定值通知单相符，试验结论、数据是否完整正确，经检查无误后，才能拆除试验接线。

复查在继电器内部临时所垫的纸片是否取出，临时接线是否全部拆除，拆下的线头是否全部接好，图纸是否与实际接线相符，标志是否正确完备等。

检查除规定由运行人员操作的继电器外，所有的继电器检查后均应加铅封。

4.2 工作结束，全部设备及回路应恢复到工作开始前状态。清理完现场后，工作负责人应向运行人员详细进行现场交代，并将其记入继电器保护工作记录簿，主要内容有整定值变更情况，二次接线更改情况，已经解决及未解决的问题及缺陷，运行注意事项和设备能否投入运行等。

经运行人员检查无误后，双方应在继电器保护工作记录簿上签字。

附表 3-1 继电保护安全措施票

继电保护安全措施票 第 号

被试设备及保护名称					
工作负责人		工作时间	年 月 日	签发人	
工作内容：					

工作条件：

1. 一次设备运行情况；
2. 被试保护作用的断路器；
3. 被试保护屏上的运行设备；
4. 被试保护屏、端子箱与其他保护连接线。

安全措施：包括应打开及恢复压板、直流线、交流线、信号线、联锁线和联锁开关等，按工作顺序填写安全措施。已执行，在执行栏打“√”；已恢复，在恢复栏打“√”。

序 号	执 行	安全措施内容	恢 复

填票人		操作人		监护人		审批人	

注：此票不能代替工作票。

习题参考答案

第 1 章

1.1 填空题

1. 烧坏故障设备、影响用户正常工作和产品质量、破坏电力系统稳定运行

2. 过热、加速绝缘老化、降低寿命、引起短路

3. 当电力系统故障时，能自动、快速、有选择地切除故障设备，使非故障设备免受损坏，保证系统其余部分继续运行当发生异常情况时，能自动、快速、有选择地发出信号，由运行人员进行处理或切除继续运行会引起故障的设备

4. 当输入量达到整定值时将改变输出状态、一个或若干个继电器相连接、测量 、逻辑执行

5. 缩短保护动作时间、减小断路器的跳闸时间

6. 全部、部分、一经操作即

7. 整组试验

8. 服从、自行消化

9. 无选择性

10. 保护的范围内、选择性

1.2 选择题

1. B　2. C　3. A　4. A　5. B　6. A　7. A　8. C　9. A　10. B

1.3 判断题

1. √　2. √　3. ×　4. √　5. √　6. ×　7. √　8. ×　9. √　10. √

1.4 问答题

1. 系统最大运行方式：根据系统最大负荷的需要，电力系统中的发电设备都投入运行(或大部分投入运行)以及选定的接地中性点全部接地的系统运行方式。

系统最小运行方式：根据系统最小负荷，投入与之相适应的发电设备且系统中性点只有少部分接地的运行方式。

对继电保护来说最大运行方式短路时通过保护装置的短路电流最大，残压最高，但零序、负序电压最低。最小运行方式短路时通过保护装置残压最低，但相对来说，零序、负序电压要高。

2. 继电保护装置整定试验一般须遵守如下原则。

① 每一套保护应单独进行整定试验，试验接线回路中的交、直流电源及时间测量连线均应直接接到被试保护屏的端子排上。交流电压、电流试验接线的相对极性关系应与实际运行接线中电压、电流互感器接到屏上的相对相位关系(折算到一次侧的相位关系)完全一致。对于个别整定动作电流值较大的继电器(如电流速断保护)，为了避免使其他元件长期过载，此时允许将回路中的个别元件的电流回路用连线跨接，对于这些继电器的整定，应安排在其它继电器整定之前进行。在整定试验时，除所通入的交流电流、电压为模拟故

障值并断开断路器的跳、合闸回路外，整套装置应处于与实际运行情况完全一致的条件下，而不得在试验过程中人为地予以改变

② 对新安装装置，在开始整定之前，应按保护的动作原理通入相应的模拟故障电压、电流值。以观察保护回路中各元件(包括信号)的相互动作情况是否与设计原理相吻合。不宜仅用短路(或断开)回路某些接点的方法来判断回路接线的正确性。

上述相互动作的试验应按设计图及其动作程序逐个回路进行，当出现动作情况与原设计不相符合时，应查出原因加以改正。如原设计有问题应与有关部门研究合理的解决措施。

3. (1) 局部电网服从整个电网；

(2) 下一级电网服从上一级电网；

(3) 局部问题自行消化；

(4) 尽量照顾局部电网和下级电网的需要；

(5) 保证重要用户供电。

4. ① 设置两套完整、独立的全线速动主保护；

② 两套主保护的交流电流、电压回路和直流电源彼此独立；

③ 每一套主保护对全线路内发生的各种类型的故障(包括单相接地、相间短路、两相接地、三相接地、非全相运行故障及转移故障等)，均能实现无时限动作切除；

④ 每套主保护应有独立的选相功能，实现分相跳闸和三相跳闸；

⑤ 断路器有两组跳闸线圈，每套主保护分别启动一组跳闸线圈；、

⑥ 两套主保护分别使用独立的远方信号传输设备；

⑦ 若保护采用专用收发信机，其中至少有一个通道完全独立，另一个可与通信复用，如采用复用载波机，两套主保护应分别采用两台不同的载波机。

5. 继电保护装置是当电力系统发生故障或出现异常状态时能自动、迅速、有选择性的切除故障设备或发出警告信号的一种专门的反事故自动装置。

继电器为控制装置与继电保护装置的基本组成元件，是一种当输入信号满足一定逻辑条件或达到一定数值时即给出输出的单元器件。

继电保护系统是多种或多套继电保护装置的集合。

继电保护用来泛指继电保护技术或继电保护系统，习惯上也可把继电保护装置简称继电保护，有时直接称为“保护”。

第 2 章

2.1 填空题

1. 动作电流、动作电流、动作时限、动作时限

2. 三相完全星形接线、两相不完全星形接线、两相电流差接线

3. 最大负荷电流、阶梯形原则

4. 90°、$\dot{I}_B$、$\dot{U}_{CA}$、电源、短路点

5. 动作时限、灵敏系数

6. 接地点流向变压器接地中性点、相反

7. 整定电流、时限合整定电流、时限

8. 单相接地、两相短路接地、非全相运行、断路器非同期合闸

9. 0、$\sqrt{3}$倍相电压

10. 相电压、母线流向线路、线路流向母线

2.2 选择题

1.B B A B A A C C E D C

2.AB 3.CA 4.BCEFG 5.C 6.C 7.B 8.C 9.A 10.B

2.3 判断题

1.√ 2.√ 3.√ 4.√ 5.√ 6.× 7.× 8.× 9.√ 10.√

2.4 问答题

1. 使电流继电器动作的最小电流值称为继电器的动作电流。使电流继电器返回原位的最大电流值称为继电器的返回电流。返回电流与动作电流的比值称为继电器的返回系数。在实际应用中，要求电流继电器有较高的返回系数，以提高保护装置的灵敏性。返回系数越大，则保护装置的灵敏度超高，但过大的返回系数会使继电器触点闭合不可靠，通常取值范围为0.85～0.9。

2. 仅反应电流增大而瞬时动作切除故障的电流保护，称为无时限电流速断保护。反应电流增大在任何情况下都能保护线路全长并具有足够的灵敏性和较小的动作时限的电流保护，称为限时电流速断保护。定时限过电流保护是指其作动电流按躲过最大负荷电流来整定，而时限按阶梯性原则来整定的一种电流保护。

3. 无时限电流速断保护为保证选择性，其保护范围不能为本线路全部。限时电流速断保护为保证选择性、灵敏性、速动性，其保护范围不超过相邻线路无时限电流速断保护范围。定时限过电流保护作为相邻线路远后备，其保护范围超过相邻线路全部。在一条线路上，当无时限电流速断保护范围很小，不满足灵敏性要求时，可采用两段式电流保护。在线路终端，也可采用简单的定时限过电流保护。

4. 阶段式电流保护的时限特性是指各段电流保护的保护范围与动作时限的关系曲线。在线路终端，定时限过电流保护的动作时间可以整定为0s，但仍是按动作时限来保证动作的选择性。

5. 无时限电流速断保护通过选择动作电流来保证选择性，其保护范围不能为本线路全部。限时电流速断保护通过同时选择动作电流和动作时限来保证选择性、灵敏性、速动性，其保护范围不超过相邻线路无时限电流速断保护范围。定时限过电流保护通过选择动作时限来保证选择性、灵敏性，其保护范围超过相邻线路全部。阶段式电流保护的主要优点是简单、可靠，在一般情况下都能较快切除故障，一般用于35kV及以下电压等级的单电源辐射网中。

主要缺点是灵敏度和保护范围受系统运行方式变化和短路类型的影响，只在单电源辐射网中才能保证选择性。

6. 定时限过电流保护整定计算时考虑返回系数是为了提高保护的灵敏性，考虑自起动系数是为了保证相邻线路故障切除后，变电站母线电压恢复时，电动机自起动过程中，上一级过电流保护流过自起动电流时不误动。而电流速断保护在整定计算时已从定值上加以考虑。

7. 定时限过电流保护动作电流为：$I_{set}^{Ⅲ}=\frac{K_{rel}^{Ⅲ}K_{ss}}{K_{re}}\times I_{L.max}=\frac{1.2\times 2}{0.85}\times 0.1=0.282kA$

近后备灵敏系数为：$K_{sen}=\frac{I_{k.min}^{(2)}}{I_{set}^{Ⅲ}}=\frac{0.55}{0.282}=1.95\geqslant 1.5$(合格)

8. Y/Δ−11 变压器 Δ 侧发生 AB 两相短路时两侧电流分布如下：

$\dot{I}_C^{\Delta}=0$　$\dot{I}_{C1}^{\Delta}=-\dot{I}_{C2}^{\Delta}$　$\dot{I}_A^Y=\dot{I}_C^Y=-\dot{I}_{B1}^Y=\dot{I}_{A1}^{\Delta}e^{j30^\circ}$　$\dot{I}_B^Y=2\dot{I}_{B1}^Y=2\dot{I}_{B1}^{\Delta}e^{j30^\circ}$

采用两相不完全星形接线时，由于B相上没有装设电流互感器和电流继电器，使B相中比A相、C相大一倍的电流遗失，不能使保护的灵敏度得到充分提高。为克服这个缺点，在两相星形接线的中线上再接入一个继电器(两相三继电器方式)，以提高保护的灵敏度。

9. 在双侧电源辐射网中，某一保护在其保护的线路发生反向故障时，由另一个电源供给的短路电流可能使其非选择性动作时，要求电流保护的动作具有方向性。即在可能误动作的保护上加设一个功率方向闭锁元件，正向故障时动作，反向故障时将保护闭锁。

10. 相间电流保护中正向故障时同相电压、电流的相位差角为：0°～90°，反向故障时同相电压、电流的相位差角为：180°～270°。

11. 当系统短路时，正序短路功率都是从电源流向短路点。对某一具体保护而言，正向故障时短路功率方向为从母线流向线路，反向故障时短路功率方向为从线路流向母线。

12. 功率方向继电器的作用是用于判别短路功率方向或测定电压电流间的夹角。由于正、反向故障时短路功率方向(电压电流间的夹角)不同，它将使保护的动作具有一定的方向性。

13. 90°接线方式是指在三相对称的情况下，当 $\cos\varphi=1$ 时，加入方向元件的电流 $\dot{I}_J$ 和电压 $\dot{U}_J$ 相位相差 90°。采用 90°接线的功率方向继电器在正方向三相和两相短路时正确动作的条件是：故障以后加入继电器的电流 $\dot{I}_J$ 和电压 $\dot{U}_J$ 较大，可消除和减小方向继电器的死区。采用 90°接线的功率方向继电器在正向出口及反向出口三相短路时仍可能有死区，因为其 $\dot{U}_J$ 较小接近于零。

14. 按相起动原则是指接入同名相电流的电流继电器和方向元件的触点直接串联，而后再接入时间继电器线圈的接线。如果各相电流继电器的触点和方向元件的触点先相“或”再相“与”，就为非按相起动接线。采用非按相起动接线，由于反向故障时，非故障相方向元件测量电压不为零，测量电流为负荷电流，而负荷电流的相位是任意的。如果负荷电流的相量落入动作区，非故障相方向元件就会误动。保护动作失去方向性。采用按相起动接线则不会出现这种现象。

15. 零序网络的特点：

(1) 接地故障点的零序电压最高，离故障点越远，零序电压越低。

(2) 零序电流的分布，决定于线路的零序阻抗和中性点接地变压器的零序阻抗及变压器接地中性点的数目和位置，而与电源的数量和位置无关。

(3) 接地故障线路零序功率的方向与正序功率的方向相反。

(4) 某一保护安装地点处的零序电压与零序电流之间的相位差取决于背后元件(如变压器)的阻抗角，而与被保护线路的零序阻抗及故障点的位置无关。

(5) 在系统运行方式变化时，正、负序阻抗的变化，引起$\dot{U}_{k1}$、$\dot{U}_{k2}$、$\dot{U}_{k0}$之间电压分配的改变，因而间接地影响零序分量的大小。

16. 在零序电流保护中，零序电流保护安装处正方向有中性点接地的变压器的情况下，不管被保护线路的对侧有无电源，为了防止保护的灵敏度过低和动作时间过长，必须考虑保护的方向性。

17. 在大电流接地系统中，相间短路电流保护采用三相完全星形接线方式后，也可反应单相接地短路，但仍广泛采用零序电流保护。这是因为零序电流保护有下述优点：

(1) 零序电流保护比相间短路的电流保护有较高的灵敏度。对零序Ⅰ段，由于线路的零序阻抗大于正序阻抗。使线路始末两端电流变化较大，因此，使零序Ⅰ段的保护范围增大，即提高了灵敏度；对零序Ⅲ段，由于起动值是按不平衡电流来整定的，所以比相间短路的电流保护的起动值小，灵敏度高。

(2) 零序过电流保护的动作时限较相间过电流保护短，不需和变压器后的保护配合。

(3) 零序电流保护不受系统振荡和过负荷等不正常运行状态的影响。相间短路电流保护均将受它们的影响而可能误动作，因而需要采取必要的措施予以防止。

(4) 零序功率方向元件无死区。

(5) 结构与工作原理简单。零序电流保护以单一的电流量作为动作量，而且每段只用一个继电器就可对三相中任一相接地故障作出反应，使用继电器数量少，接线简单，试验维护方便，所以其正确动作率高于其他复杂保护。

18. 中性点不接地系统中，单相接地时的特点：

(1) 单相接地时，全系统都将出现零序电压$\dot{U}_0$，$\dot{U}_0$与接地相电势大小相等方向相反。

(2) 接地相对地电压为零，健全相对地电压升高$\sqrt{3}$倍。

(3) 在非接地线路上有零序电流，其数值等于本线路对地电容电流的相量和，电容性无功功率的实际方向为由母线流向线路。

(4) 在接地线路上，零序电流为全系统非故障元件对地电容电流之相量和，电容性无功功率的实际方向为由线路流向母线。

19. 中性点经消弧线圈接地电网中，单相接地时的特点：

(1) 单相接地时，全系统都将出现零序电压$\dot{U}_0$，$\dot{U}_0$与接地相电势大小相等方向相反。

(2) 接地相对地电压为零，健全相对地电压升高$\sqrt{3}$倍。

(3) 采用过补偿方式时，流经接地线路和非接地线路的零序电流方向一样，都为由母线流向线路。

补偿方式采用过补偿方式。

20. 中性点经消弧线圈接地电网中，完全补偿方式就是使$I_L=I_{C\Sigma}$，接地点的电流I_D近似为零，从消除故障点电弧，避免出现弧光过电压的角度来看，这种补偿方式是最好的。但是由于此时$\omega L=\dfrac{1}{3\omega C_{0\Sigma}}$，对于50Hz交流电感$L$和三相对地电容$3C_{0\Sigma}$，产生串联谐振。从而使电源中性点对地电压严重升高，这是不允许的，因此，实际上不能采用这种方式。

2.5 计算题

1. 根据过电流保护动作时限的整定原则：过电流保护的动作时限按阶梯原则整定，还需要与各线路末端变电所母线上所有出线保护动作时限最长者配合。保护 1 所在线路末端 B 母线上出线动作时间最长的是 $t_{4\cdot\max}=2.5\text{s}$，则保护 1 的过电流保护的动作时限为 $t_1=t_{4\cdot\max}+\Delta t=2.5+0.5=3\text{s}$。

2. (1)保护 1 电流 I 段整定计算。

① 动作电流整定。按躲过最大运行方式下本线路末端(即 k1 点)三相短路时流过保护的最大短路电流来整定，即

$$I_{\text{set. r}}^{\text{I}}=\frac{I_{\text{set}\times 1}^{\text{I}}}{K_{\text{TA}}}=\frac{2.652}{60}=44.2\text{kA}$$

$$I_{\text{set}\cdot 1}^{\text{I}}=K_{\text{rel}}^{\text{I}}\cdot I_{\text{k1}\cdot\max}^{(3)}=K_{\text{rel}}^{\text{I}}\cdot\frac{E_{\text{s}}}{Z_{\text{s}\cdot\max}+Z_1L_1}=1.25\times\frac{36.75/\sqrt{3}}{4+0.4\times 15}=2.652\text{kA}$$

采用两相不完全星形接线方式时流过继电器的动作电流为

② 动作时限整定。第 I 段为电流速断，动作时间为保护装置的固有动作时间，即

$$t_1^{\text{I}}=0\text{s}$$

$$L_{\max}=\frac{1}{Z_1}\left(\frac{E_{\text{s}}}{I_{\text{set. 1}}^{\text{I}}}-Z_{\text{s}\times\min}\right)=\frac{1}{0.4}\times\left(\frac{36.75/\sqrt{3}}{2.652}-4\right)=10.0\text{km}$$

③ 灵敏系数校验。

在最大运行方式下发生三相短路时的保护范围为

则 $L_{\max}\%=\frac{L_{\max}}{L_1}\times 100\%=\frac{10}{15}\times 100\%=66.67\%>50\%$，满足要求。在最小运行方式下发生三相短路时的保护范围为

则 $L_{\min}\%=\frac{L_{\min}}{L_1}\times 100\%=\frac{4.82}{15}\times 100\%=32.13\%>15\%$，满足要求。

(2) 保护 1 电流 Ⅱ 段整定计算

① 动作电流整定。按与相邻线路保护 I 段动作电流相配合的原则来整定，即

$$I_{\text{set}\cdot 1}^{\text{II}}=K_{\text{rel}}^{\text{II}}\cdot I_{\text{set}\cdot 2}^{\text{I}}=1.1\times 1.25\times\frac{36.75/\sqrt{3}}{4+0.4\times(15+35)}=1.217\text{kA}$$

采用两相不完全星形接线方式时流过继电器的动作电流为

$$I_{\text{set. r}}^{\text{II}}=\frac{I_{\text{set}\cdot 1}^{\text{II}}}{K_{\text{TA}}}=\frac{1.217}{60}=20.3\text{A}$$

② 动作时限整定。应比相邻线路保护 I 段动作时限高一个时限级差，即

$$t_1^{\text{II}}=t_2^{\text{I}}+\Delta t=0+0.5=0.5\text{s}$$

③ 灵敏系数校验。利用最小运行方式下本线路末端(即 k1 点)发生两相金属性短路时流过保护的电流来校验灵敏系数，即

$$K_{\text{sen}\cdot 1}^{\text{II}}=\frac{I_{\text{k1}\cdot\min}^{(2)}}{I_{\text{set}\cdot 1}^{\text{II}}}=\frac{\frac{\sqrt{3}}{2}\cdot\frac{E_{\text{S}}}{Z_{\text{s}\cdot\max}+Z_1L_1}}{I_{\text{set}\cdot 1}^{\text{II}}}=\frac{\frac{\sqrt{3}}{2}\times\frac{36.75/\sqrt{3}}{5+0.4\times 15}}{1.217}=1.373>1.3\text{，满足要求。}$$

(3) 保护 1 电流 Ⅲ 段整定计算①动作电流整定。按躲过本线路可能流过的最大负荷电流来整定，即

$$I_{\text{set}\cdot 1}^{\text{III}}=\frac{K_{\text{rel}}^{\text{III}}\cdot K_{\text{ss}}}{K_{\text{re}}}I_{\text{L}\cdot\max}=\frac{1.2\times 1.5}{0.85}\times 230=487.1\text{A}$$

采用两相不完全星形接线方式时流过继电器的动作电流为

$$I_{\text{set}\cdot\text{r}}^{\text{Ⅲ}}=\frac{I_{\text{set}\cdot 1}^{\text{Ⅲ}}}{K_{\text{TA}}}=\frac{487.059}{60}=8.1$$

② 动作时限整定。应比相邻线路保护的最大动作时限高一个时限级差，即

$$t_1^{\text{Ⅲ}}=t_{2\cdot\max}+\Delta t=t_{3\cdot\max}+\Delta t+\Delta t=0.5+0.5+0.5=1.5\text{s}$$

③ 灵敏系数校验。

作近后备保护时，利用最小运行方式下本线路末端(即 k1 点)发生两相金属性短路时流过保护装置的电流来校验灵敏系数，即

$$K_{\text{sen}\cdot 1}^{\text{Ⅲ}}=\frac{I_{\text{k1}\cdot\min}^{(2)}}{I_{\text{set}\cdot 1}^{\text{Ⅲ}}}=\frac{\frac{\sqrt{3}}{2}\cdot\frac{E_{\text{S}}}{Z_{\text{s}\cdot\max}+Z_1\text{L}_1}}{I_{\text{set}\cdot 1}^{\text{Ⅱ}}}=\frac{\frac{\sqrt{3}}{2}\times\frac{36.75/\sqrt{3}}{5+0.4\times 15}}{487.059/1000}=3.423>1.5\text{，满足要求。}$$

$$L_{\min}=\frac{1}{Z_1}\left(\frac{\sqrt{3}}{2}\cdot\frac{E_{\text{s}}}{I_{\text{set.}1}^{\text{I}}}-Z_{\text{s.max}}\right)=\frac{1}{0.4}\times\left(\frac{\sqrt{3}}{2}\times\frac{36.75/\sqrt{3}}{2.652}-5\right)=4.82$$

作远后备保护时，利用最小运行方式下相邻线路末端(即 k2 点)发生两相金属性短路时流过保护装置的电流来校验灵敏系数，即

$$K_{\text{sen}\cdot 1}^{\text{Ⅲ}}=\frac{I_{\text{k1}\cdot\min}^{(2)}}{I_{\text{set}\cdot 1}^{\text{Ⅲ}}}=\frac{\frac{\sqrt{3}}{2}\cdot\frac{E_{\text{S}}}{Z_{\text{s}\cdot\max}+Z_1\text{L}_1}}{I_{\text{set}\cdot 1}^{\text{Ⅱ}}}=\frac{\frac{\sqrt{3}}{2}\times\frac{36.75/\sqrt{3}}{5+0.4\times(15+35)}}{487.059/1000}=1.496>1.2\text{ 满足要求。}$$

3.(1)根据已知条件，通过保护 4 的最大负荷电流为

$$I_{\text{L}\cdot\max}=400+500+550=1450\text{A}$$

则保护 4 的过电流保护的动作电流为

$$I_{4.\text{set}}^{\text{Ⅲ}}=\frac{K_{\text{rel}}^{\text{Ⅲ}}\cdot K_{\text{ss}}\cdot I_{\text{L}\cdot\max}}{K_{\text{re}}}=\frac{1.15\times 1.3\times 1450}{0.85}=2550.3\text{A}$$

(2) 保护 4 的过电流保护的整定值不变，当保护 1 所在元件故障被切除后，通过保护 4 的最大负荷电流为 $I_{\text{L}\cdot\max}=500+550=1050\text{A}$，则返回系数为

$K_{\text{re}}=\frac{K_{\text{rel}}^{\text{Ⅲ}}\cdot K_{\text{ss}}\cdot I_{\text{L}\cdot\max}}{I_{4.\text{set}}^{\text{Ⅲ}}}=\frac{1.15\times 1.3\times 1050}{2550.294}=0.616$，即返回系数低于此值时会造成保护 4 误动作。

(3) 当 $K_{\text{re}}=0.85$ 时，保护 4 的过电流保护的灵敏系数为 $K_{\text{sen}}^{\text{Ⅲ}}=3.2$，则

$$I_{\text{k}\cdot\min}^{(2)}=K_{\text{sen}}^{\text{Ⅲ}}\cdot I_{4\times\text{set}}^{\text{Ⅲ}}=3.2\times 2550.294=8160.9\text{A,}$$

当 $K_{\text{re}}=0.7$ 时，保护 4 的过电流保护的动作电流为

$I_{4.\text{set}}^{\text{Ⅲ}}=\frac{K_{\text{rel}}^{\text{Ⅲ}}\cdot K_{\text{ss}}\cdot I_{\text{L}\cdot\max}}{K_{\text{re}}}=\frac{1.15\times 1.3\times 1450}{0.7}=3096.78\text{A}$，则保护 4 的过电流保护的灵敏系数为

$$K_{\text{sen}}^{\text{Ⅲ}}=\frac{I_{\text{k}\cdot\min}^{(2)}}{I_{4\cdot\text{set}}^{\text{Ⅲ}}}=\frac{8160.941}{3096.786}=2.635\text{。}$$

4.(1)计算零序短路电流

线路 AB：$X_1=X_2=0.4\times 20=8\Omega$，$X_0=1.4\times 20=28\Omega$

线路 BC：$X_1=X_2=0.4\times 50=20\Omega$，$X_0=1.4\times 50=70\Omega$

变压器 T_1：$X_1 = X_2 = \frac{0.105 \times 110^2}{21.5} = 40.33\Omega$

① B 母线短路时的零序电流

$$X_{1\Sigma} = X_{2\Sigma} = 5 + 8 = 13\Omega,\ X_{0\Sigma} = 8 + 28 = 36\Omega$$

因为 $X_{0\Sigma} > X_{1\Sigma}$，所以 $I_{k0}^{(1)} > I_{k0}^{(1,1)}$，故按单相接地短路作为整定条件，按两相接地短路作为灵敏度校验条件，则

$$I_{k0}^{(1,1)} = I_{k1} \times \frac{X_{2\Sigma}}{X_{2\Sigma} + X_{0\Sigma}} = \frac{E}{X_{1\Sigma} + \frac{X_{2\Sigma} X_{0\Sigma}}{X_{2\Sigma} + X_{0\Sigma}}} \times \frac{X_{2\Sigma}}{X_{2\Sigma} + X_{0\Sigma}}$$

$$= \frac{115000}{\sqrt{3}\left(13 + \frac{13 \times 36}{13 + 36}\right)} \times \frac{13}{13 + 36} = 780\text{A}$$

$$3I_{k0}^{(1,1)} = 3 \times 780 = 2340\text{A}$$

$$I_{k0}^{(1)} = \frac{115000}{\sqrt{3}(13 + 13 + 36)} = 1070\text{A}$$

$$3I_{k0}^{(1)} = 3 \times 1070 = 3210\text{A}$$

在线路 AB 中点短路时，$X_{1\Sigma} = X_{2\Sigma} = 5 + 4 = 9\Omega$，$X_{0\Sigma} = 8 + 14 = 22\Omega$，则

$$I_{k0}^{(1,1)} = \frac{115000}{\sqrt{3}\left(9 + \frac{9 \times 22}{9 + 22}\right)} \times \frac{9}{9 + 22} = 1250\text{A}$$

$$3I_{k0}^{(1,1)} = 3 \times 1250 = 3750\text{A}$$

B 母线的三相短路电流：

$$I_{kB}^{(3)} = \frac{115000}{\sqrt{3}(5 + 8)} = 5110\text{A}$$

② C 母线短路时的零序电流

$$X_{1\Sigma} = X_{2\Sigma} = 5 + 8 + 20 = 33\Omega,\ X_{0\Sigma} = 8 + 28 + 70 = 106\Omega$$

$$3I_{k0}^{(1,1)} = \frac{3 \times 115000}{\sqrt{3}\left(33 + \frac{33 \times 106}{33 + 106}\right)} \times \frac{33}{33 + 106} = 813\text{A}$$

$$3I_{k0}^{(1)} = \frac{3 \times 115000}{\sqrt{3}(33 + 33 + 106)} = 1158\text{A}$$

(2) 各段保护的整定计算及灵敏度校验

① 零序 I 段保护

$$I_{0\text{set}.1}^{\text{I}} = K_{\text{rel}}^{\text{I}} 3I_{k0}^{(1)} = 1.25 \times 3210 = 4010\text{A}$$

单相接地短路：

$$4010 = \frac{3 \times 115000}{\sqrt{3} \times (2 \times 5 + 8 + 2 \times 0.4L + 1.4L)}$$

所以，$L = 14.4\text{km} > 0.5 \times 20\text{km}$，满足灵敏性要求。

两相接地短路：

$$4010 = \frac{3 \times 115000}{\sqrt{3} \times (5 + 0.4L + 16 + 2 \times 1.4L)}$$

所以，$L = 9\text{km} > 0.2 \times 20\text{km}$，满足灵敏性要求。

② 零序Ⅱ段保护

$$I_{0set.1}^{\mathrm{II}}=K_{rel}^{\mathrm{II}}I_{0set.2}^{\mathrm{I}}=1.15\times1.25\times1160=1670\mathrm{A}$$

$$K_{sen}=\frac{3I_{k0B}^{(1,1)}}{I_{0set.1}^{\mathrm{II}}}=\frac{2340}{1670}=1.4>1.3$$，满足要求。

动作时限 $t_1^{\mathrm{II}}=0.5\mathrm{s}$。

③ 零序Ⅲ段保护

因为是 110kV 线路，可不考虑非全相运行情况，按躲开末端最大不平衡电流来整定。

$$I_{0set.1}^{\mathrm{III}}=K_k^{\mathrm{III}}I_{0.unb.max}=1.2\times1.5\times0.5\times0.1\times5110=480\mathrm{A}$$

作为近后备保护，$K_{sen}=\frac{3I_{K0B}^{(1,1)}}{I_{0set.1}^{\mathrm{III}}}=\frac{2340}{480}=4.9$，满足要求。

作为远后备保护，$K_{sen}=\frac{3I_{k0C}^{(1,1)}}{I_{0set.1}^{\mathrm{III}}}=\frac{813}{480}=1.69$，满足要求。

动作时限 $t_1^{\mathrm{III}}=t_2^{\mathrm{II}}+\Delta t=0.5+0.5=1\mathrm{s}$。

第 3 章

3.1 填空题

1. 阻抗　阻抗　2. 以内　动作　3. 启动部分　测量部分　延时部分　振荡闭锁部分　电压回路断线失压闭锁部分　4. 大　小　低　5. 负荷阻抗　短路阻抗　6. 测量阻抗必须正比于保护安装处至故障点的距离测量阻抗与短路类型无关　7. 助增电流　汲出电流　8. 最小　9. 60Ω　10. 全阻抗继电器　椭圆特性阻抗继电器

3.2 选择题

1. B　2. D　3. A　4. C　5. D　6. B　7. D　8. C

3.3 判断题

1. ×　2. √　3. ×　4. ×　5. √　6. ×　7. ×　8. ×　9. ×　10. ×

3.4 问答题

1. 能反应保护安装处至故障点的电气距离(阻抗)，并根据该距离的远近而确定动作时限的保护装置称距离保护。

距离保护的优点是：①由于距离保护是反应电压、电流的比值，因而其灵敏度一般较电流、电压保护高，而且稳定；②其第一段的保护范围不受系统运行方式的影响，其它各段受运行方式的影响也较小，因此，保护范围较稳定；③它可以在任何形状的多电源电网中比较容易获得动作的选择性的保证。

距离保护的缺点：①只能在被保护线路全长的 80%～85%范围内实现瞬时(第Ⅰ段)切除故障。②在两端都有电源的线路上，每端都有在 15%～20%保护范围内发生的故障，要用对端的第Ⅱ段(≤0.5s)来切除；③结构复杂；④受故障点过渡阻抗影响大。

2. 距离保护一般由启动、测量、振荡闭锁、电压回路断线闭锁、配合逻辑和出口等几部分组成，它们的作用分述如下：

(1) 启动部分：用来判别系统是否发生故障。系统正常运行时，该部分不动作；而当发生故障时，该部分能够动作。通常情况下，只有启动部分动作后，才将后续的测量、逻辑等部分投入工作。

(2) 测量部分：在系统故障的情况下，快速、准确地测定出故障方向和距离，并与预先设定的保护范围相比较，区内故障时给出动作信号，区外故障时不动作。

(3) 振荡闭锁部分：在电力系统发生振荡时，距离保护的测量元件有可能误动作，振荡闭锁元件的作用就是正确区分振荡和故障。在系统振荡的情况下，将保护闭锁，即使测量元件动作，也不会出口跳闸；在系统故障的情况下，开放保护，如果测量元件动作且满足其他动作条件，则发出跳闸命令，将故障设备切除。

(4) 电压回路断线部分：电压回路断线时，将会造成保护测量电压的消失，从而可能使距离保护的测量部分出现误判断。这种情况下应该将保护闭锁，以防止出现不必要的误动。

(5) 配合逻辑部分：用来实现距离保护各个部分之间的逻辑配合以及三段式保护中各段之间的时限配合。

(6) 出口部分：包括跳闸出口和信号出口，在保护动作时接通跳闸回路并发出相应的信号。

3.(1)按阻抗继电器动作特性分类。能在阻抗复平面上表示其动作特性的常用阻抗继电器有①全阻抗圆特性；②方向阻抗圆特性；③偏移阻抗特性；④直线特性；⑤四边形阻抗特性；⑥苹果形阻抗特性；⑦其它阻抗特性，如椭圆形、橄榄形等。

(2) 按保护的型式可分类有：①机电型距离保护；②电子型距离保护；③数字计算机型距离保护。

4. 负荷阻抗是指在电力系统正常运行时，保护安装处的电压(近似为额定电压)与电流(负荷电流)的比值。因为电力系统正常运行时电压较高、电流较小、功率因数较高(即电压与电流之间的相位差较小)，负荷阻抗的特点是量值较大，在阻抗复平面上与 R 轴之间的夹角较小。

短路阻抗是指在电力系统发生短路时，保护安装处的电压变为母线残余电压，电流变为短路电流，此时测量电压与测量电流的比值即为短路阻抗。短路阻抗即保护安装处与短路点之间一段线路的阻抗，其值较小，阻抗角较大。

系统等值阻抗：在单个电源供电的情况下，系统等值阻抗即为保护安装处与背侧电源点之间电力元件的阻抗和；在由多个电源点供电的情况下，系统等值阻抗即为保护安装处断路器断开的情况下，其所连接母线处的戴维南等值阻抗，即系统等值电动势与母线处短路电流的比值，一般通过等值、简化的方法求出。

5. 在电力系统发生故障时，故障电流流通的通路称为故障环路。

相间短路与接地短路所构成的故障环路的最明显差别是：接地短路的故障环路为“相—地”故障环路，即短路电流在故障相与大地之间流通；对于相间短路，故障环路为“相—相”故障环路，即短路电流仅在故障相之间流通，不流向大地。

6. 在三相电力系统中，任何一相的测量电压与测量电流之比都能算出一个测量阻抗，但只有故障环上的测量电压、电流之间才满足关系 $\dot{U}_m=\dot{I}_m Z_m=\dot{I}_m Z_k=\dot{I}_m Z_1 L_k$，即由它们算出的测量阻抗才等于短路阻抗，才能够正确反应故障点到保护安装处之间的距离。用非故障环上的测量电压与电流虽然也能算出一个测量阻抗，但它与故障距离之间没有直接的关系，不能够正确地反应故障距离，所以不能构成距离保护。

7. 距离保护第Ⅰ段的动作时限为保护装置本身的固有动作时间，为了和相邻的下一线路的距离保护第Ⅰ段有选择性的配合，两者的保护范围不能有重叠部分。否则，本线路第Ⅰ段的保护范围会延伸到下一线路，造成无选择性动作。再者，保护定值的计算有误差，电压互感器、电流互感器的变比误差和距离元件的测量也有误差，考虑最不利的情况，这些误差为正值相加，如果第Ⅰ段的保护范围为被保护线路的全长，就不可避免的要延伸到下一线路。此时，若下一线路出口故障，则相邻的两条线路的第Ⅰ段会同时动作，造成无选择性切除故障。为除上弊，第Ⅰ段保护范围通常取被保护线路全长的85%以内。

8. 保护配置一般只考虑简单故障，即单相接地短路、两相接地短路、两相不接地故障和三相短路故障四种类型的故障。在110kV及以上电压等级的输电线路上，一般配置保护接地短路的距离保护和保护相间短路的距离保护。接地距离保护接线方式引入“相一地”故障环上的测量电压、电流，能够准确地反应单相接地、两相接地和三相接地短路；相间距离保护接线方式引入“相一相”故障环上的测量电压、电流，能够准确地反应两相接地短路、两相不接地短路和三相短路。即对于单相接地短路，只有接地距离保护接线方式能够正确反应；对于两相不接地短路，只有相间距离保护接线方式能够正确反应；而对于两相接地短路及三相短路，两种接线方式都能够正确反应。为了切除线路上各种类型的短路，两种接线方式都需要配置，两者协同工作，共同实现线路保护。

由于相间距离保护接线方式受过渡电阻的影响较小，因此，对于两相接地短路及三相故障，尽管理论上两种接线方式都能够反应，但一般多为相间距离保护首先跳闸。

9. 电力系统发生金属性短路时，在保护安装处所测量$\dot{U}_m$降低，$\dot{I}_m$增大，它们的比值Z_m变为短路点与保护安装处之间短路阻抗Z_k；对于具有均匀参数的输电线路来说，Z_k与短路距离L_k成正比关系，即$Z_m=Z_k=Z_1L_k$($Z_1=R_1+jX_1$为单位长度线路的复阻抗)，所以能够正确反应故障的距离。

10. 方向阻抗继电器的最大动作阻抗(幅值)的阻抗角，称为它的最大灵敏角φ_{LM}。被保护线路发生相间短路时，方向阻抗继电器测量阻抗的阻抗角φ_{CL}等于线路的阻抗角φ_Z，为了使继电器工作在最灵敏状态下，故要求继电器的最大灵敏角φ_{LM}等于被保护线路的阻抗角φ_Z。

11. ① 过渡电阻；② 分支电流；③ 系统振荡；④TV断线；⑤TA、TV误差；⑥ 电网频率的变化；⑦串补电容。

12. 电力系统振荡时，系统中的电压和电流在振荡过程中作周期性变化，因此，阻抗继电器的测量阻抗(或感受阻抗)也作周期性变化，可能引起阻抗继电器的误动作。因此，对有振荡中心可能落在的线路，距离保护要装设振荡闭锁回路来防止振荡时保护误动。

13. 阻抗继电器在实际情况下，由于互感器误差、故障点过渡电阻等因素影响，继电器实际测量到的Z_m一般并不能严格地落在与Z_{set}同向的直线上，而是落在该直线附近的一个区域中。为保证区内故障情况下阻抗继电器都能可靠动作，在阻抗复平面上，其动作的范围应该是一个包括Z_{set}对应线段在内，但在Z_{set}的方向上不超过Z_{set}的区域，如圆形区域、四边形区域、苹果行区域、橄榄形区域等。

(1) 偏移圆阻抗特性继电器：可以消除方向圆阻抗特性继电器的动作死区。但是它不具有完全的方向性，在反方向出口附近短路时保护动作，只能作为距离保护的后备段。

(2) 方向圆阻抗特性继电器：阻抗元件本身具有方向性，只在正向区内故障时动作，反方向短路时不会动作。其主要缺点是动作特性经过坐标原点，在正向出口或反向出口短路时，测量阻抗 Z_m 的阻抗值都很小，都会落在坐标原点附近，正好处于阻抗元件临界动作的边沿上，有可能出现正向出口短路时拒动或反向出口短路时误动的情况。必须采取专门的措施，防止出口故障时拒动或误动情况的发生。

(3) 全阻抗圆特性继电器：没有电压死区，不具有方向性。

14. 偏移特性阻抗继电器的动作特性如图 3.3 所示，各电气量标于图中。

测量阻抗 Z_m 就是保护安装处测量电压$\dot{U}_m$ 与测量电流$\dot{I}_m$ 之间的比值，系统不同的运行状态下(正常、振荡、不同位置故障等)，测量阻抗是不同的，可能落在阻抗平面的任意位置。在短路故障情况下，由故障环上的测量电压、电流算出的测量阻抗能够正确地反应故障点到保护安装处的距离。

对于偏移特性的阻抗继电器而言，整定阻抗有两个，即正方向整定阻抗 Z_{set1} 和反方向整定阻抗 Z_{set2}，它们均是根据被保护电力系统的具体情况而设定的常数，不随故障情况的变化而变化。一般取继电器安装点到保护范围末端的线路阻抗作为整定阻抗。

动作阻抗使阻抗元件处于临界动作状态对应的测量阻抗，从原点到边界圆上的矢量连线称为动作阻抗，通常用 Z_{op}来表示。对于具有偏移特性的阻抗继电器来说，动作阻抗并不是一个常数，而是随着测量阻抗的阻抗角不同而不同。

15. 电力系统短路和振荡的主要区别是(1)振荡时系统各点电压和电流值均作往复性摆动，而短路时电流、电压值是突变的。此外，振荡时电流、电压值的变化速度较慢，而短路时电流、电压值突然变化量很大。(2)振荡时系统任一点电流与电压之间的相位角都随功角 δ 的变化而改变；而短路时，电流与电压之间的相位角是基变的．

16. 应满足以下基本要求：①系统发生振荡而没有故障时，应可靠地将保护闭锁，且振荡不停息，闭锁不应解除。②系统发生各种类型的故障(包括转换性故障)时，不论系统有无振荡，保护都不应闭锁而可靠动作。③在振荡的过程中发生不对称故障时，保护应能快速的正确动作。对于对称故障，则允许保护延时动作。④当保护范围以外发生故障引起系统振荡时，应可靠闭锁。⑤先故障而后又发生振荡时，保护不致无选择性的动作。⑥振荡平息后，振荡闭锁装置应能自动返回，准备好下一次的动作。

17. 对于两电气量比较的距离继电器而言，绝对值比较与相位比较是可以相互转换的，所以两种比较方式都能够实现距离继电器。在数字式保护中，一般都用相位比较方式实现，主要原因是相位比较方式实现较为简单。相位比较的动作条件为$-90°\leqslant\arg\dfrac{\dot{U}_C}{\dot{U}_D}\leqslant 90°$，该条件可以等值为 $U_{CR}U_{DR}+U_{CI}U_{DI}\geqslant 0$，即只要判断其正负，就可以判断出继电器是否满足动作条件，实现十分方便。

18. 通常情况下，在阻抗继电器的最灵敏角方向上，继电器的动作阻抗就等于其整定阻抗，即 $Z_{op}=Z_{set}$。但是当测量电流较小时，由于测量误差、计算误差、人为设定动作门槛等因素的影响，会使继电器的动作阻抗变小，使动作阻抗降为 $0.9Z_{set}$，对应的测量电流称为最小精确工作电流，用 $I_{ac.min}$表示。

当测量电流很大时，由于互感器饱和、处理电路饱和、测量误差加大等因素的影响，继电器的动作阻抗也会减小，使动作阻抗降为 $0.9Z_{set}$对应的测量电流，称为最大精确工作电流，用 $I_{ac.max}$表示。

最小精工电流与整定阻抗值的乘积，称为阻抗继电器的最小精工电压，常用$U_{ac.max}$表示。

当测量电流或电压小于最小精工电流或电压时，阻抗继电器的动作阻抗将降低，使阻抗继电器的实际保护范围缩短，可能引起与之配合的其他保护的非选择性动作。

19. 由于阻抗继电器的比较回路和执行元件工作或动作都需要消耗功率或克服管压降，所以它的动作阻抗并不总是等于整定阻抗，如$Z_{act}=Z_{set}-\dfrac{U_0}{2k_U I_m}$。可以看出当当通入继电器的电流$I_m$足够大时，$Z_{act}$才等于$Z_{set}$。为了把动作阻抗的误差限制在一定范围内，规定了精确工作电流这一指标。

它的实际意义在于，阻抗继电器的Z_{act}因I_m而变化，将直接影响距离保护间的配合，甚至造成非选择性动作。

20. 在整定值相同的情况下，橄榄特性、方向圆特性、苹果特性、全阻抗圆特性分别如答案图 3.1 中的 1、2、3、4 所示。由该图可以清楚地看出，在整定值相同的情况下，橄榄特性的躲负荷阻抗能力最好，方向圆阻抗特性次之，苹果形与全阻抗的躲负荷能力需要具体分析，取决于负荷的阻抗角以及苹果形状的“胖瘦”。

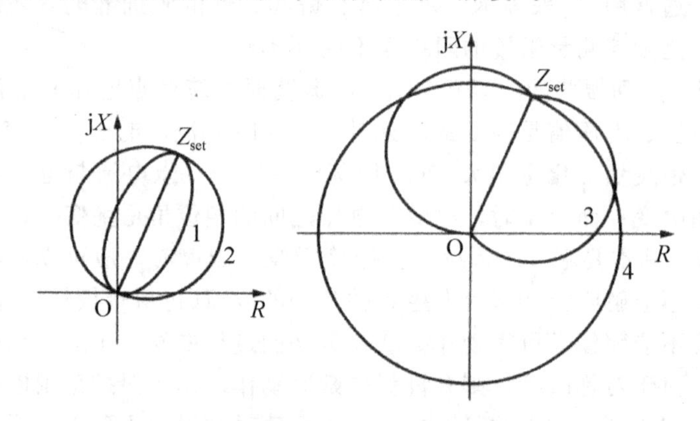

答案图 3.1 4 种阻抗特性图

21. 保护区将加大。因为助增电流的影响，使保护Ⅱ段测量阻抗增大，保护范围减小。

22. 为了保证距离Ⅱ段保护的选择性。在最小分支系数情况下能保证保护间的配合，那在其他运行情况下，使保护的测量阻抗变大，保护范围外减小，不会影响配合关系，更能保证选择性。

为了保证距离保护Ⅲ段动作的灵敏性。采用最大分支系数检验保护作为远后备的灵敏性，若能满足要求时，在其他运行方式下，使保护的测量阻抗变小，不会影响配合关系，更能保证选择性。

23. 过渡电阻对距离保护Ⅰ段的影响比Ⅱ段大。因为 (1)距短路点越近的保护受过渡电阻影响越大；(2)距离Ⅰ段保护定值小于Ⅱ段保护定值，受过渡电阻的影响要大。

24. 对距离保护装置采用的反事故技术措施有以下几种：

(1) 为防止失压、过负荷或系统振荡等原因造成距离保护装置误动作，它必须由负序电流增量元件起动。

(2) 在距离保护失去电压，或总闭锁继电器动作的情况下，不允许切合距离保护的直流电源，而应先将其停用后再进行处理，只有在恢复电压无误后，才允许将其重新投入运行。

(3) 距离保护不宜停用瞬时段，如特殊情况下需要停用时，一定要对其作模拟出口三相短路试验(如在回路上采用电流或电压自保持)，并保证可靠动作。否则，应采取其他补救措施，如加装相电流速断保护等措施。

(4) 对于方向阻抗继电器，应保证其在出口三相短路试验时能可靠动作，反方向母线短路时不误动作。在进行方向阻抗继电器反方向母线短路的特性试验时，应注意电压回路的模拟阻抗与实际相符。

(5) 作方向阻抗继电器的特性试验时，必须保证在通入的电流为5A及最大三相短路电流的二次值时，阻抗继电器动合触点的闭合时间，应能使在80%额定直流电压下出口继电器可靠动作。

(6) 阻抗继电器的重动中间继电器，不允许出现延时返回现象。

(7) 检查并保证阻抗继电器的整定变压器和电抗变压器的整定旋钮与整定板接触良。

(8) 为防止仪表电压回路短路或接地引起距离保护失压而误动作，接至仪表的电压分支回路应装设较小容量的熔断器。最好是将仪表与保护的电压回路自电压互感器二次电压引出端子处即分成各自独立的回路，且仪表电压回路也应装设较小容量的熔断器。

(9) 认真执行《二次电压回路运行维护规程》，确保电压互感器二次回路的正确运行，以保证距离保护的正确动作。

(10) 在距离保护投入运行前必须认真检查接线，并用负荷电流对保护的方向性进行判别，在确认无误后才允许投入运行。

25. 电力系统振荡有静稳定破坏引起的振荡和暂态稳定破坏弓I起的振荡两大类。

静稳定破坏引发振荡时，电气量的变化有如下几个特征：

(1) 电压、电流等电气量周期性变化，但三相完全对称，没有负序和零序分量出现；

(2) 不会出现电气量的突变；

(3) 若振荡中心在阻抗继电器的动作区内，则阻抗继电器会周期性动作。

暂态稳定破坏引发振荡时，电气量的变化有如下几个特征：

(1) 暂态稳定破坏是由外部故障或重要设备投退引起的，在出现故障或重大操作的瞬间，电压、电流中会出现负序和零序分量；

(2) 故障或重大操作的瞬间，电气量会发生突变；

(3) 暂态稳定破坏后，若振荡中心在阻抗继电器的动作区内，则阻抗继电器会周期性动作，但是由于振荡时电气量变化缓慢，所以从发生外部故障到阻抗继电器因振荡而误动作，会有一定的时间，即从负序、零序或电气量突变出现，到阻抗继电器误动作有一段时间，该时间一般不小于0.3s。

区内故障时，电气量的变化有如下特征：

(1) 区内短路时，总要长期(不对称短路过程中)或瞬间(在三相短路开始时)出现负序或零序；

(2) 短路发生时，电气量发生突变；

(3) 故障点落在阻抗继电器的动作区域之内时，阻抗继电器立即动作，故障切除之前阻抗继电器不会返回；

(4) 阻抗继电器的动作与系统出现负序、零序、突变之间几乎没有时间差。

根据上述三种情况下电气量变化的不同特征，可以采用短时开放保护的方式实现振荡闭锁。选取一个能够反应系统中的负序、零序或突变的元件作为启动元件，启动元件不动作时，闭锁阻抗继电器。启动元件动作后，短时地开放阻抗继电器，若在开放的时间内阻抗继电器动作，则维持开放，直到故障切除；若在开放的时间内阻抗继电器不动作，则进入闭锁状态，即使阻抗继电器后来再动作，也不会开放。

这样，在系统正常运行及因静稳定破坏而发生振荡时，由于系统中没有负序、零序及突变，因此，启动元件不会动作，阻抗继电器将被闭锁，不会发生误动。发生区外故障时，启动元件动作，将阻抗继电器开放，但由于是区外故障，在引起系统振荡之前及振荡摆开的角度较小时阻抗继电器不会动作，经一定时间后，再次转入闭锁状态，此后即使阻抗继电器因振荡发生了误动，也不会造成保护装置的误动作。区内故障时，启动元件与阻抗继电器同时动作，启动元件动作后立即开放阻抗继电器，因在开放的时间内阻抗继电器动作，就维持开放，直到故障被切除。

可见，短时开放能够有效地防止系统振荡时保护装置误动作，同时又能够保证区内故障时可靠切除故障。

开放时间选择要兼顾两个原则：一是要保证在正向区内故障时，I段保护有足够的时间可靠跳闸，Ⅱ段保护的测量元件能够可靠启动并实现白保持，因而时间不能太短，一般不应小于0.1s；二是要保证在区外故障引起振荡时，测量阻抗不会在故障后的开放时间内进入动作区，因而时间又不能太长，一般不应大于0.3s。所以，通常情况下取0.1s～0.3s，现代数字保护中，开放时间一般取0.15s左右。

26. 电气化铁路是单相不对称负荷，使系统中的基波负序分量及电流突变量大大增加；电铁换流的影响，使系统中各次谐波分量骤增。

电流的基波负序分量、突变量以及高次谐波均导致距离保护振荡闭锁频繁开放。

对距离保护的影响是：频繁开放增加了误动作机率；电源开放继电器频繁动作可使触点烧坏。

27. 稳态超越是指在区外故障期间测量阻抗稳定地落人动作区的动作现象。保护安装处的总测量阻抗可能会因下级线路出口处过渡电阻的影响而减小，严重情况下，可能使测量阻抗落人其I段范围内，造成其I段误动作。这种因过渡电阻的存在而导致保护测量阻抗变小，进一步引起保护误动作的现象，称为距离保护的稳态超越。

克服稳态超越影响的措施是：采用能容许较大的过渡电阻而不至于拒动的测量元件。

28. 在线路发生短路故障时，由于各种原因，会使得保护感受到的阻抗值比实际线路的短路阻抗值小，使得下一条线路出口短路(即区外故障)时，保护出现非选择性动作，

即所谓超越。暂态超越则是指在线路故障时，由于暂态分量的存在而造成的保护超越现象。

克服暂态超越影响的措施如下：

(1) 消除衰减直流分量影响的措施，主要有两种方法，第一种方法就是采用不受其影响的算法，如解微分方程算法等基于瞬时值模型的算法；第二种方法是采用各种滤除衰减直流分量的算法，但到目前为止，数据窗短、运算量小的算法尚在研究中。

(2) 消除谐波及高频分量对距离保护影响的措施包括：采用傅氏算法能够滤除各种整数次谐波，使其基本不受整数次谐波分量的影响；采用半波积分算法对谐波也有一定的滤波作用；数字滤波可以方便地滤除整数次谐波，对非整数次谐波也有一定的衰减作用，是消除谐波影响的主要措施。

29. 在串补电容前和串补电容后发生短路时，短路阻抗将会发生突变，短路阻抗与短路距离的线性关系被破坏，将使距离保护无法正确测量故障距离。

减少串补电容影响的措施通常有以下几种：

(1) 用直线型动作特性克服反方向误动；

(2) 用负序功率方向元件闭锁误动的距离保护；

(3) 选取故障前的记忆电压为参考电压来克服串补电容的影响；

(4) 通过整定计算来减小串补电容的影响。

30. 工频故障分量的距离保护具有如下几个特点。

(1) 继电器以电力系统故障引起的故障分量电压电流为测量信号，不反应故障前的负荷量和系统振荡，动作性能不受非故障状态的影响，无需加振荡闭锁；

(2) 继电器仅反应故障分量中的工频稳态量，不反应其中的暂态分量，动作性能较为稳定；

(3) 继电器的动作判据简单，因而实现方便，动作速度较快；

(4) 具有明确的方向性，因而既可以作为距离元件，又可以作为方向元件使用；

(5) 继电器本身具有较好的选相能力。

3.5 计算题

1. 解：当整定阻抗落在圆周 15° 处时，其动作阻抗的幅值为 $|Z_{set}|=5\cos(75°-15°)=2.5\Omega$，而继电器测量阻抗的幅值 $|Z_m|=3\Omega>|Z_{set}|$，因此，方向阻抗继电器不动作。

2. 解：(1)有关元件阻抗计算：

线路 AB 的正序阻抗为 $Z_{AB}=Z_1 l_{AB}=0.4\times30=12\Omega$

线路 3－4、5－6 的正序阻抗为 $Z_{BC}=Z_1 l_{BC}=0.4\times60=24\Omega$

变压器的等值阻抗为 $Z_T=U_K\%\dfrac{U_N^2}{S_N}=0.105\times\dfrac{115^2}{31.5}=44.1\Omega$

(2) 距离Ⅰ段的整定计算：

① 整定阻抗　　$Z_{set}^{I}=K_{rel}^{I}Z_{AB}=0.85\times12=10.2\Omega$

② 动作时限　　$t_1^{I}=0s$

(3) 距离Ⅱ段的整定计算：

① 整定阻抗

a. 与相邻线路保护 3(或 5)的Ⅰ段配合，即

$K_{b\cdot min}$ 为保护 3 的Ⅰ段末端发生短路时对保护 1 而言的最小分支系数，如答案图 3.2 所示。

$$K_b=\frac{I_2}{I_1}=\frac{X_{s1}+Z_{AB}+X_{s2}}{X_{s2}}\times\frac{(1+0.15)}{2Z_{BC}}=(\frac{X_{s1}+Z_{AB}}{X_{s2}}+1)\times\frac{1.15}{2}$$

为使 K_b 最小，则 X_{s1} 应取最小，X_{s2} 应取最大，而相邻线路并列平行二分支应投入，因而

$$K_{b\cdot\min}=\left(\frac{20+12}{30}+1\right)\times\frac{1.15}{2}=1.19$$

因此，$Z_{set}^{II}=K_{rel}^{II}(Z_{AB}+K_{b\cdot\min}Z_{set\cdot3}^{I})=0.8\times(12+1.19\times0.85\times24)=29\Omega$

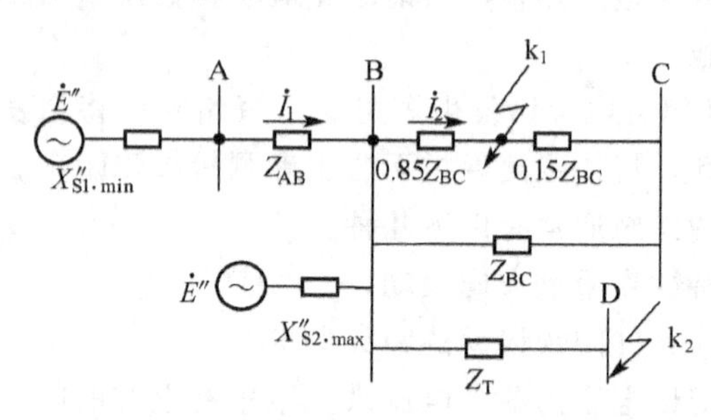

答案图 3.2　计算Ⅱ段分支系数的等值电路

b. 按躲过相邻变压器低压出口 k2 点短路整定，即与相邻变压器瞬动保护(差动保护)相配合，$K_{b\cdot\min}$为在相邻变压器出口 k2 点短路时，对保护 1 的分支系数，由答案图 3.3 可知：

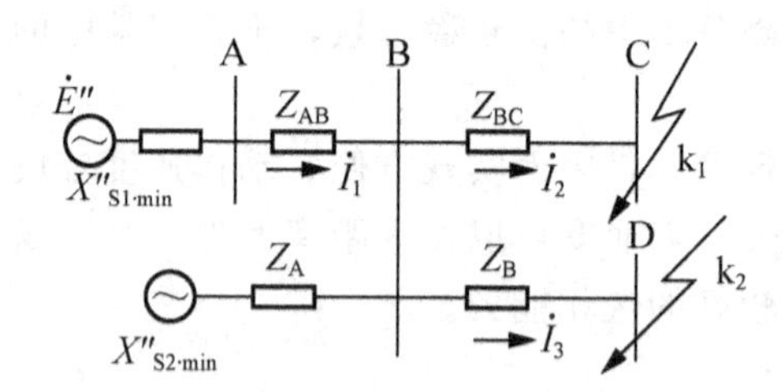

答案图 3.3　校验Ⅲ段灵敏系数时计算分支系数等值电路

$$K_{b\cdot\min}=\frac{X_{s1\cdot\min}+Z_{AB}}{X_{s2\cdot\max}}+1=\frac{20+12}{30}+1=2.07$$

$$Z_{set}^{II}=K_{rel}^{II}(Z_{AB}+K_{b\cdot\min}Z_{T})=0.7\times(12+2.07\times44.1)=72.3\Omega$$

取以上计算结果中较小者为Ⅱ段整定值，即 $Z_{set}^{II}=29\Omega$。

② 灵敏性校验。按本线路末端短路计算，即

$$K_{sen}=\frac{Z_{set}^{II}}{Z_{AB}}=\frac{29}{12}=2.42>1.5\text{，满足要求。}$$

③ 动作时限。与相邻保护 3 的Ⅰ段瞬时保护配合，则

$$t_1^{II}=t_3^{I}+\Delta t=0.5\text{s}$$

它能同时满足与相邻保护及与相邻变压器保护配合的要求。

(3) 距离Ⅲ段的整定计算：

① 整定阻抗。按躲过最小负荷阻抗整定

$$Z_{L\cdot\min}=\frac{\dot{U}_{N\cdot\min}}{\dot{I}_{L\cdot\min}}=\frac{0.9\dot{U}_{N}}{\dot{I}_{L\cdot\min}}=\frac{0.9\times115}{\sqrt{3}\times0.35}=170.7\Omega$$

取 $K_{rel}^{III}=1.2$，$K_{ss}=1.5$，$K_{re}=1.15$，$\varphi_{set}=70°$，$\varphi_{L}=\arccos0.9=25.8°$

则 $Z_{set}^{III}=\dfrac{170.7}{1.2\times1.15\times1.5\times\cos(70°-25.8°)}=115\Omega$

② 灵敏性校验。当本线路末端短路时，灵敏系数为

$K_{sen}=\frac{Z_{set}^{Ⅲ}}{Z_{AB}}=\frac{115}{12}=9.58>1.5$，满足要求。

当相邻元件末端短路时，灵敏系数可分两种情况：

a. 相邻线路末端短路时

$K_{b\cdot max}$为相邻线路BC末端短路时对保护1的最大分支系数。如答案图3.2所示，X_{s1}应取最大，X_{s2}应取最小，而相邻平行线路取单回线运行，则

$$K_{b\cdot max}=\frac{I_2}{I_1}=\frac{X_{s1\cdot max}+Z_{AB}}{X_{s2\cdot min}}+1=\frac{25+12}{25}+1=2.48$$

则 $K_{sen}=\frac{Z_{set}^{Ⅲ}}{Z_{AB}+K_{b\cdot max}Z_{BC}}=\frac{115}{12+2.48\times24}=1.6>1.2$，满足要求。

b. 相邻变压器低压出口k2点短路时，则

$$K_{b\cdot max}=\frac{I_3}{I_1}=\frac{X_{s1\cdot max}+Z_{AB}}{X_{s2\cdot min}}+1=\frac{25+12}{25}+1=2.48$$

则 $K_{sen}=\frac{Z_{set}^{Ⅲ}}{Z_{AB}+K_{b\cdot max}Z_{T}}=\frac{115}{12+2.48\times44.1}=0.95<1.2$，不满足要求，需对变压器增加近后备保护。

③ 时限的整定

$$t_1^{Ⅲ}=t_8^{Ⅲ}+3\Delta t=0.5+3\times0.5=2s$$

$$t_1^{Ⅲ}=t_{10}^{Ⅲ}+2\Delta t=1.5+2\times0.5=2.5s$$

取其中时限较长者，即 $t_1^{Ⅲ}=2.5s$。

3. 解：①整定阻抗。按躲过最小负荷阻抗整定

$$Z_{L\cdot min}=\frac{\dot{U}_{N\cdot min}}{\dot{I}_{L\cdot max}}=\frac{0.9\times110/\sqrt{3}}{2\times170\times10^{-3}}=168.1\Omega$$

$$Z_{set}^{Ⅲ}=\frac{Z_{L\cdot min}}{K_L K_{ss} K_{rel}}=\frac{168.1}{1.25\times1.2}=112.07\Omega$$

② 灵敏系数校验。

当本线路末端短路时，灵敏系数为 $K_{sen}=\frac{Z_{set}^{Ⅲ}}{Z_{AB}}=\frac{112.07}{20\times0.4}=14>1.5$，满足要求。

当相邻元件末端短路时，灵敏系数为 $K_{b\cdot max}=\frac{I_2}{I_1}=2$

$$K_{sen}=\frac{Z_{set}^{Ⅲ}}{Z_{AB}+K_{b\cdot max}Z_{BC}}=\frac{112.07}{20\times0.4+2\times0.4\times50}=2.3>1.2\text{，满足要求。}$$

第4章

4.1 填空题

1. 电力载波、微波、光纤和导引线

2. 输电线路、高频阻波器、耦合电容器、结合滤波器、高频电缆、保护间隙、接地刀和收发信机。

3. 相—相制通道和相—地制通道

4. 动作、不动作

5. 正方向元件动作、正方向元件动作且收不到闭锁信号

6. 功率方向、功率方向同时指向线路

7. 不受、可以

8. 保护、远方

9. 灵敏

10. 两端电流互感器励磁电流之差 、两个电流互感器铁芯饱和程度不同

4.2 选择题

1. A　2. A　3. B　4. C　5. B　6. B　7. D　8. A　9. C　10. B

4.3 判断题

1. √　2. ×　3. √　4. √　5. √　6. ×7. √　8. √　9. ×　10. √

4.4 问答题

1. 可以分为以下 4 种类型。

① 电力线载波纵联保护；②微波纵联保护；③光纤纵联保护；④导引线纵联保护。

2. ①相—相制通道：利用输电线的两相导线作为高频通道。虽然采用这种接线方式高频电流衰耗较小，但由于需要两套构成高频通道的设备，因而投资大，不经济，所以很小采用。

② 相—地高频通道：即在输电线的同一相两端装设高频耦合和分离设备，将高频收发讯机接在该相导线和大地之间，利用输电线的一相(该相称加工相)和大地作为高频通道，这种接线方式的缺点是高频电流的衰减和受到的干扰都比较大，但由于只需装设一套构成高频通道的设备，比较经济，因此，在我国得到了广泛的应用。

3. 继电保护高频通道的工作方式有以下 3 种。

① 正常无高频电流方式(故障起动发信号方式)。在这种方式下，正常时发信机不工作，高频通道内不传送高频电流。发信机只在电力系统发生故障期间才由起动元件起动，因此，这种工作方式又称为故障起动发信号方式。

对于这种工作方式，需采用手动检查或自动检查的方法按规定时间对通道进行检查，以确知高频通道是否完好，我国电力系统广泛采用这种方式。

② 正常有高频电流方式(长期发信方式)。在这种方式下，正常时发信机处于发信状态，沿高频通道传送高频电流，故又称长期发信方式。

③ 移频方式。在这种试下，正常时发信机处于发信状态，向对端送出频率 f1 的高频电流，此电流可作为通道的连续检查或闭锁保护之用。当线路发生故障时，保护装置控制发信机移频，停止发送频率 f1 的高频电流，同时发出频率为 f2 的高频电流。

4. 远方发信是指每一侧的发信机，不但可以由本侧的起信元件将它投入工作，而且还可以由对侧的起信元件借助于高频通道将它投入工作，以保证“起信”的可靠性，这样做的目的是考虑到当发生故障时，如果只采用本侧“起信”元件将发信机投入工作，再由“停信”元件的动作状态来决定它是否应该发信，实践证明这种“起信”方式是不可靠的。例如，由于某种原因，使本侧“起信”元件拒动，这时本侧的发信机就不能发信，导致对侧收信机收不到高频闭锁信号，从而使对侧高频保护误动作。为了消除上述缺陷，就采用

了远方发信的办法。

5. ① 发生正向故障时，闭锁式保护发信后，由于正方向元件动作而立即停发闭锁信号。

② 发生正向故障时，允许式保护由正方向元件动作而向对侧发出允许跳闸信号。

③ 发生反方向故障时，闭锁式保护长发信闭锁对侧高频保护。

④ 发生反方向故障时，允许式保护不发允许跳闸信号。

6. 允许式与闭锁式均为纵联保护通道的应用形式，其中允许式指线路一侧的纵联保护判别故障为正方向时向对侧发出允许信号，当本侧纵联保护判别为正方向故障且收到对侧保护的允许信号时动作于跳闸；闭锁式指线路一侧的纵联保护故障启动元件动作之后立即启动发信机向对侧发出闭锁信号，当判别为正方向故障时停止发信，当本侧纵联保护判别为正方向故障且收不到对侧保护的闭锁信号时动作于跳闸。

长期发信、短期发信是指纵联保护通信设备的工作方式。其中，长期发信指正常运行时载波机长期发用于监视通道的导频(或监频)信号，故障时切换到特定频率信号的方式，多用于允许式纵联保护；短期发信指纵联保护所用收发信机正常时不发信，故障时由保护装置控制发信状态的方式，多用于闭锁式纵联保护。

用于描述闭锁式纵联保护收发信机的工作状态，闭锁式纵联保护在启动元件动作之后立即启动收发信机发信，判别为正方向故障后立即停止发信，此时称为短期发信；如果立即启动发信后收发信机未收到停止发信的命令，则收发信机将发信 10s，此时称之为长期发信。

相—地加工制指利用输电线路的某一相和大地作为高频通道的加工相，相—相加工制指利用输电线路的两相导线作为高频通道的加工相。

7. 高频保护的优点在于其保护区内任何一点发生故障时都能瞬时切除故障，简称全线速动，但是，高频保护不能作相邻线路的后备保护。距离保护的优点是可作为相邻元件的后备保护，再者距离保护的灵敏度也较高。缺点是不能瞬时切除全线路每一点的故障。高频闭锁距离保护把上述两种保护结合起来，在被保护线路故障时能瞬时切除故障，在被保护线路外部故障时，利用距离保护带时限作后备保护。

8. 方向行波保护就是根据保护安装处的故障分量暂态电压行波、暂态电流行波的之间的最初极性关系判定故障方向。规定线路两端电流的正方向由母线指向被保护的线路。在内部故障时，电流行波由故障点向两侧传播，此时两端电流也是同极性的，即同时为正或同时为负；如当加入电压为正极性时，电流波由故障点向两端传播，与规定的正方向相反，此时两侧的电流波均为负极性。即在规定的电流正方向侧发生故障时，电压行波与电流行波的极性相反。而外部故障时，即在规定的电流反方向侧发生故障时，如故障点的加入电压为正极性，则近故障点侧保护测量到的电压行波为正极性，而近故障点侧的测量电流行波为负极性(流向由母线流向线路)，近故障点侧的电压行波、电流行波的极性相同。当外部故障加入电压为负极性时，进故障点侧测量电压波为负、电流波为正，而原故障点侧同为负。方向行波保护通过比较初始电压、电流波的极性实现故障方向判断，电压波、电流波极性相同判为反向故障，极性相反判为正向故障。

9. 采用故障发信方式能增强抗干扰能力。正常时，若通道中出现干扰信号，不会引起保护误动。

采用发闭锁信号的工作方式，在区外短路时，因本通道正常，能可靠传递闭锁信号；而区内短路时，即使通道破坏，由于无需传递闭锁信号，从而提高了保护动作的可靠性，因此，获得广泛应用。

10. 变电站的运行方式时有变化，将阻波器装设在线路侧，可使高频通道受变电站运行方式变化的影响最小，特别是专用旁路(或母联兼旁路)断路器代线路断路器运行时，仍然能够保证高频通道的完整。

第5章

5.1 判断题

1. × 2. × 3. × 4. √ 5. × 6. √ 7. √ 8. × 9. √ 10. √

5.2 问答题

1. 当重合于永久性故障时，主要有以下两个方面的不利影响：

① 使电力系统又一次受到故障的冲击；②使断路器的工作条件变得更加严重，因为在连续短时间内，断路器要两次切断电弧。

2. 对不同类型的重合闸，其动作时限的整定有所不同，但无论是单相式、三相式，还是单侧电源、双侧电源重合闸，它们的动作时限有一个基本原则，即：动作时间要大于故障点来绝时间及周围介质去游离的时间；要大于断路器及其操作机构复归原状准备好再次动作的时间；对双侧电源重合闸还要考虑两侧保护的纵续动作时间；对单相重合闸要计及潜供电流对灭弧的影响。

3. 所谓前加速就是当线路第一次故障时，保护无选择性动作，均由靠近电源侧保护动作跳闸，然后进行重合。如果重合于永久性故障，则在断路器合闸后，保护有选择性动作。

前加速的优点是：①能快速切除瞬时性故障；②可能使瞬时性故障来不及发展成为永久性故障，从而提高重合闸的成功率；③能保证发电厂和重要变电站的母线电压在0.6～0.7倍额定电压以上，从而保证厂用电和重要用户的电能质量；④使用设备少，只需在靠近电源侧的保护加装一套自动重合闸装置，简单、经济。

前加速的缺点是：①断路器工作条件恶劣，动作次数较多；②重合于永久性故障时，再次切除故障的时间会延长；③若重合闸装置或靠近电源侧断路器拒动，则将扩大停电范围，甚至在最末一级线路上故障时，都会使连接在这条线路上的所有用户停电。

4. 所谓后加速就是当线路第一次故障时，保护有选择性动作，然后进行重合。如果重合于永久性故障，则在断路器合闸后，再加速保护动作，瞬时切除故障，而与第一次动作是否带有时限无关。

后加速的优点是：①第一次跳闸是有选择性的，不会扩大停电范围，特别是在重要的高压电网中，一般不允许保护无选择性的动作，而后以重合闸来纠正(前加速的方式)。②保证了永久性故障能瞬时切除，并仍然具有选择性。③和前加速保护相比，使用中不受网络结构和负荷条件的限制，一般来说是有利而无害的。

后加速的缺点是：①第一次切除故障可能带时限。②每个断路器上都需要装设一套重合闸，与前加速相比较为复杂。

5. 对选相元件的基本要求如下：①在被保护线路范围内发生接地故障时，故障选相元件必须可靠动作。②在被保护线路范围内发生单相接地故障时，以及在切除故障后的非全相运行状态中，非故障相的选相元件不应误动作。③选相元件的灵敏度及动作时间，都不应影响线路主保护的动作性能。④个别选相元件因故拒动时，应能保证正确切除三相断路器。不允许因选相元件拒动，造成保护拒绝动作，从而扩大事故。

6. 综合重合闸的功能之一，是在发生单相接地故障时只跳开故障相进行单相重合。这需要判别发生故障的性质，是接地短路还是不接地相间短路，利用发生故障时的零序分量可以区别这两种故障的性质。这样，在发生单相接地短路时，故障判别元件动作，解除相间故障跳三相回路，由选相元件选出故障相别跳单相；当发生两相接地短路时，故障判别元件同样动作，由选相元件选出故障的两相，再由三取二回路跳开三相；相间故障时没有零序分量，故障判别元件不动作，立即沟通三相跳闸回路。

目前我国 220kV 系统中广泛采用零序电流继电器或零序电压继电器作为故障判别元件。对故障判别元件的基本要求是：①为了保证在故障中能反应故障性质，要求故障判别元件有较高的灵敏度；②在任何接地故障重要保证故障判别元件动作在先，因此，当 3 倍动作值时，其动作时间要求小于 10ms，2 倍动作值时小于 15ms；③为了保证单相重合后系统零序分量衰减到一定程度后故障判别元件能可靠返回，要求有一定的返回系数。

第 6 章

6.1 填空题

1. 相间短路、匝间短路、单相接地
2. 包含很大的非周期分量、二次谐波、励磁涌流出现间断
3. Δ形、Y 形、相位补偿
4. 相邻元件、变压器内部故障
5. 两、励磁涌流
6. 信号、跳闸
7. 零序电流保护、零序电压保护
8. 小于
9. 电压升高、频率下降
10. 型号不同、相对误差

6.2 选择题

1.C　2.A　3.C　4.A　5.C　6.A　7.B　8.C　9.B　10.C

6.3 判断题

1.√　2.√　3.×　4.×　5.√　6.×　7.×　8.√　9.×　10.√

6.4 问答题

1. 变压器的故障分为内部故障与外部故障两种。变压器的内部故障是指变压器油箱里面发生的各种故障，其主要类型有：各相绕组之间发生的相间短路，单相绕组部分线匝之间发生的匝间短路，单相绕组或引出线通过外壳发生的单相接地故障等。变压器外部故障系指变压器油箱外部绝缘套管及其引出线上发生的各种故障，其主要类型有：绝缘套管闪络或破碎而发生的单相接地短路，引出线之间发生的相间短路故障等。

变压器的不正常工作状态主要包括：由于外部短路或过负荷引起的过电流、油箱漏油造成的油面降低、变压器中性点电压升高、由于外加电压过高或品率降低引起的过激磁等。

为了防止变压器在发生各种类型故障和不正常运行时造成不应有的损失，保证电力系统连续安全运行，变压器一般应装设如下继电保护装置：

① 防御变压器油箱内部各种短路故障和油面降低的瓦斯保护；

② 防御变压器绕组和引出线多相短路、大电流接地系统侧绕组和引出线的单相接地短路及绕组匝间短路的差动保护或电流速断保护；

③ 防御变压器外部相间短路并作为瓦斯保护和差动保护的后备的过电流保护；

④ 防御大电流接地系统中变压器外部接地短路的零序电流保护；

⑤ 防御变压器对称过负荷的过负荷保护；

⑥ 防御变压器过激磁的过激磁保护。

2. ①由于变压器各侧电流互感器型号不同，即各侧电流互感器的励磁电流不同而引起误差而产生的不平衡电流；

② 由于实际的电流互感器变比和计算变比不同引起的不平衡电流；

③ 由于改变变压器调压分接头引起的不平衡电流；

④ 变压器本身的励磁电流造成的不平衡电流。

3. 由于短路电流的非周期分量，主要为电流互感器的励磁电流，使其铁芯饱和，误差增大而引起不平衡电流。

4. 变压器励磁涌流特点是：①包含有很大成分的非周期分量，往往使涌流偏于时间轴的一侧。②包含有大量的高次谐波，并以二次谐波成分最大。③涌流波形之间存在间断角。④涌流在初始阶段数值最大，以后逐渐衰减。

防止励磁涌流影响的方法有：①采用具有速饱和铁芯的差动继电器。②采用间断角原理鉴别短路电流和励磁涌流波形的区别。③采用二次谐波制动原理。④利用波形对称原理的差动继电器。

5. 纵差保护主要反应变压器绕组、引线的相间短路及大接地电流系统侧的绕组、引出线的接地短路。

瓦斯保护主要反应变压器绕组匝间短路及油面降低、铁芯过热等本体内的任何故障。

6. 瓦斯保护能反应变压器油箱内的任何故障，如铁芯过热烧伤、油面降低等，但差动保护对此无反应。又如变压器绕组发生少数线匝的匝间短路，虽然短路匝内短路电流很大会造成局部绕组严重过热产生强烈的油流向油枕方向冲击，但表现在相电流上其量值却不大，因此，差动保护没有反应，但瓦斯保护对此却能灵敏地加以反应，这就是差动保护不能代替瓦斯保护的原因。

第 7 章

7.1 填空题

1. 定子绕组匝间短路　2. 定子接地保护　3. 相间短路　4. 基波零序电压　5. 纵差动保护　6. 灵敏　7. 小于　8. 纵　9. 延时　10. 大于

7.2 选择题

1.C　2.C　3.C　4.D　5.A　6.C　7.A　8.B　9.C　10.B

7.3 判断题

1.√　2.√　3.√　4.×　5.×　6.√　7.√　8.√　9.√　10.√

7.4 问答题

1. 大型发电机组与中、小型机组相比，在设计、结构及运行方面有许多特点，相应的对继电保护提出了新的要求，具体有如下：

(1) 大容量机组的体积不随容量成比例增大，直接影响了机组的惯性常数明显降低，使发电易于失步，因此，很有必要装设失步保护；其次，发电机热容量与铜损、铁损之比明显下降，使定子绕组及转子表面过负荷能力降低，为了确保大型发电机组在安全运行条件下充分发挥过负荷的能力，应装设具有反时限特性的过负荷保护及过电流保护。

(2) 电机参数 X_k、X_k'、X_k''增大

其后果是：

① 短路电流水平下降，要求装设更灵敏的保护。

② 定子回路时间常数 τ 显著增大，定子非周期分量电流衰减缓慢，使继电保护用的电流互感器的工作特性严重恶化，同时也加重了不对称短路时转子表层的附加发热，使负序保护进一步复杂化。

③ 发电机平均异步力矩大为降低，因此，失磁异步运行时滑差大，从系统吸收感性无功多，允许异步运行时的负载小、时间短，所以大型机组更需要性能完善的失磁保护。

④ 由于 X_k 增大，发电机由满载突然甩负荷引起的过电压就较严重。

(3) 大型机组采用水内冷、氢内冷等复杂的冷却方式，故障几率增加。

(4) 单机容量增大，汽轮机组轴向长度与直径之比明显增大，从而使机组振荡加剧，匝间绝缘磨损加快，有时候可能引起冷却系统故障。因此，应当用灵敏的匝间短路保护和漏水保护(对水内冷机组)。

(5) 大型水轮机组的转速低，直径大，气隙不均匀，将引起机组振荡加剧，因此，要装气隙不均保护。若定子绕组并联分支多且有中性点，应设计新的反应匝间短路的横差保护。

(6) 大型机组励磁系统复杂，故障几率也增多，发电机过电压、失磁的可能性加大，若采用自并励励磁系统，还需考虑后备保护灵敏度问题。

2. 专用电压互感器 PT 一次侧中性点必须与发电机中性点直接相连，而不能再直接接地。

这时因为当电压互感器一次侧不接地时，当发声匝间短路或分支绕组开焊时，三相绕

组的对称性遭到破坏，机端三相对发电机中性点出线纵向零序电压，此时 PT 有输出。而若 PT 一次侧接地，则将反应横向零序电压，即当发电机内部或外部发生单相接地故障时，PT 中会有输出。

3. 在电压互感器一相断线或两相断线及系统非对称性故障时，发电机的失磁保护可能要动作。为了防止失磁保护在以上情况下误动，加装负序电压闭锁装置，使之在发电机失磁的情况下，负序电压闭锁继电器不动作，反映失磁的继电器动作。

4. 定子单相接地保护的 $3U_0$电压是机端三相对地零序电压；定子匝间短路保护的 3U0 电压是机端三相对中性点的零序电压。

5. 对于大容量的机组而言，由于振动较大而产生的机械损伤或发生漏水(指水内冷的发电机)等原因，都可能使靠近中性点附近的绕组发生接地故障。如果这种故障不能及时发现，则一种可能是进一步发展成匝间或相间短路；另一种可能是如果又在其他地方发生接地，则形成两点接地短路。这两种结果都会造成发电机严重损坏，因此，对大型发电机组，特别是定子绕组用水内冷的机组，应装设能反应 100%定子绕组的接地保护。

6. 为了减小死区，可采取如下措施来降低启动电压。

(1) 加装三次谐波带阻过滤器。

(2) 对于高压侧中性点直接接地电网，利用保护装置的延时来躲过高压侧的接地故障。

(3) 在高压侧中性点非直接接地电网中，利用高压侧的零序电压将发电机接地保护闭锁或利用它对保护实现制动。

采取以上措施后，零序电压保护范围虽然有所提高，但在中性点附近接地时仍然有一定的死区。

7. 相同点：

(1) 工作原理相同。按比较被保护对象始端与末端电流的大小和相位的原理工作的。

(2) 保护电流互感器二次侧的接线原则相同。都是采用“环流法”接线，即将两组电流互感器二次侧的同名端(线路纵差动保护)或异名端(发电机和变压器纵差动保护)连接，差动继电器并联接入差动回路中。这样，在正常运行和外部短路时，流入继电器的电流为零(理论值)，保护不动作；内部短路时，流入继电器的电流为两侧电流互感器二次电流之和，保护动作。

不同点：

(1) 电流互感的型号和变比不同。输电线路和发电机的纵差动保护，采用的是同型号同变比的电流互感器。而变压器纵差动保护的电流互感器分别安装在高、低压侧，因此，两组电流互感器的型号和变比都不相同。

(2) 差动回路中不平衡电流大小不同。输电线路和发电机纵差动保护，由于保护的电流互感器是同型号、同变比的，故正常运行和外部短路时，流入差动回路的不平衡电流小；而变压器纵差动保护，由于影响不平衡电流增大的因素多，故不平衡电流大。在实施变压器纵差动保护的过程中，要采取相应的措施来消除或减小不平衡电流的影响。

(3) 输电线路的纵差动保护二次连接线长(与线路等长)实现困难；发电机、变压器纵差动保护二次连接线短，实现容易。

8. 当发电机进入异步运行时，将对电力系统和发电机产生以下影响：

(1) 需要从电力系统中吸取大量的无功功率以建立发电机的磁场。在重负荷下失磁进入异步运行后，如不采取措施，发电机将因过电流使定子过热。

(2) 由于从电力系统中吸收无功功率将引起电力系统电压的下降，如果电力系统的容量较小或无功功率储备不足，则可能使失磁发电机的机端电压、升压变压器高压侧母线电压或其他邻近设备的电压低于允许值，从而破坏了负荷与各电源间的稳定运行，甚至可能因电压崩溃而使系统瓦解。

(3) 失磁后发电机的转速超过同步转速，因此，在转子及励磁回路中将产生频率为 f_G-f_S 的交流电流，即差频电流。差频电流在转子回路中产生的损耗如果超出允许值，将使转子过热。

(4) 对于直接冷却的大型发电机组，其平均异步转矩的最大值较小，贯性常数也相对较低，转子在纵轴和横轴方向呈现较明显的不对称，使得在重负荷下失磁后，这种发电机的转矩、有功功率要发生周期性摆动。这种情况下，将有很大的电磁转矩周期性地作用在发电机轴系上，并通过定子传到机座上，引起机组振动，直接威胁着机组的安全。

(5) 低励磁或失磁运行时，定子端部漏磁增加，将使端部和边部铁芯过热。

9. 发电机失磁对系统和发电机本身都将造成不良影响。

对系统的主要影响是：发电机失磁后，从系统吸收无功功率，使无功功率缺额，引起系统电压降低。若系统的无功功率储备不足，将使邻近失磁发电机的部分系统电压低于允许值，这将威胁负荷和电源间的稳定运行，甚至导致系统因电压崩溃而瓦解，这是发电机失磁引起的最严重后果。

对发电机本身的影响是：差频电流使转子损耗增大而造成转子局部过热；失磁后吸收大量无功功率，造成定子绕组过电流，定子过热；异步运行中，发电机的转矩发生周期性变化，使机组受到异常的机械冲击；失磁运行中，发电机端部漏磁增大，使定子端部的部件和边段铁芯过热。

10. 在低频运行时，发电机如果过负荷，将会导致发电机的热损伤。只要在额定视在容量和额定电压的105%以内，并在汽轮机的允许超频率限值内运行，发电机就不会有热损伤的问题。

当发电机运行频率升高或降低到规定值时，汽轮机的叶片将发生谐振，叶片承受很大的谐振应力，使材料疲劳，达到材料不允许的程度时，叶片或拉金就会断裂，造成严重事故。材料的疲劳是一个不可逆的积累过程，因此，汽轮机都给出在规定的频率下允许的累计运行时间。

11. 当电力系统中发生不对称短路或在正常运行情况下三相负荷不平衡时，在发电机定子绕组中将出现负序电流。此电流在发电机空气隙中建立的负序旋转磁场相对于转子为两倍的同步转速，因此，将在转子绕组、阻尼绕组以及转子铁芯等部件上感应出100Hz的倍频电流，该电流使得转子上电流密度很大的某些部位(如转子端部、护环内表面等)，可能出现局部灼伤，甚至可能使护环受热松脱，从而导致发电机的重大事故。此外，负序气隙旋转磁场与转子电流之间以及正序气隙旋转磁场与定子负序电流之间所产生的100Hz交变电磁转矩，将同时作用在转子大轴和定子机座上，从而引起100Hz的振动，威胁发电机安全。

负序电流造成电力系统三相电流不对称，因而系统中的三相变压器有一相电流最大而不能有效发挥变压器的额定出力(即变压器容量利用率下降)。另外，还会造成变压器的附加能量损失和变压器铁芯磁路中造成附加发热。

12. 发电机的完全差动保护引入发屯机定子机端和中性点的全部相电流$\dot{I}_1$和$\dot{I}_2$，在定子绕组发生同相匝间短路时两侧电流仍然相等，保护将不能够动作。变压器匝间短路时，相当于增加了绕组的个数，并改变了变压器的变比，此时变压器两侧电流不再相等，流人差动继电器的电流将不再为零，所以变压器纵差动保护能反应绕组的匝间短路故障。

13. 发电机纵差动保护是反应发电机内部相间短路的主保护，能快速而灵敏地切除保护范围内部相间短路故障，同时又保证在正常运行及外部故障时动作的选择性和工作的可靠性。但完全纵差保护不能反应匝间短路故障。

横差动保护适用于具有多分支的定子绕组且有两个中性点引出端子的发电机，能反应定子绕组匝间短路、分支线棒开焊及机内绕组相间短路。

14. (1) 水轮发电机一般只装设励磁回路一点接地保护，不装设两点接地保护；汽轮发电机除装设反应一点接地故障的定期检测装置外，还应设两点接地保护。

(2) 水轮发电机不需要装设低频保护和逆功率保护(近年来，有的抽水蓄能发电机组也装设逆功率保护)；

(3) 水轮发电机失磁后保护动作于解列，不允许异步运行；汽轮发电机失磁后如母线电压低于允许值时，保护带时限动作于解列，当失磁后母线电压不低于允许值时，保护动作于信号。

(4) 考虑到水轮发电机的热容量较大，一般只装设定时限负序电流保护；大型汽轮发电机一般采用反时限特性的负序电流保护。

15. 当发电机失磁后而异步运行时，将对电力系统和发电机产生以下影响。

(1) 需要从电网中吸收很大的无功功率以建立发电机的磁场。所需无功功率的大小，主要取决于发电机的参数(X_1、X_2、X_{ad})以及实际运行时的转差率。失磁前带的有功功率越大，失磁后转差就越大，所吸收的无功功率也就越大，因此，在重负荷下失磁进入异步运行后，如不采取措施，发电机将因过电流使定子过热。

(2) 由于从电力系统中吸收无功功率将引起电力系统的电压下降，如果电力系统的容量较小或无功功率储备不足，则可能使失磁发电机的机端电压、升压变压器高压侧的母线电压、或其他邻近的电压低于允许值，从而破坏了负荷与各电源间的稳定运行，甚至可能因电压崩溃而使系统瓦解。

(3) 失磁后发电机的转速超过同步转速，因此，在转子及励磁回路中将产生频率为人一九的交流电流，即差频电流。差频电流在转子回路中产生的损耗，如果超出允许值，将使转子过热。特别是直接冷却的大型机组，其热容量的裕度相对降低，转子更易过热。而流过转子表层的差频电流，还可能使转子本体与槽楔、护环的接触面上发生严重的局部过热。

(4) 对于直接冷却的大型汽轮发电机，其平均异步转矩的最大值较小，惯性常数也相对较低，转子在纵轴和横轴方面呈现较明显的不对称，由于这些原因，在重负荷下失磁后，这种发电机的转矩、有功功率要发生周期性摆动。这种情况下，将有很大的电磁转矩周期性地作用在发电机轴系上，并通过定子传到机座上，引起机组振动，直接威胁着机组的安全。

（5）低励磁或失磁运行时，定子端部漏磁增加，将使端部和边段铁芯过热。

汽轮发电机允许失磁后继续运行主要取决于电力系统的具体情况。例如，当电力系统的有功功率供应比较紧张，同时一台发电机失磁后，系统能够供给它所需要的无功功率，并能保证电力系统的电压水平时，则失磁后就应该继续运行；反之，若系统没有能力供给它所需要的无功功率，并且系统中有功功率有足够的储备，则失磁以后就不应该继续运行。

16. 发电机运行中，由于励磁绕组故障、励磁回路开路、半导体励磁系统故障、灭磁开关误跳闸、自动调节励磁系统故障以及误操作等原因都会引起励磁电流突然消失或下降到静稳极限所对应的励磁电流以下。

失磁对机组的影响：

（1）造成转子槽楔、护环的接触面局部过热；

（2）引起定子端部过热；

（3）使定子绕组过电流；

（4）造成有功功率周期性摆动和机组振动等。

对系统的影响：

（1）造成系统无功大量缺额、各点电压降低，甚至因电压崩溃而瓦解；

（2）引起机组或输电线路过电流，若继电保护动作，可能导致大面积停电；

（3）引起相邻机组与系统之间或系统各部分之间失步。

对于失磁发电机只有在失步后才会造成对机组和系统的危害。由于出现滑差，在转子上产生差频电流，引起局部过热。此时吸取大量无功功率引起定子绕组过电流。异步运行时，将造成机组振动等。

17. 发电机失磁过程可分为三个阶段：

（1）发电机失磁后到临界失步前。有功功率通过增大功角占来维持与原动机输入功率平衡。由于 δ 加大，由无功功率功角关系 $Q=\frac{E_dU_s}{X_\Sigma}\cos\varphi-\frac{U_s^2}{X_\Sigma}$ 可看出，无功功率在减少，且逐步由输出无功转而向系统吸收无功功率。

（2）临界失步。有功功率达到静稳极限。功角 $\delta=90°$，从系统吸收恒定的无功功率，即 $Q=-\frac{U_s^2}{X_\Sigma}$。

（3）失步后。由于出现滑差 S，产生异步功率，并随 S 加大而增加；另一方面因机组调速系统动作，使原动机输入功率随 S 增大而减小，当异步功率与原动机输入功率平衡时，发电机进入稳定异步运行，对失磁机组，输出恒定的异步功率。此时功角 $\delta>90°$，从系统吸收更多的无功功率。

18. 当机端测量阻抗处于等无功圆周上时，表明该失磁运行机组已处于静稳边界并向系统吸收恒定的无功功率，若进入圆内则表明机组已经失步。

该圆的大小与系统电抗 X_s 和机组同步电抗 X_d 有关。

对已确定的机组，若与系统联系不紧密时，则 X_s 增大，临界失步阻抗圆在复平面上圆心上移、半径增大，表明机组失磁后较容易失去静稳定。

19. 发电机失磁后可以通过无功功率方向改变，机端测量阻抗进入临界失步阻抗圆和异步阻抗边界等定子判据来判断。

防止失磁保护在非失磁工况下误动作，还需要借助辅助判据，有：

(1) 励磁电压下降。失磁时励磁电压要下降；而短路或系统振荡时下降，反而因强励作用而上升。

(2) 负序分量。失磁时系统无负序分量；短路或短路引起系统振荡，总会出现负序分量。

(3) 延时。系统振荡时机端测量阻抗只是短时穿过失磁继电器的动作区，而不会长时间停留。

(4) 操作闭锁。发电机对长线充电或自同期均属正常操作，可利用操作闭锁。

(5) 电压回路断线闭锁。电压互感器二次回路断线会引起保护误动，可利用电压回路断线闭锁。

20. 可将发电机—变压器组作一个工作元件，所以某些类型相同的保护可以共用，使保护简化、经济，并提高可靠性。

(1) 对于纵差动保护，当发电机、变压器之间无断路器的接线方式，一般共用一组纵差动保护;)当发电机、变压器之间有厂用分支线时，厂用分支线应包括在纵差动保护范围内;)当发电机、变压器之间有断路器时，发电机和变压器应分别装设纵差动保护。

(2) 对于相间短路的后备保护，发电机一变压器组一般装设共用的后备保护，同时兼作母线和线路的后备保护。对变压器各侧母线上的相间短路应有足够的灵敏性。

(3) 对于发电机电压侧单相接地保护广一般采用零序电压保护。对于大型发电机变压器组应装设100%定子绕组单相接地保护。

第8章

8.1 填空题

1. 星形 2. 差动回路阻抗变化 3. 断路器失灵保护、对侧线路保护 4. 2套、电压闭锁 5. 最大不平衡电流 6. 比率制动系数 7. 差动、相位比较 8. 相位 9. 安全性 10. 母联断路器、总差动

8.2 选择题

1. B 2. D 3. A 4. A 5. B 6. B 7. B 8. B 9. B 10. A

8.3 判断题

1. √ 2. × 3. × 4. √ 5. × 6. × 7. × 8. × 9. √ 10. ×

8.4 问答题

1. 双母线电流差动保护的优点是：

(1) 各组成元件和接线比较简单，调试方便，运行人员易于掌握；

(2) 采用速饱和变流器，可以较有效地防止由于区外故障一次电流中有直流分量、导致电流互感器饱和引起的保护误动作；

(3) 当元件固定连接时，母线保护有很好的选择性；

(4) 当母联断路器断开时，母线保护仍有选择能力；在两组母线先后发生短路时，母线保护有能可靠地动作。

双母线电流差动保护的缺点是：

(1) 当元件固定连接方式破坏时，如任一母线上发生短路故障，就会将两组母线上的连接元件全部切除。因此，它适应动作方式变化的能力较差；

(2) 由于采用了带速饱和变流器的电流差动继电器，其动作时间较慢(约有 1.5—2 个周波的动作延时)，不能快速切除故障；

(3) 如果起动元件和选择元件的动作电流按避越外部短路时的最大不平衡电流整定，其灵敏度较低。

2. 投入顺序：

(1) 检查所有压板均在断开位置。

(2) 投入母差出口中间继电器启动回路压板，复合电压闭锁压板。

(3) 投入直流电源保险。

(4) 检查母差保护无异常动作情况。

(5) 投入母联开关跳闸压板，当采取母联重合闸方式时，投入重合闸放电压板。

(6) 投入所有连接元件的跳闸压板，当元件采取重合闸方式时，投入重合闸放电压板。

母差保护退出时，应首先退出所有连接元件及母联开关的跳闸压板与重合闸放电压板。

3. (1) 倒闸过程中不退出母差保护。

(2) 对于出口回路不自动切换的装置，倒闸后将被操作元件的跳闸压板及重合闸放电压板切换至与所接母线对应的比相出口回路。

(3) 母联兼旁路开关作旁路路开关代线路运行时，倒闸后将停用母线的比相出口压板和跳母联压板断开。因为此时所代线路的穿越性故障即相当于停用母线的内部故障。

4. 断路器失灵保护又称后备保护，在故障元件的继电保护装置动作而其断路器拒绝动作时，它能以较短的时限切除与故障元件接于同一母线的其它断路器，以便尽快地将停电范围限制到最小。

5. 断路器失灵保护由起动回路，时间元件和跳闸出口回路三大部分构成，下列条件同时具备时，失灵保护方可起动：

(1) 故障线路或设备的保护能瞬时复归的出口断电器动作后不返回。

(2) 断路器未断开的判别元件动作。判别元件可采用能够快速复归的相电流元件。(相电流判别元件的定值，应在保证线路未端故障有足够灵敏度的前提下，尽量按大于负荷电流整定)。

6. 母联电流比相式母线差动保护是利用比较母联断路器中电流与总差动电流的相位来选择出故障母线。这是因为当母线Ⅰ 上故障时，流过母联断路器的短路电流是由母线Ⅱ 流向母线Ⅰ，而当母线Ⅱ 上故障时，流过母联断路器的短路电流则是由母线Ⅰ流向母线Ⅱ。在这两种故障情况下，母联断路器的电流相位变化了 180°，而总差动电流是反应母线故障的总电流，其相位是不变的。因此，利用这两个电流的相位比较，就可以选择出故障母线，并切

除选择出的故障母线上的全部断路器。

7. 为了防止差动继电器误动作或误碰出口中间继电器造成母线保护误动作，故采用电压闭锁元件。它利用接在每组母线电压互感器二次侧上的低电压继电器和零序过电压继

电器实现。三只低电压继电器反应各种相间短路故障，零序过电压继电器反应各种接地故障。

利用电压元件对母线保护闭锁，接线简单。防止母线保护误动接线是将电压重动继电器 KV 的触点串接在各个跳闸回路中。这种方式如误碰出口中间继电器不会引起母线保护误动作，因此，被广泛应用。

8. 保护双重化，即采用工作原理不同的两套母线保护；每套保护应分别接在电流互感器不同的二次绕组上；应有独立的直流电源；它们的出口继电器触点应分别接通断路器两个独立的跳闸线圈等。

9. 双母线保护的方式有：元件固定连接的双母线电流差动保护，母联电流比相式母线差动保护，带比率制动特性的电流差动母线保护，电流比相式母线保护等。

10. 对于一个半断路器接线的母线，母线保护误动作，并不影响各连接元件连续运行，只是改变了它们的潮流分布。但是，如果区内短路时母线保护拒动，则故障母线将由各连接元件对侧的后备保护延时切除，这将严重影响系统的稳定性。因此，对于一个半断路器接线的母线保护，要求它的可信赖性比安全性更高。

第 9 章

9.1 填空题

1. 数据采集系统、CPU 主系统、开关量输入/输出系统
2. 基本、继电器
3. 速度、精度
4. 共模干扰、差模干扰
5. 隔离、屏蔽、减弱电源线传递干扰、合理布局和配线
6. 采样值的校核纠错、运算过程的校核纠错
7. 可靠性极高的微机硬件系统、硬件有冗余度
8. 多边行特性、抗过渡电阻能力强
9. 相匹配、电隔离
10. 布线、算法

9.2 判断题

1. × 2. × 3. × 4. × 5. √ 6. × 7. √ 8. √ 9. × 10. √

9.3 问答题

1. 微机保护的优点：维护调试方便、可靠性高、易于获得附加功能、灵活性大、保护性能得到很大改善。缺点：装置硬件更新速度较快，对运行人员提出更高要求。加快了固定资本的折旧。

2. 采样保持器的作用：(1)可同时采集多路数据。(2)保证处理器在数据保持期间进行数据处理。

采样频率选取原则：采样频率应大于被采集信号中最高频率分量的二倍，以保证不发生频率混叠。采样频率在满足上述条件下，应根据硬件速度和算法要求适当选取，不宜太高也不宜太低。

3. 电压形成回路的作用：形成微机主系统能接受的电压范围。

电流-电压变换器选型原则：电流-电压变换器有电流互感器式电流-电压变换器和电抗变压器式电流-电压变换器两种类型，各有其有缺点。电流互感器式电流-电压变换器精度高、线性度好、且输入/输出同相位，但铁芯易饱和。电抗变压器式电流-电压变换器铁芯不易饱和，具有较大的动态工作范围，在微机保护中得到广泛应用。

4. 数字滤波器是将输入信号经 A/D 转换器变成数字量后，进行某种运算，以达到取得信号中的有用信息而去掉无用成份的滤波器。

与模拟滤波器相比，数字滤波器有以下优点：

(1) 特性一致性好；

(2) 不存在阻抗匹配问题；

(3) 灵活性好；

(4) 精度高；

(5) 不存在由于温度变化、元件老化等因素对滤波器特性的影响。

5. 由于微机保护的功能是由数据采集系统提供的实时数字信号来实现的，必须对取自被保护元件的模拟信号进行必要的处理并将其离散化，最后转换为数字信号，输入给 CPU 主系统进行分析、处理、判断以实现保护的功能。因此，必须对输入信号进行预处理。

6. 为防止频率混叠现象，若计及 10 次谐波，采样频率的最小值应为 1000Hz。

7. 提高微机保护可靠性的常见措施有：抗电磁干扰的措施、微机保护系统本身的自纠错、自检、故障自诊断等。

8. 光电隔离器件的作用：利用开关器件的功能，通过逻辑电平和信号的控制，实现两侧信号的传递和电气的绝缘。

参考文献

[1] 贺家李，宋从矩．电力系统继电保护原理(增订版)[M]．北京：中国电力出版社，2004.
[2] 朱声石．高压电网继电保护原理与技术[M]．3版．北京：中国电力出版社，2005.
[3] 贺家李，等．电力系统继电保护原理与实用技术[M]．北京：中国电力出版社，2009.
[4] 张保会，尹项根．电力系统继电保护[M]．北京：中国电力出版社，2005.
[5] 王安定．电力系统继电保护原理[M]．西安：西安交通大学出版社，1995.
[6] 马永翔．电力系统继电保护[M]．2版．重庆：重庆大学出版社，2010.
[7] 张志竟．电力系统继电保护原理与运行分析[M]．北京：中国电力出版社，1998.
[8] 刘学军．继电保护原理[M]．北京：中国电力出版社，2004.
[9] 崔家佩，等．电力系统继电保护与安全自动装置整定计算[M]．北京：中国电力出版社，2001.
[10] 杨奇逊，等．微型机继电保护基础[M]．3版．北京：中国电力出版社，2007.
[11] 张举．微型机继电保护原理[M]．北京：中国电力出版社，2004.
[12] 孙集伟，等．电力系统继电保护题库[M]．北京：中国电力出版社，2008.
[13] 张保会，等．电力系统继电保护习题集[M]．北京：中国电力出版社，2008.
[14] 刘学军．继电保护原理学习指导[M]．北京：中国电力出版社，2006.
[15] 张露江．电力微机保护实用技术[M]．北京：中国水利水电出版社，2010.
[16] 电网继电保护装置运行整定规程 DL/T584—2007[S]．北京：中国电力出版社，2008.